全国高等职业教育"十三五"规划教材

# 矿物岩石鉴定

**主　编　冯　维　贾　林**
**副主编　许冬梅**

中国矿业大学出版社

## 内 容 提 要

本书系统介绍了矿物岩石的基本原理、分类命名和典型矿物岩石的类型。全书分十个项目,内容包括矿物概述、矿物鉴定、岩浆岩概述、岩浆岩鉴定、沉积岩概述、沉积岩鉴定、变质岩概述、变质岩鉴定、矿物实训指导和岩石实训指导。

本书简明扼要、深入浅出、图文并茂、通俗易懂,具有很好的实用性,可作为高职高专和应用型本科院校水文地质、工程地质、煤田地质、地球物理勘探等专业的教学用书,也可供其他地质专业类技术人员参考。

**图书在版编目(C I P)数据**

矿物岩石鉴定/冯维,贾林主编. —徐州:中国
矿业大学出版社,2018.5
ISBN 978 - 7 - 5646 - 4006 - 4

Ⅰ.①矿…　Ⅱ.①冯…②贾…　Ⅲ.①岩矿鉴定一高
等职业教育一教材　Ⅳ.①P585

中国版本图书馆 CIP 数据核字(2018)第115782号

| | |
|---|---|
| 书　　名 | 矿物岩石鉴定 |
| 主　　编 | 冯维 贾林 |
| 责任编辑 | 张岩 孙景 |
| 出版发行 | 中国矿业大学出版社有限责任公司 |
| | (江苏省徐州市解放南路　邮编 221008) |
| 营销热线 | (0516)83885307　83884995 |
| 出版服务 | (0516)83885767　83884920 |
| 网　　址 | http://www.cumtp.com　E-mail:cumtpvip@cumtp.com |
| 印　　刷 | 徐州中矿大印发科技有限公司 |
| 开　　本 | 787×1092　1/16　**印张** 20.25　**字数** 505 千字 |
| 版次印次 | 2018 年 5 月第 1 版　2018 年 5 月第 1 次印刷 |
| 定　　价 | 41.00 元 |

(图书出现印装质量问题,本社负责调换)

# 前　言

　　为适应煤炭高等职业教育的需要,满足煤炭行业高等职业专门人才培养的要求,根据煤炭高等职业教育矿山地质专业教育工作会议的精神,结合目前煤炭行业的形势,经全国煤炭高等职业教育矿山地质专业规划教材编审委员会的充分讨论,决定编写矿山地质专业"十三五"规划系列教材。《矿物岩石鉴定》就是其中之一。

　　本教材编写中,首先考虑理论知识体系的完整性,本着"必须、够用"的原则,以服务学生为主体;其次,根据高职高专教育的特点和要求,以就业为导向,在有限的学时内,既要保证课程内容的系统性和完整性,又要达到教学目标,同时满足学生就业与长远发展的需要,打破原有的"章、节"课程体系,教材按"项目+任务"形式编排,使学生通过大量实践性教学,领悟矿物岩石鉴定的工作方法和相关要求;最后,教材紧密结合矿山地质的实际,突出现场实践性教学环节,达到培养实用型、操作型技能型人才的目的。

　　根据上述指导思想和矿山地质专业教学改革要求,本教材按矿物、岩浆岩、沉积岩、变质岩的鉴定四大版块进行布局,每个版块又分为两个项目,每个项目又分为相关的任务来实施。后附有矿物岩石实训指导。

　　参加本书编写的有:陕西能源职业技术学院冯维(课程导入),陕西能源职业技术学院段雅琦(项目一、二),陕西能源职业技术学院刘晓玲(项目三、九),陕西能源职业技术学院阎媛子(项目四、十),甘肃能源化工职业技术学院贾林(项目五),甘肃能源化工职业技术学院王廷刚(项目六),兰州资源环境职业技术学院许冬梅(项目七),兰州资源环境职业技术学院王艳娟(项目八)。冯维、贾林任主编,许冬梅任副主编,由冯维负责统稿。

　　为了便于教学,本书用到了大量的图片资料,在此向原作者表示感谢。读者朋友可以用手机扫描项目末的二维码或与编辑(邮箱 962065858@qq.com)联系,查看书中彩图。由于作者水平有限,加之编写时间仓促,书中内容难免有疏漏和不妥之处,敬请读者批评指正。

作　者

2017 年 7 月

# 目　　录

课程导入 ·········································································· 1

项目一　矿物概述 ······························································ 6
　　任务一　晶体的基础知识 ················································· 6
　　任务二　矿物的形态和物理性质 ········································· 16
　　任务三　矿物的化学成分 ················································· 29
　　任务四　矿物的成因和矿物鉴定 ········································· 37
　　任务五　矿物的分类和命名 ·············································· 44

项目二　矿物鉴定 ······························································ 47
　　任务一　自然元素矿物 ··················································· 47
　　任务二　硫化物矿物 ····················································· 50
　　任务三　卤化物矿物 ····················································· 55
　　任务四　氧化物和氢氧化物矿物 ········································· 57
　　任务五　硅酸盐矿物 ····················································· 63
　　任务六　碳酸盐、硝酸盐、硫酸盐矿物 ·································· 81
　　任务七　其他含氧盐矿物 ················································· 88

项目三　岩浆岩概述 ··························································· 92
　　任务一　岩浆和岩浆岩 ··················································· 92
　　任务二　岩浆岩的物质成分 ·············································· 96
　　任务三　岩浆岩的结构和构造 ··········································· 102
　　任务四　岩浆岩的产状 ··················································· 110
　　任务五　岩浆岩的分类 ··················································· 115

项目四　岩浆岩鉴定 ·························································· 118
　　任务一　超基性岩类 ····················································· 118
　　任务二　基性岩类 ······················································· 123
　　任务三　中性岩类 ······················································· 129
　　任务四　酸性岩类 ······················································· 135
　　任务五　碱性岩类 ······················································· 143

　　任务六　脉岩类……………………………………………………………146

**项目五　沉积岩概述**…………………………………………………………151
　　任务一　沉积岩的基本概念及基本特征…………………………………151
　　任务二　沉积物的形成过程………………………………………………153
　　任务三　风化产物的搬运与沉积…………………………………………159
　　任务四　沉积期后变化……………………………………………………166
　　任务五　沉积岩的物质组成………………………………………………169
　　任务六　沉积岩的结构……………………………………………………174
　　任务七　沉积岩的构造……………………………………………………175
　　任务八　沉积岩的颜色……………………………………………………179
　　任务九　沉积岩的分类……………………………………………………181

**项目六　沉积岩鉴定**…………………………………………………………190
　　任务一　火山碎屑岩………………………………………………………190
　　任务二　陆源碎屑岩………………………………………………………198
　　任务三　碳酸盐岩…………………………………………………………208
　　任务四　其他沉积岩类……………………………………………………219

**项目七　变质岩概述**…………………………………………………………227
　　任务一　变质岩作用………………………………………………………227
　　任务二　变质岩的物质成分………………………………………………235
　　任务三　变质岩的结构和构造……………………………………………238
　　任务四　变质岩的分类和命名……………………………………………249

**项目八　变质岩鉴定**…………………………………………………………253
　　任务一　区域变质作用及其岩石…………………………………………253
　　任务二　混合岩化作用及其混合岩………………………………………261
　　任务三　接触变质作用及其岩石…………………………………………263
　　任务四　气液变质作用及其岩石…………………………………………268
　　任务五　动力(碎裂)变质作用及其岩石…………………………………271

**项目九　矿物实训指导**………………………………………………………275
　　任务一　晶体对称要素的找寻……………………………………………275
　　任务二　单形、聚形与双晶的认识………………………………………277
　　任务三　矿物的形态和物理性质…………………………………………280
　　任务四　自然元素矿物和硫化物大类矿物………………………………284
　　任务五　氧化物、氢氧化物和卤化物矿物………………………………285
　　任务六　岛状、环状和链状硅酸盐亚类矿物……………………………287

　　任务七　层状硅酸盐亚类和架状硅酸盐亚类矿物 ………………………………… 289

　　任务八　硫酸盐类、碳酸盐类和磷酸盐类矿物 …………………………………… 291

**项目十　岩石实训指导** ……………………………………………………………… 293

　　任务一　岩浆岩的结构、构造和手标本观察与描述 …………………………… 293

　　任务二　超基性岩、基性岩观察与描述 ………………………………………… 299

　　任务三　中性岩、酸性岩观察与描述 …………………………………………… 300

　　任务四　碱性岩、脉岩观察与描述 ……………………………………………… 302

　　任务五　陆源碎屑岩、火山碎屑岩观察与描述 ………………………………… 304

　　任务六　碳酸盐岩、硅质岩及其他岩类观察与描述 …………………………… 306

　　任务七　区域变质岩、混合岩观察与描述 ……………………………………… 310

　　任务八　接触变质岩、气液变质岩、动力变质岩观察与描述 ………………… 312

**参考文献** ……………………………………………………………………………… 315

# 课程导入

【知识要点】 矿物岩石学课程项目教学的主要内容；矿物岩石学科的发展历程。

【技能目标】 熟悉矿物岩石学的课程体系；明确矿物岩石学课程的基本要求；掌握矿物岩石的鉴定方法。

 任务导入

### 一、项目教学概述

矿物岩石鉴定课程是煤田地质、工程地质、水文地质、环境地质、地球物理勘探、珠宝玉石鉴定与加工及其他地质类专业学生必学的一门专业课。专业性很强，也是学习其他后续专业课程的基础，因此要激发学生学习该课的积极性，提高学生对该课的重视程度，就要重点对学生专业技能进行培养。通过该课程的学习，使学生掌握现场地质工作的基本技能，具备矿物岩石现场描述与鉴定的能力。

矿物岩石鉴定是一门实践性很强的课，教学中应该重点培养学生矿物岩石鉴定仪器操作和使用、矿物岩石鉴定、矿物岩石鉴定报告编写等职业能力，而这些能力培养的主要途径是地质工作实践经验的长期积累。

当前，中国正处于全面普及高等教育的阶段，过去精英教育面向大众教育转化，众多高职高专和应用型本科院校更加重视学生实践能力和职业竞争能力的培养。在新的形势下，根据高职高专教育的特点和要求，我们以就业为导向，在有限的学时内，既保证课程内容的系统性和完整性，又要达到教学目标，同时满足学生就业与长远发展的需要。本着"必须、够用"的原则，打破原有的"章、节"课程体系，教材按"项目＋任务"形式编排，让学生通过大量的实践性教学，领悟矿物岩石鉴定的方法和要求，达到培养实用型、操作型技能型人才的目的。

### 二、项目教学的内容

根据项目教学的要求和学生学习的特点，选择常见的主要造岩矿物、岩浆岩、沉积岩、变质岩标本薄片作为项目的知识载体实施项目教学。任务推动项目，每项任务包括要点、技能目标、任务导入、任务分析、相关知识、任务实施和思考与练习。

### 三、矿物岩石鉴定的对象

矿物岩石鉴定是以矿物岩石为研究对象。矿物岩石学是地质专业重要的基础课程，除了要学习、掌握矿物岩石学的基本知识、基础理论外，还有一项任务，就是要学习、掌握常见矿物、岩石的基本性质、形成作用的特点、分布规律，并在此基础上掌握其鉴定和研究方法。识别并鉴定常见矿物、岩石是矿物岩石学课程的特点，也是学习矿物岩石学课程应该掌握的基本技能。

该项目的具体内容可分为造岩矿物鉴定、岩浆岩鉴定、沉积岩鉴定、变质岩鉴定四个版块,作为知识载体。

**1. 造岩矿物**

**(1)造岩矿物概述**

矿物和岩石都是在地壳发展演化过程中各种地质作用下形成的产物。矿物是由各种地质作用形成的,在一定物理、化学条件下稳定的自然物体,其中大多数是结晶的单质、化合物,它们具有固定的化学成分和晶体结构,因而也表现出一定的形态和物理、化学性质。矿物是岩石的基本组成单位,不同的矿物、矿物组合组成不同的岩石。

**(2)造岩矿物鉴定**

通过矿物的晶体形态、化学成分、物理性质等,认识常见的几大类造岩矿物。

**2. 岩浆岩**

**(1)岩浆岩概述**

论述岩浆岩的成因、化学成分、主要的组成矿物、结构构造和分类命名,让学生掌握岩浆岩的基础知识。

**(2)岩浆岩的鉴定**

通过超基性岩的鉴定、基性岩的鉴定、中性岩的鉴定、酸性岩的鉴定和其他岩浆岩的鉴定,完成岩浆岩的鉴定。

**3. 沉积岩**

**(1)沉积岩概述**

论述沉积岩的形成过程,沉积岩的矿物特征、结构构造、沉积岩的分类与命名,让学生掌握沉积岩的基础知识。

**(2)沉积岩的鉴定**

通过碎屑岩的鉴定、黏土岩的鉴定、碳酸盐的鉴定和其他沉积岩的鉴定,完成沉积岩的鉴定。

**4. 变质岩**

**(1)变质岩的概述**

论述变质岩的形成过程,变质岩的矿物特征、结构构造、沉积岩的分类与命名,让学生掌握变质岩的基础知识。

**(2)变质岩的鉴定**

通过动力变质岩的鉴定、接触变质岩的鉴定、区域变质岩的鉴定、气液变质岩的鉴定和其他变质岩的鉴定,完成变质岩的鉴定。

通过以上各阶段的鉴定训练,不断提高学生矿物岩石鉴定熟练程度,掌握矿物岩石的鉴定方法和要点,最终达到生产现场岩石工作岗位的要求,为拓展学生的就业渠道打下良好的基础。

相关知识

## 一、矿物及矿物学概述

### 1. 矿物

矿物的概念是人类在漫长的生活、采矿生产和科学实践活动的基础上建立起来的。矿物是由地质作用形成的、具有一定的化学成分和内部结构、在一定的物理化学条件范围相对稳定的天然结晶态的单质或化合物,是岩石和矿石的基本组成单位。

首先,矿物必须是天然产出,主要是地质作用的产物。对那些在实验室或工厂由人工合成的,则称为人造或合成矿物,如人造金刚石。其次,矿物具有相对稳定的化学组成和内部晶体结构,从而也具有一定的形态特征和物理、化学性质,借此我们可以鉴定不同的矿物。

任何一种矿物都是在一定的物理化学条件下相对稳定方能得以保存,但当矿物所处的外界条件发生改变,超出了矿物的稳定范围时,矿物的成分、结构形态、性质可以在一定范围内发生变化,该矿物会形成在新条件下稳定的其他矿物。如高温石英处于常温常压时,转变为低温石英;黄铜矿在地表条件下氧化后,将分解成褐铁矿等。

矿物是岩石和矿石的基本组成单位。例如,花岗岩的主要矿物是钾长石、斜长石、石英和黑云母等,铅锌矿石则是由方铅矿和闪锌矿等组成。

### 2. 矿物学

矿物学是以矿物为研究对象的一门自然科学,是研究地球与宇宙天体物质成分特征、形成与演化规律的地质基础学科之一。

随着科学技术的发展,现代矿物学已经从传统研究地壳地质作用的产物向地球深处(地幔、地核)和宇宙空间发展。迄今为止,地壳中发现的矿物有 4 100 多种。矿物学研究的具体内容主要为:矿物的化学成分、内部结构、外表形态、物理和化学性质等。

## 二、矿物岩石学概述

### 1. 矿物岩石学的研究内容

岩石是由一种或几种矿物或部分天然玻璃所组成的,具有一定结构、构造和稳定外形的固态集合体。矿物岩石学是研究矿物和岩石的地球科学的分支,是研究地壳物质组成及其特征的科学,主要研究矿物、岩石的成分、结构、构造、分布、产状、分类命名、成因及与矿产的关系等。

### 2. 岩石的类型

组成地壳的岩石按成因可分为三大类:岩浆岩、沉积岩和变质岩。它们有各不相同的形成作用和形成过程,岩浆岩大多数是由岩浆冷凝而成的;沉积岩是在地表条件下由风化、搬运、沉积、成岩作用形成的;而变质岩则是前两类岩石受到较高温度、压力的改造并发生变质作用后形成的岩石。这样,矿物岩石学的内容就由矿物学、岩浆岩岩石学、沉积岩岩石学和变质岩岩石学等几部分构成。

组成地壳的三大类岩石都具有各自的特征,彼此之间有着明显的差别,但形成岩石的各种地质作用不是孤立的,很多复杂成因的岩石不能简单地确定为某一种成因,也有的在典型地质作用之间存在过渡类型。在地壳长期的发展演化历史中,三大类岩石之间也在不断地互相转化,其间存在着密切联系。

三大类岩石在地壳中的分布情况相差很大。根据测算,在地壳 16 km 深度范围内,岩

浆岩、变质岩约占地壳总体积的 95%，沉积岩仅占 5%；但按大陆地表的分布面积计算，岩浆岩、变质岩约占 25%，沉积岩占 75%。以 5% 的体积覆盖了 75% 的大陆地表，可见沉积岩只是大陆地表一个极薄的薄层，沉积岩的这种分布特点，完全是由其形成作用的特点所决定的。

矿物岩石学在生产实践中具有重要意义：一定的矿产都与一定的矿物岩石类型相联系，能够被利用的矿物、岩石本身就是矿产，矿物岩石学研究对于寻找矿产具有重要意义；对各类岩石的研究，能够为矿产地质、工程地质、水文地质、地球物理勘探等学科提供必要的、有价值的资料，并促进这些学科的进步与发展；矿物和岩石都是在地壳中各种地质作用下形成的，是地壳活动、演化的历史记录，研究矿物和岩石可以为研究地壳发展演化历史提供依据。

### 3. 矿物岩石学的发展现状

矿物岩石学是一门很古老的学科，它的生产与发展是人类长期生产实践活动的结果。

旧石器时代，人们开始认识矿物和岩石，并用来制作工具与装饰品；从青铜器时代到铁器时代，矿冶事业得到了大发展。春秋战国时期，《山海经》中提到 80 多种矿物，如雄黄等矿物沿用至今。明代医学家李时珍在《本草纲目》中描述了 150 种矿物的形状、用途、鉴别方法和产地。德国医生阿格里科拉所著的《论矿物的起源》中，首先将矿物与岩石分开，书中概括描述了几种矿物的物理性质，包括颜色、光泽、硬度和解理等。

19 世纪中期，偏光显微镜应用到矿物物理性质的研究后，同时配合化学分析等，人们才开始对矿物化学成分、几何形体、物理化学性质等进行系统的研究。

20 世纪中期，X 射线、晶体化学、计算机及核物理等高科技手段引入到矿物岩石的系统研究中，使矿物岩石研究进入了新领域，其研究内容已涉及和涵盖多种科学领域。因此，今天的矿物岩石学在深度和广度上都已进入了前所未有的现代化矿物岩石学方法的新时期。

 **任务实施**

### 1. 任务要求

地壳是由不同的岩石组成的，不同的岩石又是由几种矿物组成的。因此，造岩矿物在实训现场出现的频率最高，要求学生必须达到肉眼鉴定的能力。根据造岩矿物的鉴定特征，结合放大镜、硬度计、小刀、各种试剂等简单的措施，通过反复观察，达到具备肉眼鉴定矿物岩石的能力；能够识别三大岩类的主要造岩矿物组成、结构构造、命名方法，掌握三大岩类的系统鉴定方法。

### 2. 教学组织

矿物岩石鉴定的教学工作，是以常见造岩矿物，常见的岩石标本——岩浆岩、沉积岩、变质岩岩石标本作为项目载体，每个项目又根据其内容分为相关的任务，通过组织相关的教学活动，完成相关教学任务，以达到教学目的。根据现场实际工作的要求和实训条件，将学生分为若干学习小组。根据项目任务的需要，按照实际工程项目的内容、方法、步骤，各学习小组分别进行矿物鉴定、三大岩的鉴定等。

在教学过程中，学习小组学员之间、组与组之间可以开展广泛的讨论与交流；根据不同的矿物岩石的晶体情况，在教师的指导下，制订任务的实施方案，在任务的实施中遇到的问题，教师现场给予解惑答疑；有条件的，教师可以采用多媒体演示、案例分析、标本实物分析等教学方法，引导学生学习专业技能，提高学生矿物岩石鉴定的能力。指导教师也可以根据实训现场的晶体情况,提出有针对性的问题,启发学生带着问题去学习和实践,激发学生的学习积极性,使矿物岩石鉴定的教学环节始终围绕矿物岩石标本鉴定展开,营造良好的学习氛围,同时给学生提供具有代表性的岩石案例、现场鉴定,提高学生现场工作的应对能力。

3. 任务考核

在矿物岩石鉴定教学活动中,应加强各个教学环节的考核评比工作,以考核评比促进学习效率,提高学习效果,突出专业技能培养。每个学生均要按要求完成指定矿物岩石标本的鉴定,并提交合格的矿物岩石鉴定成果报告。

 **思考与练习**

1. 何谓矿物?矿物学研究的主要内容是什么?

2. 岩石分为几大类?

3. 水、石油、自然金、合成水晶、花岗岩、金刚石都是矿物吗?为什么?

# 项目一　矿　物　概　述

## 任务一　晶体的基础知识

【知识要点】　晶体及非晶体的概念;晶体的对称;晶体的形态。
【技能目标】　掌握晶体的对称要素;能分辨 47 种几何学单形。

 **任务导入**

　　晶体学又称结晶学,是研究矿物晶体的生成和变化的科学,研究内容包括外部形态的几何性质、化学组成和内部结构、物理性质以及它们相互之间的关系等。19 世纪,晶体学研究范围逐步扩大到矿物以外的各种晶体,成为一门独立的学科,但是早期只是作为矿物学的一个分支,其研究对象只局限于天然的矿物晶体。因此,我们可以认为晶体学是矿物学的一门先导课程,在矿物学开始前我们先学习晶体的基础知识,更有利于后续矿物学的开展。

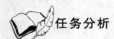 **任务分析**

　　进行晶体及基础知识学习,首先要了解晶体的概念,在明白晶体的具体含义之后,再开始对晶体进行分析,从微观和宏观的角度,分别了解晶体的性质及其形态等。要学习本任务的内容,必须掌握以下知识:
　　(1) 晶体及非晶体的概念。
　　(2) 晶体的基本性质。
　　(3) 晶体的对称及分类。
　　(4) 单形与聚形。

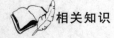 **相关知识**

### 一、晶体及非晶体的概念

　　晶体的分布十分广泛,人类就是生活在晶体的世界之中。自然界中冰、雪和组成地壳各类岩石中的矿物,绝大多数都是晶体;我们日常吃的食盐、味精、用的金属、陶瓷甚至组成生命有机体的蛋白质等,都是晶体。

　　那么,怎么来定义晶体呢? 晶体最吸引人的特点是具规则几何多面体外形。如常见的石盐、方解石、水晶等具规则几何多面体形态(图 1-1)。但是,我们不能说晶体的本质就是具有规则几何多面体外形,因为作为同一种物质石英,它既可以呈多面体形态的水晶而存在,也可以呈外形不规则的颗粒而生成于岩石之中。这两种形态的石英,本质是一样的,要探寻晶体的本质必须从它的内部去寻找。

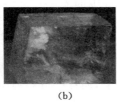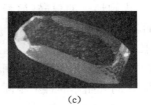

（a） （b） （c）

图 1-1 天然晶体（网络下载）

（a）石盐；（b）方解石；（c）水晶

1912 年,德国物理学家劳埃用 X 射线研究晶体,大量结果证实晶体的本质是内部质点（原子、离子或分子）在三维空间周期性地重复排列,或者说称之为格子构造。所以引出了晶体的正确定义:晶体是具有格子构造的固体（图 1-2a）。正是由于晶体内部质点是规则排列的,所以在一定的条件下,晶体能自发形成几何多面体的外形。

非晶体是指内部质点在三维空间不作周期性地重复排列,即不具格子构造的固体物质（图 1-2b）。由于原子或离子空间分布的无规律性,所以非晶体在任何情况下都不可能自发形成几何多面体的外形,所以也被称为无定形体。

非晶体的种类远不如晶体那么多。常见的有蛋白石、沥青、松香、玻璃等。

但是,晶体与非晶体在一定条件下是可以互相转化的。例如,火山玻璃在漫长的地质年代中,其内部质点进行着很缓慢的扩散、调整,趋于规则排列,从非晶态转化为晶态,这种现象称为晶化或脱玻化。晶体也可因内部质点的规则排列遭到破坏而转化为非晶态,这个过程称为非晶化。但是一般情况下,已经结晶的晶体,不可能自发地向非晶体转化,要发生非晶化的过程可能是由于外部条件的改变,比如在高温条件下石英晶体可以转变为石英玻璃（非晶体）。

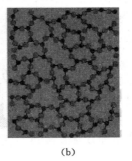

（a） （b）

图 1-2 晶体、非晶体结构平面示意图（网络下载）

（a）晶体 $SiO_2$；（b）非晶体 $SiO_2$

## 二、晶体的基本性质

### （一）自限性

自限性是指晶体在适当条件下,晶体内部质点有规则排列,可以自发地形成几何多面体外形的性质。例如石盐晶体，在理想条件下，能生长成规则的立方体形状。应当指出的是，在自然界的实际晶体中，由于结晶时间和空间等的限制，具有规则几何多面的理想晶体并不常见，常见的是不规则形态的歪晶（形态不规则的晶体）。但只要条件允许，晶体最终会长成规则的几何多面体。

（二）均一性

晶体的某些性质，比如化学性质和相对密度在任一部位都是相同的，这是因为晶体是具有格子构造的固体，在同一晶体的各个不同部分，质点的分布是一样的，所以晶体的各个部分的物理性质与化学性质也是相同的，这就是晶体的均一性。非晶质体、气体和液体也有均匀性，但这是指其内部质点杂乱无章的、无序分布的、统计意义上的均匀性，两者有本质上的差别。

（三）异向性

晶体的许多物理性质都表现为各向异性，晶体的光学性质、力学性质都显示因方向而异的特征。因为同一格子构造中，在不同方向上质点排列一般是不一样的，因此，晶体的性质也随方向的不同而有所差异，这就是晶体的异向性。如矿物蓝晶石（又名二硬石）的硬度，随方向的不同而有显著的差别（图1-3），平行晶体延长方向的 $AA$ 可用小刀刻动，而垂直于晶体延长方向的 $BB$ 则小刀不能刻动。

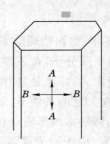

图 1-3　蓝晶石的异向性
（平面示意图）

（四）对称性

晶体上的相同部分（晶面、晶棱）会重复出现。这种相同的性质在不同的方向或位置上有规律地重复，就是对称性。晶体的格子构造本身就是质点重复规律的体现。

（五）最小内能性

晶体是具有格子构造的固体，其内部质点是规律排列的，这种规律的排列是质点间的引力与斥力达到平衡的结果。在这种情况下，无论使质点间的距离增大或缩小，都将导致质点的相对势能的增加。非晶质体、液体、气体由于它们内部质点的排列是不规律的，质点间的距离不可能是平衡距离，从而它们的势能也较晶体的大。也就是说在相同的热力学条件下，它们的内能都较晶体大。

（六）稳定性

晶体的稳定性是指晶体为固态而较之于同成分的液态和气态物质而言，固体晶体的内部质点间的吸引力和排斥力已达到完全平衡而保证晶体稳定。晶体的稳定性是晶体具有最小内能性的必然结果。要破坏晶体的稳定性方式也有多种，如吸热输入能量会导致晶体熔化，晶体结晶会释放热量而使体系温度升高。

**三、晶体的对称**

（一）对称及晶体的对称

对称存在于自然界和人类活动的各个方面，小到微观世界，大到建筑物对称等。对称是指物体相同部分有规律的重复（图1-4）。晶体是自然无机界对称性较为复杂且规律性强的物质，晶体的对称是取决于它内部的格子构造。因此，它具有如下的特点：

（1）由于晶体内部都具有格子构造，而格子构造本身就是质点在三维空间周期重复的体现。因此，所有的晶体都是对称的。

（2）晶体的对称受格子构造规律的限制，只有符合格子构造规律的对称才能在晶体上出现。因此，晶体的对称是有限的。

（3）晶体的对称不仅体现在外形上，同时也体现在物理性质（如光学、力学、热学、电学性质等）上。

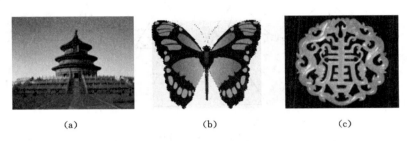

（a） （b） （c）

图 1-4 对称的物体（网络下载）

（a）天坛；（b）蝴蝶；（c）玉佩

**（二）对称要素**

使晶体对称的操作就称之为对称操作，如旋转和镜面反映等。在进行对称操作时所应用的辅助几何要素（点、线、面）称为对称要素。

1. 对称面（$P$）

对称面是一假想的平面，其作用就好像是一面镜子，它将图形平分为互为镜像的两个相等部分。图 1-5（a）中 $P_1$，$P_2$ 是对称面，但图 1-5（b）中 $AD$ 则不是对称面。虽然它把图形平分为两个相等部分，但这两者并不是互为镜像。在晶体中如果有对称面存在，可以有一个或若干个，但最多不超过 9 个，对称面以 $P$ 表示。对称面可以是垂直等分某些晶面或晶棱的平面，也可以包含某些晶棱并等分晶面夹角。

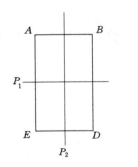 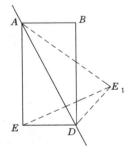

图 1-5 对称面与非对称面

$P_1$ 和 $P_2$ 为对称面，$AD$ 为非对称面

2. 对称轴（$L^n$）

对称轴是通过晶体几何中心的一假想的直线，相应的对称操作为围绕此直线旋转后，可使相同部分重复（图 1-6）。旋转一周重复的次数称为轴次 $n$，重复时所旋转的最小角度称基转角 $\alpha$，两者之间的关系为 $n=360°/\alpha$，对称轴以 $L$ 表示，轴次 $n$ 写在它的右上角，写作 $L^n$。也就是说，基转角为 60°，旋转轴次 $n=6$，该轴线称为 6 次轴，记为 $L^6$。

晶体中可能出现的对称轴只能是 $L^1$，$L^2$，$L^3$，$L^4$，$L^6$，不可能存在 $L^5$ 和高于 $L^6$ 的对称轴。

轴次高于 2 次的对称轴,称高次对称轴。在一个晶体中,可以无也可以有一种或几种对称轴,而每一种对称轴也可以有一个或多个,写为 $3L^4$,$6L^2$ 等。

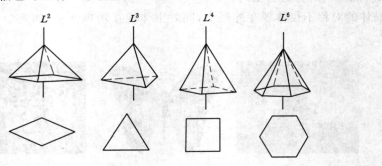

图 1-6　各种对称轴

### 3. 对称中心($C$)

对称中心是一假想的几何点,相应对称操作是对此点的反伸,通过该点作任意直线,则在此直线上距对称中心等距离的位置上必定可以找到对应点(图 1-7)。对称中心只能有一个或没有。一个具有对称中心的图形,其相对应的面、棱、角都体现为反向平行(图 1-8)。对称中心用符号 $C$ 表示。

### 4. 旋转反伸轴($L_i^n$)

旋转反伸轴也是一假想的直线,如果物体绕该直线旋转一定角度后,再对此直线上的一点进行反伸,可使相同部分重复,即所对应的操作是旋转＋反伸的复合操作(图 1-9)。旋转反伸轴用 $L_i^n$ 表示。

旋转反伸轴只能是 $n=1$、2、3、4、6 这几种,但有意义的只有两种,即 $L_i^4$ 和 $L_i^6$。

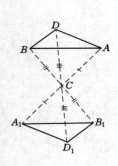
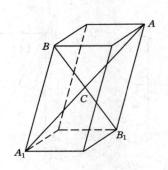
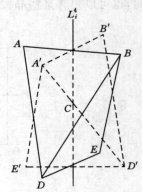

图 1-7　由对称中心联系起来的两个反向平行的三角形晶面　　　图 1-8　具有对称中心的图形　　　图 1-9　具 $L_i^4$ 的四方四面体

### (三) 晶体的对称分类

晶体都具有对称性,但各种晶体的对称程度却有很大的差别,这种差别主要表现在它们所具有的对称要素的种类、数目上。少数晶体只存在一种对称要素,数目也只有一个。但大多数晶体都同时存在两种或两种以上的对称要素,并且它们还按一定的规律组合在一起。

晶体上全部对称要素的总和,称为对称型。如方铅矿的立方体晶体,为 $3L^44L^36L^29PC$ 对称型。由于晶体外形上出现的对称要素是有限的,只有 9 种,而且它们的组合又必须服从对称组合定律。因此,晶体中可能存在的对称型是有限的,经数学推导,一共只有 32 种。

晶体的对称分类是将属于同一个对称型的所有晶体归为一类,称为晶类。与对称型相应,晶类的数目也只有 32 个。按各晶类所属对称型的特点划分为 7 个晶系,然后再按高次对称轴的有无和高次对称轴的数目,将 7 个晶系并为 3 个晶族(表 1-1)。

表 1-1　　　　　　　　　　　　　　晶体的对称分类

| 晶体实例 | | 对称型 | 对称特点 | 晶系名称 | 晶族名称 |
|---|---|---|---|---|---|
| 高岭石 | 1 | $L^1$ | 无 $L^2$,无 $P$ | 三斜晶系 | 低级晶族<br>(无高次轴) |
| 蓝晶石 | 2 | $\underline{C}$ | | | |
| 斜长石 | 3 | $L^2$ | $L^2$ 或 $P$ 不多于一个 | 单斜晶系 | |
| 斜晶石 | 4 | $P$ | | | |
| 石膏 | 5 | $\underline{L^2PC}$ | | | |
| 泻利盐 | 6 | $3L^2$ | $L^2$ 或 $P$ 多于一个 | 斜方晶系 | |
| 异极矿 | 7 | $L^22P$ | | | |
| 橄榄石 | 8 | $\underline{3L^23PC}$ | | | |
| 彩钼铅矿 | 9 | $L^4$ | 有一个 $L^4$ | 四方晶系 | 中级晶族<br>(只有一个高次轴) |
| 镍矾 | 10 | $L^44L^2$ | | | |
| 方柱石 | 11 | $L^4PC$ | | | |
| 白榴石 | 12 | $L^4P$ | | | |
| 金红石 | 13 | $\underline{L^44L^25PC}$ | | | |
| 砷硼钙石 | 14 | $Li^4$ | | | |
| 黄铜矿 | 15 | $Li^42L^22P$ | | | |
| 细硫砷铅矿 | 16 | $L^3$ | 有一个 $L^3$ | 三方晶系 | |
| $\alpha$ 石英 | 17 | $\underline{L^33L^2}$ | | | |
| 电气石 | 18 | $\underline{L^33P}$ | | | |
| 白云石 | 19 | $\underline{L^3C}$ | | | |
| 方解石 | 20 | $\underline{L^33L^23PC}$ | | | |
| 磷酸氢二银 | 21 | $\underline{Li^6}$ | 有一个 $L^6$ 或 $Li^6$ | 六方晶系 | |
| 蓝锥石 | 22 | $Li^63L^23P$ | | | |
| 霞石 | 23 | $L^6$ | | | |
| $\beta$ 石英 | 24 | $L^66L^2$ | | | |
| 磷灰石 | 25 | $L^6PC$ | | | |
| 红锌矿 | 26 | $L^66P$ | | | |
| 绿柱石 | 27 | $\underline{L^66L^27PC}$ | | | |
| 香花石 | 28 | $3L^24L^3$ | 有四个 $L^3$ | 等轴晶系 | 高级晶族<br>(有多个高次轴) |
| 黄铁矿 | 29 | $\underline{3L^24L^33PC}$ | | | |
| 黝铜矿 | 30 | $3Li^44L^36P$ | | | |
| 赤铜矿 | 31 | $3L^44L^36L^2$ | | | |
| 方铅矿 | 32 | $\underline{3L^44L^36L^29PC}$ | | | |

注:有下划线的对称型为常见的对称型。

### 四、单形与聚形

晶体的形态是由晶体的成分、内部结构、生成环境决定的,所以晶体形态不仅是鉴定晶体的一个重要标志,而且还具有成因意义。晶体的理想形态分为单形和聚形两类(图1-10)。

#### (一)单形的概念

单形是由对称要素联系起来的一组晶面的组合。换句话说,也就是借助于自身具有的对称要素作用,可以彼此相互重复的一组晶面。图1-10a为立方体单形,它的6个同形等大的正方形晶面,经其对称要素的作用后即可彼此重复。在理想发育的晶体中,单形的各个晶面同形等大,性质相同。

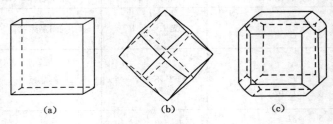

图1-10  晶体的形态

(a)立方体单形;(b)菱形十二面体单形;(c)聚形

#### (二)47种几何单形及其特征

从上述单形概念可知,当确定了晶体的全部对称要素(即对称型)之后,如还知道一个任意晶面与这些对称要素之间的关系,就可用对称操作,把属于这种对称型的所有单形全部推导出来(过程略)。晶面与对称要素的相对位置数,视对称要素的多少而定,在较多对称要素的对称型中,最多不超过7种,所以一个对称型最多能推导出7种单形。对称型有32个,经数学推导,32个对称型共能推导出146种结晶单形。146种结晶单形中,几何形态不同的只有47种,称为47种几何单形(图1-11)。

47种几何单形,分属于三大晶族七个晶系。其中属于低级晶族的有7种,中级晶族25种,高级晶族15种。现将其特征简述如下:

**1. 低级晶族的单形**

(1)单面。由一个晶面组成。

(2)平行双面。由一对互相平行的晶面组成。

(3)双面。由两个相交的晶面组成。

(4)斜方柱。由4个两两平行的晶面组成,晶棱相互平行,横切面为菱形。

(5)斜方四面体。由4个不等边的三角形晶面组成,晶面互不平行,每一对晶棱的中点连线是$L^2$,通过晶体中心的横切面为菱形。

(6)斜方单锥。由4个不等边的三角形晶面交于一点而形成的单锥体,锥顶出露$L^2$,横切面为菱形。

(7)斜方双锥。由8个不等边的三角形晶面所组成,犹如两个斜方单锥以底面相连而成,横切面为菱形。

**2. 中级晶族的单形**

(1)柱类、单锥类、双锥类。柱类单形的晶面交棱相互平行,且平行唯一的高次轴;单锥

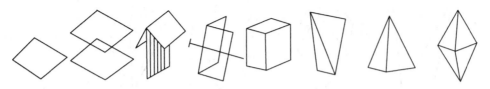

1. 单面　　 2. 平行双面　　 3. 反映双面及轴双面　　 4. 斜方柱　 5. 斜方四面体　 6. 斜方单锥　 7. 斜方双锥

（a）

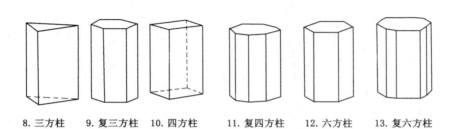

8. 三方柱　　 9. 复三方柱　　 10. 四方柱　　 11. 复四方柱　　 12. 六方柱　　 13. 复六方柱

14. 三方单锥　　 15. 复三方单锥　　 16. 四方单锥　　 17. 复四方单锥　　 18. 六方单锥　　 19. 复六方单锥

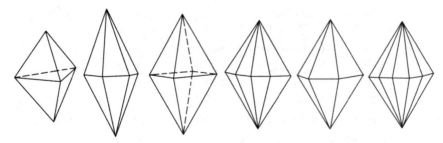

20. 三方双锥　 21. 复三方双锥　 22. 四方双锥　　 23. 复四方双锥　　 24. 六方双锥　 25. 复六方双锥

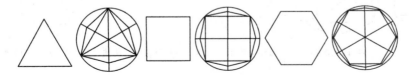

各种柱、锥的横切面

图 1-11　47 种几何单形

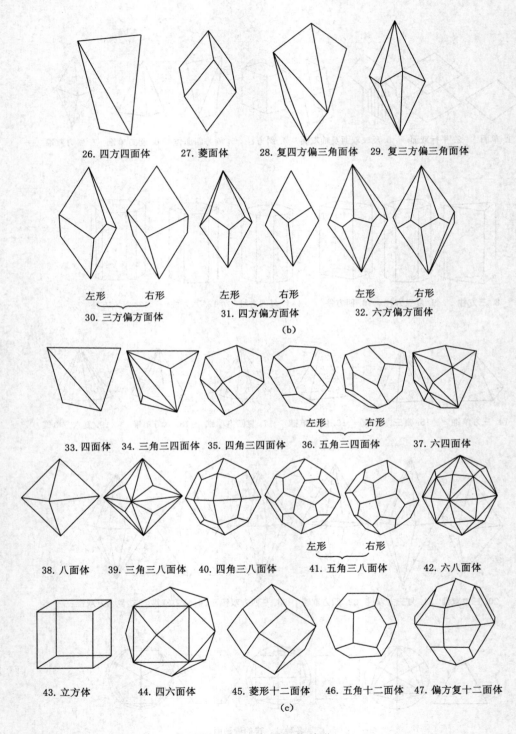

26. 四方四面体　　27. 菱面体　　28. 复四方偏三角面体　　29. 复三方偏三角面体

左形　　右形　　　　左形　　右形　　　　左形　　右形

30. 三方偏方面体　　31. 四方偏方面体　　32. 六方偏方面体

(b)

33. 四面体　　34. 三角三四面体　　35. 四角三四面体　　36. 五角三四面体　　37. 六四面体

左形　　右形

38. 八面体　　39. 三角三八面体　　40. 四角三八面体　　41. 五角三八面体　　42. 六八面体

43. 立方体　　44. 四六面体　　45. 菱形十二面体　　46. 五角十二面体　　47. 偏方复十二面体

(c)

续图 1-11　47 种几何单形

(a) 低级晶族的单形；(b) 中级晶体的单形；(c) 高级晶族的单形

类是晶面相交于高次轴一点而形成的单锥体;双锥类是晶面分别交于高次轴上、下两点而成的双锥体。按其横断面形状,各类均可分为6种单形,复柱、复单锥、复双锥的横断面交角是相间相等。

（2）四方四面体和复四方偏三角面体。四方四面体由互不平行的4个等腰三角形晶面所组成。相对二晶面以底边相交,其交棱的中点为$L_i^4$的出露点,围绕$L_i^4$上部2晶面与下部2晶面错开90°,通过中心的横切面为正方形。

如果将四方四面体的每一晶面平分为两个不等边的偏三角形晶面,则由这8个晶面所组成的单形即为复四方偏三角面体,通过中心的横切面为复四方形。

（3）菱面体与复三方偏三角面体。菱面体由两两平行的6个菱形晶面组成,上下各3个晶面均各自分别交$L^3$于一点,上下晶面绕$L^3$相互错开60°。

如果将菱面体的每一晶面平分为两个不等边的偏三角形晶面,则由这12个晶面所组成的单形即为复三方偏三角面体,围绕$L^3$上部6个晶面与下部6个晶面交错排列。

（4）偏方面体类。本类单形的晶面是具有2个等边的偏四方形。上部与下部晶面分别各自交高次轴于一点,上部晶面与下部晶面错开了一定角度。根据轴次分为三方偏方面体、四方偏方面体和六方偏方面体。

3. 高级晶族单形

（1）四面体类。四面体由4个等边三角形晶面所组成,晶面与$L^3$垂直,晶棱的中点出露$L_i^4$。

三角三四面体。四面体的每一个晶面突起,由3个等腰三角形晶面组成。

四角三四面体。四面体的每一个晶面突起,由3个四角形晶面组成,四角形的4个边两两相等。

五角三四面体。四面体的每一个晶面突起,由3个等腰五角形晶面组成。

六四面体。四面体的每一个晶面突起,由6个不等边三角形晶面组成。

（2）八面体类。八面体由8个等边三角形晶面组成,晶面与$L^3$垂直。

与四面体类似,八面体的每一个晶面突起,平分为3个晶面,根据晶面的形状分别形成三角三八面体、四角三八面体、五角三八面体。而设想八面体的每一个晶面突起平分为6个不等边三角形则可形成六八面体。

（3）立方体类。立方体由两两平行的6个正四边形晶面组成,相邻晶面间均以直角相交。

四六面体。立方体的每一个晶面突起,平分为4个等腰三角形晶面,则这样的24个晶面组成了四六面体。

五角十二面体。立方体的每一个晶面突起,平分为两个具有4个等边的五角形晶面,这样的12个晶面组成五角十二面体。

偏方复十二面体。五角十二面体的每一个晶面突起,平分为两个具有2个等长邻边的偏四方形晶面,这样的24个晶面组成偏方复十二面体。

菱形十二面体。由12个菱形晶面所组成,晶面两两平行,相邻晶面间的交角为90°、120°。

（三）聚形

两个或两个以上的单形相聚而成的晶形称为聚形。图1-10c是由立方体单形和菱形十二面体单形聚合而成的聚形。

晶体上的单形相聚不是任意的,只有属于同一对称型的各种单形才能相聚。显然,有多少种单形相聚,其聚形上就会出现多少种不同的晶面,它们性质各异。对于理想形态而言,同一单形的晶面同形等大。在聚形中由于单形间的相互切割,往往使各单形的晶面形状与原来各自单独存在时的晶面形状不同。因此,在聚形中,不能仅根据晶面的形状来决定组成该聚形的单形名称。聚形分析的步骤如下:

(1) 找出聚形的所有对称要素,确定晶体所属的对称型。

(2) 观察聚形上有几种不同的晶面,以确定聚形中单形的数目。

(3) 数出每种单形的晶面数目,从而对单形的可能范围作出初步判断。

(4) 根据聚形的对称型、单形晶面数目、晶面的相对位置以及晶面与对称要素之间的关系,便可确定每个单形的名称。

 任务实施

1. 根据晶体的对称要素确定晶体的对称型,从而对晶体进行分类。

2. 通过模型认识 47 种几何单形和少量聚形。

 思考与练习

1. 晶体和非晶体在内部结构和基本性质上的根本区别是什么?

2. 什么是对称面、对称中心、对称轴及旋转反伸轴?

3. 晶体有几种对称型?与其对应的晶体分类是什么?

# 任务二　矿物的形态和物理性质

【知识要点】　矿物的形态;矿物的条痕;矿物的光泽;矿物的解理、断口、裂开;矿物的硬度。

【技能目标】　熟悉矿物的集合体形态;明白矿物条痕的鉴定意义;掌握矿物光泽的四个等级;熟记摩氏硬度计的硬度等级及标准矿物。

 任务导入

矿物的形态是由矿物化学成分、内部结构及形成时的外界环境决定的。所以,矿物形态可作为矿物的重要鉴定特征,同时也是研究矿物成因的重要标志,并可指导找矿。矿物的形态分为单体形态、连生体形态和同种矿物的集合体形态。

矿物的物理性质主要指矿物的光学、力学、磁学、电学等性质,它取决于其本身的化学成分、晶体结构及生成环境。矿物的物理性质是鉴定矿物的主要依据,也是矿物成因研究的依据之一,同时由于某些矿物的特殊物理性质而被广泛应用于国民经济中。所以,研究矿物的物理性质,对矿物的鉴定、判断成因和应用,都有重要意义。

**任务分析**

要学习本任务的内容,必须掌握以下知识:

(1)矿物的形态。

(2)矿物的光学性质。

(3)矿物的力学性质。

(4)矿物的其他性质。

**相关知识**

**一、晶体习性及矿物形态**

(一)矿物的单体形态

矿物的单体形态是指矿物单晶体的形态。一般用晶体习性来描述。

1. 晶体习性

矿物晶体在一定生长条件下,常趋向于形成某种特定的、习惯表现的形态特征,称为该矿物的晶体习性。

根据矿物晶体在三维空间的发育程度不同,晶体习性分为三种基本类型(图 1-12):

(1)一向延伸

晶体沿一个方向特别发育,呈柱状、针状、纤维状等。如柱状电气石(图 1-12a)、针状角闪石、纤维状石棉等。

(2)二向延展

晶体沿两个方向特别发育,呈板状、片状、鳞片状、叶片状等。如板状辉钼矿、片状云母(图 1-12b)、鳞片状绿泥石等。

(3)三向等长

晶体沿三个方向发育大致相等,呈粒状。如黄铁矿、石榴子石(图 1-12c)、橄榄石等。

此外,还存在短柱状、板柱状、板条状、厚板状等过渡类型。

(a)                    (b)                    (c)

图 1-12　矿物晶体习性的三种类型实例(网络下载)

(a)柱状电气石;(b)片状云母;(c)粒状石榴子石

2. 晶面条纹

晶面条纹是指在某些晶体的晶面上可以看到一系列直线状平行条纹。它是在晶体生长过程中由于不同单形的细窄晶面反复相聚、交替生长而形成。例如,黄铁矿的晶面条纹是由立方体及五角十二面体两种单形的晶面交替生长形成的（图 1-13a）；α-石英晶体上的横纹，就是六方柱与菱面体的晶面交替发育而形成的（图 1-13b）。

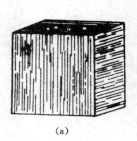 

(a)　　　　　　　　　　　　(b)

图 1-13　晶面条纹

(a) 黄铁矿晶面条纹；(b) α-石英晶体的横纹

（二）矿物连生体形态

自然界有些矿物晶体可以连生在一起产出，形成所谓的连生体。矿物晶体的连生分为平行连晶、双晶、浮生与交生，以平行连晶和双晶较常见。

1. 平行连晶

若干个同种晶体，彼此平行地连生在一起，连生的每个晶体的对应晶面和晶棱相互平行，称为平行连生。由平行连生而形成的晶体称为平行连晶。图 1-14 和图 1-15 分别为紫水晶的平行连晶和方解石的平行连晶。由图可以看出，平行连晶的外形上表现为各个单体的所有对应晶面、晶棱彼此平行。

图 1-14　紫水晶的平行连晶（网络下载）　　　图 1-15　方解石的平行连晶（网络下载）

2. 双晶

双晶是指两个或两个以上同种晶体按一定的对称关系结合而形成的规则连生体。相邻两个个体的相应的面、棱、角并非完全平行，但它们可借助对称操作——反映、反伸、旋转，使两个个体彼此重合或达到完全平行一致。

根据双晶个体连生的方式，可将双晶分为以下类型：

（1）接触双晶。两个晶体相连，彼此间有明确而规则的结合面，这个结合面我们可以假想成一个镜子，使两个晶体产生镜像。若把一个单晶平行接触面拖转 180°，即可与另一个单晶完全重合。这类双晶常见于石膏(图 1-16)、方解石(图 1-17)、锡石(图 1-18)、金红石等许多矿物。

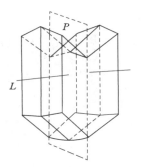

图 1-16 石膏的燕尾双晶(网络下载)

图 1-17 方解石双晶(网络下载)

图 1-18 锡石双晶(网络下载)

(2)穿插式双晶。穿插式双晶也叫透入式双晶,是两个双晶互为穿插生长,在它们中间有一个假想的轴或中心点,通过轴或中心点旋转或反伸,可使两个晶体重合以及达到平行一致的方位。这类双晶比较典型的有萤石(图 1-19)、黄铜矿(图 1-20)、黄铁矿、辰砂(图 1-21)、石膏、十字石等。

图 1-19 萤石穿插双晶(网络下载)

图 1-20 黄铜矿穿插双晶(网络下载)

(3)轮式双晶。轮式双晶也称为环状双晶、玫瑰双晶或六射双晶,在晶体中相当诱人而且稀少。实际上它们多半是接触式双晶左右连续发育一圈,外观像车轮辐条,有时像雪花。

这类双晶结构复杂,生成概率会受到晶体内外空间的制约,能完满发育成理想的轮式双晶的概率很低,即使是较容易产生这类双晶的白铅矿(图 1-22)、金绿宝石(图 1-23)等也都不一定能长成十分均匀对称的标准形态,还有非常难得的锡石轮式双晶(图 1-24)。

图 1-21　辰砂穿插双晶(网络下载)

图 1-22　白铅矿轮式双晶(网络下载)

图 1-23　金绿宝石轮式双晶(网络下载)

图 1-24　锡石轮式双晶(网络下载)

（三）矿物的集合体形态

矿物集合体是指同种矿物的多个单体聚集在一起的整体。自然界中矿物大多以集合体的形式产出,对于结晶矿物来说,其集合体形态主要取决于单体的形态及集合方式。而对于胶体矿物来说,其集合体形态则依形成条件而定。

常见的矿物集合体形态有以下几种类型:显晶集合体、隐晶体及胶态集合体。

1. 显晶集合体

用肉眼或借助于放大镜能分辨出各个矿物颗粒界限的集合体称显晶集合体。根据矿物单体的形状及集合方式不同可分为:组成集合体的矿物单体呈一向延伸者,根据单体的粗细可分为毛发状、针状、棒状、柱状集合体等(图 1-25);组成集合体的矿物单体呈二向延展者,依据单体的大小、厚薄可分为鳞片状、片状、板状集合体等(图 1-26);组成集合体的矿物单体呈三向等长者则组成粒状集合体(图 1-27)。

图1-25 阳起石的柱状集合体(网络下载)

图1-26 白云母的片状集合体(网络下载)

除上述以外,还有一些特殊形态的集合体,具体如下:

(1)纤维状集合体。由一系列细长的矿物单体规则地平行排列而成。如石棉、纤维石膏。

(2)束状集合体。矿物单体成束状排列而成。如绿帘石的束状集合体(图1-28)。

图1-27 方解石的粒状集合体(网络下载)

图1-28 绿帘石的束状集合体(网络下载)

(3)放射状集合体。由长柱状、针状、片状或板状的矿物单体围绕某一中心呈放射状排列而成。如红柱石(图1-29)。

(4)晶簇。晶簇指在岩石的空洞或裂隙中,一端固着在一共同的基底上,而另一端向空间自由发育的一组晶体。如石英晶簇(图1-30)。

图1-29 红柱石的放射状集合体(网络下载)

图1-30 石英晶簇(网络下载)

2. 隐晶体及胶态集合体

隐晶体集合体是指只能在显微镜的高倍镜下才可分辨矿物单体的集合体。而胶态集合体即使在显微镜下也不能分辨出单体的界线,因其实际上并不存在单体。

隐晶体集合体可由溶(熔)液直接凝结而成,也可由胶体矿物老化而成。而胶体矿物是由胶体凝聚而成。胶体由于表面张力的作用,常使集合体趋向于形成球状外貌,胶体老化后,常变成隐晶质或显晶质,使球状体内部形成放射纤维状构造,按其形成方式及外貌特征,可分为:

(1) 分泌体。在球状或不规则状的岩石空洞中,由胶体或晶质物质自洞壁向中心逐层沉淀充填形成的矿物集合体。分泌体外形常呈卵形,中心常常留有空腔,有时其中还长有晶簇。层与层之间由于在颜色和成分上存在差异,常形成环带构造。平均直径大于 1 cm 者称晶腺,小于 1 cm 者称杏仁体,前者如玛瑙(图 1-31),后者如杏仁体(图 1-32)。

图 1-31　玛瑙晶腺(网络下载)

图 1-32　杏仁体(网络下载)

(2) 结核体。结核体形成方式与分泌体不同,它是由隐晶质或胶凝物质围绕某种其他物质(如砂粒、生物或岩石碎片等)颗粒为核心,自内向外生长而成。结核体外形多样,有球状、瘤状、透镜状和不规则状等,直径一般在 1 cm 以上。内部常有同心层状、放射纤维状、致密状等构造,如黄铁矿(图 1-33)。结核多见于沉积岩或沉积物中,其成分主要为铁质、硅质、钙质等。

(3) 鲕状及豆状集合体。直径小于 2 mm,形似鱼卵的矿物集合体,称鲕状集合体(图 1-34);直径大于 2 mm,形似豌豆的矿物集合体,称豆状集合体。它们内部都有明显的同心层状构造,是由胶体物质围绕悬浮状态的细砂粒、有机质碎屑、气泡等层层凝聚而成。

(4) 钟乳状集合体。钟乳状集合体由溶液蒸发或胶体凝聚,逐层堆积而成的。常以具体形状与常见物体类比而给予不同名称,如钟乳状(图 1-35)、葡萄状(图 1-36)、肾状等。钟乳状体内部常具有同心层状、放射状、致密状或结晶粒状构造,这是凝胶再结晶的结果。如果钟乳状体表面圆滑带漆状或玻璃光泽者称玻璃头,如褐铁矿的褐色玻璃头。

(5) 块状集合体。块状集合体为肉眼或放大镜不能分辨其颗粒界限的致密块状体。

(6) 土状集合体。矿物呈细粉末状较疏松地聚集成块。

(7) 粉末状集合体。矿物呈粉末状分散附在其他矿物或岩石的表面。

(8) 被膜状集合体。矿物呈薄膜状覆盖于其他矿物或岩石的表面。如被膜较厚者,又称为皮壳状集合体,而由可溶性盐类组成的被膜状集合体称盐华状集合体。

图 1-33　黄铁矿结核体(网络下载)

图 1-34　赤铁矿的鲕状集合体(网络下载)

图 1-35　钟乳状集合体(网络下载)

图 1-36　硬锰矿的葡萄状集合体(网络下载)

## 二、矿物的光学性质

矿物的光学性质是指矿物对可见光的反射、折射以及光通过矿物体过程中的吸收和透过的程度和性质。

### (一) 矿物的颜色

颜色是一种生理感觉,当波长在 390～770 nm 范围内电磁波辐射刺激人们的视神经时,就有颜色的感觉。而矿物的颜色是矿物最明显、最直观的光学性质。

矿物的颜色是指矿物对入射的白色可见光中不同波长的光波吸收后,透射和反射的各种波长可见光的混合色。

自然光呈白色,由红、橙、黄、绿、青、蓝、紫七种颜色的光波组成。不同的色光,波长各不相同。不同颜色的互补关系如图 1-37 所示,对角扇形区为互补的颜色。

图 1-37　色光的互补关系

当矿物对白光中的不同波长的光波同等程度地均匀吸收时,矿物所呈现的颜色取决于吸收程度,如果是均匀地全部吸收,矿物即呈黑色;若基本上都不吸收,则为无色或白色;若各色光皆被均匀地吸收了一部分,则视其吸收量的多少,而呈现出不同浓度的灰色。如果矿物只是选择性地吸收某种波长的色光时,则矿物呈现出被吸收的色光的补色。

矿物的颜色据其产生的原因,通常可分为自色、他色和假色 3 种。

（1）自色。自色是由矿物本身固有的化学成分和内部结构所决定的颜色。如黄铁矿的浅铜黄色等。自色相当固定且具特征性，因而是鉴定矿物的特征之一。

（2）他色。他色是指矿物因含外来带色的杂质、气液包裹体等所引起的颜色。它与矿物本身的成分、结构无关，不是矿物固有的颜色，如紫水晶的紫色等。他色不是矿物固有的颜色，所以在矿物中无鉴定意义。

（3）假色。假色是由于光的干涉、衍射、散射等物理光学因素而引起的颜色。假色只对个别矿物有辅助鉴定意义，矿物中常见的假色主要有：

a. 晕色。晕色是无色透明的矿物晶体内部由于光的相互干涉表现出的如彩虹般色带的彩色。晕色中的不同色彩一般成带状分布，并按一定色序排列。常见于白云母、方解石、玛瑙等矿物的解理面上（图1-38）。

b. 锖色。锖色是在不透明矿物表面因风化产生的氧化薄膜引起反射光的相互干涉而产生的颜色。如黄铁矿、黄铜矿表面色彩斑驳的蓝紫色（图1-39）。

c. 变彩。变彩是指某些透明矿物中不均匀分布的各种色调的颜色，且随观察角度的变化而变化。如拉长石、贵蛋白石常具变彩（图1-40）。

d. 乳光。乳光是矿物中一种类似于蛋清般略带柔和淡蓝色调的乳白色浮光。如乳蛋白石、月光石常见乳光。

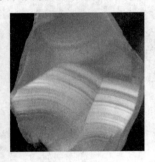  

图1-38　晕色玛瑙　　　　图1-39　锖色黄铁矿　　　　图1-40　变彩拉长石
（网络下载）　　　　　　（网络下载）　　　　　　（网络下载）

（二）矿物的条痕

矿物的条痕是矿物粉末的颜色。通常是指矿物在白色无釉瓷板上擦划所留下的粉末的颜色。

矿物的条痕能消除假色、减弱他色、突出自色，比矿物颗粒的颜色更为稳定，更有鉴定意义。例如，不同成因、不同形态的赤铁矿可呈钢灰、铁黑、褐红等色，但其条痕总是呈特征的红棕色（或称樱红色）。

但对于浅色矿物，由于其条痕均呈白色或灰白色，就没有鉴定意义。

（三）矿物的透明度

矿物的透明度是指矿物允许可见光透过的程度。矿物肉眼鉴定时，以1 cm厚度的矿物观察其后的物体清晰程度，配合矿物的条痕，将矿物的透明度划分为透明、半透明、不透明三级。透明矿物条痕常为无色或白色，或略呈浅色，如水晶、萤石等；半透明矿物条痕呈各种彩色（如红、褐等色），如浅色闪锌矿、辰砂等；不透明矿物条痕具黑色或金属色，如石墨、黄铁矿等。

手标本上区分矿物透明度可以利用光泽的不同来加以判断。凡外表呈金属光泽或半金属光泽的矿物均属不透明矿物，否则即为透明矿物。在观察矿物的透明度时，应注意选取合适的标本。如果矿物本身含有杂质或包裹体，或者具有裂隙，表面风化等也会影响到矿物的透明度。

（四）矿物的光泽

矿物的光泽是指矿物表面对可见光的反射能力。矿物反光的强弱主要取决于矿物对光的折射和吸收的程度，折射和吸收越强，矿物反光能力越大，光泽则越强，反之则光泽弱。在矿物肉眼鉴定时，通常根据矿物新鲜平滑的晶面、解理面或磨光面上反光能力的强弱，同时常配合矿物的条痕和透明度，而将矿物的光泽分为4个等级：

（1）金属光泽。反光能力很强，呈如同经过抛光的平滑金属表面的反光。矿物具金属色，条痕呈黑色或金属色，不透明，如方铅矿、黄铁矿和自然金等。天然的金属单质及其化合物、大多数硫化物矿物呈现金属光泽。

（2）半金属光泽。反光能力较强，一般呈未经抛光的金属表面的反光。矿物呈金属色，条痕为深彩色（如棕色、褐色等），不透明或半透明，如赤铁矿、铁闪锌矿和黑钨矿等。一些半金属元素矿物，部分氧化物、硫化物矿物具有此种光泽。

（3）金刚光泽。反光较强，似金刚石般明亮耀眼的反光。矿物的颜色和条痕均为浅色（如浅黄、橘红、浅绿等）、白色或无色，半透明或透明，如浅色闪锌矿、雄黄和金刚石等。部分氧化物矿物和含重金属元素的含氧盐矿物呈现金刚光泽。

（4）玻璃光泽。反光能力相对较弱，呈普通平板玻璃表面的反光。矿物为无色、白色或浅色，条痕呈无色或白色，透明，如方解石、石英和萤石等。绝大多数透明矿物都呈现此光泽。

此外，在矿物不平坦的表面或矿物集合体的表面上，常表现出一些特殊的变异光泽，主要有：

（1）油脂光泽。某些具玻璃光泽或金刚光泽、解理不发育的浅色透明矿物，在其不平坦的断口上所呈现的如同油脂般的光泽，如石英。

（2）树脂光泽。在某些具金刚光泽的黄、褐或棕色透明矿物的不平坦的断口上，可见到似松香般的光泽，如浅色闪锌矿和雄黄等。

（3）珍珠光泽。浅色透明矿物的极完全的解理面上呈现出如同珍珠表面或蚌壳内壁那种柔和而多彩的光泽，如白云母和透石膏等。

（4）丝绢光泽。无色或浅色、具玻璃光泽的透明矿物的纤维状集合体表面常呈蚕丝或丝织品状的光亮，如纤维石膏和石棉等。

（5）蜡状光泽。某些透明矿物的隐晶质或非晶质致密块体上，呈现有如蜡烛表面的光泽，如块状叶蜡石、蛇纹石及很粗糙的玉髓等。

（6）土状光泽。呈土状、粉末状或疏松多孔状集合体的矿物，表面如土块般暗淡无光，如块状高岭石和褐铁矿等。

影响矿物光泽的主要因素是矿物的化学键类型。具金属键的矿物，一般呈现金属或半金属光泽；具共价键的矿物一般呈现金刚光泽或玻璃光泽；具离子键或分子键的矿物，对光的吸收程度小，反光就很弱，光泽即弱。矿物光泽的等级一般是确定的，但变异光泽却因矿物产出的状态不同而异。光泽是矿物鉴定的依据之一。

（五）矿物的发光性

矿物受外加能量激发，发出可见光的性质称为发光性。

能使矿物发光的激发源很多，主要有紫外线、阴极射线、X 射线、γ 射线和高速质子流等各种高能辐射等，此外还有热发光、电致发光、摩擦发光等。

根据持续时间长短，发光分为荧光和磷光。荧光指激发停止后，发光现象在 $10^{-8}$ s 内迅速消失；磷光指激发停止后，发光现象可以持续 $10^{-8}$ s 以上。

在矿物鉴定上有意义的主要是那些比较稳定的发光，如金刚石在 X 射线下发天蓝色荧光。这些稳定的发光可在提供岩石和矿床的成因、地质年龄的测定、地层对比和划分、岩相古地理分析研究上应用。

### 三、矿物的力学性质

矿物的力学性质是指矿物在外力（如敲打、挤压、拉引和刻画等）作用下所表现出来的性质。

（一）矿物的解理、断口、裂开

矿物的解理、断口、裂开都是在外力的作用下发生的破裂，但这三种破裂的性质及决定因素均有所不同。

1. 解理

解理是指矿物晶体受外力作用后，沿特定的结晶方向发生破裂，并能裂出光滑平面的性质称解理，这些光滑的平面称解理面。

根据解理产生的难易程度及其完好性，通常将其分为五级：

（1）极完全解理。矿物受力后极易裂成薄片，解理面平整而光滑，如云母（图 1-41）、石墨、透石膏的解理。

（2）完全解理。矿物受力后易裂成光滑的平面或规则的解理块，解理面显著而平滑，常见平行解理面的阶梯，如方铅矿、方解石的解理（图 1-42）。

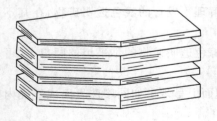

图 1-41　云母的极完全解理

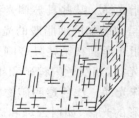

图 1-42　方解石的完全解理

（3）中等解理。矿物受力后，常沿解理面破裂，解理面较小而不很平滑，且不太连续，常呈阶梯状，却仍闪闪发亮，清晰可见，如蓝晶石的解理。

（4）不完全解理。矿物受力后，不易裂出解理面，仅断续可见小而不平滑的解理面，如磷灰石、橄榄石的解理。

（5）极不完全解理。矿物受力后，很难出现解理面，仅在显微镜下偶尔可见零星的解理缝，通常称为无解理，如石英、石榴子石、黄铁矿的解理。

对于不完全解理和极不完全解理，在肉眼上都很难看到解理面，常以"解理不发育"或

"无解理"来描述。

对矿物解理的观察描述，不但要注意解理的方向、组数及夹角，还应着重确定解理的等级。

只有结晶矿物才能产生解理，它是矿物固有的性质，同种矿物具有相同的解理，所以是矿物重要的鉴定特征。

2. 断口

断口是指矿物晶体受力后将沿任意方向破裂而形成各种不平整的断面。显然，矿物的解理与断口产生的难易程度是互为消长的。晶格内各个方向的化学键强度近于相等的矿物晶体，受力后，形成一定形状的断口，而很难产生解理。断口不仅可见于矿物单晶体上，也可出现在同种矿物的集合体中。断口常呈一些特征的形状，但它不具对称性，并不反映矿物的任何内部特征，因此断口只可作为鉴定矿物的辅助依据。矿物的断口主要借助于其形状来描述，常见的有：

（1）贝壳状断口。呈圆形或椭圆形的光滑曲面，并出现以受力点为中心的不很规则的同心圆波纹，形似贝壳，如石英、玻璃的断口（图1-43）。

（2）锯齿状断口。呈尖锐锯齿状，见于强延展性的自然金属元素矿物，如自然金等。

（3）参差状断口。断面呈参差不平状，大多数脆性矿物（如磷灰石、石榴子石等）以及呈块状或粒状集合体具此种断口。

图1-43　石英的贝壳状断口
（网络下载）

（4）土状断口。断面粗糙、呈细粉状，为土状矿物（如高岭石）特有。

3. 裂开（裂理）

裂开（裂理）是指矿物晶体在某些特殊条件下，受力后沿着晶格内一定的结晶方向破裂成平面的性质。沿裂里裂开的平面称裂理面。

显然，从现象上看，裂开酷似解理，也只能出现在晶体上，但两者产生的原因不同，裂开不直接受晶体结构控制，而是取决于杂质的夹层及机械双晶等结构以外的非固有因素，裂开面往往沿定向排列的外来微细包裹体或固溶体离溶物的夹层及由应力作用造成的聚片双晶的接合面产生。当这些因素不存在时，矿物则不具裂开，如某些磁铁矿可见裂开，即是由于其含有沿某个结晶方向分布的显微状钛铁矿、钛铁晶石出溶片晶所致。

（二）硬度

矿物的硬度是指矿物抵抗外来机械作用（如刻划、压入或研磨等）的能力。它是鉴定矿物的重要特征之一。矿物的肉眼鉴定中，通常采用摩氏硬度，它是一种刻划硬度，用10种硬度递增的矿物为标准来测定矿物的相对硬度，此即摩氏硬度计（表1-2）。

矿物肉眼鉴定测定硬度时，必须注意选择新鲜、致密、纯净的单矿物。用摩氏硬度计来测试矿物硬度时，用标准矿物与待测矿物相互刻划，以确定两矿物硬度的相对大小。例如某石榴子石能刻动石英，但不能刻动黄玉，却能为黄玉所划伤，则其硬度介于7～8之间。此外，在实际鉴定时还可用更简便的工具作为辅助，如指甲（2.0～2.5）、铜钥匙（3.0～3.5）、小钢刀（5.0～6.0）、窗玻璃（5.5～6.0）和钢锉（6.5）。

| 表 1-2 | | | | | 摩氏硬度计 | | | | | |
|---|---|---|---|---|---|---|---|---|---|---|
| 硬度等级 | 1 | 2 | 3 | 4 | 5 | 6 | 7 | 8 | 9 | 10 |
| 标准矿物 | 滑石 | 石膏 | 方解石 | 萤石 | 磷灰石 | 正长石 | 石英 | 黄玉 | 刚玉 | 金刚石 |

　　矿物的硬度是矿物成分及内部结构牢固性的具体表现之一。首先,矿物的硬度主要取决于其内部结构中质点间联结力的强弱,即化学键的类型及强度。一般地,典型原子晶格(如金刚石)具有很高的硬度,但对于以配位键为主的原子晶格的大多数硫化物矿物,由于其键力不太强,故硬度并不高;离子晶格矿物的硬度通常较高,但随离子性质的不同而变化较大;金属晶格矿物的硬度比较低(某些过渡金属除外);分子晶格因分子间键力极微弱,其硬度最低。

　　矿物的硬度体现晶体的异向性,同一矿物晶体不同方向上的硬度会有差异,最典型的例子是蓝晶石,其柱面上的硬度随方向的不同而变化,平行柱体方向小钢刀能刻划形成沟槽,垂直柱体方向小钢刀刻不动。

　　测定矿物硬度时,应注意选取纯净、致密而新鲜的矿物晶体,呈土状或松散粒状集合体的矿物,以及受风化作用破坏的矿物,它们的实际硬度往往偏低。

　　(三)矿物的弹性与挠性

　　矿物的弹性是指矿物在外力作用下发生弯曲形变,当外力撤除后,在弹性限度内能够自行恢复原状的性质。如云母片一般具有弹性。

　　矿物的挠性是指某些层状结构的矿物,在撤除使其发生弯曲形变的外力后,不能恢复原状。如滑石、绿泥石、石墨片都有挠性。

　　(四)矿物的脆性与延展性

　　矿物的脆性是指矿物受外力作用时易发生碎裂的性质。它与矿物的硬度无关,有些脆性矿物虽然易碎但硬度还是挺高的,自然界绝大多数非金属晶格矿物都具有脆性,如自然硫、萤石、黄铁矿、石榴子石和金刚石。

　　延展性是指受外力拉引时易成为细丝、在锤击或碾压下易形变成薄片的性质。它是矿物受外力作用发生晶格滑移形变的一种表现,是金属键矿物的一种特性。自然金属元素矿物,如自然金、自然银和自然铜等均具强延展性;某些硫化物矿物,如辉铜矿等也表现出一定的延展性。

　　**四、矿物的其他性质**

　　(一)矿物的密度和相对密度

　　矿物的密度是指矿物单位体积的质量,其单位为 $g/cm^3$。它可以根据矿物的晶胞大小及其所含的分子数和分子量计算得出。矿物手标本鉴定时通常使用相对密度,以前称为相对密度。它是指纯净的单矿物在空气中的质量与 4 ℃时同体积的水的质量之比。显然,相对密度无量纲,其数值与密度相同,但它更易测定。

　　矿物肉眼鉴定时,通常是凭经验用手掂量,将矿物的相对密度分为 3 级:

　　(1)轻的。相对密度小于 2.5,如石膏(2.3)。

　　(2)中等的。相对密度在 2.5~4 之间,如方解石(2.71),大多数非金属均属此类。

　　(3)重的。相对密度大于 4,如方铅矿(7.4~7.6)。

　　矿物的相对密度是矿物晶体化学特点在物理性质上的又一反映,它主要取决于其组成元素的原子量、原子或离子的半径及结构的紧密程度。

此外,矿物的形成环境对相对密度也有影响。一般说来,高压环境下形成的矿物的相对密度,较其低压环境的同质多象变体大;而温度升高,则有利于形成配位数较低、相对密度较小的变体。

在矿物之间用相对密度做比较时,注意所取矿物的体积要相近,而且必须是纯净、新鲜的单矿物块体。

（二）矿物的磁性

矿物的磁性是指矿物在外磁场作用下被磁化所表现出能被外磁场吸引、排斥或对外界产生磁场的性质。矿物肉眼鉴定时,一般以马蹄形磁铁或磁化小刀来测试矿物的磁性,常粗略地分为 3 级:

（1）强磁性。矿物块体或较大的颗粒能被吸引,如磁铁矿。

（2）弱磁性。矿物粉末能被吸引,如铬铁矿。

（3）无磁性。矿物粉末也不能被吸引,如黄铁矿,绝大多数矿物都属此类。

此外,还有矿物的导电性、压电性、导热性、热膨胀性、熔点、易燃性、挥发性、吸水性、可塑性、放射性以及嗅觉、味觉和触觉等,它们在矿物鉴定、应用及找矿上常有重要的意义。

**任务实施**

1. 通过在无釉瓷板上擦划所留下的粉末的颜色来学习判断不同矿物的条痕颜色。

2. 根据矿物新鲜平滑晶面、解理面或磨光面上反光能力的强弱,并配合矿物的条痕和透明度,对比矿物不同等级的光泽划分。

3. 借助于矿物断口的形状来对其进行描述。

4. 通过手掂量,初步估计矿物的轻重程度,从而判断其密度等级。

5. 用永久磁铁测试矿物的磁性强弱。

**思考与练习**

1. 根据产生原因,矿物的颜色分为哪几类?

2. 赤铁矿的条痕颜色是什么?

3. 方铅矿呈现什么光泽?

4. 如何用摩氏硬度计来测试矿物的硬度?

# 任务三 矿物的化学成分

【知识要点】 化学键;类质同象和同质多象;矿物中的水。

【技能目标】 了解矿物的化学成分类型;分清类质同象和同质多象的区别;能正确书写矿物的化学式。

**任务导入**

化学成分是矿物的基本属性,是决定矿物各项性能的最根本因素之一。自然界中的矿物,大体可以分为两类:一是单质,即由同一种元素构成的矿物,如自然铜、石墨等;二是化合物,即由多种离子或离子团构成的矿物,如赤铁矿、石膏等。

化学元素周期表中绝大多数元素可以在地壳中找到,但是,不同元素在地壳中的含量有很大的差别,最多与最少的元素含量相差可达 $10^{18}$ 倍。元素之间能否形成矿物,主要由相关元素原子的外电子层所决定。元素之间进行化合时,离子的外层电子层以 2、8 或 18 个电子的结构最稳定。一些元素之所以能结合形成矿物,正是通过得失电子的方式来实现的。

**任务分析**

学习本任务内容,必须掌握以下知识:

(1)元素的离子类型和化学键。

(2)矿物的化学成分类型。

(3)类质同象。

(4)同质多象。

(5)胶体矿物。

(5)矿物中的水。

(6)矿物的化学式。

**相关知识**

### 一、元素的离子类型与化学键

#### (一)元素的离子类型

矿物晶体的内部结构主要是由组成它的原子或离子的性质决定的,其中起主导作用的因素是原子或离子的最外层电子的构型。通常根据离子的最外层电子的构型将离子划分为 3 种基本类型(表 1-3)。

表 1-3　　　　　　　　　　　　　　　元素的离子类型

| | | | | | | | | | | | | | | | | | |
|---|---|---|---|---|---|---|---|---|---|---|---|---|---|---|---|---|---|
| He | Li | Be | | | | | | | | | | | B | C | N | O | F |
| Ne | Na | Mg | | | | | | | | | | | Al | Si | P | S | Cl |
| Ar | K | Ca | Sc | Ti | V | Cr | Mn | Fe | Co | Ni | Cu | Zn | Ga | Ge | As | Se | Br |
| | | | | | | | ⋮ | | | | | | | | | | |
| Kr | Rb | Sr | Y | Zr | Nb | Mo | Te | Ru | Rh | Pd | Ag | Cd | In | Sn | Sb | Te | I |
| | | | | | | | ⋮ | | | | | | | | | | |
| Xe | Cs | Ba | TR* | Hf | Ta | W | Re | Os | Ir | Pt | Au | Hg | Ti | Pb | Bi | Po | At |
| | | | | | | | ⋮ | | | | | | | | | | |
| Rn | Fr | Ra | Ac* | | 3a | | | 3b | | | | | 4 | | | | |
| 1 | 2 | | | | | | | | | | | | | | | | |

注:TR* 与 Ac* 分别为稀土族与铜族元素;1——惰性气体原子;2——惰性气体型离子;3a——亲氧性强的过渡型离子;3b——亲硫性强的过渡型离子;4——铜型离子。

**1. 惰性气体型离子**

惰性气体型离子是指最外层具有 8 个或 2 个电子的离子。这类离子的最外层电子构型与惰性气体原子相同，主要包括碱金属、碱土金属及位于周期表右边的一些非金属元素。这些元素的电离势较低，离子半径较大，极化力弱，易与氧或卤素元素以离子键结合形成含氧盐、氧化物和卤化物，构成地壳中大部分造岩矿物。这一类元素常称为"亲氧元素"、"亲石元素"或"造岩元素"。

**2. 铜型离子**

铜型离子是指最外层具有 18 个电子或（18＋2）个电子的离子。电子构型与 $Cu^+$ 的最外层电子构型相同，主要包括位于周期表长周期右半部的有色金属和半金属元素。这些元素的电离势较高，离子半径较小，极化能力很强，通常主要以共价键与硫结合形成硫化物、硫盐及其类似化合物，形成主要的金属硫化物矿物床中的矿石矿物，故称为"亲硫元素""亲铜元素"或"造矿元素"。

**3. 过渡型离子**

过渡型离子是指最外层电子数为 9～17 个电子的离子，它们的电子构型处于前两者之间的过渡位置，主要包括周期表中Ⅲ—Ⅷ族的副族元素。离子的性质介于惰性气体型离子和铜型离子之间。最外层电子数接近 8 的，易与氧结合，形成氧化物及含氧盐矿物；最外层电子数接近 18 的，易与硫结合，形成硫化物；最外层电子数居中者，如 Fe、Mn 等，则依所处介质条件的不同，既可形成氧化物，也可形成硫化物。这一类元素在地质作用中经常与铁共生，故也称之为"亲铁元素"。

**（二）化学键**

在晶体结构中，质点间的相互维系力（结合力）称化学键。化学键的形成，主要是由于相互作用的原子，它们的价电子在原子核之间进行重新分配，以达到稳定的电子构型的结果。不同的原子，由于它们得失电子的能力（电负性）不同，因而在相互作用时，可以形成不同的化学键。典型的化学键有 3 种，即离子键、共价键、金属键，加上存在于分子之间的，较弱的相互吸引力——分子键，共有 4 种基本键型。

具有不同化学键的晶体，在晶体结构、物理性质和化学性质上都有很大的差异（表1-4）。

表 1-4　　　　　　　　　　键型与晶体物理、化学性质的关系

| 键型 | 金属键 | 离子键 | 共价键 | 分子键 |
|------|--------|--------|--------|--------|
| 键性 | 由弥漫的自由电子把金属阳离子结合起来，无饱和性和方向性，键力一般不强 | 由阴、阳离子间静电引力相结合，无饱和性和方向性，键力一般较强 | 由共用电子对相联系，有饱和性和方向性，键力一般很强 | 由分子间偶极引力相联系，无饱和性和方向性，键力一般较弱 |
| 光学性质 | 不透明，反射率高，金属光泽 | 透明或半透明，玻璃光泽 | 透明至半透明，玻璃-金刚光泽 | 多数透明，玻璃-金刚光泽 |
| 力学性质 | 硬度低-中等，高密度，强延展性 | 硬度中或高，脆性 | 硬度中或高至很高，脆性 | 硬度很低 |
| 电学性质 | 良导体 | 不良导体（熔融后导电） | 不良导体（熔体亦不导电） | 不良导体 |

续表 1-4

| 键型 | 金属键 | 离子键 | 共价键 | 分子键 |
|---|---|---|---|---|
| 热学性质 | 熔点高低不一,导热性能好 | 一般熔点高,热膨胀系数小 | 熔点高,热膨胀系数小 | 熔点低,易升华,热膨胀系数大 |
| 溶解度 | 易溶于氧化剂,在其他溶剂中难溶 | 易溶于水,随离子键能增强,溶解度减小,不溶于有机溶剂 | 不易溶于水,在其他大多数溶剂中也较难溶 | 不溶于水,溶于有机溶剂 |
| 典型实例 | 自然金 Au<br>自然铜 Cu | 石盐 NaCl<br>萤石 CaF$_2$ | 金刚石 C | 自然硫 S<br>雄黄 AS$_4$S$_4$ |

## 二、矿物的化学成分类型

### (一)单质

由同种元素的原子自相结合组成的矿物,如自然金(Au)、金刚石(C)等。

### (二)化合物

由两种或两种以上不同的化学元素组成的矿物。

#### 1. 简单化合物

由一种阳离子和一种阴离子化合而成,如石盐 NaCl、磁铁矿 Fe$_3$O$_4$。

#### 2. 络合物

由一种阳离子和一种络阴离子(酸根)组成的化合物,如方解石 Ca[CO$_3$]、钠长石 Na[AlSi$_3$O$_8$]。

#### 3. 复化合物

由两种或两种以上的阳离子与阴离子或络阴离子化合而成,如白云石 CaMg[CO$_3$]、黄铜矿 CuFeS$_2$。

无论是单质还是化合物,其化学组成绝对固定者极少,大多数可在一定范围内发生变化。引起矿物化学成分变化的原因,主要是类质同象代替、胶体的吸附作用、显微包裹体的存在等。

## 三、类质同象

### (一)类质同象的概念

由于自然界生长环境的复杂性,大多数矿物因类质同象替代,其化学组成在一定范围内发生变化。类质同象是指矿物结晶时,结构中性质相近的质点(离子、原子或分子)在保持原有晶体结构的情况下,相互代替的现象。例如,在菱镁矿 Mg[CO$_3$]和菱铁矿 Fe[CO$_3$]之间,由于镁和铁可以互相代替,可以形成各种 Mg、Fe 含量不同的类质同象混合物(混晶),从而可以构成一个镁、铁成各种比值的连续的类质同象系列,如:

$$Mg[CO_3]—(Mg,Fe)[CO_3]—(Fe,Mg)[CO_3]—Fe[CO_3]$$

菱镁矿 — 含铁的菱镁矿 — 含镁的菱铁矿 — 菱铁矿

又如,闪锌矿 ZnS 中的锌,可部分(不超过 30.8%)被铁所代替,在这种情况下,铁被称为类质同象混入物,富铁的闪锌矿被称为铁闪锌矿。

在书写类质同象混晶的化学式时,凡相互间成类质同象替代关系的一组元素均写在同一圆括号内,彼此间用逗号隔开,按所含原子百分数由高而低的顺序排列。例如橄榄石

$(Mg,Fe)_2[SiO_4]$、铁闪锌矿$(Zn,Fe)S$。

（二）类质同象的类型

1. 根据质点代替的程度划分

（1）完全类质同象。在类质同象混晶中，若 A、B 两种质点可以任意比例相互取代，它们可以形成一个连续的类质同象系列，则称为完全类质同象系列。如菱镁矿-菱铁矿系列中镁、铁之间的代替。

（2）不完全类质同象。在类质同象混晶中，若 A、B 两种质点的相互代替局限在一个有限的范围内，它们不能形成连续的系列，则称为不完全类质同象系列。如闪锌矿$(Zn,Fe)S$中，铁取代锌局限在一定的范围之内。

2. 根据相互取代的质点的电价是否相等划分

（1）等价类质同象。晶格中互相代替的质点电价相等，如 $Mg^{2+}$ 与 $Fe^{2+}$ 之间的代替。

（2）异价类质同象。晶格中互相代替的质点电价不相等。如在钠长石 $Na[AlSi_3O_6]$ 与钙长石 $Ca[Al_2Si_2O_6]$ 系列中，$Na^+$ 和 $Ca^{2+}$ 之间的代替以及 $Si^{4+}$ 和 $Al^{3+}$ 之间的代替都是异价的，但由于这两种代替同时进行，代替前后总电价是平衡的。

（三）类质同象的影响因素

1. 原子和离子半径

显然，从几何角度来考虑，相互取代的原子或离子，其半径应当相近。

2. 总电价平衡

在类质同象的代替中，必须保持总电价的平衡。

3. 离子类型和化学键

惰性气体型离子在化合物中一般为离子键结合，而铜型离子在化合物中以共价键结合为主。离子类型不同，化学键不同，则它们之间的类质同象代替就不易实现。

4. 温度

温度增高有利于类质同象的产生，而温度降低则将限制类质同象的范围并促使类质同象混晶发生分解，即固溶体离溶。

5. 压力

一般来说，压力的增大将限制类质同象代替的范围并促使其离溶。但这一问题尚待进一步的研究。

6. 组分浓度

一种矿物晶体，其组成组分间有一定的量比。当它从熔体或溶液中结晶时，若某组分不能与上述量比相适应，即某种组分浓度不足时，则介质中将有与之类似的组分以类质同象的方式混入晶格加以补偿。

（四）研究类质同象的实际意义

类质同象是矿物中普遍存在的现象，是引起矿物化学成分变化的一个主要原因。地壳中有许多元素本身很少或根本不形成独立矿物，而主要是以类质同象混入物的形式储存于一定矿物的晶格中。例如，Re 经常赋存于辉钼矿中，Cd、In、Ga 经常存在于闪锌矿中。所以，研究类质同象的规律，对寻找某些矿种和合理地综合利用各种矿产资源，有着极为重要的意义。同时，由于类质象的形成与矿物的生成条件有关，因而类质同象的研究将有助于了解成矿环境。

### 四、同质多象

#### (一)同质多象概念

同质多象是指一种物质(单质或化合物)在不同的物理化学条件(温度、压力、介质)下,能结晶成若干种不同晶体结构的现象。这些不同结构的晶体,称为该成分的同质多象变体。例如,金刚石和石墨就是碳的两个同质多象变体,晶体结构如图1-44所示。若一种物质成分以两种变体出现,称为同质二象;以三种变体出现,称为同质三象,或泛称为同质多象。

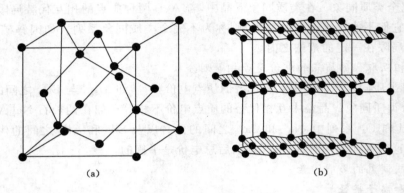

(a)　　　　　　　　　　　　　　　　(b)

图 1-44　碳的两个同质多象变体
(a) 金刚石;(b) 石墨

同质多象的每一种变体都有一定的热力学稳定范围,都具备自己特有的形态和物理性质,并且这种形态与物性的差异较大,因此,在矿物学中它们都是独立的矿物种。同种物质的同质多象变体,常根据它们的形成温度从低到高在其名称或成分之前冠以 $\alpha$、$\beta$、$\gamma$ 等希腊字母,以示区别,如 $\alpha$ 石英、$\beta$ 石英等,并且通常以 $\alpha$ 代表低温变体,$\beta$、$\gamma$ 代表高温变体。

#### (二)同质多象转变

同质多象各变体之间,由于物理化学条件的改变,在固态条件下可发生相互转变。

同质多象变体间的转变温度在一定的压力下是固定的,所以,在自然界的矿物中某种变体的存在或某种转化过程,可以帮助我们推测该矿物所存在的地质体的形成温度。因此,它们被称为"地质温度计"。

同质多象的转变,可分为可逆的(双向的)和不可逆的(单向的)两种类型。如 $\alpha$ 石英→$\beta$ 石英的转变在 573 ℃时瞬时完成,而且可逆;$Ca[CO_3]$ 的斜方变体文石在升温条件下转变为三方变体方解石,但温度降低则不再形成文石。

一种同质多象变体继承了另一种变体之晶形的现象,称为副象,它的存在是判断曾发生过同质多象转变的重要证据。

### 五、胶体矿物

#### (一)胶体矿物的概念

胶体是一种或多种物质的微粒(粒径一般介于 1~100 nm 之间)分散在另一种物质之中而形成的不均匀的细分散系。前者称为分散相(分散质),后者称为分散媒(分散剂)。显然,胶体是两相或多相物质的混合物。分散相和分散媒均可以是固体、液体或气体。其中,分散媒远多于分散相的胶体,称为胶溶体;分散相远多于分散媒的胶体,则称为胶凝体。

矿物学上,通常所说的胶体矿物,实际上都是指以水为分散媒、以固相为分散相的水胶凝体而形成的非晶质或超显微的隐晶质矿物。前者如蛋白石($SiO_2 \cdot nH_2O$),后者如大多数黏土矿物。严格地说,胶体矿物只是含吸附水的准矿物。

胶体微粒非常小,具有极大的比表面积和很高的表面能。因此,胶体矿物不稳定,具有吸附其他物质和自发地转化为结晶质的趋势,从而降低其表面能,达到稳定状态。

已经形成的胶体矿物,随着时间的推移或热力学因素的改变,胶粒会自发地凝聚,并进一步发生脱水作用,颗粒逐渐增大而成为隐晶质,最终可转变为显晶质矿物,这种自发转变过程称胶体的老化或陈化。由胶体矿物老化形成的隐晶质或显晶质矿物称为变胶体矿物。

(二)胶体矿物的化学成分特点

胶体的特殊性质决定胶体矿物的化学成分具有可变性和复杂性的特点。首先,胶体矿物的分散相与分散媒的量比不固定,即其含水量是可变的。其次,胶体微粒表面具有很强的吸附性,致使胶体矿物可吸附介质中的其他成分而改变,其吸附量有时相当可观,甚至可富集形成有工业价值的矿床。例如,$MnO_2$ 负胶体可以吸附 Li、K、Ba、Cu、Pb、Zn、Co、Ni 等 40 余种元素的离子,其中 Co、Ni、Pb、Zn 等有时可达工业品位,可以开采。可见,胶体矿物的化学成分不仅可变,而且相当复杂,其组成中含有种类和数量上变化范围均较大的被吸附的杂质离子。

## 六、矿物中的水

在很多矿物中,水是其重要的化学组成之一,并且对许多矿物的性质有很重要的影响。但是水在矿物中的存在形式并不相同。根据矿物中水的存在形式及其在晶体结构中的作用,可将矿物中的水主要分为吸附水、结晶水和结构水 3 种基本类型,以及性质介于结晶水与吸附水之间的层间水和沸石水 2 种过渡类型。

(一)吸附水

吸附水是呈中性水分子 $H_2O$ 状态存在于矿物中的水。它不直接参与组成矿物的晶体结构,只是机械地被吸附于矿物的表面上或裂隙中。吸附水不属于矿物的化学成分,不写入化学式。它在矿物中的含量不固定,随着外界温度、湿度条件而变化。在常压下,当温度上升至 110 ℃时,吸附水会全部逸出,但并不破坏晶格。

薄膜水和毛细管水都属于吸附水。水胶凝体中的胶体水是吸附水的一种特殊类型,它是胶体矿物本身的固有特征,故应作为重要组分列入矿物的化学式,但其含量不固定,如蛋白石的化学式是 $SiO_2 \cdot nH_2O$。

(二)结晶水

结晶水是以中性水分子 $H_2O$ 的形式存在于矿物中的水,在矿物晶体结构中占有固定的位置,并且水分子的数量也是固定的。

结晶水多出现在具有大半径络阴离子的含氧盐矿物中,例如石膏 $CaSO_4 \cdot 2H_2O$。结晶水受晶格的束缚,结构比较牢固,但在不同矿物中结晶水与晶格联系的牢固程度又有差别。要使结晶水从矿物中脱出,通常需要 $100 \sim 200$ ℃的温度,结合牢固的要加温至 600 ℃水才逸出。当矿物脱出结晶水后,晶体的结构被破坏,进而重建为新的晶格,如石膏脱水后形成硬石膏。含结晶水的矿物失水温度是一定的,据此可以作为鉴定矿物的一项标志。

(三)结构水

结构水是呈 $H^+$、$(OH)^-$ 或 $(H_3O)^+$ 等离子状态存在于矿物晶格中的水。如在高岭石 $Al_4[Si_4O_{10}](H_2O)_8$ 和水云母 $(K,H_3O)Al_2[AlSi_3O_{10}](OH)_2$ 中都含有结构水。结构水在晶格中占有固定的位置,在含量上有确定的比例。它们在晶格中靠较强的键力联系着,因此,结构牢固,要在高温(约 600~1 000 ℃)作用下水才会逸出,如滑石的失水温度为 950 ℃。由于结构水是占有晶格位置的,所以失水后晶格完全被破坏。

（四）沸石水

沸石水是存在于沸石族矿物晶格中的大空腔或通道中的中性水分子,其性质介于结晶水与吸附水之间。水的含量随温度和湿度而变化。由于沸石结构中,其空洞和孔道的数量及位置都是一定的,所以含水量有一个确定的上限值。

对矿物加热至 80~400 ℃时,水会大量逸出,失水后原矿物的晶格不发生变化,只是它的某些物理性质——透明度、折射率和相对密度等随失水量的增加而降低。失水后的沸石又可重新吸水,恢复原有的物理性质。可见,沸石水具有一定的吸附水的性质。但是,含水量的这种变化有确定的上、下限范围,当超过这一范围时,晶格将有所变化,失水后就不再能够吸水复原。

（五）层间水

层间水是存在于层状结构硅酸盐结构层之间的中性水分子,其性质介于结晶水与吸附水之间,但数量可在相当大的范围内变动。这是因为某些层状硅酸盐矿物如蒙脱石等,其结构层本身电价并未达到平衡,在结构层表面有过剩负电荷,需要吸附金属阳离子及水分子,从而在相邻的结构层中间形成水分子层,即层间水。水的含量与吸附阳离子的种类有关,如在蒙脱石中,当吸附阳离子为 $Na^+$ 时,在结构层之间形成一个水分子层;若为 $Ca^{2+}$ 时,则经常形成两个水分子厚的水层。此外,层间水的含量还随外界温度、湿度的变化而变化,加热至 110 ℃时,水大量逸出,而在潮湿环境又可重新吸水。水含量的改变不破坏晶体结构,只影响结构层的间距,即晶胞轴 $C_0$ 的大小、相对密度、折光率等矿物物理性质。

### 七、矿物的化学式

将矿物化学成分用元素符号按一定的原则表示出来,就构成了矿物的化学式。它是以单矿物的化学式分析所得各组分的相对百分含量为基础计算出来的。

（一）实验式

实验式只表示矿物中各组分的种类及其数量比,不能反映出矿物中各组分之间的相互关系。如白云母的实验式为 $K_2O \cdot 3Al_2O_3 \cdot 6SiO_2 \cdot 2H_2O$ 或 $H_2KAl_3Si_3O_{12}$。

（二）晶体化学式

目前,矿物学中普遍采用的是结构式,即晶体化学式,它既能表明矿物中各组分的种类及其数量比,又能反映出它们在晶格中的相互关系及其存在形式。

如白云母的晶体化学式应写作 $K\{Al_2[(Si_3Al)O_{10}](OH)_2\}$,表明白云母是一种具层状结构的铝的铝硅酸盐矿物,部分 Al 进入四面体空隙替代 1/4 的 Si,另有部分 Al 以六次配位的形式存在于八面体空隙中,K 为补偿由 $Al^{3+}$ 替代 $Si^{4+}$ 所引起的层间电荷而进入结构层间,此外白云母的组成中还有结构水。

晶体化学式的书写规则如下:

(1) 基本原则是阳离子在前,阴离子或络阴离子在后,络阴离子需用方括号括起来。

(2) 对复化合物,阳离子按其碱性由强至弱、价态从低到高的顺序排列。

(3) 附加阴离子通常写在阴离子或络阴离子之后。

(4) 矿物中的水分子写在化学式的最末尾,并用圆点将其与其他组分隔开。

(5) 互为类质同象替代的离子,用圆括号括起来,并按含量由多到少的顺序排列,中间用逗号分开。

**任务实施**

1. 从键性、光学性质、力学性质、电学性质、热学性质和溶解度等方面来比较金属键、离子键、共价键和分子键。

2. 以菱镁矿和菱铁矿为例来理解类质同象。

3. 以金刚石和石墨为例来理解同质多象。

4. 正确书写矿物的化学式,包括实验式和晶体化学式。

**思考与练习**

1. 比较金属键、离子键、共价键和分子键之间键性的强弱并排序。

2. 举例说明什么是复合化合物?

3. 类质同象和同质多象的区别是什么?

4. 矿物中的水有哪几种存在形式?

5. 方解石的晶体化学式如何书写?

# 任务四　矿物的成因和矿物鉴定

【知识要点】　内生作用;外生作用;变质作用;矿物的共生组合;矿物的肉眼鉴定。

【技能目标】　掌握形成矿物的几种地质作用;了解矿物形成条件的标志。

**任务导入**

矿物成因的研究一直是矿物学中一个非常重要的课题,并已发展成为现代矿物学中一个独立的分支学科——成因矿物学。矿物的成因包括矿物个体的发生和成长、矿物形成的物理化学作用以及形成矿物地质作用等几个方面。所以,研究矿物成因的基本任务是研究矿物和矿物组合的形成、变化及其规律性,这对于鉴定矿物、找矿勘探等都具有重要的实际意义。

**任务分析**

学习本任务内容,必须掌握以下知识:

(1) 形成矿物的地质作用。

(2) 影响矿物形成的因素。

(3) 矿物的鉴定和研究方法。

**相关知识**

**一、形成矿物的地质作用**

自然界的矿物是地质作用的产物,因此,矿物的成因通常是按地质作用来分类的。根据作用的性质和能量来源，一般将形成矿物的地质作用分为内生作用、外生作用和变质作用。

（一）内生作用

内生作用主要指由地球内部热能所导致矿物形成的各种地质作用，主要包括岩浆作用、火山作用、伟晶作用和热液作用。

1. 岩浆作用

岩浆作用是指由岩浆冷却结晶而形成矿物的作用。岩浆是形成于上地幔或地壳深处、以硅酸盐为主要成分并富含挥发组分（$H_2O$、$CO_2$、F、Cl、B 等）和各种金属元素的高温（700～1 300 ℃）、高压（$5×10^8$～$20×10^8$ Pa）的熔融体。在地壳运动过程中，岩浆沿深大断裂上升，由于温度、压力逐渐降低以及其他物理化学条件的不断变化，不同矿物依次从岩浆中结晶出来，形成矿物组合不同的各种侵入岩。在岩浆作用过程中，先后结晶出的造岩矿物主要有橄榄石、辉石、角闪石、黑云母、斜长石、正长石、石英等。此外，还可形成金刚石与铂族自然元素、铬铁矿、磁铁矿、黄铜矿、镍黄铁矿、钛铁矿等造矿矿物，当这些矿物大量富集时就形成了岩浆矿床。

2. 火山作用

火山作用是岩浆作用的一种特殊形式，为地下深处的岩浆沿地壳脆弱带上侵至地面或直接喷出地表，迅速冷凝的全过程。这种作用的产物为各种类型的火山岩（包括熔岩和火山碎屑岩）。

火山作用形成的矿物以高温、淬火、低压、高氧、缺少挥发分的矿物组合为特征，除$\beta$-石英、透长石等细小斑晶外，均呈隐晶质，甚至形成非晶质的火山玻璃。由于挥发分的逸出，火山岩中往往产生许多气孔，并常为火山后期热液作用形成的沸石、蛋白石、玛瑙、方解石和自然铜等矿物所充填。在火山喷气孔周围则常有经凝华作用形成的自然硫、雄黄、石盐等产出。

3. 伟晶作用

伟晶作用是岩浆作用的继续，是指在地表以下较深部位（3～8 km）的高温（400～700 ℃）、高压（$1×10^8$～$3×10^8$ Pa）条件下，由富含挥发分和稀有、放射性元素的残余岩浆中形成伟晶岩及其有关矿物的作用。

伟晶作用形成的主要矿物与有关深成岩相似，如花岗伟晶岩主要矿物为石英、长石、云母，但又以晶体粗大为特征，同时富含挥发分及稀有、稀土和放射性元素的矿物含量更高，如黄玉、电气石、锂辉石、绿柱石、天河石和铌钽铁矿等。伟晶岩常呈脉状并成群产出，其中的稀有、稀土和放射性元素矿物常可富集形成有独特经济意义的工业矿床。

4. 热液作用

热液作用是指从气水溶液到热水溶液过程中形成矿物的地质作用。热液按来源主要有岩浆期后热液、火山热液、变质热液和地下水热液。

岩浆期后热液是伴随岩浆冷却结晶聚集的以 $H_2O$ 为主的挥发分，随着温度降至水的临界温度（374 ℃）以下，这些气态物质变成的热水溶液。地下水热液是由渗透到地壳深部的地表水与保存在沉积岩中的各种水汇合在一起受地热影响而形成的热液。火山热液是介于岩浆期后热液和地下水热液之间的过渡类型，其中的水以地表水为主，而不是岩浆中的水。变质热液是岩石在变质作用过程中释放的孔隙水以及矿物中的吸附水、结晶水和化合水所构成的热液。这些热液携带着来自岩浆或在其沿裂隙运移过程中淋滤和溶解围岩中的成矿物质,在一定的物理化学条件下,可沉淀出各种矿物。

热液作用的温度是 500～50 ℃,深度从 5～8 km 直至近地表。温泉就是温度最低、出露地表的热液活动。热液作用按温度大致分为高、中、低温 3 种类型。

(1)高温热液作用。形成温度在 500～300 ℃之间,主要形成 W、S、Bi、Mo、Nb、Ta、Be、Fe 等矿物组合及相应矿床。常见的矿物有黑钨矿、锡石、辉铋矿、辉钼矿、毒砂、磁黄铁矿、磁铁矿、自然金、绿柱石、黄玉、电气石、白云母、石英、萤石等。

(2)中温热液作用。形成温度在 300～200 ℃之间,主要形成 Cu、Pb、Zn 矿物组合及相应的矿床。常见矿物有黄铜矿、方铅矿、闪锌矿、黄铁矿、自然金、萤石、石英、重晶石及方解石等。

(3)低温热液作用。形成温度在 200～50 ℃之间,主要形成 As、Sb、Hg、Ag 矿物组合及相应矿床。常见的矿物有雄黄、雌黄、辉锑矿、辰砂、辉银矿、自然金、重晶石、石英、方解石、蛋白石、高岭石等。

(二)外生作用

外生作用是指在地表或近地表较低的温度和压力下,由于太阳能、水、大气和生物等因素的参与而形成矿物的各种地质作用,包括风化作用和沉积作用。

1. 风化作用

在地表或近地表环境中,由于温度变化及大气、水、生物等的作用,使矿物、岩石在原地遭受机械破碎,同时也可发生化学分解而使其组分转入溶液被带走或改造为新的矿物和岩石,这一过程称风化作用。风化作用可以形成一些稳定于地表条件下的表生矿物。

不同矿物抗风化的能力各不相同,一般说来,硫化物、碳酸盐最易风化,硅酸盐、氧化物等较稳定。在地表风化作用下,化学性质不稳定的矿物发生分解,成分中的可溶性组分将溶于水中形成真溶液,被地表水带走;一些难溶组分则呈微粒悬浮于水中形成胶体溶液,除了被表生水带走外,其余部分在适当条件下可以形成一系列稳定于地表条件下的表生矿物。表生矿物主要是各种氧化物和氢氧化物、黏土矿物及其他含氧盐,如玉髓、蛋白石、褐铁矿、铝土矿、硬锰矿、高岭石、蒙脱石、孔雀石等。表生矿物集合体,常具有多孔状、皮壳状、钟乳状、土状等。

此外,风化后还残留有一些稳定的原生矿物,如石英、自然金、金刚石、磁铁矿等,它们可残留于原地或被搬运到异地。

2. 沉积作用

地表风化产物及火山喷发物,经流水、风、冰川和生物等搬运到河流、湖泊及海洋环境中沉积下来,形成新的矿物或矿物组合的作用。

根据沉积方式不同,沉积作用分为机械沉积、化学沉积和生物化学沉积。

(1)机械沉积。风化作用形成的矿物碎屑、岩石碎屑在流水、风等的搬运过程中,由于水速或风速的减小,按颗粒大小、相对密度高低先后沉积下来,形成各种砂岩或砾岩。在适宜的场所还能形成各种砂矿床,如砂金、金刚石、锡石、独居石等。显然,机械沉积作用过程中,一般不形成新矿物,主要是矿物的再沉积。

(2)化学沉积。化学沉积发生于真溶液和胶体溶液中。风化作用下被分解的矿物,其成分中可溶组分溶于水形成的真溶液,或沿断裂带上升的携带矿物质的深部卤水等,当它们进入内陆湖泊、封闭或半封闭的潟湖或海湾以后,在干热的气候条件下,因水分不断蒸发而达到过饱和,从而结晶出各种易溶盐类矿物,如石膏、石盐、钾盐、芒硝等。

风化作用产生的胶体溶液被流水带入海、湖盆后,受到电介质的作用而发生凝聚、沉淀作用,形成 Fe、Mn、Al、Si 等的氧化物和氢氧化物的胶体矿物,常见的有赤铁矿、硬锰矿、软锰矿、铝土矿、蛋白石和玉髓等。这些胶体矿物常呈鲕状、豆状、肾状、结核状、致密块状等形态,如在深海底层发现的大量锰结核。

(3)生物化学沉积。生物化学沉积是指由生物新陈代谢作用的产物及其遗体的堆积,或生物的生命活动促使周围介质中某些物质聚集而形成矿物及其矿床,如方解石、硅藻土、磷灰石、煤、油页岩和石油等。此外,一些沉积铁矿的形成,与生物化学作用尤其与细菌作用有关。黑海淤泥中的 Cu、Zn、Mo、U、Ag 等重金属的富集即是浮游生物作用而富集成的。

（三）变质作用

在地表以下较深部位已形成的岩石,由于地壳构造变动、岩浆活动及地热流变化的影响,其所处的地质及物理化学条件发生改变,致使岩石在基本保持固态的情况下发生成分、结构上的变化,而生成一系列变质矿物,形成新的岩石的作用。

根据发生的原因和物理化学条件的不同,变质作用可分为接触变质作用和区域变质作用。

1. 接触变质作用

由岩浆活动引起的,发生于地下较浅深度(2~3 km)之岩浆侵入体与围岩的接触带上的一种变质作用。

接触变质作用的规模不大,根据变质因素和特征的不同,又分为热变质作用和接触交代作用两种类型。

(1)热变质作用。热变质作用是指岩浆侵入围岩,围岩受岩浆高温的烘烤而发生的变质作用。变质发生在围岩部分,围岩与岩浆之间基本无交代作用。围岩一方面发生矿物重结晶、颗粒增大,如石灰岩变质成大理岩,另一方面也可以形成新生的矿物,如红柱石、堇青石、硅灰石、透长石等,它们大多是高温低压矿物。

(2)接触交代作用。接触交代作用是指岩浆侵入围岩时,岩浆与围岩交换某些组分发生化学反应而形成新矿物的地质作用。与热变质作用的显著区别在于有组分的交换,即有交代作用。接触交代作用最易发生在中酸性侵入体与碳酸盐岩的接触带附近,此时侵入体中的组分 FeO、$Al_2O_3$、$SiO_2$ 等向围岩中扩散,而围岩中的 $CO_2$、CaO、MgO 等组分被带进侵入体中,形成一系列的 Ca、Mg、Fe 质硅酸盐矿物,最常见的有透辉石、钙铁辉石、钙铁榴石、钙铝榴石、硅灰石、金云母、透闪石、阳起石、绿帘石等。此外,还有磁铁矿、黄铜矿、方铅矿、闪锌矿等形成。

2. 区域变质作用

由于区域构造运动而发生的大面积的变质作用,称为区域变质作用。造成变质的直接因素是地壳变动时出现的高温、高压及以 $H_2O$、$CO_2$ 为主的化学活动性流体,使原有岩石在结构、构造、矿物成分上发生变化。

区域变质作用形成的变质矿物及其组合主要取决于原岩的成分和变质程度。区域变质作用按温压条件不同可分为高、中、低三级:低级区域变质矿物一般为云母、绿帘石、绿泥石、阳起石、蛇纹石、滑石等;中级区域变质矿物主要为角闪石、斜长石、石英、石榴石、透辉石等;高级区域变质矿物主要为正长石、斜长石、辉石、橄榄石、石榴石、刚玉、尖晶石、矽线石、堇青石等。随着区域变质程度加深,其变质产物向着结构紧密、体积小、相对密度大、不含 OH— 和 $H_2O$ 的矿物演化。

**二、影响矿物形成的因素**

（一）矿物形成的条件

地壳中的化学元素结合成矿物取决于其所处的地质环境及物理化学条件,即取决于地质作用及温度、压力、组分浓度、介质酸碱度（pH）、氧化还原电位（Eh）和组分化学位（$\mu_i$）、逸度（$f_i$）、活度（$a_i$）及时间等因素。

以往我们只注意了温度、压力、组分浓度、介质酸碱度（pH）、氧化还原电位（Eh）的作用,例如:$\alpha$-石英在 573 ℃ 开始形成,低于 573 ℃ 的条件下稳定;金刚石形成于 $3 \times 10^9$ Pa 的压力条件下;当 $S^{2-}$ 的浓度大时,形成黄铁矿,$S^{2-}$ 浓度小时形成磁黄铁矿;方解石形成于碱性介质中,而高岭石形成于酸性介质中;氧化条件下形成高价态的氧化物,还原条件下形成低价态的硫化物。现代矿物学注重矿物的形成及其形成后的一些性质与自由能之间的关系,强调矿物的形成与富集受体系中化学组分的活动性的制约,组分的化学位（$\mu_i$）是表征体系中组分活动性的一个十分重要的物理化学参数,其定义为体系的自由能随化学组分 $i$ 之摩尔数的改变的变化率,即每增加 1 mol 组分 $i$ 所引起的体系自由能的增加或减少量。$\mu_i$ 值大,表示化学组分 $i$ 在体系中的活动性大;反之,则表示其化学活动性小。近 10 年来,国内外学者研究了矿床中活性组分的化学位（$\mu_{K_2O}$、$\mu_{Na_2O}$、$\mu_{H_2O}$、$\mu_{CO_2}$ 等）与矿化及其矿物共生组合的找矿标志之间的内在关系,并成功地用于指导找矿。例如,对我国某大型岩金矿的研究结果表明,岩浆期后热液体系里,当 $K_2O$ 组分的化学活动性较大（即 $\mu_{K_2O}$ 较大）时,可能形成自然金,并可富集成矿床;而 $K_2O$ 组分的化学活动性较小（即 $\mu_{K_2O}$ 较小）时,则难以形成自然金。

（二）矿物形成条件的标志

矿物是地质作用的产物,形成于一定的物理化学条件,因此矿物各方面的性质受到其形成条件的影响。我们不能观察到矿物形成时的具体条件,但借助于矿物的某些特征可以分析、推断其形成条件。

1. 矿物的标型特征

自然界中多数矿物不是单成因的,可以在不同的成因类型中形成,即使成因类型相同,不同时期形成的某种矿物,由于形成时的物理化学条件不可能相同,它们往往会在矿物上留下某些特征,这种能说明其成因的特征,称为矿物的标型特征。具体地可分为成分标型特征、结构标型特征、形态标型特征和物理性质标型特征等。例如,方解石的晶形随形成温度由高至低,从板状经短柱状到长柱状;产于 Si 相对贫的岩石如正长岩中的刚玉,呈长柱状或近三向等长的晶形,而产于 Si 较高的岩石如花岗片麻岩中的刚玉,则呈板状;电气石黑色者指示形成温度高于 300 ℃,绿色者系在约 290 ℃ 条件下结晶而成的,而红色者的结晶温度约在 150 ℃。

应注意的是,不是所有的矿物都具标型特征,只是某些矿物的某些性质才具标型意义。矿物的标型特征研究多数是定性的,也有半定量和定量研究。矿物地质温度计、地质压力计、地质温压计就是利用矿物学特征定量或半定量地测量矿物平衡温度和压力的地质数学模型。

### 2．标型矿物

标型矿物指只在某种特定的地质作用中形成的矿物，成为标型矿物的都是单成因的，其本身就是成因标志。例如，斯石英专属于高压冲击变质成因，产于陨石冲击坑；白榴石只产于碱性火山岩和次火山岩中，指示碱性岩浆的高温、浅成的结晶条件；海绿石只产于沉积岩中，指示滨浅海的沉积环境。

### 3．矿物中的包裹体

矿物中的包裹体是矿物生长过程中或形成之后被捕获包裹于矿物晶体内部的外来物质。包裹体可以是其他矿物晶体，也可以是气体、液体或非晶质体，但以气体和液体组成的气液包裹体最常见。包裹体的大小不一，气液包裹体大多小于 $10\ \mu m$，因此，需在显微镜和电子显微镜下才能清晰地观察研究。

包裹体按成因可分为原生、次生、假次生 3 种类型。其中原生气液包裹体（在主矿物生长过程中同时捕获的包裹体）对于研究矿物形成时的物理化学条件最具价值。原生包裹体所包含的气液就是主矿物的成矿溶液或熔融体，其性质反映矿物形成时的物理化学条件。因此，对这些包裹体的物理化学性质和成分的测定，能为主矿物的形成条件提供一定的依据。次生包裹体也能反映主矿物形成后所经历的环境变化。

### 4．矿物的共生组合

不同种矿物在一个空间共同存在的现象，称矿物组合。同一成因、同一成矿期（或成矿阶段）所形成的矿物组合，称为矿物的共生组合。例如，含金刚石的金伯利岩中，金刚石、橄榄石、金云母、铬透辉石等的组合，即为矿物共生组合。不同成因或不同成矿阶段的矿物组合称为矿物的伴生组合。例如，在含铜硫化物矿床的氧化带中，常见黄铜矿与孔雀石、蓝铜矿在一起，由于黄铜矿通常是热液作用形成，而孔雀石和蓝铜矿则为表生成因，故它们为伴生关系。

上述矿物的共生和伴生都是就不同种矿物之间的关系而言的。如果在同一空间范围内，由同一地质作用的不同阶段形成的同种矿物，因彼此间在形成时间上有先后之分，其间的先后关系称为矿物的世代。按其形成先后，最早的为第一世代，然后依次为第二世代、第三世代等，由于在不同的成矿阶段中，形成矿物的介质成分和物理化学条件有些差异，因而不同世代的矿物往往在形态、成分、某些物理性质及包裹体等方面也会显示出某些不同。分析、确定矿物的世代，有助于了解矿物形成过程的阶段性以及各成矿阶段矿物的共生关系。

## 三、矿物鉴定及研究方法

矿物的鉴定与研究方法，是地质工作者应该了解的基本知识，对于正确识别、研究、利用矿物都是十分重要的。目前，矿物的鉴定和研究方法很多，有简便而基础的肉眼鉴定，也有常规的测试手段和现代化的仪器分析方法。

### （一）矿物的肉眼鉴定

矿物的肉眼鉴定，借助小刀、无釉瓷板及放大镜等极简单的工具，用肉眼观察矿物的形态、颜色、条痕、光泽、透明度、解理、断口、大致的硬度和相对密度级别等最直观特征（必要时还可辅以简易化学试验），并参考矿物的成因产状和矿物组合，从而对矿物进行鉴别。尽管肉眼鉴定有时很难做出确切的定名，但至少可以将待定对象圈定到少数几种可能的矿物范围内，获得必要的信息，以便选用适当的方法进一步鉴定。

肉眼鉴定矿物，有时可以凭经验和知识积累直接做出判断，有时则需要查阅矿物鉴定表,有系统地按步骤进行鉴定。矿物鉴定表是根据矿物的颜色、条痕、光泽、硬度、解理等直观特征按一定的体系编排的矿物特征表,有时还有简单的描述。此外,国际和国内的相关机构也建立了包括全部已知矿物种的大型数据库,可供研究者查阅使用。

矿物的肉眼鉴定,简便、易行、快速,是初步研究矿物的好方法。对矿物手标本进行肉眼观察和鉴定,是地质工作者必备的基本技能之一。

（二）矿物的其他鉴定方法

鉴定和研究矿物的方法,随工作目的和要求的不同而异（表1-5）。不同的方法各有其特点,它们对样品的要求及所能解决的问题也各不相同。具体可参考有关测试方法手册,此不详序。

表 1-5　　　　　　　　　　鉴定和研究矿物的主要方法

| 测试方法 ＼ 研究内容 | 化学成分 | 晶体结构 | 晶体形貌 | 物理性质 |
|---|---|---|---|---|
| 化学分析 | △ | | | |
| 光谱分析 | △ | | | |
| 原子吸收光谱 | △ | | | |
| X 射线荧光光谱 | △ | | | |
| 等离子体发射光谱 | △ | | | |
| 激光显微光谱 | △ | | | |
| 原子荧光光谱 | △ | | | |
| 极谱分析 | △ | | | |
| 质谱分析 | △ | | | |
| 中子活化分析 | △ | | | |
| 电子探针分析 | △ | | | |
| 扫描电子显微镜 | △ | | △ | |
| 透射电子显微镜 | △ | △ | △ | |
| X 射线分析 | | △ | | |
| 红外吸收光谱 | △ | △ | | |
| 激光拉曼光谱 | △ | △ | | |
| 穆斯堡尔谱 | △ | △ | | |
| 可见光吸收光谱 | | △ | | △ |
| 电子顺磁共振 | △ | △ | | △ |
| 核磁共振 | | △ | | |
| 隧道电子显微镜 | | △ | △ | |
| 双目立体显微镜 | | | △ | △ |
| 测角法 | | | △ | |
| 微分干涉显微镜 | | | △ | |
| 光学显微镜法 | | | △ | △ |
| 热分析 | △ | △ | | △ |
| 热发光性分析 | | | | △ |
| 热电性分析 | | | | △ |
| 包裹体研究法 | △ | | | |

**任务实施**

1. 通过内生作用、外生作用、变质作用这三种作用来认识形成矿物的地质作用。
2. 举例说明矿物形成的标志有哪些。
3. 借助小刀、无釉瓷板及放大镜等工具对矿物进行肉眼鉴定。

**思考与练习**

1. 形成于外生作用的标志矿物有哪些？
2. 矿物的共生组合指什么？
3. 什么是矿物的标型特征？

# 任务五　矿物的分类和命名

【知识要点】　矿物的晶体化学分类；矿物的命名。
【技能目标】　了解矿物的分类；学习矿物的基本命名原则。

**任务导入**

目前世界上已知的矿物已有 4 100 种，这些矿物各自既存在某些特有的性质，同时一些矿物之间又表现出某些相似之处。为了揭示矿物之间的相互联系及其内在的规律性，掌握矿物之间的共性与个性，必须对矿物进行科学的分类。

**任务分析**

学习本任务内容，必须掌握以下知识：
（1）矿物的分类。
（2）矿物的命名。

**相关知识**

## 一、矿物的分类

矿物的分类方案很多，不同的矿物学家从不同的角度或不同的研究目的出发，提出了不同的矿物分类方案。如单纯的化学成分分类、地球化学分类、成因分类、工业分类，但目前矿物学中广泛采用的是晶体化学分类。本教材也采用晶体化学分类。

所谓晶体化学分类，是以矿物的化学成分和晶体结构为依据的分类。该分类既考虑了矿物化学组成的特点，又考虑了晶体结构的特点，在一定程度上还反映了自然界元素结合的规律，是一种比较合理的分类方案。其分类体系如下：

（1）大类。将化合物类型相同或相似的矿物归为一个大类，如含氧盐大类。
（2）类。在大类范围内，把具有相同阴离子或络阴离子的矿物归为一个类。如含氧盐大类中的硅酸盐类等。

（3）亚类。在某些类中,若矿物中的络阴离子在结构上有所不同时,可再分为亚类。如硅酸盐类中的架状硅酸盐亚类等。

（4）族。在同一个类或亚类中,将化学成分类似、晶体结构相同的矿物,划分为一个族。如架状结构硅酸盐亚类中的长石族等。

（5）亚族。若族过大,则可根据阳离子的种类划分出亚族。如长石族中的钾钠长石亚族、斜长石亚族等。

（6）种。具有确定的晶体结构和相对固定的化学成分的矿物定为一个矿物种。如正长石、斜长石等。它是矿物分类的基本单位。

（7）亚种,也称变种或异种。属于同一个种的矿物,因在其次要化学成分或物理性质上呈现出较明显的差异,划分为某一矿物的亚种。例如,铁闪锌矿$(Zn,Fe)S$是闪锌矿富铁的亚种,紫水晶是紫色的石英亚种。

根据上述分类原则,本教材采用如下分类:

第一大类　自然元素

第二大类　硫化物及其类似化合物

　第一类　简单硫化物

　第二类　复硫化物

　第三类　硫盐

第三大类　卤化物

　第一类　氟化物

　第二类　氯化物

第四大类　氧化物和氢氧化物

　第一类　氧化物

　第二类　氢氧化物

第五大类　含氧盐

　第一类　硅酸盐

　　第一亚类　岛状结构硅酸盐

　　第二亚类　环状结构硅酸盐

　　第三亚类　链状结构硅酸盐

　　第四亚类　层状结构硅酸盐

　　第五亚类　架状结构硅酸盐

　第二类　碳酸盐

　第三类　硫酸盐

　第四类　其他含氧盐

**二、矿物的命名**

自然界已发现的每个矿物都有其固定的名称,矿物命名有各种不同的依据,归纳起来主要有以下几点:

（1）以化学成分命名,如自然金 Au、钨锰铁矿$(Mn、Fe)WO_4$等。

（2）以物理性质命名,如孔雀石（孔雀绿色）、重晶石（密度大）等。

（3）以晶体形态命名,如石榴石（形状似石榴籽）、十字石（双晶呈十字形）等。

（4）以晶体形态和物理性质命名，如绿柱石（绿色，柱状晶形）等。

（5）以化学成分和物理性质命名，如磁铁矿（$Fe_3O_4$，强磁铁）、黄铜矿（$CuFeS_2$，铜黄色）等。

（6）以地名命名，如高岭石（我国江西高岭地区产的最著名）等。

（7）以人名命名，如章氏硼镁石（为纪念我国地质学家章鸿钊而命名的）等。

此外，我国习惯上对于呈金属光泽或主要用于提炼金属的矿物称为××矿，如方铅矿、菱铁矿等；具非金属光泽者称为××石，如方解石、孔雀石等；宝玉石类矿物常称为×玉，如刚玉、黄玉、硬玉等；成透明晶体者称×晶，如水晶、黄晶等；常以细小颗粒产出的矿物称×砂，如辰砂、毒砂等；地表次生的并呈松散状的矿物称×华，如钴华、钼华等；易溶于水的硫酸盐矿物常称之为×矾，如胆矾、黄钾铁矾等。

由于种种原因，迄今在矿物名称中还存在着某些混乱和不当之处。因此，我国新矿物及矿物命名委员会于 1981 年末开始着手对近 3 100 个矿物种和少数矿物族的中文名称进行了全面审订，并出版了《英汉矿物种名称》，以利于矿物名称的规范化。

 **任务实施**

1. 通过对每一大类、类的举例来充分认识矿物。

2. 阅读每一种命名方法来加深对矿物的印象。

 **思考与练习**

1. 正长石属于哪一类矿物？

2. 简述矿物的命名原则，矿物名称中词尾为××矿、××石、××玉分别具有什么意义？

项目一彩图

# 项目二　矿物鉴定

## 任务一　自然元素矿物

**【知识要点】**　各种自然元素矿物的形态、物性及鉴定特征。

**【技能目标】**　熟悉常见自然元素矿物的物性;掌握常见自然元素矿物的鉴定特征。

任务导入

自然元素矿物是指元素以单质的形式存在的矿物。自然界中能以单质形式出现的元素约
30种,目前自然界中已发现的自然元素矿物已超过50种。这是因为一些元素可以形成同质
多象变体,如金刚石、石墨是碳的变体;另外,金属元素还可形成金属互化物。所谓金属互化
物,是指两种或两种以上金属元素以金属键结合在一起形成的物质,如银金矿AgAu等。

自然元素矿物在地壳中分布很不均匀,总质量不足0.1%,但其中有一些矿物如自然
金、自然铜、自然铂、金刚石、石墨等,可以富集形成大型甚至是超大型的矿床。

任务分析

要学习本任务的内容,必须掌握以下知识:

(1)自然金。

(2)金刚石。

(3)石墨。

(4)自然硫。

相关知识

### 一、概述

自然元素矿物可划分为自然金属、自然半金属和自然非金属矿物3类。

(1)自然金属元素矿物。组成此类矿物最常见的有铂族元素(Pt、Ru、Rh、Pd、Os、Ir),
其次是Au、Ag、Cu,偶见Pb、Zn、Sn等其他金属,而Fe、Co、Ni的单质形式则主要见于铁陨
石中。因本类矿物均具典型的金属键,故矿物在物理性质上表现出不透明、金属光泽、硬度
低、相对密度大、延展性强、导电导热性能好等金属键的特性。

(2)自然非金属元素矿物。组成此类矿物的元素以C和S为最常见。其中,C有金刚
石和石墨两种常见的同质多象变体。由于两者的矿物结构及其中的C以不同的化学键形

式相结合,因而,两者的物性表现出极大的差异。S有三种同质多象变体,但以自然硫α-硫最为常见。它由8个S原子以共价键连成环状分子,环间以分子键相连,所以其硬度低,熔点低,导热导电性也差。

(3)自然半金属元素矿物。组成此类矿物的元素主要有As、Sb、Bi,性质介于自然金属和自然非金属矿物之间。自然界中除自然铋外,其他自然半金属矿物很少见。

自然元素矿物在成因上差别很大。铂族自然元素矿物见于岩浆矿床中,与基性、超基性岩浆作用有成因联系。自然金及半金属矿物往往为热液作用的产物,而自然铜和自然银除了热液成因以外,还见于硫化物矿床的氧化带中。金刚石主要与超基性岩(金伯利岩)有关,石墨主要是变质作用的产物,自然硫则以火山作用的形成最为主要。

### 二、主要矿物

#### (一)自然金 Au

(1)形态及物性。等轴晶系,晶体呈立方体或八面体形等,但非常稀有(图2-1)。一般以颗粒状集合体产出,此外还可见树枝状、鳞片状、薄片状、网状、纤维状、块状集合体。块度较大的自然金俗称"狗头金"。颜色与条痕色均为金黄色,但随其成分中含Ag量的增高而逐渐向淡黄色变化,含Cu时,色变深,呈深黄色。金属光泽,无解理,硬度2.5~3,相对密度15.6~19.3(纯金),具强延展性可以锤成金箔或抽成细丝,为热和电的良导体,火烧后不变色。

(2)成因及产状。自然金主要由热液作用形成,常与石英和硫化物伴生,常见于未固结的砂积矿床、砂岩和砾岩中,也可在河床中找到颗粒状或块状的沉积砂金。我国最有名的金矿产地有山东、湖南、河南、黑龙江、吉林、辽宁和内蒙古等。

图2-1　自然金(网络下载)

(3)鉴定特征。金黄色,强金属光泽,相对密度大,低硬度,强延展性。化学性质稳定,不溶于任何一种酸液中,只溶于王水,火烧不变色。与黄铁矿的区别除了硬度、条痕、化学稳定性及相对密度性质外,较为简易的区别是后者易于被击碎。

(4)主要用途。黄金在国际金融市场为流通货币。此外,黄金用于制作珠宝首饰,制备各种合金,以及制造尖端电子技术装置的部件。

#### (二)金刚石 C

(1)形态及物性。等轴晶系,晶体呈八面体、立方体、菱形十二面体、四面体及其聚形(图2-2),并有弯曲的晶面;金刚石也可带放射状结构的圆形块体(称为圆粒金刚石)。无色透明,常带深浅不同的黄色色调,也有呈乳白色、粉红色、浅绿色、天蓝色、褐色和黑色等;典型的金刚光泽,解理中等,硬度10,相对密度3.50~3.52,性脆,折射率 $N=2.40~2.48$,具强色散性;纯净金刚石导热性良好,室温下其导热率几乎是铜的5倍。

(2)成因及产状。金刚石仅形成于高温高压的条件下,为岩浆作用的产物,目前仅见产于超基性岩的金伯利岩、钾镁煌斑岩及高级变质岩榴辉岩中。在外生条件下,当含金刚石的岩石遭受风化后,金刚石可以聚集成重要的砂矿床。世界上著名金刚石产地有南非、刚果

（金）、澳大利亚扎伊尔、苏联亚库梯等。我国金刚石产地主要有山东、辽宁、湖南等。1977年，山东临沭地区曾发现一颗重达 158.786 克拉的金刚石，命名为"常林钻石"。

图 2-2　金刚石的形态

（3）鉴定特征。极高的硬度，不能被任何一种其他已知矿物所擦划，标准金刚光泽，晶形轮廓常呈浑圆状。对脂肪的吸附力强，用手触摸后看上去有一层油膜。

（4）主要用途。无色或色泽鲜艳透明者可作宝石。工业金刚石用作高硬切割材料和钻头、金属和化纤业的拉丝膜、集成电路中的散热片、原子能工业上的高温半导体材料，以及人造卫星、宇宙飞船和远程导弹上的红外激光器窗口材料等。

（三）石墨 C

（1）形态及物性。六方晶系，单晶体呈片状或板状，但完整的却极少见。通常为鳞片状、块状或土状集合体（图 2-3）。颜色和条痕均为黑色，金属光泽。隐晶质的土状集合体光泽暗淡。极完全解理，解理片具挠性。硬度 1～2，相对密度 2.21～2.26，性软，有滑感，易污手，具良好的导电性（图 2-4）。

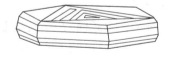

图 2-3　石墨的晶体形态　　　　　　　　图 2-4　石墨（网络下载）

（2）成因及产状。石墨是高温变质作用的产物，形成于板岩和片岩等变质岩中。我国石墨储量居世界首位，很多省区都有石墨产出，其中以黑龙江鸡西市柳毛的储量最大。

（3）鉴定特征。黑色，硬度低，一组极完全解理，污手，有滑感。

（4）主要用途。由于熔点高，抗腐蚀，不溶于酸等特性，常用于制作冶炼用的高温坩埚。碳素和石墨纤维复合材料，具滑感，作为机械、航空等工业的高温、高速润滑剂。导电性良好，可制作电池电极等。

（四）自然硫 S

自然界中的硫，具有 3 种同质多象变体，即 $\alpha$-硫、$\beta$-硫和 $\gamma$-硫。在自然界稳定的只有

$\alpha$-硫,也就是通常说的自然硫。

（1）形态及物性。斜方晶系,单晶常呈双锥状或厚板状(图2-5)。通常呈块状、粒状、条带状、球状、粉末状、钟乳状等集合体产出。带有各种不同色调的黄色,条痕白色至淡黄色;晶面呈金刚光泽,而断面显油脂光泽。不完全解理,贝壳状断口,硬度1～2,相对密度2.05～2.08,性脆。不导电,摩擦带负电(图2-6)。

（2）成因及产状。形成于有细菌参与的生物化学沉积作用和火山喷气作用过程中。此外,在硫化物矿床氧化带下部也可形成。我国自然硫的主要产地是台湾大屯火山区。

（3）鉴定特征。以黄色、油脂光泽、低硬度、性脆、硫臭味和易燃为特征。

（4）主要用途。主要用来制取工业硫和硫酸的原料,也用于生产化学肥料和合成洗涤剂、染料、合成树脂、炸药和药品等。

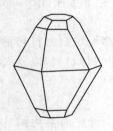 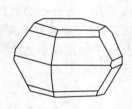 

图2-5　自然硫的晶体形态　　　　　　　　　图2-6　自然硫(网络下载)

**任务实施**

1. 通过颜色呈金黄色、强金属光泽等特征初步判定是否为自然金,然后再通过其他特征,比如相对密度等进一步确认判断。

2. 金刚石和石墨虽化学式同为C,但是形态物性却千差万别,可以回顾上一章提到的同质多象。

**思考与练习**

1. 石墨的鉴定特征是什么?
2. 自然硫有什么特殊鉴定特征?

# 任务二　硫化物矿物

【知识要点】　各种硫化物矿物的形态、物性及鉴定特征。

【技能目标】　熟悉常见硫化物矿物的物性;掌握常见硫化物矿物的鉴定特征。

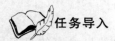**任务导入**

硫化物及其类似化合物矿物是指金属元素与S、Se、Te、As等相化合的化合物。自然界

中已发现的硫化物矿物种数约 370 多种。虽然矿物种数有限,仅占地壳总质量的 0.15%,但可以富集成具有工业价值的重要有色金属和稀有元素矿床。组成硫化物的阳离子部分的主要元素为 Fe、Co、Ni、Cu、Pb、Zn、Ag、Hg、As、Sb、Bi 等,是主要有色金属的重要来源,因此硫化物矿物在国民经济建设中具有重大意义。

**任务分析**

要学习本任务的内容,必须掌握以下知识:

(1)简单硫化物矿物类。

(2)复硫化物矿物类。

**相关知识**

### 一、概述

矿化物矿物的化学组成中,阴离子主要是 S,有少量 Se、Te、As 等,阳离子主要是 Fe、Co、Ni、Cu、Pb、Zn、Ag、Hg 等。

硫化物属离子化合物,但它们的性质却与标准的离子晶格的晶体不同。这是由于硫化物的阳离子主要为铜型和近于铜型的过渡型离子,极化力强,电负性中等;而阴离子又易被极化,电负性较小。因而阴阳离子电负性差较小,致使硫化物的化学键出现复杂的过渡性质,分别向共价键和金属键过渡,有时甚至有分子键。

本类矿物绝大多数呈金属色,金属光泽,条痕色深而不透明,如方铅矿。仅少数呈非金属色,具金刚光泽,半透明,如闪锌矿等。矿物的硬度变化较大,简单硫化物和硫盐矿物硬度低,其硬度介于 2~4 之间;而具阴离子 $[S_2]^{2-}$、$[Te_2]^{2-}$、$[AsS]^{2-}$ 等复硫化物及其类似化合物的硬度增高至 5~6.5 左右,同时缺乏解理或解理不完全;其他硫化物大多具有明显的解理。这类矿物的熔点低,相对密度较大,一般在 4 以上,这是由于它们的阳离子多具有较大的原子量。

硫化物矿物形成的范围很广,从内生到外生都有它的产出。岩浆作用的晚期,可以形成铁、镍、铜的硫化物,在伟晶作用中,可以形成少量的硫化物,绝大部分的硫化物是热液作用的产物。在表生的风化作用过程中,在次生硫化物富集带中可以形成铜的次生硫化物,在沉积作用中,某些硫化物形成于有硫化氢存在的还原环境中。现代海洋沉积物中也富集着各种金属硫化物。本类矿物在地表氧化环境中很不稳定,易于被氧化。

本类矿物按阴离子或络阴离子的类型不同可分为以下 3 类:

(1)简单硫化物。由阴离子 $S^{2-}$ 与阳离子结合而成,如方铅矿 PbS,闪锌矿 ZnS 等。

(2)复硫化物。阴离子为哑铃型对硫 $[S_2]^{2-}$、对砷 $[As_2]^{2-}$ 及 $[AsS]^{2-}$、$[SbS]^{2-}$ 等与阳离子结合而成,如黄铁矿 $FeS_2$、毒砂 FeAsS 等。

(3)硫盐。所谓硫盐是指硫与半金属元素 As、Sb、Bi 结合组成络阴离子团,如 $[AsS_3]^{3-}$、$[SbS_3]^{3-}$ 等形式,再与阳离子结合成硫盐,如硫砷银矿 $Ag_3AsS_3$、黝铜矿 $Cu_{12}Sb_4S_{13}$ 等。

### 二、主要矿物

(一)简单硫化物矿物

**1. 方铅矿 PbS**

(1)形态及物性。等轴晶系,单晶体常呈立方体,有时为立方体与八面体的聚形(图

2-7)。集合体常呈粒状、致密块状,铅灰色。条痕灰黑色,金属光泽,立方体完全解理,硬度2~3,相对密度7.4~7.6(图2-8)。

(2)成因及产状。方铅矿是分布最广的铅矿物,主要形成于中、低温热液作用或形成于接触交代作用,常与闪锌矿一起形成铅锌硫化物矿床。方铅矿在氧化带中不稳定,易转变为铅钒、白铅矿等一系列次生矿物。我国方铅矿产地很多,如云南金顶、湖南水口山、广东凡口等地。

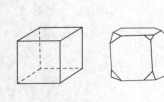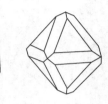

图2-7　方铅矿的晶体形态　　　　　　　图2-8　方铅矿(网络下载)

(3)鉴定特征。铅灰色,强金属光泽,立方体完全解理,相对密度大。

(4)主要用途。提炼铅最重要的矿物原料,含Ag的方铅矿是提炼银的重要矿物原料。铅主要用于蓄电池和金属产品的制造,还可用于制造玻璃和陶瓷的釉料。铅化物也是成药制剂的主要原料。

2.闪锌矿 ZnS

(1)形态及物性。等轴晶系,单晶体常呈四面体,集合体通常为粒状、块状,有时呈肾状、葡萄状。Fe的含量直接影响闪锌矿的颜色、条痕、光泽和透明度。随着含Fe量增加,颜色为浅黄、棕褐直至黑色(铁闪锌矿)。条痕由白色至褐色,光泽由树脂光泽至半金属光泽,透明至半透明。解理完全,硬度3.5~4,相对密度3.9~4.1,随含Fe量的增加硬度增大而相对密度降低(图2-9)。

图2-9　闪锌矿(网络下载)

(2)成因及产状。闪锌矿是分布最广的锌矿物,常形成于高、中温热液作用,也可形成于接触交代作用。此外,闪锌矿还有表生沉积成因。闪锌矿在氧化带不稳定,易转变为菱锌矿、异极矿等次生矿物。

(3)鉴定特征。加入稀盐酸会产生硫化氢,出现臭鸡蛋味,多组完全解理、粒状晶形、硬度小、金刚光泽以及常与方铅矿密切共生。

（4）主要用途。提炼锌最重要的矿物原料,其成分中所含镉、铟、锗、镓、铊等一系列稀散元素可综合利用。闪锌矿的单晶可用作紫外半导体激光材料、红外窗口材料和显像管涂料等。

3. 黄铜矿 $CuFeS_2$

（1）形态及物性。四方晶系,单晶体为四方四面体,常呈双晶,晶面上有条纹。通常为致密块状或分散粒状集合体,偶尔出现隐晶质肾状形态（图 2-10）。颜色为铜黄色,表面往往带有暗黄、蓝、紫褐的斑状锖色,条痕绿黑色,金属光泽,不透明。解理不发育,硬度 3~4,相对密度 4.1~4.3,性脆。

（2）成因及产状。黄铜矿成因类型较多,主要形成于基性岩浆作用、热液作用、接触交代作用。此外,沉积作用也可形成。在地表氧化环境中,黄铜矿易于氧化、分解,可形成褐铁矿、孔雀石、蓝铜矿。在次生富集带中,黄铜矿可转变为斑铜矿、辉铜矿和铜蓝等。

（3）主要用途。提炼铜的主要矿物原料。

4. 辉锑矿 $Sb_2S_3$

（1）形态及物性。斜方晶系,单晶呈柱状或针状,柱面具有明显的纵纹,集合体常呈柱状、针状、放射状、晶簇或致密块状（图 2-11）。铅灰色或钢灰色,表面常有蓝色的锖色。条痕黑色,金属光泽,不透明。完全解理,解理面上常有横纹,硬度 2~2.5,相对密度 4.51~4.66,性脆。

图 2-10　黄铜矿（网络下载）　　　　图 2-11　辉锑矿（网络下载）

（2）成因及产状。辉锑矿为分布最广的锑矿物,主要形成于低温热液作用,与辰砂、石英、萤石、重晶石、方解石等共生。少量形成于中温热液作用、热泉沉积作用、火山凝华作用。我国湖南新化锡矿山是世界最著名、最大的辉锑矿产地。

（3）鉴定特征。铅灰色,柱状晶形,柱面上有纵纹,解理面上有横纹。对于细粒的块体,滴 KOH 于其上,立刻呈现黄色,随后变为橘红色,以此区别于与其类似的辉铋矿。火柴火焰足以使辉锑矿熔化,溶于盐酸。

（4）主要用途。提炼锑的最重要矿物原料,用于制取各种锑化物,玻璃工业中可作着色剂、橡胶硫化剂等。

5. 雌黄 $As_2S_3$

（1）形态及物性。单斜晶系,单晶体呈板状或短柱状。集合体呈片状、梳状、皮壳状、肾状、土状等（图 2-12）。柠檬黄色,条痕鲜黄色,油脂光泽至金刚光泽,解理面为珍珠光泽,薄片透明。极完全解理,薄片具挠性。硬度 1.5~2,相对密度 3.5。

（2）成因及产状。主要形成于低温热液作用，为低温热液的标型矿物，常与雄黄共生。此外，也可形成于热泉沉积作用、火山凝华作用，与自然硫、氯化物共生。我国湖南、云南、贵州、四川、甘肃等省均有产出，尤以湖南和云南著名。

（3）鉴定特征。柠檬黄色，硬度低，一组极完全解理。与自然硫相似，但自然硫不具极完全解理。加热后会释放出强烈的大蒜味。

（4）主要用途。为砷及制造各种砷化物的主要矿物原料，还可用于医药药剂。

6. 雄黄 $As_4S_4$

（1）形态及物性。单斜晶系，单晶体通常细小，呈柱状、短柱状或针状，柱面上有细的纵纹。常以致密块状、土状、皮壳状集合体产出（图2-13）。橘红色，条痕淡橘红色；晶面上具金刚光泽，断面上出现树脂光泽，透明-半透明。解理完全，硬度1.5～2，相对密度3.6，性脆。长期受光作用，可转变为淡橘红色粉末。

图2-12　雌黄（网络下载）

图2-13　雄黄晶体（网络下载）

（2）成因及产状。形成于热液矿脉和温泉周围，并与辉锑矿、雌黄、铅和银共生。

（3）鉴定特征。橘红色，条痕淡橘红色，与雌黄共生。加热后会释放出强烈的大蒜味。

（4）主要用途。提取砷及制造各种砷化物的主要矿物原料，用于农药、颜料和玻璃等工业。

（二）复硫化物矿物

下面以黄铁矿 $FeS_2$ 为例进行分析。

（1）形态及物性。等轴晶系，常见完好晶形，呈立方体、五角十二面体或八面体（图2-14）。在立方体晶面上常能见到3组相互垂直的晶面条纹。集合体常成粒状、致密块状、分散粒状及结核状等。浅铜黄色，表面带有黄褐的锈色。条痕绿黑色。强金属光泽，不透明。无解理，断口参差状，硬度6～6.5，相对密度4.9～5.2，性脆（图2-15）。

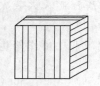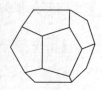
图2-14　黄铁矿的晶体形态

图2-15　黄铁矿（网络下载）

（2）成因及产状。黄铁矿是地壳分布最广的硫化物,形成于多种不同地质条件下。主要由岩浆作用、接触交代作用、热液作用、火山作用或沉积作用形成。沉积作用形成的黄铁矿,往往成结核状和团块状。在地表氧化条件下,黄铁矿不稳定,易转变在褐铁矿或黄钾铁矾。

（3）鉴定特征。据其颜色、硬度可与相似的黄铜矿相区别,与硬金属物碰撞发出火花,易于熔化。

（4）主要用途。制取硫酸的主要原料,量大也可以提炼硫黄。含金或钴、镍的黄铁矿应注意综合利用。用于生产染料、油漆、洗涤剂、合成纤维、药物和炸药等。

任务实施

1. 有些硫化物矿物颜色相似,可以对比来区分其不同鉴定特征。
2. 注意闪锌矿因含 Fe 量不同,颜色及物性差别较大。

思考与练习

1. 如何区分黄铜矿与黄铁矿?
2. 黄铁矿的晶形可以呈立方体、五角十二面体或八面体,它们之间是同质多象吗?

# 任务三　卤化物矿物

【知识要点】　各种卤化物矿物的形态、物性及鉴定特征。
【技能目标】　熟悉常见卤化物矿物的物性;掌握常见卤化物矿物的鉴定特征。

任务导入

卤化物矿物主要是氟（F）、氯（Cl）、溴（Br）、碘（I）与惰性气体型离子 $Na^+$、$K^+$、$Ca^{2+}$、$Mg^{2+}$ 等组成的化合物,Cu、Ag、Pb、Hg 等铜型离子的卤化物只在特殊地质条件下才能形成,它们在自然界极为少见。

任务分析

要学习本任务的内容,必须掌握以下知识:
（1）萤石。
（2）石盐。

相关知识

## 一、概述

目前已知的卤化物矿物约有 120 种,其中以氟化物和氯化物为主,而溴化物和碘化物少见,以萤石、石盐、钾盐最有工业价值。由惰性气体型离子组成的卤化物矿物,为典型的离子键,一般为无色、透明、玻璃光泽、密度小,其中氟化物的硬度一般比氯化物、溴化物和碘化物

高,而且氯化物、溴化物和碘化物均易溶于水。

卤化物主要在热液作用和外生作用中形成,在热液作用往往形成氟化物,如萤石。外生作用下,在干旱的内陆盆地、泻湖海湾中,形成大量的氯化物矿物。现今绝大部分氯、溴、碘集中于海水中。

### 二、主要矿物

#### (一) 萤石 $CaF_2$

(1) 形态及物性。等轴晶系,晶体常呈立方体、八面体、菱形十二面体及它们的聚形。双晶常见,为两个立方体穿插而形成的穿插双晶。集合体呈晶粒状、块状、球粒状或钟乳状(图2-16)。颜色多样,有无色、白色、黄色、绿色、蓝色、紫色、紫黑色及黑色。玻璃光泽,完全解理,硬度4,相对密度3.18,性脆。显荧光性,稀土含量较多者具热发光性。

(2) 成因及产状。主要形成于热液作用,也可形成于沉积作用。我国萤石的储量巨大,浙江、福建等地都有著名的大型萤石矿。

(3) 鉴定特征。以晶形、多组完全解理、硬度鉴别,此外,在紫外光下发强烈荧光。

(4) 主要用途。无色透明的萤石用于制作光学透镜,一般萤石用作冶金工业上的助熔剂、化工业制取氢氟酸的工业原料,也是生产火箭用高级燃料的催化剂。

图2-16　萤石(网络下载)

#### (二) 石盐 NaCl

(1) 形态及物性。等轴晶系,常见晶形为立方体。盐湖中形成的晶体,在晶面上常有漏斗状阶梯凹陷,特称漏斗晶体。集合体呈粒状、致密块状或疏松盐华状(图2-17)。我国青海柴达木盆地达布逊盐湖产石盐颗粒直径为3～4 cm,呈珍珠状集合体,特称珍珠盐。无色透明者少,因含杂质而呈各种颜色,如灰、蓝、黄、红、黑色。玻璃光泽,受风化后呈油脂光泽。解理完全,硬度2～2.5,相对密度2.1～2.2,性脆,易溶于水,有咸味,烧之呈黄色火焰。

图2-17　石盐(网络下载)

(2) 成因及产状。典型的化学沉积矿物,主要产于气候干旱的内陆盆地盐湖、浅水潟湖、海湾中,少量的石盐系火山喷发凝华的产物。我国石盐资源丰富,除沿海各省盛产海盐外,在西北和西南、中南、华东各地区岩盐和湖盐均有大面积存在,最著名的是柴达木盆地。

(3) 鉴定特征。立方体晶形,硬度低,易溶于水,有咸味等为其主要特征。

(4) 主要用途。用作食品添加剂和防腐剂,也是制取金属钠、盐酸和其他多种化学产品的原料。地下厚大盐层常因密度小于围岩而上浮,形成有利于储油气的隆起构造,因而也是寻找石油的地质标志。

 **任务实施**

1. 观察各种颜色的萤石。
2. 通过小实验来检验石盐的特性。

 **思考与练习**

1. 萤石有哪些晶体形态?
2. 石盐有什么特殊的鉴定特征?

# 任务四　氧化物和氢氧化物矿物

【知识要点】　各种氧化物和氢氧化物矿物的形态、物性及鉴定特征。

【技能目标】　熟悉常见氧化物和氢氧化物矿物的物性;掌握常见氧化物和氢氧化物矿物的鉴定特征。

 **任务导入**

氧化物和氢氧化物矿物是一系列金属与非金属的阳离子与 $O^{2-}$ 或 $(OH)^-$ 化合而形成的矿物。自然界中已发现的此类矿物有 470 种左右,仅次于含氧盐大类而居第二位。它们中有些是主要造岩矿物,如石英;有些是工业上提取 Fe、Mn、Ti、Sn 等金属元素的主要来源;有些矿物晶体本身亦是重要的工业和宝石工艺材料,如具有压电性能的水晶,高档宝玉石材料,如欧泊、红宝石和蓝宝石等。它们占地壳总重量的 17% 左右,其中石英族矿物就占了 12.6%,而铁的氧化物和氢氧化物占 3.9%。

 **任务分析**

要学习本任务的内容,必须掌握以下知识:

(1) 氧化物矿物。
(2) 氢氧化物矿物。

 **相关知识**

**一、概述**

阳离子主要是惰性气体型离子(如 $Si^{4+}$、$Al^{3+}$ 等)和过渡型离子(如 $Fe^{3+}$、$Mn^{2+}$、$Ti^{4+}$、

$Cr^{3+}$ 等），铜型离子（除 $Sn^{4+}$ 以外）少见。阳离子类质同象代替很普遍，不仅有等价的而且也有异价类质同象。

氧化物类矿物以离子键为主，但随着阳离子类型及电价的改变，会向共价键过渡。在氢氧化物中除离子键外，还往往存在氢键。

本类矿物的晶形一般较好，氧化物往往呈粒状，氢氧化物多呈板状、细小鳞片状或针状，而它们的集合体为致密块状、土状、细分散胶态等；氧化物最显著特征是具有高的硬度，一般均在 5.5 以上，而氢氧化物的硬度与相应的氧化物比较，则显著降低；氧化物仅少数可发育解理，且一般解理级别为中等-不完全，氢氧化物往往发育一组完全-极完全解理；氧化物的相对密度变化较大，氢氧化物的相对密度则较小。本类矿物的光学性质随阳离子类型的不同而变化，惰性气体型离子 Mg、Al、Si 等的氧化物和氢氧化物，通常呈浅色或无色，半透明至透明，以玻璃光泽为主。而阳离子为过渡型离子如 Fe、Mn、Cr 等元素时，则呈深色或暗色，不透明至微透明，表现出半金属光泽，且磁性增强。

绝大部分的氧化物矿物可形成于包括内生、外生和变质作用过程中。对于变价元素而言，低价氧化物多在内生作用下形成，高价氧化物多在外生条件下形成。氢氧化物矿物往往是外生成因的，其中尤以 Fe、Mn、Al 的氢氧化物最为典型，它们是由风化作用过程和沉积作用过程中的胶体溶液凝聚而成。

## 二、主要矿物

（一）氧化物矿物

**1. 刚玉 $Al_2O_3$**

（1）形态及物性。三方晶系，单晶体通常呈桶状、柱状，少数呈板状或片状，常见晶面条纹。集合体成粒状或致密块状。纯净刚玉无色透明，一般为灰色、蓝灰色或黄灰色。但因含各种杂质而呈现多种颜色，含铁者呈黑色；含铬元素而呈红色者，称红宝石（图 2-18）；含铁、钛元素而呈蓝色者称蓝宝石；含镍者呈黄色。在有些蓝宝石和红宝石的晶面上可以看到成定向密集分布的针状金红石包体而呈六色星彩状，称为星彩蓝宝石（图 2-19）或星彩红宝石。透明或半透明，玻璃光泽。无解理，有裂开，硬度 9，相对密度 3.95～4.10。化学性质稳定，不易腐蚀。

图 2-18　红宝石（网络下载）

图 2-19　星彩蓝宝石（网络下载）

（2）成因及产状。刚玉形成于高温富 $Al_2O_3$、贫 $SiO_2$ 的条件下，在岩浆作用、接触变质作用和区域变质作用过程中都可形成。岩浆作用形成的刚玉多见于刚玉正长岩和斜长岩中或刚玉正长岩质伟晶岩中。接触交代作用形成的刚玉，见于火成岩与灰岩的接触带。区域变质作用形成的刚玉见于富铝的片岩、片麻岩中。刚玉很稳定，可聚集成砂矿。

（3）鉴定特征。以其晶形、双晶条纹和高硬度作为鉴定特征。

（4）主要用途。高硬度刚玉可作为研磨材料和精密仪器的轴承；单晶可作激光材料；色彩鲜艳者可作名贵宝石，如鸽血红色红宝石、帝王色蓝宝石等。具有星彩的红宝石、蓝宝石则更为珍贵。

2. 赤铁矿 $Fe_2O_3$

（1）形态及物性。三方晶系，单晶体少见，常呈板状、菱面体状。集合体形态多样：显晶质的有片状、鳞片状或块状；隐晶质的有鲕状、肾状、粉末状和土状等。赤铁矿根据形态等特征，又有如下的一些名称：具金属光泽的片状集合体者，称镜铁矿（图2-20）；具金属光泽的细鳞片状集合体者，称云母赤铁矿；呈鲕状或肾状的称鲕状或肾状赤铁矿（图2-21）；粉末状的赤铁矿称铁赭石。显晶质的赤铁矿呈铁黑至钢灰色；隐晶质的鲕状、肾状和粉末状者呈暗红色。条痕樱桃红色，金属光泽（镜铁矿、云母赤铁矿）至半金属光泽，或土状光泽，不透明，无解理，硬度5.5～6，土状者显著降低，相对密度5.0～5.3，性脆。镜铁矿常因含磁铁矿细微包裹体而具较强的磁性。

图2-20　镜铁矿（网络下载）

图2-21　鲕状赤铁矿（网络下载）

（2）成因及产状。赤铁矿是自然界分布很广的铁矿物之一。它可以形成于各种地质作用之中，但以热液作用、沉积作用和沉积变质作用为主。我国河北宣化、湖南宁乡、辽宁鞍山等都是著名的赤铁矿产地。

（3）鉴定特征。樱桃红色条痕是鉴定赤铁矿的最主要特征，加热后变得有磁性。

（4）主要用途。提炼铁的最主要矿物原料之一，其粉末可用作红色颜料。

3. 软锰矿 $MnO_2$

（1）形态及物性。四方晶系，单晶体为柱状、粒状，少见（图2-22）。集合体常呈肾状、结核状、块状或粉末状，有时也呈针状、棒状、放射状集合体（图2-23）。黑色，表面常带浅蓝的锖色，条痕黑色，半金属光泽至土状光泽，解理完全。硬度视结晶粗细程度而异，显晶质者可达6，而隐晶质的块体则降至2。晶体的相对密度为4.7～5，块状的降至4.5。污手，性脆。

（2）成因及产状。软锰矿是氧化条件下最稳定的锰矿物，主要形成于风化作用和沉积作用中，少数形成于热液作用中。我国湖南、广西、辽宁、四川等地沉积锰矿床中均有大量软锰矿产出，形成大片黑色污染称之为锰帽。

（3）鉴定特征。黑色，条痕黑色，呈晶体者有完全的柱面解理，呈隐晶质者硬度低而易污手为特征,滴 $H_2O_2$ 剧烈起泡。

(4) 主要用途。提炼锰的重要矿物原料,可以较好地解决 $SO_2$ 废气对环境的污染问题。

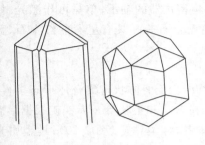

图 2-22　软锰矿的晶体形态

图 2-23　软锰矿(网络下载)

4. α-石英 $SiO_2$

(1) 形态及物性。三方晶系,常见完好晶形,是由六方柱和菱面体等单形所构成的聚形,柱面上常具横纹。有时还出现三方双锥和三方偏方面体单形的小面。α-石英分左形晶和右形晶。α-石英常出现双晶,最常见的双晶有道芬双晶和巴西双晶,偶见日本双晶。显晶质集合体呈晶簇状、梳状、粒状、致密块状,也常见隐晶质集合体。隐晶质的石英集合体一般称石髓或玉髓,具有不同颜色条带或花纹相间分布的石髓称玛瑙(图 2-24);暗色、坚韧、极致密的结合状隐晶石英集合体称燧石;块状、红、黄、绿、褐等色的隐晶质石英集合体称碧玉。纯净的 α-石英,无色透明,称水晶。因含各种杂质,使其颜色多种多样,而出现以下异种:如紫水晶(紫色)、烟水晶(烟灰色)、茶晶(暗棕色)、墨晶(黑色)、黄水晶(黄色)、蔷薇石英(浅红色)等;含针状金红石、电气石或辉锑矿等包裹体者称发晶;乳白色,半透明者称乳石英;含云母、赤铁矿等细小包裹体,呈浅黄或褐红色者称砂金石;石英交代纤维石棉而具丝绢光泽并呈石棉假象者呈黄褐色者称虎睛石(图 2-25);而淡蓝色者称鹰眼石。玻璃光泽,断口油脂光泽,无解理,贝壳状断口。硬度 7,相对密度 2.65,具压电性。

(2) 成因及产状。α-石英在自然界分布极广,形成于各种地质作用中,是许多火成岩、沉积岩和变质岩的主要造岩矿物。α-石英又是花岗伟晶岩脉和大多数热液脉的主要矿物成分。

图 2-24　玛瑙(网络下载)

图 2-25　虎睛石(网络下载)

(3) 鉴定特征。无解理,贝壳状断口,断口油脂光泽,硬度高为特征。

（4）主要用途。α-石英用途很广。晶体中没有任何包裹体、双晶或裂缝的部分纯净水晶，是制作石英谐振器和滤波器的压电材料，用于手表和半导体无线电工业。此外，由于水晶对红外和紫外光谱具有良好的透明性，是制作光谱棱镜、透镜等光学装置的重要光学材料。玛瑙、紫水晶、黄水晶、蔷薇石英、玉髓、碧玉等可作为首饰和工艺雕刻品的材料。纯净的石英砂用作光线玻璃、光伏太阳能材料、照明灯具泡壳、耐酸碱耐高温化学器具、玻璃原料、研磨材料、耐火材料及瓷器配料等。

5. 蛋白石 $SiO_2 \cdot nH_2O$

（1）形态及物性。一般认为，蛋白石是一种非晶质矿物。通常呈肉冻状体、葡萄状、钟乳状、皮壳状等。颜色不定，通常呈蛋白色，因含各种杂质而呈不同颜色。一般为微透明，玻璃光泽或蛋白光泽。无色透明者称玻璃蛋白石，半透明而具强烈的橙、红等反射色者称火蛋白石（图 2-26）。半透明带乳光变彩的蛋白石称贵蛋白石，贵蛋白石可呈红、橙、绿、蓝等瑰丽的变彩。硬度 5～5.5，相对密度视含水量和吸附物质的多少介于 1.9～2.3 之间。

（2）成因及产状。蛋白石可形成于内生作用，从温泉、浅成热液中生成，也可以在外生条件下，由硅酸盐分解后，二氧化硅成硅胶就地沉积或迁移至海水中被生物吸收后构成硅质骨骼，死后堆积成硅藻土。

（3）鉴定特征。以其蛋白光泽和变彩为其特征，与玉髓之区别是蛋白石硬度较低。

（4）主要用途。宝石级的贵蛋白石、火蛋白石等可作名贵首饰和工艺雕刻品材料，如黑欧泊、白欧泊、火欧泊。硅藻土质轻多孔，用于制作过滤剂，也是重要的建筑保温材料和隔音材料。

6. 磁铁矿 $Fe_2O_4$

（1）形态及物性。等轴晶系，单晶呈八面体，较少呈菱形十二面体。集合体常成致密块状和粒状（图 2-27）。铁黑色，条痕黑色，半金属光泽至金属光泽，不透明。无解理，有时具裂开，硬度 5.5～6，相对密度 4.9～5.2，性脆，具强磁性。

图 2-26　火蛋白石（网络下载）

图 2-27　磁铁矿（网络下载）

（2）成因及产状。主要由岩浆作用、气化-高温热液作用、火山作用、接触交代作用、沉积变质作用等形成，因其稳定性好亦常见于砂矿中。我国磁铁矿产地很多，最著名的有四川攀枝花、辽宁鞍山、湖北大冶、内蒙古白云鄂博等。

（3）鉴定特征。以其晶形、黑色条痕和强磁性可与其相似的矿物如赤铁矿、铬铁矿等相区别。

（4）主要用途。提炼铁的最重要的矿物原料之一,所含的 V、Ti、Cr 等元素可综合利用。

（二）氢氧化物矿物

**1. 铝土矿**

铝土矿并不是一个矿物种,而是许多极细小的三水铝石 $Al(OH)_3$、一水硬铝石 $AlO(OH)$ 和一水软铝石 $AlO(OH)$ 为主要成分,并含褐铁矿、高岭石、蛋白石等组成的混合物。

（1）形态及物性。铝土矿常呈土状、豆状、鲕状、致密块状等。因成分不固定,导致物理性质变化很大(图 2-28)。灰白色、灰褐色、棕红色、黑灰色,土状光泽。硬度 2～5,相对密度 2～4,在新鲜面上,用口呵气后有强烈的土臭味。

（2）成因及产状。由沉积作用形成,产于地表环境,从泥盆纪至第四纪各地质时代的沉积物中都可见到。

（3）鉴定特征。以形态、颜色、用口呵气有强烈土臭味为特征。

（4）主要用途。提炼铝的最重要的矿物原料,也可用于制造耐火材料和高铝水泥原料。

**2. 褐铁矿**

褐铁矿也不是一个单矿物,而是许多极细小的针铁矿 $\alpha\text{-}FeO(OH)$、纤铁矿 $\gamma\text{-}FeO(OH)$ 为主要成分,加上一些硅质等组成的混合物。

（1）形态及物性。褐铁矿常呈钟乳状、肾状、结核状、多孔矿渣状、致密块状、土状等,有时呈黄铁矿的立方体假象(图 2-29)。因成分不固定,导致物理性质变化很大。土黄-棕褐色,条痕黄褐色,半金属光泽至土状光泽。硬度变化较大 1～4,相对密度 3～4。

（2）成因及产状。由表生作用形成,各种含铁的矿物在风化过程中同时进行氧化和水化后形成褐铁矿。

（3）鉴定特征。放在密封的试管内加热释放出水分,在酸中缓慢溶解。

（4）主要用途。可作为炼铁原料,"铁帽"是寻找原生铜矿硫化物矿床的标志。

**3. 硬锰矿 $BaMn^{2+}Mn_9^{4+}O_2 \cdot 3H_2O$**

硬锰矿有两种含义:一是作为一般术语,不是一个矿物种,而指细分散的多矿物的集合体,成分主要为含多种元素的锰的氧化物和氢氧化物,成分可用 $mMnO \cdot MnO_2 \cdot nH_2O$ 近似表示,往往呈胶态集合体的葡萄状、肾状、钟乳状等形态,硬度较低的土状集合体称锰土;二是指一种钡和锰的氢氧化物,为一个矿物种,其特征见以下的描述。

（1）形态及物性。单斜晶系,单晶极为罕见,通常呈葡萄状、钟乳状、树枝状、土状集合体(图 2-30)。暗钢灰至黑色,条痕褐黑至黑色,半金属光泽,土状者光泽暗淡,不透明。硬

图 2-28 铝土矿(网络下载) 　　　　图 2-29 褐铁矿(网络下载) 　　　　图 2-30 硬锰矿(网络下载)

度 5~6,相对密度 4.71,性脆。

（2）成因及产状。硬锰矿是典型的表生矿物,见于锰矿床的氧化带,由锰的碳酸盐或硅酸盐经风化而成,与软锰矿共生。此外,也可在海相、湖相沉积层中呈团块状或结核状产出。

（3）鉴定特征。据其胶体形态、黑色条痕和硬度较高初步鉴定,加 $H_2O_2$ 剧烈起泡。

（4）主要用途。提炼锰的重要矿物原料。

**任务实施**

1. 区分含铁氧化物和氢氧化物时可以使用吸铁磁。

2. 将软锰矿和硬锰矿对比来认识各自的鉴定特征。

**思考与练习**

1. 赤铁矿条痕呈什么颜色?

2. 怎么区分赤铁矿和磁铁矿?

3. 石英族矿物有什么特殊的物理特性? 有哪些变种?

# 任务五　硅酸盐矿物

【知识要点】　各种硅酸盐矿物的形态、物性及鉴定特征。

【技能目标】　熟悉常见硅酸盐矿物的物性;掌握常见硅酸盐矿物的鉴定特征。

**任务导入**

含氧盐矿物是各种含氧酸根的络阴离子与金属阳离子所组成的盐类化合物。它们在地壳中的分布极为广泛,占地壳总质量的 4/5 以上,其种数占已知矿物种数的 2/3。它们既是各类岩石的主要造岩矿物,又是构成多种矿床的矿石矿物和脉石矿物。

硅酸盐矿物是指一系列金属阳离子与硅酸根络阴离子化合而形成的含氧盐矿物。它在自然界分布极为广泛,已知硅酸盐矿物有 800 余种,约占已知矿物种的 1/4。就其质量而言,约占岩石圈总质量的 85%。它不仅是三大类岩石(岩浆岩、变质岩、沉积岩)的主要造岩矿物,而且也是多种金属和非金属的矿产的来源。此外,还有不少硅酸盐矿物是珍贵的宝石矿物。

**任务分析**

要学习本任务的内容,必须掌握以下知识:

（1）岛状结构硅酸盐矿物。

（2）环状结构硅酸盐矿物。

（3）链状结构硅酸盐矿物。

（4）层状结构硅酸盐矿物。

（5）架状结构硅酸盐矿物。

相关知识

## 一、概述

组成硅酸盐矿物的阴离子主要是$[SiO_4]^{4-}$及其相互连接的一系列复杂络阴离子。有些矿物中还存在$O^{2-}$、$OH^-$、$F^-$、$Cl^-$以及$S^{2-}$、$[CO_3]^{2-}$、$[SO_4]^{2-}$等附加阴离子。它们可以平衡电价、充填空隙。此外,一些矿物中还可以有$H_2O$分子参加。阳离子主要是惰气型离子和部分过渡型离子,铜型离子较少。本类矿物的类质同象代替普遍而多样。

在硅酸盐结构中,每个Si一般为4个O所包围,构成$[SiO_4]$四面体,它是硅酸盐矿物晶体结构中最基本的单位,不同硅酸盐中,$[SiO_4]$四面体可以孤立存在,也可以通过共用四面体角顶的氧而连成多种复杂的络阴离子。这种$[SiO_4]$四面体以共角顶相连形成的络阴离子团称为硅氧骨干。目前所发现的硅氧骨干形式已有数十种,现将几种主要类型叙述如下:

### 1. 岛状硅氧骨干

硅氧骨干为孤立的$[SiO_4]^{4-}$单四面体及$[SiO_4]^{6-}$双四面体(图2-31)。它们在结构中孤立存在,犹如孤岛,彼此间靠其他阳离子联系起来。前者如橄榄石$(Mg,Fe)_2[SiO_4]$,后者如异极矿$Zn_4[Si_2O_7](OH)_2$。

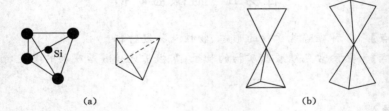

图 2-31　岛状硅氧骨干

(a) 硅氧单四面体;(b) 硅氧双四面体

### 2. 环状硅氧骨干

$[SiO_4]^{4-}$四面体以角顶联结形成封闭的环,根据环中$[SiO_4]^{4-}$四面体的数目,可以有三方环$[Si_3O_9]^{6-}$、四方环$[Si_4O_{12}]^{8-}$、六方环$[Si_6O_{18}]^{12-}$(图2-32)。环还可以重叠起来形成双环,如六方双环$[Si_{12}O_{30}]^{12-}$。

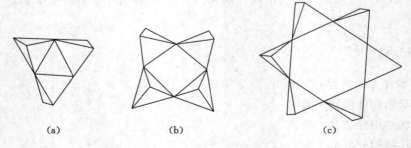

图 2-32　环状硅氧骨干

(a) 三方环;(b) 四方环;(c) 六方环

3. 链状硅氧骨干

$[SiO_4]^{4-}$四面体以角顶联结成沿一个方向无限延伸的链,其中常见者有单链和双链。

（1）单链。在单链中每个$[SiO_4]^{4-}$四面体有两个角顶与相邻的$[SiO_4]^{4-}$四面体共用,如辉石单链$[Si_2O_6]$、硅灰石单链$[Si_3O_9]$（图 2-33）等。

（2）双链。双链犹如两个单链相互连接而成,如两个辉石单链$[Si_2O_6]$相连形成角闪石双链$[Si_4O_{11}]$（图 2-34）。

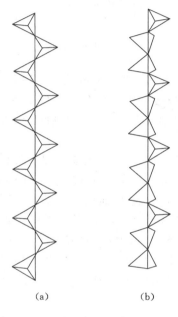

（a）　　　（b）

图 2-33　单链硅氧骨干

（a）辉石单链；（b）硅灰石单链

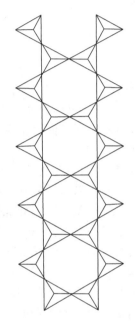

图 2-34　双链硅氧骨干

4. 层状硅氧骨干

$[SiO_4]$四面体以角顶相连,形成在两度空间上无限延伸的层。在层中每一个$[SiO_4]$四面体以 3 个角顶与相邻的$[SiO_4]$四面体相连接。如滑石$Mg_3[Si_4O_{10}](OH)_2$的层状硅氧骨干$[Si_4O_{10}]$（图 2-35）。

5. 架状硅氧骨干

在骨干中每个$[SiO_4]^{4-}$四面体 4 个角顶全部与其相邻的 4 个$[SiO_4]^{4-}$四面体共用,每个氧与两个硅相联系。这样,所有的氧都将是惰性的,即所有的氧的电荷已经被硅中和了,骨干外不再需要其他阳离子了,这种情况就只能形成石英族矿物。如果硅氧骨干中部分$Si^{4+}$被$Al^{3+}$所代替,则整个硅氧骨干就有了剩余负电荷,可以与骨干外的其他阳离子结合,形成具有架状硅氧骨干（图 2-36）的矿物。如钠长石$Na[AlSi_3O_8]$、钙长石$Ca[Al_2Si_2O_8]$等。由于在架状骨干中氧离子剩余电荷是由$AL^{3+}$代替$Si^{4+}$产生的,因而电荷低,而且架状骨干中存在着较大的空隙。因此,架状硅酸盐中骨干外的阳离子,都是低电价、大半径、高配位数的离子,如$K^+$、$Na^+$、$Ca^{2+}$。

在硅酸盐矿物中,铝有两种不同的存在形式。一是铝置换部分$[SiO_4]^{4-}$四面体中的硅,

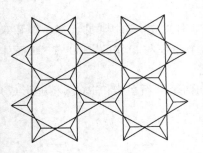

图 2-35　滑石的层状硅氧骨干　　　　　　图 2-36　架状硅氧骨干

形成铝氧四面体,它与硅氧四面体一起,构成络阴离子,由此组成的硅酸盐称为铝硅酸盐,如架状硅酸盐。二是铝可以以金属阳离子的形式存在,与络阴离子结合而组成铝的硅酸盐。在一个晶体结构中,如果同时存在上述两种形式的铝时,则可称为铝的铝硅酸盐,如白云母 $KAl_2[AlSi_3O_{10}](OH)_2$。

　　硅酸盐矿物的形态和物理性质与上述硅酸盐的晶体结构和化学组成密切相关。

　　在形态上,具有岛状硅氧骨干的硅酸盐晶体常表现为三向等长的粒状,如石榴子石、橄榄石等;具有环状硅氧骨干的硅酸盐晶体常表现为柱状习性,柱的延长方向垂直于环状硅氧骨干的平面,如绿柱石、电气石等;具有链状硅氧骨干的硅酸盐晶体常表现为柱状或针状晶体,晶体延长的方向平行链状硅氧骨干延长的方向,如辉石、角闪石、硅灰石等;具有层状硅氧骨干的硅酸盐晶体常表现为板状、片状甚至鳞片状,延展方向平行于硅氧骨干层,如云母、滑石等;具有架状硅氧骨干的硅酸盐晶体的形态,取决于架内化学键的分布情况,可呈三向等长的粒状,也可呈一向延伸的柱状。

　　在光学性质方面,由于硅氧骨干与外部的阳离子以离子键结合,所以具有离子晶格的特点。一般为无色或浅色、透明、玻璃-金刚光泽。

　　硅酸盐矿物的解理与其硅氧骨干的形式有关。具层状骨干者常平行层面有极完全解理,如云母、滑石等;具链状骨干者常平行链延长的方向产生解理,如辉石、角闪石等;具架状骨干者,解理决定于架中化学键的分布,其完全程度视键力情况而定;具岛状、环状骨干的硅酸盐一般解理不发育。

　　一般硅酸盐矿物的硬度比较高,大都在 5 以上;但具有层状骨干的硅酸盐矿物硬度却很小,大部分硬度小于 3。

　　硅酸盐矿物的相对密度与结构和化学成分有关。一般具孤立 $[SiO_4]$ 四面体骨干的硅酸盐有较大的相对密度,而具有层状、架状结构的硅酸盐相对密度较小,含水的硅酸盐的相对密度也较小。

　　内生、外生和变质作用都可能形成硅酸盐矿物。

　　在岩浆作用中,随着岩浆分异的发展,硅酸盐矿物结晶以岛、链、层、架的顺序逐渐过渡的趋势。在伟晶作用中,也有大量硅酸盐矿物形成。在热液作用中热液和围岩蚀变都可能有硅酸盐矿物生成。

　　接触变质和区域变质作用中有大量的硅酸盐矿物形成。

　　外生作用所形成硅酸盐也很广泛,它们多为具层状结构的硅酸盐。

**二、主要矿物**

（一）岛状结构硅酸盐矿物

1. 橄榄石（Mg，Fe）$_2$［SiO$_4$］

（1）形态及物性。斜方晶系，晶体呈柱状或厚板状（图 2-37）。但完好晶形者少见，一般呈粒状集合体。镁橄榄石为白色，淡黄色或淡绿色，随成分中 Fe$^{2+}$ 含量的增高，颜色加深而成深黄色至墨绿色或黑色。常见的橄榄石为橄榄绿色或黄绿色，玻璃光泽，透明至半透明（图 2-38）。解理不完全，常见贝壳状断口，硬度 6.5～7，相对密度 3.27～4.37（随 Fe$^{2+}$ 含量的增加而增高）。

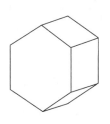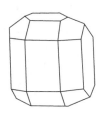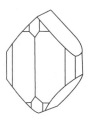

图 2-37 橄榄石的晶体形态

（2）成因及产状。橄榄石主要由岩浆作用、变质作用形成，是超基性、基性岩浆岩的主要造岩矿物。它是地幔岩的主要组成矿物，也是陨石的主要矿物，其中镁橄榄石是镁矽卡岩的重要矿物。橄榄石受热液作用和风化作用容易蚀变，常见产物是蛇纹石、滑石、伊丁石等。

（3）鉴定特征。以其特有的橄榄绿色、粒状、具贝壳状断口为特征。溶于盐酸，并出现凝胶。

（4）主要用途。贫铁富镁的橄榄石，可用作耐火材料。透明纯净的绿色橄榄石可作宝石，如河北万全县、吉林蛟河等地玄武岩幔源包体中的橄榄石。

2. 石榴子石族

石榴子石族矿物的统称，因形似石榴籽而得名。

石榴子石族矿物的化学成分通式为 A$_3$B$_2$［SiO$_4$］$_3$，其中 A 代表二价阳离子 Mg$^{2+}$、Fe$^{2+}$、Mn$^{2+}$、Ca$^{2+}$ 等，B 代表三价阳离子 Al$^{3+}$、Fe$^{3+}$、Cr$^{3+}$ 等。B 类三价阳离子由于半径接近，容易产生类质同象替代，而 A 类阳离子中 Ca$^{2+}$ 与 Mg$^{2+}$、Fe$^{2+}$、Mn$^{2+}$ 半径相差较大，难以发生类质同象置换，因此，通常将石榴子石族矿物分在如下两个系列：

钙系石榴子石，包括钙铝石榴子石 Ca$_3$Al$_2$［SiO$_4$］$_3$（图 2-39）、钙铁石榴子石

图 2-38 橄榄石（网络下载）

图 2-39 钙铝石榴子石（网络下载）

$Ca_3Fe_2^{3+}[SiO_4]_3$和钙铬石榴子石 $Ca_3Cr_2[SiO_4]_3$。

　　铝系石榴子石,包括镁铝石榴子石 $Mg_3Al_2[SiO_4]_3$、铁铝石榴子石 $Fe_3Al_2[SiO_4]_3$和锰铝石榴子石 $Mn_3Al_2[[SiO_4]_3$。

　　本族矿物的类质同象广泛发育,除上述两个系列内部可有完全的置换,两个系列之间也有不无全的置换。所以自然界中纯端员组分的石榴子石很少见,一般都是上述若干端员矿物的类质同象混晶。

　　(1) 形态及物性。等轴晶系,单晶体常为菱形十二面体、四角三八面体或两者构成的聚形,而且晶形完好(图 2-40)。集合体常为粒状或致密块状。颜色受成分影响各种各样,通常呈棕、黄、红、绿等色,也有呈黑色者。透明至半透明,玻璃光泽,断口油脂光泽,无解理,硬度 6.5~7.5。相对密度 3.5~4.2,一般铁、锰、钛含量增加,相对密度增大,有脆性。

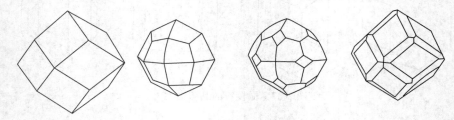

图 2-40　石榴子石的晶体形态

　　(2) 成因及产状。石榴子石在自然界广泛分布于各种地质作用中,不同地质作用,形成不同种类的石榴子石。钙系石榴子石主要产于矽卡岩、热液、碱性岩和部分角岩中;铝系石榴子石系列主要产于岩浆岩、区域变质岩、伟晶岩与火山岩中。此外,石榴子石由于性质稳定,在砂矿中分布广泛。石榴子石当受后期热液蚀变和遭受强烈的风化作用后,可转变成绿泥石、绢云母、褐铁矿等。

　　(3) 鉴定特征。据其晶形、断口油脂光泽、硬度高来识别,不溶于酸。

　　(4) 主要用途。本族矿物由于硬度高可作研磨材料。透明色美者可作宝石材料,如镁铝榴石、钙铬榴石等。

　　3. 红柱石　$Al_2[SiO_4]O$

　　(1) 形态及物性。斜方晶系,晶体呈柱状,横断面近正方形,类似四方柱(图 2-41a)。当红柱石在生长过程中俘获部分碳质和黏土物质呈定向排列时,使在其横断面上呈黑十字形,而纵断面上呈与晶体延长方向一致的黑色条纹,这种红柱石称为空晶石(图 2-41b)。集合体呈粒状或放射状,放射状集合体形似菊花,故名菊花石。常为灰色或肉红色,玻璃光泽,解理中等,硬度 6.5~7.5,相对密度 3.15~3.16(图 2-42)。

　　(2) 成因及产状。红柱石主要由变质作用形成,在区域变质作用中产于变质温度和压力较低的条件下,一般见于富铝的泥质片岩中。红柱石亦见于接触热变质带的泥质岩中,发生于热变质程度较低的情况下,为典型的接触热变质矿物。

　　(3) 鉴定特征。以柱状晶形,近于正方形的横截面,常呈肉红色为特征。

　　(4) 主要用途。高级耐火材料,透明纯净的红柱石也是宝石矿物之一。

　　4. 蓝晶石　$Al_2[SiO_4]O$

　　(1) 形态用物性。三斜晶系,单晶体呈长板状或刀片状,有时呈放射状集合体

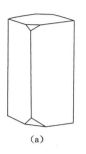
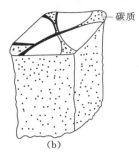
碳质

（a）　　　　　　　（b）

图 2-41　红柱石与空晶石晶体形态
（a）红柱石单晶体；（b）空晶石

图 2-42　红柱石（网络下载）

（图 2-43）。蓝色、蓝白色或青色，玻璃光泽，解理面上有珍珠光泽。解理中等至完全，有裂开。硬度具显著的异向性：平行 $C$ 轴方向为 $4.5\sim5.5$，垂直 $C$ 轴方向为 $6.5\sim7.0$，因此也叫二硬石。相对密度 $3.53\sim3.65$，性脆。

（2）成因及产状。蓝晶石由区域变质作用形成，是典型的区域变质矿物之一，多由泥质岩变质而成，主要形成于中级变质作用压力较高的条件下。此外，蓝晶石还产于某些高压变质带。

（3）鉴定特征。根据其颜色，明显的硬度异向性和主要产于结晶云母片岩中等易于认出。

（4）主要用途。高级耐火材料。

5. 绿帘石 $Ca_2Fe^{3+}Al_2[Si_2O_7][SiO_4]O(OH)$

（1）形态用物性。单斜晶，单晶体常呈柱状，晶面具有明显的纵条纹。集合体呈柱状、放射状、晶簇状（图 2-44）。灰色、黄色、黄绿色、绿褐色，或近于黑色，颜色随 $Fe^{3+}$ 含量增加而变深，很少量 Mn 的类质同象替代使颜色显不同程度的粉红色。玻璃光泽，透明，完全解理，硬度 6，相对密度 $3.38\sim3.49$（随 Fe 含量增加而变大）。

（2）成因及产状。绿帘石主要形成于中温热液作用、区域变质作用，广泛发育于矽卡岩、蚀变火成岩及区域变质岩的绿片岩相中。此外，绿帘石也是基性岩浆岩动力变质的常见矿物。

图 2-43　蓝晶石（网络下载）

图 2-44　绿帘石（网络下载）

（3）鉴定特征。柱状晶形,明显的晶面条纹,完全解理,特征的黄绿色可以与相似的橄榄石、角闪石相区别。

（4）主要用途。大晶体是宝石原料。1967年在坦桑尼亚发现了呈蓝至青莲色的透明黝帘石晶体,称坦桑石,被作为中上等宝石。绿帘石的透明晶体可磨制成刻面宝石。

（二）环状结构硅酸盐矿物

1. 绿柱石 $Be_3Al_2[Si_6O_{18}]$

（1）形态及物性。六方晶系,晶体多呈六方柱状,柱面上常有细的纵纹(图2-45)。集合体呈柱状或晶簇状。纯的绿柱石为无色透明,常见的颜色有绿色、黄绿色、粉红色、深的鲜绿色等。含Fe的透明、蔚蓝色的亚种称海蓝宝石;含Cr的亚种碧绿苍翠,称祖母绿,是一种极珍贵的宝石;含Cs的亚种呈粉红色,称铯绿柱石。玻璃光泽,透明至半透明,解理不完全,硬度7.5～8,相对密度2.6～2.9。

（2）成因及产状。绿柱石主要产于花岗伟晶岩、云英岩及高温热液矿脉中。我国内蒙古、新疆、东北等地花岗伟晶岩中均产出绿柱石。

（3）鉴定特征。以六方柱形态和柱面上具纵纹为特征。

（4）主要用途。绿柱石是提炼铍的最重要矿物原料,祖母绿、绿宝石和海蓝宝石等亚种是名贵和重要的宝石材料。

2. 电气石 $Na(Mg,Fe,Mn,Li,Al)_3Al_6[Si_6O_{18}][BO_3]_3(OH,F)_4$ 或写成通式 $NaR_3Al_6[Si_6O_{18}][BO_3]_3(OH,F)_4$

（1）形态及物性。三方晶系,晶体呈柱状或针状,柱面上常出现纵纹,横断面呈球面三角形图。集合体呈棒状、放射状、束针状,亦见致密块状或隐晶质块状(图2-46)。颜色随成分不同而异:富含Fe的电气石呈黑色;富含Li、Mn和Cs的电气石呈玫瑰色,亦呈淡蓝色;富含Mg的电气石常呈褐色和黄色;富含Cr的电气石呈深绿色。此外,电气石常具有色带现象,垂直 $C$ 轴由中心往外形成水平色带,或 $C$ 轴两端颜色不同。玻璃光泽,无解理,有时可有裂开,硬度7～7.5。相对密度3.03～3.25,随着成分中Fe、Mn含量的增加,相对密度亦随之增大。具有明显的压电性和热电性。

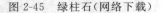

图2-45　绿柱石(网络下载)　　　　　　　　图2-46　电气石(网络下载)

（2）成因及产状。多产于花岗伟晶岩、气成热液矿脉与云英岩中。一般黑色电气石形成于较高温度,绿色、粉红色者一般形成于较低温度。早期形成的电气石为长柱状,晚期者为短柱状。此外,变质作用也能形成电气石。

（3）鉴定特征。柱状晶形，柱面有纵纹，横断面呈球面三角形，无解理，硬度高。

（4）主要用途。透明、色泽美丽者可做宝石，宝石学中称为碧玺。电气石具有压电性，制作压力测量剂测量瞬间爆炸压力。其焦电性具有较强的离子吸附性，用于空气的过滤与净化装置。

（三）链状结构硅酸盐矿物

链状结构硅酸盐主要有单链和双链，无论单链和双链，链间均由金属阳离子联系。这些金属阳离子主要为 K、Na、Ca、Li、Mg、Al 等惰性气体型离子和 Fe、Mn、Ti、Cr 等过渡型离子。双链矿物中还常见附加阴离子 $OH^-$、$F^-$、$Cl^-$ 等。硅氧骨干中的 Si 常被少量 Al 所代替，其化学键以共价键（硅氧骨干内部）和离子键（硅氧骨干和其他阳离子之间）为主。形态上，一般为平行链体延伸方向的柱状、针状、纤维状等，并发育平行链体延伸方向的解理。辉石族矿物是单链的典型代表，角闪石族矿物是双链的典型代表。

1. **透辉石** $CaMgSi_2O_6$

（1）形态及物性。单斜晶系，晶体呈短柱状，横断面呈假正方形。集合体呈粒状、致密块状、柱状或粒状（图 2-47）。无色、白色、浅绿色等，玻璃光泽。解理中等至完全，有时具裂开。硬度 $5.5\sim6.5$，相对密度 $3.50\sim3.56$。

（2）成因及产状。主要由岩浆作用、区域变质作用、热变质作用等形成，是超基性岩、基性岩、矽卡岩、片岩、角岩等的主要矿物，含铬亚种铬透辉石（翠绿至深绿色）是金伯利岩的特征矿物。

（3）鉴定特征。以短柱状晶形、浅的颜色、解理等为特征。

2. **普通辉石** $Ca(Mg,Fe^{2+},Fe^{3+},Ti,Al)[(Si,Al)_2O_6]$

（1）形态及物性。单斜晶系，晶体呈短柱状或粒状，横断面近于正八边形，集合体呈粒状、块状（图 2-48）。绿黑色、黑色、褐色等，玻璃光泽。解理中等至完全，有时具裂开，硬度 $5.5\sim6$，相对密度 $3.23\sim3.52$。

（2）成因及产状。主要由岩浆作用形成，是各种基性、超基性侵入岩与喷出岩及其凝灰岩的主要造岩矿物，并且可见到很好的晶体。此外，变质作用也可形成，在变质岩和接触交代变质岩中也常见。

（3）鉴定特征。绿黑色、短柱状晶形及其解理等为特征。

图 2-47　透辉石（网络下载）

图 2-48　普通辉石（网络下载）

3. 硬玉（翡翠）$NaAl[Si_2O_6]$

（1）形态及物性。单斜晶系，单晶体少见，呈针状或板状。常以粒状、致密块状或纤维状集合体产出（图 2-49）。纯硬玉为无色或白色，常因含杂质而显绿色、蓝色、紫色、黄色等，玻璃光泽。完全解理，断口不平坦，呈刺状。硬度 6.5，相对密度 3.24～3.43，坚韧。

（2）成因及产状。主要产于碱性变质岩中，也见于碱性岩浆岩中。

（3）鉴定特征。致密块状、高硬度和极坚韧，见于碱性变质岩中。

（4）主要用途。是组成名贵的翡翠玉石材料的主要矿物。质地细腻、色艳者用于制作高档首饰及玉器。

4. 硅灰石 $Ca_3Si_3O_9$

（1）形态及物性。三斜晶系，晶体呈片状、板状或针状，集合体呈片状、放射状、纤维状或块状（图 2-50）。白色或灰白色，少数呈肉红色。玻璃光泽，解理面可见珍珠光泽。解理完全至中等，硬度 4.5～5，相对密度 2.86～3.10。

图 2-49　翡翠（网络下载）　　　　　　图 2-50　硅灰石（网络下载）

（2）成因及产状。典型的变质成因矿物，常出现在酸性岩浆岩与碳酸盐岩的接触带，系高温反应的产物。此外，硅灰石还见于深变质的钙质片岩及某些碱性火山岩中。我国吉林磐石是著名的硅灰石产地之一。

（3）鉴定特征。形态、颜色、共生矿物，与透闪石的区别是硅灰石质较软，透闪石性脆易折为主要特征。

5. 透闪石—阳起石 $Ca_2Mg_5[Si_4O_{11}]_2(OH)_2$—$Ca_2(Mg,Fe^{2+})_5[Si_4O_{11}]_2(OH)_2$

在透闪石—阳起石中，Mg、Fe 能进行完全类质同象替代。

（1）形态及物性。单斜晶系，晶体呈柱状、针状、纤维状，集合体为柱状、放射状、纤维状、块体或粒状，呈纤维状者称透闪石或阳起石石棉。致密坚韧并具刺状断口的隐晶质块体称软玉（图 2-51）。透闪石为白色或灰白色，阳起石随含铁量增加，由浅绿至墨绿色。玻璃光泽，呈纤维状者为丝绢光泽，解理中等至完全，硬度 5～6。相对密度 3.02～3.44，随含铁量的增加而增大。

（2）成因及产状。接触变质矿物，经常发育于石灰岩、白云岩与岩浆岩的接触带中，是矽卡岩的常见矿物。也常见于区域变质作用的大理岩、片岩中。

（3）鉴定特征。形态、颜色、解理是主要特征。

（4）主要用途。纤维状者石棉可用制作各种石棉复合材料制品。软玉是贵重玉石材料，用于雕刻各种饰物和工艺品。

6. 普通角闪石 $Ca_2Na(Mg,Fe)_4(Al,Fe^{3+})[(Si,Al)_4O_{11}]_2(OH)_2$

(1)形态及物性。单斜晶系,常呈柱状晶体,横断面呈假六边形。集合体常呈细柱状、纤维状(图 2-52)。深绿色到黑绿色,玻璃光泽,解理完全,有时可见裂开,硬度 $5\sim6$,相对密度 $3.1\sim3.3$。

图 2-51 软玉(网络下载)

图 2-52 普通角闪石(网络下载)

(2)成因及产状。主要由岩浆作用形成,是各种中、酸性岩浆岩的主要组成矿物,如闪长岩。也可由区域变质作用形成,是构成区域变质作用的角闪岩、角闪片岩、角闪片麻岩的主要组成矿物。

(3)鉴定特征。颜色、柱状晶形为特征。

(四)层状结构硅酸盐矿物

层状结构硅酸盐矿物的晶体结构,是由四面体片(T)和八面体片(O)组成的。所谓四面体片是指$[SiO_4]$四面体分布在一个平面内,彼此以 3 个角顶相连,从而形成二维延展的网层(最常见的为六方形网),以字母 T 表示。所谓八面体片是指上下两层四面体片,以活性氧(及 OH)相对,并相互以最紧密堆积的位置错开叠置,在其间形成了八面体空隙,其中为六次配位的 Mg、Al 等充填,配位八面体共棱联结形成了八面体片,以字母 O 表示。四面体片(T)和八面体片(O)组合成层状硅酸盐的结构单元层,有两种基本形式(图 5-33)。

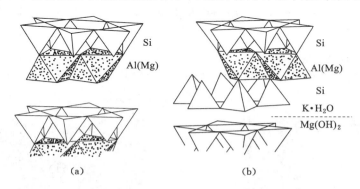

图 2-53 层状硅酸盐晶体结构中的结构单位层
(a) TO 型;(b) TOT 型

1:1 型(TO 型)由一个四面体片和一个八面体片组成,如高岭石结构(图 2-53a)。

2:1 型(TOT 型)由两个四面体片夹一个八面体片组成,如滑石结构(图 2-53b)。

在四面体片与八面体片相匹配中,$[SiO_4]$四面体所组成的六方环范围内有 3 个八面体与之相适应。当这 3 个八面体中心位置均为二价离子(如 $Mg^{2+}$)占据时,所形成的结构为三八面体型结构,意指 3 个八面体全部充满。若其中充填的为三价离子(如 $Al^{3+}$),为使电价平衡,这 3 个八面体位置将只有两个为离子充填,有一个空着的,这种结构称为二八面体型结构,意指只充满了 2/3 的八面体;若二价离子和三价离子同时存在,则可形成过渡型结构。

层状结构硅酸盐矿物的形态和许多物理性质常与其层状结构密切相关。形态上,多呈单斜晶系,假六方板、片状或短柱状。物理性质上,一般具一组极完全的底面解理;硬度低;薄片具弹性或挠性,少数具脆性;相对密度较小;玻璃光泽,珍珠光泽。

此外,还有一些特殊的物理性,如吸附性、离子交换性、吸水膨胀性、加热膨胀性、可塑性、烧结性等,这些性质赋予层状硅酸盐矿物具特殊的工业应用价值,特别是当它们以黏土粒级产出时,称黏土矿物,工业应用广泛。

1. 滑石 $Mg_3[Si_4O_{10}](OH)_2$

(1) 形态及物性。三斜晶系,微细晶体为假六方或菱形板状、片状,但很少见,常呈致密块状、片状、鳞片状集合体(图 2-54)。纯者为无色、白色,含杂质时可呈其他浅彩色。玻璃光泽,解理面显珍珠光泽,解理完全,致密块状者呈贝壳状断口,硬度 1,相对密度 2.58~2.83。富有滑腻感,有良好的润滑性能,解理薄片具挠性。

(2) 成因及产状。滑石主要由热液蚀变和低温热变质作用形成,是富镁质超基性岩、白云岩、白云质灰岩,经热液变质交代的产物。低温热变质形成的滑石见于硅质白云岩中。我国辽宁、山东等地蕴藏有丰富的滑石资源,尤其是辽宁盖州市产的滑石,以其规模和质量的优异闻名于世界。

(3) 鉴定特征。低硬度、滑感、片状具极完全解理为其特征。与叶蜡石相似,区别有如下方法:① 用硝酸钴法。滑石灼烧后与硝酸钴作用变为玫瑰色,而叶蜡石则成蓝色。② 酸度法试验。在素瓷板上滴上一滴水,以矿物碎块轻磨约半分钟获得乳浊状的水溶液,用石蕊试纸定性地检验其酸碱性,滑石呈碱性(pH 约为 9),叶蜡石呈酸性(pH 约为 6)。

(4) 主要用途。在造纸、陶瓷和橡胶工业中用作填充剂,纺织工业中用作漂白剂,电子工业中用于制作绝缘器件,冶金工业中用作耐火材料。此外也用于化妆品、润滑剂等,也可作雕刻材料。

2. 叶蜡石 $Al_2[Si_4O_{10}](OH)_2$

(1) 形态及物性。单斜晶系,单晶体少见。常呈叶片状、鳞片状或隐晶质致密块状集合体(图 2-55)。白色、浅绿、浅黄或淡灰色,玻璃光泽,致密块状者呈油脂光泽,解理面呈珍珠

图 2-54　滑石(网络下载)

图 2-55　叶蜡石(网络下载)

光泽。极完全解理,隐晶质致密块体具贝壳状断口,硬度 1~1.5,相对密度 2.65~2.90。有滑感,解理片具挠性。

（2）成因及产状。由热液作用形成,常是富铝的酸性喷出岩、凝灰岩或酸性结晶片岩经热液蚀变而成,在低温热液含金石英脉中也出现。此外,在某些富含铝的变质岩中也有产出。我国福建寿山、浙江青田等地的叶蜡石系白垩纪流纹岩和流纹凝灰岩经热液蚀变形成的。

（3）鉴定特征。以颜色、硬度等来鉴别。

（4）主要用途。在工业上可代替滑石的部分用途,致密块状者用作工艺雕刻材料。

3. 白云母 $K\{Al_2[AlSi_3O_{10}](OH)_2\}$

（1）形态及物性。单斜晶系,晶体呈假六方板状、片状、短柱状。集合体为片状、鳞片状。呈极细鳞片状集合体并具丝绢光泽者,称绢云母（图 2-56）。颜色从无色到浅彩色多变,透明,玻璃光泽,解理面显珍珠光泽,解理极完全。薄片具弹性,硬度 2~4,相对密度 2.75~3.10,绝缘、隔热性能优良。

（2）成因及产状。可形成于不同的地质条件下,是广泛的造岩矿物之一。主要出现于酸性岩浆岩及其伟晶岩中。产于花岗伟晶岩中的白云母,常形成具有工业价值较大的晶体。此外,还常出现在云英岩、变质片岩及片麻岩中。在强烈的风化条件下,白云母可转变为水白云母和高岭石。

（3）鉴定特征。以形态、颜色、解理、薄片具弹性为特征。

（4）主要用途。电气、电子、航空等工业的重要矿物材料,细鳞片用于建筑、橡胶业以及耐火材料中。

4. 黑云母 $K\{(Mg,Fe)_3[AlSi_3O_{10}](OH)_2\}$

（1）形态及物性。单斜晶系,晶体呈假六方板状、片状、短柱状。集合体为片状、鳞片状（图 2-57）。黑、褐黑、绿黑色等,透明至不透明。玻璃光泽,解理面显珍珠光泽,解理极完全。薄片具弹性,硬度 2~3,相对密度 3.02~3.12,绝缘性差,易风化。

图 2-56　绢云母（网络下载）　　　　　　图 2-57　黑云母（网络下载）

（2）成因及产状。黑云母的产状比其他云母矿物更为多样,如接触变质,区域变质,基、中、酸、碱性侵入岩及伟晶岩等均有产出,是中、酸性火成岩的主要造岩矿物之一。黑云母的巨大晶体产于花岗伟晶岩中,与白云母等共生。黑云母受热水溶液的作用可蚀变为绿泥石、白云母和绢云母等其他矿物。在风化作用下黑云母较其他云母易于分解,形成蛭石、高岭石。

（3）鉴定特征。以形态、颜色、解理、薄片具弹性为特征。

（4）主要用途。鳞片状黑云母可作建筑填充材料。

5. 蒙脱石 $(Na,Ca)_{0.33}(Al,Mg)_2[(Si,Al)_4O_{10}](OH)_2 \cdot nH_2O$

蒙脱石，又称微晶高岭石或胶岭石。

（1）形态及物性。单斜晶系，常呈土状隐晶质块状，电镜下为细小鳞片状（图2-58）。白色，有时为浅灰、粉红、浅绿色。鳞片状者解理完全，硬$2\sim2.5$，相对密度$2\sim2.7$，甚柔软，有滑感。加水膨胀，体积能增加几倍，并变成糊状物。具有很强的吸附力及阳离子交换性能。

（2）成因及产状。蒙脱石主要是基性岩浆岩，特别是基性火成岩在碱性环境中风化而成，也有的是海底沉积的火山灰分解后的产物，低温热液蚀变过程中也可形成。蒙脱石为膨润土的主要成分。膨润土在我国产地很多，如辽宁、黑龙江、吉林、河北、河南、浙江等地都有产出。我国具工业价值的蒙脱石矿床多产于中生代火山岩系中。

（3）鉴定特征。加水膨胀为其特征，确切鉴定需结合X射线分析、热分析和化学分析等。

（4）主要用途。蒙脱石因其强的吸附能力和大的离子交换性能用于脱色、漂白工艺，被广泛应用于陶瓷、染料、造纸、橡胶等工业部门，以及油脂及石油的净化工艺中。钻探工程中用作泥浆原料。

6. 蛭石 $(Mg,Ca)_{0.3-0.45}(H_2O)n\{(Mg,Fe^{3+},Al)_3[(Si,Al)_4O_{10}](OH)_2\}$

（1）形态及物性。单斜晶系，晶体呈片状或鳞片状，具黑云母、金云母假像，集合体呈土状与其他黏土矿物混在一起，极难区分（图2-59）。褐、黄褐、金黄、青铜黄色，有时带绿色；光泽较黑云母弱，常呈油脂光泽或珍珠光泽。完全解理，解理片具挠性。硬度$1\sim1.5$，相对密度$2.4\sim2.7$。火上灼烧蛭石时，其体积迅速膨胀而成银灰色的蝗虫状体，显浅金黄或银白色，金属光泽。其膨胀系由于层间水分子变为蒸气时所产生的压力使结构层被迅速撑开所致。膨胀后，体积增大$15\sim25$倍，甚至可达40倍。相对密度由$2.34\sim2.7$减小到$0.6\sim0.9$。

（2）成因及产状。主要由黑云母或金云母经热液蚀变或风化而成，也可由基性岩受酸性岩浆的变质作用而形成。

（3）鉴定特征。粗粒者与云母相似，但以其无弹性、加热膨胀性区分；细粒者要用X射线、差热分析等方法鉴别。

（4）主要用途。焙烧后的蛭石，用作隔热、消声材料，也用于造纸、涂料和农业肥料中。

图2-58　蒙脱石（网络下载）　　　　　　　　　　图2-59　蛭石（网络下载）

7. **海绿石** $K_{1-x}(Fe^{3+},Al,Fe^{2+}Mg)_2[Al_{1-x}Si_{3+x}O_{10}](OH)_2 \cdot nH_2O$

（1）形态及物性。单斜晶系，晶体细小，具假六方外形，罕见（图 2-60）。通常呈细小圆粒浸染于石灰岩、黏土岩或硅质岩中，或呈松散砂粒分散于滨海砂中。绿、灰绿、黄绿、绿黑色，玻璃光泽。性脆，硬度 2～3，相对密度 2.2～2.8，易被盐酸溶解。

（2）成因及产状。浅海沉积产物，在近代浅海绿色淤泥和沙中也有产出。

（3）鉴定特征。以颜色、圆粒形状和主要产于海相沉积岩中为特征。

（4）主要用途。海绿石是沉积层中唯一的海相指示矿物，海绿石质岩代表海洋沉积的岩石。在工业上海绿石也用来提取钾，用作软化水，制玻璃工业中作染料，以及用来清除一些放射性同位素等。

8. **绿泥石** $Y_3(OH)^{2+}(OH)_6$（Y 为 Mg、Al、Fe，Z 为 Si、Al）

（1）形态及物性。单斜晶系，晶体呈假六方片状或板状，少数呈桶状，但晶体少见（图 2-61）。常呈鳞片状集合体、土状集合体。绿色，带有黑、棕、橙黄、紫、蓝等不同色调。一般含 Fe 越高，颜色越深。玻璃光泽，解理面呈珍珠光泽，完全解理。硬度 2～2.5，随着含 Fe 量增加，硬度随之增大可达 3。相对密度随成分中 Fe 含量增加而增大，变化在 2.680～3.40 之间。解理片具挠性。

（2）成因及产状。分布很广，主要由低温热液作用、中低级变质作用和沉积作用形成，常见于低级变质带中绿片岩相中及低温热液蚀变中（绿泥石化）；但在某些中、高温变质或蚀变岩中也可出现。在贫氧富铁的浅海环境中可沉积巨大的绿泥石矿体。

（3）鉴定特征。以颜色、解理、低硬度、解理片具挠性为特征。

图 2-60 海绿石（网络下载）　　　　　图 2-61 绿泥石（网络下载）

9. **高岭石** $Al_4[Si_4O_{10}](OH)_8$

（1）形态及物性。三斜晶系，多为隐晶质致密块状或土状集合体（图 2-62）。纯者白色，因含杂质可染成深浅不同的黄、褐、红、绿、蓝等各种颜色；致密块体呈土状光泽或蜡状光泽。极完全解理。硬度 2.0～3.5，相对密度 2.60～263。土状块体具粗糙感，干燥时具吸水性（粘舌），湿态具可塑性，但不膨胀。阳离子交换性能差，只能由颗粒边缘的破键而引起微量交换。

（2）成因及产状。主要是由富含铝硅酸盐的火成岩和变质岩，在酸性介质的环境里，经受风化作用或低温热液交代变化而形成的矿物，有时可形成规模巨大的矿床。高岭石是黏土矿物中分布最广、最主要的组成之一。我国盛产优质高岭石，著名产地有江西景德镇、河北唐山、福建福清等地。

（3）鉴定特征。致密土状块体易于以手捏碎成粉末，粘舌，加水具可塑性。灼烧后与硝酸钴作用呈 Al 反应（蓝色），也可根据差热曲线和热失重曲线精确鉴定。

（4）主要用途。高岭石可塑性好，耐火度高，焙烧后强度增高而且成型性好，又呈洁白色，所以是上等陶瓷原料。此外，在电气、建材，以及化工、橡胶和造纸等工业中，做主要或辅助原料。

10. 蛇纹石 $Mg_6[Si_4O_{10}](OH)_8$

（1）形态及物性。单斜晶系，单晶体极少见，常为叶片状、鳞片状、致密块状（图 2-63）。有时表面现波状揉皱，纤维状者称蛇纹石石棉，亦称温石棉。深绿、黑绿、黄绿等各种色调的绿色，并常呈青、绿斑驳如蛇皮。铁的代入使颜色加深，密度增大。油脂或蜡状光泽，纤维状者呈丝绢光泽。硬度 2.5～3.5，相对密度 2.2～3.6。除纤维状者外，解理完全。

（2）成因及产状。蛇纹石主要是由热液交代作用形成，富含 Mg 的岩石如超基性岩（橄榄岩、辉石岩）或白云岩经热液交代作用可以形成蛇纹石。在矽卡岩化作用的后期往往有蛇纹石生成。蛇纹石块体中纤维蛇纹石（石棉）的生成，是由于蛇纹石胶凝体干缩而产生裂隙时逐渐生成的，纤维常与脉壁垂直（称横纤维），但也有少数与裂隙平行（称纵纤维）。我国四川石棉县所产的纵纤维，纤维最长可达 2 m 以上。

（3）鉴定特征。根据其颜色、光泽、较小的硬度、纤维状或块状形态加以识别。

（4）主要用途。温石棉的抗张强度高，柔韧性好可以制成各种石棉织物和制品，用于隔热、阻燃和绝缘等，广泛应用于建筑、化工、医药、冶金等行业。

图 2-62　高岭石（网络下载）

图 2-63　蛇纹石（网络下载）

（五）架状硅酸盐矿物

架状硅酸盐矿物的结构特征，每个 $[SiO_4]$ 四面体的所有 4 个角顶都与相邻的四面体共顶。从而形成类似于石英的架状结构，如果硅氧骨干中一部分 $Si^{4+}$ 被 $Al^{3+}$ 代替，则整个硅氧骨干就产生了多余的负电荷，可以与其他阳离子结合，形成具有架状硅氧骨干的矿物。铝代硅之后，硅氧骨干可用 $[Al_xSi_n—xO_{2n}]^{x-}$ 表示，如钾长石 $K[AlSi_3O_8]$、钙长石 $Ca[Al_2Si_2O_8]$ 等，它们称为铝硅酸盐矿物。形成架状硅酸盐矿物的阳离子，主要是一些电价低、半径大、配位数高的阳离子，如 $K^+$、$Na^+$、$Ca^{2+}$、$Ba^{2+}$ 等，这是因为架状中空隙较大，要求大半径阳离子充填；同时 Al 代 Si 的数目有限（Al 代 Si 的数目不能超过 Al 和 Si 总数的一半，否则，不能形成稳定的结构）。产生的负电荷不多，要求低电价阳离子来中和。此外，$[SiO_4]$ 四面体沿三维空间作架状连接，有时在结构中可以形成巨大的空隙，它们甚至连通成孔道。所以架状硅酸盐中还有 $F^-$、$Cl^-$、$(OH)^-$、$S^{2-}$、$[SO_4]^{2-}$、$[CO_3]^{2-}$ 等附加阴离子来充填空隙，平衡电价。

架状结构硅酸盐有长石族、白榴石族、霞石族、沸石族等。长石族矿物是地壳中最重要的矿物族之一,广泛产于各种成因类型的岩石中,约占地壳总质量的 50%,是岩浆岩和变质岩中重要的造岩矿物。岩浆岩中长石占 60%,变质岩中长石占 30%,沉积岩中长石占 10%。

长石族矿物主要有四种:钾长石 $K[AlSi_3O_8]$、钠长石 $Na[AlSi_3O_8]$、钙长石 $Ca[Al_2Si_2O_8]$ 和钡长石 $Ba[Al_2Si_2O_8]$,它们分别以 Or、Ab、An、Cn 表示。

自然界产出的长石大多是前三者的固溶体,即相当于由钾长石(Or)、钠长石(Ab)和钙长石(An)三种简单的长石端员分子组合而成,可以用端员分子的百分数来表示。钾长石和钠长石在高温条件下形成完全的类质同象系列(称为碱性长石),温度降低时则混溶性逐渐减小,导致出溶条纹形成(称条纹长石)。一般认为,钠长石和钙长石能在任何温度条件下形成完全类质同象系列(称斜长石)。但近来研究表明,温度降低后在某些区间内并不能相互混溶,钾长石和钙长石几乎在任何温度下都是不混溶的。钡长石(Cn)在自然界中产出很少,在碱性长石或斜长石中可含少量钡长石(Cn)分子,如果含 BaO>2% 时可命名为某一长石的成分变种。

按化学成分划分,长石族分为碱性长石、斜长石、钡长石三个亚族,其中以前两个亚族分布最为广泛。

1. 碱性长石亚族 $K[AlSi_3O_8]$(Or)

这一亚族包括钾钠长石系列中钾长石的 3 个同质多象变体,即透长石、正长石、微斜长石以及以钠长石为主的歪长石。而钠长石习惯上归之于斜长石亚族,其中透长石和正长石属单斜晶系,其余的均属三斜晶系。

(1)形态及物性。晶体呈短柱状或厚板状,常见卡斯巴双晶(图 2-64)。集合体为粒状或块状。透长石无色透明,正长石,微斜长石常呈肉红色、浅黄色或灰白色。玻璃光泽,透明,两组完全解理,硬度 6~6.5,相对密度 2.55~2.63。

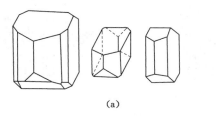

(a)　　　　　　　　　　　　　(b)

图 2-64　正长石晶体

(a)单晶体;(b)卡斯巴双晶

(2)成因及产状。广泛出现于各种成因类型的岩石中。透长石是中酸性喷出岩的主要造岩矿物之一,粗面岩中尤为常见。正长石和微斜长石是中酸性和碱性岩浆岩中的主要浅色造岩矿物。在变质岩中,深变质岩里以正长石主;浅变质带中,以微斜长石居多。在接触变质带中原先形成温度较低的钾长石(图 2-65),有时可以转变成透长石。沉积岩里所含的长石碎屑,取决于原岩的长石种别。自生作用过程中可以形成微斜长石。

(3)鉴定特征。以颜色、晶形、双晶、解理来识别。

（4）主要用途。钾长石可以用作陶瓷原料，色泽美丽的天河石可用作玉石材料。

图 2-65　钾长石（网络下载）

**2. 斜长石亚族**

斜长石亚族是由钠长石和钙长石两个端员组分组成的类质同象系列，即 $NaAlSi_3O_8$—$CaAl_2Si_2O_8$。常温下在某些区间内并不能相互混溶，形成两相长石的显微连生体，但通常仍不正确地把它看作是完全类质同象系列。本亚族分为6种：

| | |
|---|---|
| 钠长石 | Ab 100%～90%，An 0～10% |
| 奥长石 | Ab 90%～70%，An 10%～30% |
| 中长石 | Ab 70%～50%，An 30%～50% |
| 拉长石 | Ab 50%～30%，An 50%～70% |
| 培长石 | Ab 30%～10%，An 70%～90% |
| 钙长石 | Ab 10%～00%，An 90%～100% |

此外，按钙长石组分的含量，又分为：

| | |
|---|---|
| 酸性斜长石 | An 0～30% |
| 中性斜长石 | An 30%～50% |
| 基性斜长石 | An 50%～100% |

（1）形态及物性。三斜晶系，单晶体呈板状或板柱状。双晶普遍，最常见的是钠长石的聚片双晶（图 2-66）。白色或灰白色，如出现其他色调时，往往是由杂质引起的。玻璃光泽，两组完全解理。硬度 6～6.5，相对密度 2.61～2.76。斜长石的许多物理性质如相对密度、折光率等都是随着成分的有规律变化而变化的，如含 Ab 高者相对密度小，含 An 分子越多，则相对密度越大（图 2-67）。

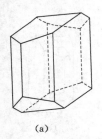
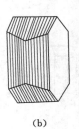

（a）　　　　　　　（b）　　　　　　　（c）

图 2-66　斜长石晶体

（a）单晶体；（b）（c）聚片双晶

（2）成因及产状。形成于各种地质作用，岩浆作用、变质作用、沉积作用都能形成，为重要造岩矿物。酸性斜长石产于酸性、碱性岩中，中性斜长石产于中性岩中，基性斜长石产于基性、超基性岩中。伟晶岩中仅见有钠长石或奥长石，只有少数基性伟晶岩中才见到有粒径粗大的中基性斜长石。区域变质作用、接触变质作用过程中所形成的斜长石，其 An 含量将随变质作用的加深而增高。热液蚀变过程中所谓的钠长石化作用，便是形成钠长石或奥长石的过程。沉积岩中可以有钠长石作为自生矿物，碎屑岩中也可以有斜长石存在，但是远不及碱性长石普遍。

（3）鉴定特征。以颜色、晶形、双晶解理等为特征。斜长石中各种区别可以根据所属岩石类型及产状大致区分出酸性、中性和基性斜长石，但精确可靠的鉴定，一般要靠旋光性、X 射线测试的资料。

（4）主要用途。可以作玻璃或者陶瓷工业原料，具有变彩的拉长石或月长石也可作为宝石或装饰材料。

图 2-67　斜长石（网络下载）

3. 霞石 $Na[AlSiO_4]$，相当于 $(Na,K)AlSiO_4$

（1）形态及物性。六方晶系，晶体呈六方柱或厚板状。常呈粒状或致密块状集合体常呈无色、白色、灰色或微带各种色调（图 2-68）。透明，玻璃光泽，断口呈明显的油脂光泽，故称之为"脂光石"。解理不发育，具贝壳状断口，性脆，硬度 5～6，相对密度 2.55～2.66。

（2）成因及产状。主要由岩浆作用形成，产于富 Na 而缺少 $SiO_2$ 的碱性岩中，主要见于与正长石有关的侵入岩、喷出岩及伟晶岩中。霞石是在 $SiO_2$ 不饱和的条件下形成，因此在同一岩石中，霞石和石英不能同时出现。其共生矿物是富钠的碱性长石（钾微斜长石、钠长石）、碱性辉石、碱性角闪石等。受热液作用或风化作用可转变为沸石、高岭石、方解石等。

图 2-68　霞石（网络下载）

（3）鉴定特征。具有油脂光泽，又无完好的解理，可借此与长石相区别。霞石时常含某些染色的斑点，较易风化，如发现颗粒的周围或裂缝中有杂色蚀变物存在时，往往为霞石而非石英。

（4）主要用途。霞石用作玻璃、陶瓷的工业原料。

**任务实施**

认识不同结构硅酸盐矿物。

**思考与练习**

1. 碱性长石包括哪几个矿物种？
2. 霞石和白榴石在成分和成因上有什么特点？
3. 怎么区分红柱石和蓝晶石？
4. 白云母最显著的物理性质是什么？

# 任务六　碳酸盐、硝酸盐、硫酸盐矿物

【知识要点】　各种碳酸盐、硝酸盐、硫酸盐矿物的形态、物性及鉴定特征。

【技能目标】　熟悉常见碳酸盐、硝酸盐、硫酸盐矿物的物性；掌握常见碳酸盐、硝酸盐、硫酸盐矿物的鉴定特征。

### 任务导入

　　碳酸盐矿物在地壳中的分布很广泛,仅次于硅酸盐矿物。目前已发现的矿物种数超过100 种,占地壳总质量的 1.7% 左右。其中,钙和镁的碳酸盐矿物分布最广,是重要的造岩矿物,往往形成很厚的海相沉积岩层。很多碳酸盐矿物是重要的非金属材料或提取某种重要元素的原料,具有重要的经济意义。

　　硝酸盐是金属阳离子与硝酸根相化合形成的含氧盐矿物。自然界中硝酸盐矿物的产出很少,目前已知的矿物仅 10 余种,其中,以 $Na^+$、$K^+$ 的硝酸盐较为常见。

　　硫酸盐矿物目前已发现该类矿物 180 余种,在地壳中分布不多,仅占地壳总质量的0.1% 左右。其中,石膏、硬石膏、重晶石、明矾石、芒硝等均能聚集成有工业意义的矿床,部分硫酸盐矿物还是提取 Sr、Pb、U 等金属元素的原料。

### 任务分析

　　要学习本任务的内容,必须掌握以下知识:

　　(1) 碳酸盐矿物。

　　(2) 硝酸盐矿物。

　　(3) 硫酸盐矿物。

### 相关知识

**一、碳酸盐矿物类**

(一)概述

　　本类矿物是金属阳离子与碳酸根 $[CO_3]^{2-}$ 结合而形成的含氧盐矿物。碳酸根 $[CO_3]^{2-}$的半径比一般阴离子大,但比其他络阴离子要小些。因此,与碳酸根 $[CO_3]^{2-}$ 结合的阳离子大多是半径较大、电价较低的离子。在自然界中,以 Mg、Zn、Fe、Mn、Ca、Sr、Pb、Ba 等二价金属阳离子所组成的碳酸盐矿物最为常见。碳酸盐矿物中的阳离子存在着广泛的类质同象。阴离子除主要的碳酸根 $[CO_3]^{2-}$ 外,还有附加阴离子 $OH^-$、$F^-$、$Cl^-$、$O^{2-}$、$[SO_4]^{2-}$、$[PO_4]^{3-}$ 等,其中以 $OH^-$ 最常见。此外,一些碳酸盐矿物中还存在结晶水。

　　碳酸盐矿物晶体结构中存在明显的晶变现象,其突出表现在二价阳离子的无水碳酸盐矿物。比 $Ca^{2+}$ 半径小的 $Mg^{2+}$、$Zn^{2+}$、$Fe^{2+}$ 等的碳酸盐形成方解石型结构;比 $Ca^{2+}$ 半径大的$Sr^{2+}$、$Pb^{2+}$、$Ba^{2+}$ 碳酸盐形成文石型结构;而 $Ca^{2+}$ 的碳酸盐 $Ca^{2+}[CO_3]$ 既可形成方解石型,又可形成文石型结构。

　　碳酸盐矿物多数结晶成三方晶系、单斜晶系、斜方晶系,有些碳酸盐具有晶形完好的单晶体,也可呈块状、粒状、放射状、土状等集合体形态。

　　碳酸盐矿物多数为无色或白色,含色素离子可呈鲜艳的色彩,硬度不大,一般为 3 左右,相对密度中等,而 Pb、Ba 的碳酸盐相对密度较重。

　　所有的碳酸盐矿物在盐酸或硝酸中都能程度不同地被溶解,并放出 $CO_2$。

　　碳酸盐矿物主要为外生成因,包括沉积作用和风化作用,尤其是海相沉积作用可以形成大面积分布且厚度很大的碳酸盐地层。内生作用主要形成于热液作用,少量形成于岩浆作用。此外,变质作用也可形成。

（二）主要矿物

1. 方解石 $Ca[CO_3]$

（1）形态及物性。三方晶系,常见完好晶体,形态多种多样,常见有菱面体板状、片状、六状柱状等（图2-69）。集合体常为致密块状、粒状、晶簇状、片状、钟乳状、土状、多孔状、结核状、鲕状、豆状、被膜状等。无色或白色,有时被Fe、Mn、Cu等元素染成浅黄、浅红、紫、褐黑色。无色透明的方解石称为冰洲石。玻璃光泽,解理完全,硬度3。相对密度2.6～2.9,某些方解石具荧光性。

（2）成因及产状。方解石是分布最广的矿物之一,成因类型多样。主要有沉积型,海水中的$CaCO_3$达到过饱和时,可沉积形成大量的海相沉积的石灰岩。热液型,常见于中、低温热液矿床中,呈脉状或见于空洞里,具良好的晶形;岩浆型,由碱性岩浆分异的产物或上地幔来源的碳酸盐熔体,在地壳冷凝结晶而成,常与白云岩、金云母等共生;风化型,石灰岩、大理岩在风化过程中地下水溶解易形成重碳酸钙$Ca(HCO_3)$进入溶液,当压力减小或蒸发时,使大量$CO_2$的逸出,碳酸钙可再沉淀下来,形成钟乳石、石笋、石柱等。

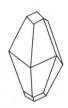

图 2-69 方解石的晶体形态

（3）鉴定特征。三组完全解理,硬度较小,加冷稀HCl剧烈起泡。

（4）主要用途。冰洲石是制造光学棱镜的贵重材料,石灰岩是烧制石灰和制造水泥的原料,以及在冶金工业上作为助熔剂,大理岩是重要的建筑和装饰工业材料。由方解石制取的重质碳酸钙是优良的填充剂和改性剂,广泛应用于塑料、橡胶、造纸、涂料、油漆电缆绝缘、医药、玻璃和陶瓷等领域。

2. 文石 $Ca[CO_3]$

（1）形态及物性。斜方晶系,晶体常为柱状、矛状（图2-70）,但较少见。集合体常呈纤

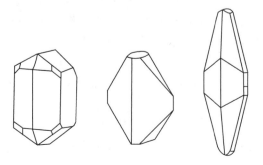

图 2-70 文石的晶体形态

维状、柱状、晶簇状、皮壳状、钟乳状、珊瑚状、鲕状、豆状和球状等。多数软体动物的贝壳内壁珍珠质部分是由极细的片状文石沿着贝壳面平行排列而成。通常为白色、黄白色,有时呈浅绿色、灰色等,透明,玻璃光泽,断口为油脂光泽。不完全解理,贝壳状断口,硬度 3.5～4.5,相对密度 2.9～3.3,成分中含 Sr、Ba 者,相对密度增大。

(2)成因及产状。在自然界的分布远不如方解石,通常在外生作用条件和低温热液下形成。产出于超基性岩风化壳、硫化物矿床氧化带、石灰岩洞穴中,也见于近代海底沉积和温泉沉淀物中。作为生物化学作用的产物,是许多动物贝壳、珍珠的主要成分。文石作为热液作用最后阶段的低温产物,见于玄武岩杏仁体和裂隙中。此外,区域变质也可形成文石。文石不稳定,常转变为方解石(呈文石副像)。

(3)鉴定特征。文石与方解石相似,加 HCl 剧烈起泡。但文石不具菱面体解理,晶形呈柱状、矛状;相对密度和硬度稍大于方解石。

3. 菱镁矿——菱铁矿 Mg[CO$_3$]——Fe[CO$_3$]

(1)形态及物性。三方晶系,晶体呈菱面体状、短柱状或偏三角面体状。通常呈粒状、土状、致密块状集合体。富 Mg 端员白色或浅黄白色、灰白色,有时带淡红色调(图 2-71),富 Fe 者呈黄至褐色、棕色(图 2-72)。玻璃光泽,解理完全,硬度 3.5～4.5,相对密度 2.9～4.0,富 Fe 者相对密度和折射率均增大。

图 2-71  菱镁矿(网络下载)          图 2-72  菱铁矿(网络下载)

(2)成因及产状。菱镁矿主要由热液作用和沉积作用形成,由含 Mg 热液交代白云石及超基性岩而成。此外,海相沉积盐层中也可形成菱镁矿,我国辽宁大石桥是世界著名的菱镁矿产地。菱铁矿也具有沉积型和热液型两种,形成于相对还原的条件,热液成因者可单独形成菱铁矿脉或存在于金属硫化物矿脉中,沉积成因者产于黏土岩和煤层中。菱铁矿在氧化带不稳定,易分解为褐铁矿而形成铁帽。

(3)鉴定特征。与方解石相似,区别在于粉末加冷 HCl 不起泡或作用极慢,加热 HCl 则剧烈起泡。

(4)主要用途。菱镁矿用于制作耐火材料和提炼金属镁。菱铁矿是提炼金属铁的矿物原料,焙烧后的矿石多孔,易炼。

4. 白云石 CaMg[CO$_3$]$_2$

(1)形态及物性。三方晶系,晶体常呈菱面体状,有时见柱状或板状晶体,晶面常弯曲成马鞍状(图 2-73)。集合体呈粒状、致密块状,有时呈多孔状、肾状等纯者多为无色或白色,含铁者灰色或暗褐色,含铁白云石风化后,表面变为褐色。玻璃光泽,解理完全,解理面常弯曲,硬度 3.5～4,相对密度 2.85,随成分中 Fe、Mn、Pb、Zn 含量的增多而增大。

(2)成因及产状。白云石是自然界中广泛分布的一种矿物,主要有沉积和热液两种成因。它是组成白云岩、白云质灰岩的主要矿物。原生沉积的白云石是在盐度很高的海盆或湖盆中直接沉积形成,可以形成巨厚的白云岩层,或与灰岩、菱铁矿等互层。大量的白云石是次生的,由灰岩受含镁热水溶液交代而成。白云石还可从热液中直接结晶。此外,岩浆作用也可形成白云石,是岩浆成因的碳酸岩的主要组成矿物之一。含镁质或白云质的灰岩在区域变质或接触变质作用中可形成白云石大理岩。在变质作用的较高阶段,白云石可被分解成方镁石和水镁石。

(3)鉴定特征。晶面常呈弯曲的马鞍形,与方解石的区别是遇冷盐酸不剧烈起泡,加热后方剧烈起泡。此外,可用染色法区分二者:用 0.2 mol/L 的 HCl 加茜素红硫溶液,白云石不染色,方解石则被染成红紫色。

(4)主要用途。用作耐火材料、炼钢熔剂和化工原料,白云石大理岩可作建筑石材。也用于黏合剂、密封塑料、油漆、洗涤剂和日用化妆品等。

5. 孔雀石 $Cu_2[CO_3](OH)_2$

(1)形态及物性。单斜晶系,晶体少见,通常呈柱状、针状或纤维状。集合体呈晶簇状、肾状、葡萄状、皮壳状、充填脉状、粉末状、土状等(图 2-74)。在肾状集合体内部具有同心层状或放射纤维状的特征,由深浅不同的绿色至白色组成环带。土状孔雀石称为铜绿(或称石绿),一般为绿色,但色调变化较大,从暗绿、鲜绿到白色,浅绿色条痕,玻璃至金刚光泽,纤维状者呈丝绢光泽,土状者光泽暗淡。完全解理,硬度 3.5～4,相对密度 4.0～4.5。

图 2-73　白云石(网络下载)　　　　　图 2-74　孔雀石(网络下载)

(2)成因及产状。孔雀石是含铜硫化物矿床氧化带中的次生矿物,常与蓝铜矿、赤铜矿等共生。是原生硫化物铜矿床的找矿标志。我国广东阳春石绿铜矿是一大型的孔雀石、蓝铜矿铜矿床。

(3)鉴定特征。呈孔雀绿色,形态常呈肾状、葡萄状,其内部具放射纤维状及同心层状,遇冷稀 HCl 产生气泡。

(4)主要用途。孔雀石是原生硫化物铜矿床的找矿标志。量多时可作为提炼铜的矿物原料,质纯色美者是制作首饰和工艺雕刻品的材料,粉末可作绿色颜料。

## 二、硝酸盐矿物类

### （一）概述

硝酸盐是硝酸衍生的化合物的统称，一般为金属离子或铵根离子与硝酸根离子组成的盐类。硝酸盐是离子化合物，含有硝酸根离子 $NO_3^-$ 和对应的正离子，如硝酸铵中的 $NH_4^+$ 离子。常见的硝酸盐有硝酸钠、硝酸钾、硝酸铵、硝酸钙、硝酸铅、硝酸铈等。硝酸盐几乎全部易溶于水，只有硝酸脲微溶于水，碱式硝酸铋难溶于水，所以溶液中硝酸根不能被其他绝大多数阳离子沉淀。

### （二）主要矿物

#### 1. 钠硝石 $Na[NO_3]$

（1）形态及物性。三方晶系，晶体呈菱面体，极少见。通常呈致密块状、皮壳状或盐华状集体产出（图 2-75）。无色或白色，含杂质呈灰色、黄褐色，透明，玻璃光泽，硬度 $1.5\sim2$，性脆，密度 $2.24\sim2.29$，味微咸涩，易溶于水，具强潮解性。

图 2-75　钠硝石（网络下载）

（2）成因及产状。产于炎热干旱地区的土壤中，主要是腐烂有机质受硝化细菌分解作用而产生的硝酸根与土壤中的钠化合而成，常与石膏、芒硝、石盐等共生。世界最著名的产地为智利（又名智利硝石），我国青海西宁地区红土层中也有巨厚的钠硝石层分布。

（3）鉴定特征。易溶于水，易潮解，味微咸涩为特征。

（4）主要用途。钠硝石是氮肥的主要原料，并用于制造硝酸和其他氮素化合物。

## 三、硫酸盐矿物类

### （一）概述

硫酸盐矿物是金属阳离子与硫酸根 $[SO_4]^{2-}$ 化合形成的含氧盐矿物，与硫酸根 $[SO_4]^{2-}$ 化合的阳离子主要是惰性气体型和过渡型离子，其次为铜型离子。主要的金属阳离子有 $Ba^{2+}$、$Pb^{2+}$、$Sr^{2+}$、$Ca^{2+}$、$Mg^{2+}$、$Cu^{2+}$、$Zn^{2+}$ 以及 $Na^+$、$K^+$、$Fe^{3+}$、$Al^{3+}$ 等。硫酸根 $[SO_4]^{2-}$ 半径较大，只有与半径较大 $Ba^{2+}$、$Pb^{2+}$、$Sr^{2+}$ 才能形成稳定的无水化合物，如重晶石 $Ba[SO_4]$。半径较小的 $Mg^{2+}$、$Cu^{2+}$、$Zn^{2+}$ 等，则形成水化阳离子，与 $[SO_4]^{2-}$ 结合形成含水硫酸盐，如胆矾 $Cu(H_2O)_5[SO_4]$。半径中等的 $Ca^{2+}$，依生成条件不同，既可形成无水硫酸盐也可形成含水硫酸盐，如硬石膏 $Ca[SO_4]$ 和石膏 $Ca[SO_4]\cdot2H_2O$。有时还有附加阴离子 $OH^-$、$F^-$、$Cl^-$、$O^{2-}$、$[CO_3]^{2-}$ 等。此外，许多硫酸盐矿物中存在结晶水。本类矿物的类质同象代替不发育，只有 Mg—Fe 和 Ba—Sr 在某些矿物中可形成完全类质同象。

本类矿物具有典型离子晶格。晶体主要为板状和柱状，集合体常呈皮壳状、钟乳状、粉末状、块状等。颜色一般为白色或无色，含铜、铁等过渡型和铜型离子时呈现彩色，玻璃光泽，少数为金刚光泽。透明至半透明，硬度低，小于 3.5。密度不大，在 $2\sim4$ g/cm³ 左右，含 Ba、Pb 等元素时，相对密度可达 4 g/cm³ 以上。

本类矿物形成于低温且氧浓度大的环境，主要产出于地表和地壳浅部，多数为化学沉积作用形成。此外，低温热液晚期及金属硫化物在氧化带氧化也常形成本类矿物。

（二）主要矿物

1. 重晶石 $Ba[SO_4]$

（1）形态及物性。斜方晶系,晶体常沿发育成板块,有时呈柱状或粒状（图 2-76）。集合体常为板状晶体的晶簇或块状、粒状、结核状或钟乳状。纯净的晶体无色、白色,灰白色,有时为黄色、褐色、灰色、淡红色。透明,玻璃光泽,解理面呈珍珠光泽。解理完全或中等,硬度 3～3.5,相对密度 4.3～4.5（图 2-77）。

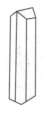

图 2-76　重晶石的晶体形态

（2）成因及产状。重晶石主要产于中、低温热液矿脉中,也可产于沉积岩中,呈结核状或透镜状出现。在风化残积的黏土层中,也见结核状、块状的次生重晶石。我国重晶石的产地很多,湖南、广西、江西等地的矿床是巨大的热液单矿物脉。

图 2-77　重晶石（网络下载）

（3）鉴定特征。板状晶形,中等至完全解理,相对密度大,与 HCl 不起作用,可与碳酸盐矿物相区别。

（4）主要用途。提取 Ba 的重要矿物原料,可作为 X 射线防护剂,并用于化工、颜料、医药、玻璃、橡胶、塑料等工业原料以及钻井泥浆的加重剂。

2. 石膏 $Ca[SO_4] \cdot 2H_2O$

（1）形态及物性。单斜晶系,晶体常发育成板状,也有的呈粒状、柱状,双晶常见,主要是燕尾双晶。集合体多成致密块状或纤维状（图 2-78）。细晶粒状块体称之为雪花石膏;纤维状的集合体称为纤维石膏。此外,还有土状、片状集合体。通常为白色及无色,无色透明晶体称为透石膏,有时因含其他杂质而染成灰、浅黄、浅褐等色,条痕白色,透明,玻璃光泽,解理面呈珍珠光泽,纤维状集合体呈丝绢光泽。解理极完全或中等,解理薄片具挠性。硬度 1.5～2,不同方向稍有变化,相对密度 2.3,性脆。

（2）成因及产状。主要由化学沉积作用形成,常形成巨大的矿层或透镜体存在于石灰岩、砂岩、泥灰岩及黏土岩层之间,与硬石膏、石盐等共生。在硫化矿床氧化带中,也可生成石膏。热液成因的石膏较少见,通常存在于低温热液硫化物矿床中。我国石膏分布广泛,储量居世界前列,湖北应城、湖南湘潭、山西平陆等都是著名产地。

（3）鉴定特征。低硬度,解理极完全。成致密块状的石膏,以其低硬度和遇酸不起泡可与碳酸盐矿物相区别。

（4）主要用途。用于医疗、造型、水泥、造纸和建筑等工业。

**3. 硬石膏 Ca[SO₄]**

（1）形态及物性。斜方晶系，晶体少见，常呈厚板状晶体、柱状，有时可见接触双晶或聚片双晶，集合体呈纤维状、致密粒状或块状（图 2-79）。无色或白色，常因含杂质而呈暗灰色、浅蓝色、浅红色、褐色，条痕白或浅灰白色，透明，玻璃光泽，解理面呈珍珠光泽。解理完全或中等，硬度 3～3.5，相对密度 2.8～3.0。

图 2-78　石膏（网络下载）　　　　　　　图 2-79　硬石膏（网络下载）

（2）成因及产状。硬石膏主要由化学沉积作用形成，大量形成于盐湖中，常与石膏共生。此外，含硫酸的热液交代石灰岩或白云岩也可形成硬石膏。硬石膏在地表条件下不稳定，转变为石膏。

（3）鉴定特征。以其相对密度、解理完全、硬度中等为特征。

（4）主要用途。用于造型塑像、医疗、造纸以及水泥工业，硬石膏的吸水膨胀性对工程设施有一定的安全影响。

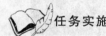

**任务实施**

区分本类矿物时可以增添使用稀盐酸。

**思考与练习**

1. 什么是冰洲石？如何区别方解石、文石和白云石？
2. 如何区别石膏和硬石膏？

# 任务七　其他含氧盐矿物

【知识要点】　各种其他含氧盐矿物的形态、物性及鉴定特征。

【技能目标】　熟悉常见其他含氧盐矿物的物性；掌握常见其他含氧盐矿物的鉴定特征。

**任务导入**

硼酸盐矿物是金属阳离子，其中最主要的是 $Mg^{2+}$、$Ca^{2+}$、$Na^+$、$Fe^{2+}$ 和 $Fe^{3+}$，与硼酸根相化合而形成含氧盐矿物。目前已知的硼酸盐矿物约有 130 余种，然而在自然界常见的仅 10 种左右，并能聚集成有工业价值的硼矿床。

钨酸盐是阴离子含钨酸根或聚钨酸根的盐，铵根离子、碱金属、碱土金属及很多重金属阳离子都能形成钨酸盐。

天然存在的磷酸盐是磷矿石(含磷酸钙),用硫酸跟磷矿石反应,生成能被植物吸收的磷酸二氢钙和硫酸钙,可制得磷酸盐。磷酸盐可分为正磷酸盐和缩聚磷酸盐。在食品加工中使用的磷酸盐通常为钠盐、钙盐、钾盐以及作为营养强化剂的铁盐和锌盐,常用的食品级磷酸盐的品种有 30 多种,磷酸钠盐是国内食品磷酸盐的主要消费种类,随着食品加工技术的发展,磷酸钾盐的消费量也在逐年上升。

 **任务分析**

要学习本任务的内容,必须掌握以下知识:
(1) 硼酸盐矿物。
(2) 钨酸盐矿物。
(3) 磷酸盐矿物。

 **相关知识**

### 一、硼酸盐矿物

**(一)概述**

硼酸盐矿物为金属元素阳离子与硼酸根相结合的化合物。硼酸盐矿物在自然界中出现不多。矿物中金属元素阳离子主要有钙、镁、钠、锰、铁等,阴离子除主要的硼酸根极其复杂络阴离子根外,常含其他络阴离子及附加阴离子和结晶水,以离子键与阳离子结合。

**(二)主要矿物**

1. 硼镁铁矿 $(Mg, Fe^{2+})_2 Fe^{3+}[BO_3]O_2$

(1) 形态及物性。斜方晶系,晶体呈柱状或针状,通常呈纤维状、放射状、粒状、致密块状集合体(图 2-80)。墨绿色至黑色,颜色随成分中 Fe 含量增大而变深,条痕浅黑绿色至黑色,光泽暗淡。纤维状集合体者呈丝绢光泽,微透明至不透明。硬度 5.5~6,无解理,密度3.6,粉末具弱磁性。

(2) 成因及产状。我国的硼镁铁矿主要产于接触交代成因的镁质矽卡岩或不同程度的蛇纹石化白云质大理岩中,常与磁铁矿、硅镁石及金云母和硼镁石等共生。

(3) 鉴定特征。以深的颜色和条痕色,暗淡光泽,硬度和产状特征可与电气石相区别。

(4) 主要用途。硼镁铁矿是提炼硼的矿物原料。

2. 硼砂 $Na_2[B_4O_5(OH)_4] \cdot 8H_2O$

(1) 形态及物性。单斜晶系,集合体常呈粒状或土块状(图 2-81)。晶体无色透明,白色或微带绿、蓝、黄色调等,玻璃光泽,土状者暗淡。硬度 2~2.5,性极脆,密度 1.66~1.72,易溶于水,微带甜味。烧时膨胀,易熔成透明的玻璃状体。

(2) 成因及产状。硼砂是最常见的水硼酸盐矿物之一,主要产于干旱地区的盐湖或硼湖的蒸发、干涸沉积物中,与钠硼解石、石盐、无水芒硝、石膏等矿物共生。我国西藏拉萨附近的硼湖沉积矿床是世界上著名的硼砂产区之一。

(3) 鉴定特征。以其白色,易溶于水,具甜味,烧时膨胀熔成玻璃状体为鉴定特征。

(4) 主要用途。硼砂是提炼硼的最重要矿物原料。硼是重要的化工原料,用于玻璃、玻璃纤维、防腐剂、油漆、涂料、搪瓷制品和洗涤剂等领域。硼的化合物是航空和军事装甲的重

图 2-80　硼镁铁矿（网络下载）　　　　　　图 2-81　硼砂（网络下载）

要防护材料,硼的氢化物也是液体火箭推进剂常用的燃烧剂等。

## 二、钨酸盐矿物

### （一）概述

钨酸盐矿物为金属元素阳离子与硼酸根相化合而成的含氧盐类矿物。本类矿物在自然界中分布不多,目前已知的钨酸盐类矿物种类仅有 13 种,其中最重要且能常富集成工业矿床的主要是白钨矿。

### （二）主要矿物白钨矿 $Ca[WO_4]$

（1）形态及物性。四方晶系,单晶体呈近于八面体的四方双锥型,其晶面上常现斜的条纹。通常为粒状或致密块状集合体（图 2-82）。通常为白色,有时微带浅黄、浅绿或浅黄褐色,透明至半透明,金刚光泽或油脂光泽。解理中等,参差状断口,性脆。硬度 4.5,密度6.1。具发光性,紫外线照射下发淡蓝至白色荧光。

（2）成因及产状。白钨矿主要产于接触交代矿床中,或产于高温热液脉中。

图 2-82　白钨矿（网络下载）

（3）鉴定特征。白钨矿以色浅、油脂光泽、密度大为鉴定特征。紫外线照射下具发光特性,不仅可作为鉴定特征还可用于找矿上。

（4）主要用途。白钨矿是提炼钨的重要矿物原料,钨合金用于制造高硬切割具、钻头、火箭发动机喷管和点光源灯丝等。

## 三、磷酸盐矿物

### （一）概述

磷酸盐是所有食物的天然成分之一,作为重要的食品配料和功能添加剂被广泛用于食品加工中。磷酸盐在无机化学、生物化学及生物地质化学上是很重要的物质。本类矿物的种类较多,已知的磷酸盐矿物约有 410 种,但除极少数矿物（如磷灰石）在自然界有广泛分布并可形成有工业价值的矿床外,大多数量极少,分布比较局限。

### （二）主要矿物磷灰石 $Ca_2Ca_3[PO_4]_3(F,Cl,OH)$

（1）形态及物性。六方晶系,单晶体呈六方柱状或厚板状,集合体呈块状、粒状、结核状等（图 2-83）。颜色多种多样,其中以黄、绿、浅蓝和褐色等为常见,含有机质则可染成深灰至黑色,玻璃光泽,断口呈油脂光泽。硬度5,参差状或贝壳状断口,密度2.9～3.2,加热后常可见磷光发光性。

（2）成因及产状。作为副矿物见于许多岩浆岩中。在伟晶岩、接触交代矿床和热液矿脉中有时也可见粗大的柱状晶体磷灰石生成。海相沉积成因主要形成胶磷矿,并往往富集成最有经济价值的磷矿床。我国磷矿资源较丰富,云南昆阳、贵州开阳、湖北襄阳是著名的沉积成因的磷矿产地,江苏海州等地是沉积变质成因的磷矿产地,河北矾山等处则是岩浆成因的磷矿产地。

图2-83　磷灰石(网络下载)

（3）鉴定特征。磷灰石以其柱状晶形、光泽和硬度作为鉴定特征。

（4）主要用途。磷灰石用于制造磷肥及化学工业上的各种磷肥和磷酸。

 **任务实施**

学习本任务矿物时可以与前面已经学习的矿物进行对比区分。

 **思考与练习**

1. 如何区别白钨矿和石英?
2. 如何区别磷灰石和绿柱石?

项目二彩图

# 项目三　岩浆岩概述

## 任务一　岩浆和岩浆岩

【知识要点】　岩浆和岩浆岩的基本概念；岩浆岩的基本特性；岩浆岩的分布；岩浆岩的研究方法。

【技能目标】　熟练掌握岩浆岩的基本概念；岩浆岩的基本特性；岩浆岩的研究方法；了解岩浆岩的分布情况。

### 任务导入

岩浆岩是组成地球岩石圈的三大类岩石（岩浆岩、沉积岩、变质岩）之一，又称为火成岩，是在地表不太深的地方，将其他岩石的风化产物和一些火山喷发物，经过水流或冰川的搬运、沉积、成岩作用形成的岩石。在地球地表有 70% 的岩石是岩浆岩，但如果从地球表面到 16 km 深的整个岩石圈算，沉积岩只占 5%。

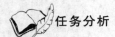
### 任务分析

必须掌握岩浆岩的基本概念、岩浆岩的基本特性、岩浆岩的研究方法；了解岩浆岩的分布情况。

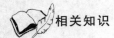
### 相关知识

#### 一、岩浆的特征

根据现代火山活动的观察和研究，发现在火山活动时不但有气体、碎屑自火山口喷出，而且还有炽热的熔融物质自火山口溢流出来。前者我们称其为挥发物质和火山碎屑，后者则叫熔岩流。这说明在地下深处确实有高温炽热的熔融物质存在，这种高温炽热的熔融物质就叫做岩浆。熔岩流来源于岩浆，虽然它是接近岩浆的物质，但还不是真正的岩浆，真正的岩浆比熔岩流含有更多的挥发物质。岩浆是上地幔和地壳深处形成的，以硅酸盐为主要成分的炽热、黏稠、含有挥发分的熔融体。少数情况下存在有碳酸盐岩浆、金属硫化物及金属氧化物岩浆，后者也称为矿浆。

##### 1. 岩浆的成分

岩浆的成分除了一部分挥发物质和少量的金属硫化物与氧化物外，主要都是硅酸盐物质。在挥发物中有 $H_2O$、$HCl$、$HF$、$H_2S$、$H_2$、$N_2$、$CO_2$、$SO_2$ 等，这些挥发物质在有用矿产的富集中起着很重要的作用,所以又称它们为矿化剂。

**2. 岩浆的温度**

岩浆的温度很高,这一点从现代火山喷发的景象及其对周围环境的危害可以了解到。1980 年,美国圣海伦斯火山喷发,炽热的火山喷发物覆盖了周围的山区,密布的原始森林全部燃烧成木炭,居民的汽车被熔化。

岩浆处于地下深处,其温度无法直接测量,而是间接通过多种岩浆岩或矿物的熔融实验和热力学计算等方法求出的,但喷出地表的熔岩流的温度则可以直接测定。从人们观测到的火山熔岩流(表 3-1)来看,它的温度通常在 700 ℃～1 300 ℃之间,并随岩浆成分不同而有所差异。基性岩浆温度最高,约为 1 000 ℃～1 300 ℃;中性岩浆次之,约为 900 ℃～1 000 ℃;酸性岩浆温度最低,约为 700 ℃～900 ℃。由于地面测温度时熔浆内的挥发分已逸散,其温度不能完全代表地下深处岩浆受较大压力时的温度。根据热力学及人工实验的资料,地下 20 km 以下(静压＞$6 \times 10^8$ Pa)的岩浆温度比上述实测值约低 100 ℃。岩浆温度一般来说还随深度加深而增加(图 3-1),且含水的岩浆温度要比不含水(干)的岩浆温度低。如图 3-2 所示,无水的花岗岩熔融曲线右侧为熔融的岩浆,左侧出现了结晶的矿物,因此这种岩浆的温度应在 1 000 ℃～1 100 ℃以上,否则就会发生结晶作用。而饱和水的花岗岩的熔融曲线与无水的熔融曲线相比,其温度下降约为 100 ℃～500 ℃,且压力愈高则相差愈大,按上述相同的道理这种岩浆的温度在 600 ℃～800 ℃以上即可保持为熔融的岩浆状态,所以含水的岩浆可以比不含或少含水的岩浆温度低。岩浆喷出地表后,表层的温度由于与大气接触发生氧化放热反应可能会略有升高,但这种影响波及的范围不大。因此,岩浆的温度主要与其成分、含水情况及所处的深度有关。

**表 3-1** 　　　　　　　　　　**各类熔岩喷出温度的估算值**

（引自 Carmichael,1974）

| 夏威夷基拉韦厄 | 拉斑玄武岩 | 1 150 ℃～1 225 ℃(T. L. Wright 等,1968) | |
| --- | --- | --- | --- |
| 墨西哥帕里库廷 | 玄武安山岩 | 1 020 ℃～1 110 ℃(Zics,1946) | |
| 刚果尼腊贡戈 | 霞石岩 | 980 ℃(Sahama 和 Mever,1958) | |
| 刚果尼亚木拉基拉 | 白榴玄武岩 | 1 095 ℃(Verhoogen,1948) | |
| 新西兰陶波 | 辉石流纹岩 | 860 ℃～890 ℃ | (Ewart 等,1971) |
| | 浮岩流 | | |
| | 角闪流纹岩 | 735 ℃～780 ℃ | |
| | 熔岩,熔接凝灰岩 | | |
| | 浮岩流 | | |
| 加利福尼亚承诺火山口 | 流纹质熔岩 | 790 ℃～780 ℃ | (Carmichel,1967a) |
| 冰岛 | 流纹英安质黑曜岩 | 900 ℃～925 ℃ | |
| 新不列颠(南西太平洋) | 安山质浮岩 | 940 ℃～990 ℃ | (Heming 和 Carmichacl Lowder,1973、1970) |
| | 英安质熔岩,浮岩 | 925 ℃ | |
| | 流纹英安质浮岩 | 880 ℃ | |

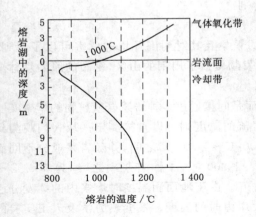

图 3-1　夏威夷熔岩湖不同深度的温度变化

（据《岩浆岩岩石学》上册，武汉地质学院，1980）

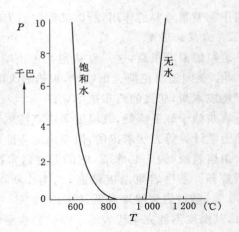

图 3-2　花岗岩浆熔融曲线

（据火山岩研究方法，邱家骧，1982）

### 3. 岩浆的黏度

黏度是岩浆的重要性质之一。黏度是液体或半流体流动的难易程度，越难流动的物质黏度越大。黏度的单位是帕斯卡·秒（Pa·S），它相当于 $20°$ 时水的黏度的 1 000 倍。岩浆的黏度主要与岩浆的成分、挥发分的含量、温度和压力等因素有关。

岩浆中 $SiO_2$、$Al_2O_3$、$Cr_2O_3$ 含量高，其黏度就大，其中最具影响的是 $SiO_2$。$SiO_2$ 升高，黏度升高，所以，基性岩浆黏度小，以溢流为主；酸性岩浆黏度大，多以爆发形式为主。相反挥发分的存在，特别是 $H_2O$ 将显著降低岩浆的黏度，挥发分升高，黏度降低。岩浆的温度愈高，黏度愈小，当温度迅速下降，岩浆过冷时，会使黏度急剧增大。压力对黏度的影响要复杂得多，对于不含水的干岩浆，则压力升高，黏度增加；但对于富水岩浆，由于压力升高可明显增加水在岩浆中的溶解度，因此，反而使黏度在一定压力区间内降低，当压力升高到一定程度，水在熔浆中的溶解已达饱和，水含量不再随压力升高而增加，这时压力进一步升高，岩浆的黏度则呈增高的趋势（图 3-3）。

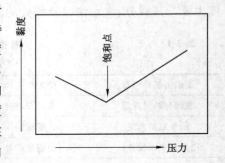

图 3-3　岩浆的黏度与压力的关系

### 二、岩浆岩的特征

#### （一）岩浆岩的基本概念

岩浆在高温、高压条件下形成时，一般呈潜柔状态，与所处环境保持平衡。由于强烈的地壳运动使岩石圈发生破裂导致上覆岩块压力降低，塑状岩浆可变为液态，从高压区向低压区运动，甚至喷出地面。岩浆从源区向岩石圈浅处运动和冷凝成岩石的过程，称为岩浆的侵入作用。岩浆喷溢出地面及其冷凝成岩石的过程，称为喷出作用或火山作用（活动）。侵入作用和喷出作用称为岩浆作用。

岩浆岩是由地壳深处或上地幔中形成的高温熔融的岩浆，在侵入地下或喷出地表冷凝而成的岩石，也可称之为火成岩。或者简单地说，由岩浆冷凝固结而成的岩石称为岩浆岩，但是岩浆在冷凝和结晶过程中失去了大量挥发分,所以岩浆岩的成分与岩浆的成分是不完全相同的。

（二）岩浆的结晶作用

形成晶体的作用,称为结晶作用。晶体的形成过程就是由任一种相转变为晶质固相的过程。岩浆由熔融状态转变为晶体的过程称为岩浆的结晶过程。这是非常复杂的一个过程,受到岩浆的成分、性质、所处环境、温压条件、流体组分和状态等等多种因素制约;但是我们可以通过研究岩浆的结晶能力和岩浆矿物的晶出顺序来认识岩浆的结晶作用。

1. 岩浆的结晶能力

岩浆在结晶时一方面形成结晶中心（晶芽）,另一方面围绕这些结晶中心不断长大。在结晶作用过程中,岩浆结晶能力的大小,决定于其结晶中心形成的速度和晶体生长的速度。实验证明在岩浆过冷却过程中,结晶中心形成速度和晶体生长速度从低到高,达到最大值后再逐渐减弱下来（图3-4）。一般来说,矿物都是在过冷区域,即低于其熔点若干度的条件下结晶的。如果冷却缓慢,过冷度小,有充分的时间结晶,则结晶较好;如果冷却迅速,过冷度大,来不及结晶,则结晶不好或形成玻璃质。在泰曼图解中,根据结晶中心形成速度和晶体生长速度的关系不同,划分了几个区域:

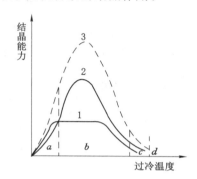

图3-4 过冷却与结晶能力示意图
1——晶体生长速度曲线;2——结晶中心曲线;
3——结晶能力曲线

$a$ 区为结晶中心形成速度慢而晶体生长速度较快;$b$ 区表示结晶中心形成速度快,晶体生长速度也较快;$c$ 区和 $d$ 区表示结晶中心形成速度很慢,晶体生长速度也很慢。

岩浆在地壳深部,冷却缓慢的情况下,结晶作用主要发生在 $a$ 区,晶体生长速度大于形成结晶中心的速度。因此,围绕少数结晶中心晶体迅速生长,形成较大的晶体,构成岩石的粗粒结构。岩浆在地壳浅部,冷却较快的情况下,结晶作用主要发生在 $b$ 区,形成结晶中心的速度大于晶体生长速度,围绕大量结晶中心形成大量的细小晶体,构成岩石的细粒结构。岩浆喷出地表或离地表很近,在冷却很快的条件下,结晶作用在 $c$ 区,形成结晶中心及晶体生长速度都大为减弱,但前者仍大于后者,结晶中心非常多,晶体生长速度接近于零,结晶能力很弱,形成微晶结构、隐晶质结构、霏细结构或半晶质结构。冷却极快的情况下,凝固作用主要发生在 $d$ 区,几乎不形成结晶中心,更谈不上晶体生长,因而形成玻璃质结构。

2. 岩浆岩中矿物的结晶顺序

鲍文通过熔化玄武岩使其缓慢冷凝的实验,发现首先晶出的是橄榄石,因其密度较大而下沉;随温度下降,辉石和富钙斜长石晶出;之后,角闪石和钙钠斜长石晶出;继续降温,黑云母和钠长石晶出。先晶出的橄榄石、辉石和钙长石在熔浆中还会继续变化,橄榄石与 $SiO_2$ 结合而转化为辉石,辉石则转变为角闪石。钙长石不转变,但其外将被钙钠长石包裹,钙钠长石则被富钠斜长石包裹。因此,铁镁矿物是不连续系列,斜长石为连续系列。残余的熔浆越来越富 $K_2O$、$SiO_2$ 而少 $FeO$、$MgO$。最后发生钾长石→白云母→石英系列结晶出来。除非岩浆过热,其逆反应是很少见的。这种先后晶出的关系称为鲍文反应系列（图3-5）。这个反应系列不仅说明了岩浆岩中矿物的结晶顺序,而且说明了矿物的共生关系,也说明了岩浆的分异趋势,即由基性向酸性演化,还说明了岩浆岩和围岩捕虏体间的关系,较基性的岩浆易于熔化酸性的捕虏体,而酸性的岩浆则不易熔化较基性的捕虏体,所以自然界中较基性的暗色捕虏体最常见。

这个反应系列主要是人工实验的结果,是简化了的自然现象,由于自然现象的复杂性,所以有很多例外的情况,因此我们必须注意具体情况具体分析,不能将该系列作为已证明了的绝对原理来使用。

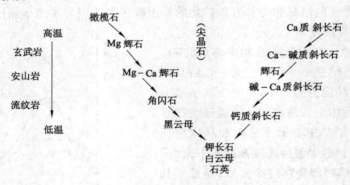

图 3-5　鲍文反应系列

(据 N. L. Bowen,1922)

**任务实施**

结合常见岩浆岩,谈谈岩浆岩的基本特征及结晶特征。

**思考与练习**

1. 岩浆和岩浆岩的基本概念。
2. 岩浆岩的结晶作用。

# 任务二　岩浆岩的物质成分

【知识要点】　岩浆岩的化学成分和矿物成分。

【技能目标】　熟悉岩浆岩的化学成分;岩浆岩的矿物成分。

**任务导入**

岩浆岩的物质成分是指其化学成分和矿物成分而言,研究物质成分不仅有助于了解各类岩浆岩的内在联系、成因及次生变化,而且还可作为岩浆岩分类的主要依据。因此,研究岩浆岩的物质成分及其变化规律,是岩浆岩岩石学的重要任务之一。

**任务分析**

必须掌握岩浆岩的基本化学成分组成以及矿物成分组成。

相关知识

## 一、岩浆岩的化学成分

地球化学研究资料表明,差不多地壳中所有的元素都可以在岩浆岩中出现,但其含量却很不相同。含量最多的是 O、Si、Al、Fe、Ca、Na、K、Mg、Ti 等元素,这些元素称为造岩元素,其总和约占岩浆岩总质量的 99.25%;其次为 P、H、Mn、C 等元素;氧的含量最高,占岩浆岩质量的 46.59%,占体积 94.2%。在研究岩浆岩的化学成分时常常用氧化物质量百分比来表示。根据大量统计资料,岩浆岩的平均化学成分如表 3-2 所示。

从表 3-2 可以看出:$SiO_2$、$Al_2O_3$、$Fe_2O_3$、FeO、MgO、CaO、$K_2O$、$Na_2O$ 和 $H_2O$ 等 9 种氧化物为最主要的,占岩浆岩平均化学成分的 98% 左右,并且在各类岩石中都能出现。在不同岩石类型中各种氧化物含量有明显差异,其变化范围:$SiO_2$ 为 34%~75%,少数可达 80%;$Al_2O_3$ 为 10%~20%,在纯橄榄岩中较低;MgO 为 1%~25%;CaO 为 0~15%,但在某些辉石岩中达 23%;两种铁的氧化物为 0.5%~15%,一般 FeO>$Fe_2O_3$;$Na_2O$ 一般为 0~15%,在某些霞石岩中可高达 19.48%;$K_2O$ 在某些白榴石岩中可达 17.94%,但一般岩石中其含量不高于 10%,且常低于 $Na_2O$;$H_2O$ 的含量在正常岩浆岩中一般不高于 2%,含水 2% 以上的岩石常常由次生变化所引起;$TiO_2$ 很少超过 5%,一般为 0~2%;$P_2O_5$ 很少超过 3%,一般为 0~0.5%;MnO 很少超过 2%,一般为 0~0.3%。

表 3-2
　　　　　　　　　　岩浆岩平均化学成分
（据 F.W.克拉克和 H.S.华盛顿,1924）

| 元素 | 岩浆岩中质量分数/% | 地壳中质量分数/% | 氧化物 | 质量分数/% |
|---|---|---|---|---|
| O | 46.59 | 49.25 | $SiO_2$ | 59.12 |
| Si | 27.72 | 25.75 | $Al_2O_3$ | 15.3 |
| Al | 8.13 | 7.51 | CaO | 5.08 |
| Fe | 5.01 | 4.70 | $Na_2O$ | 3.84 |
| Ca | 3.63 | 3.39 | FeO | 3.8 |
| Na | 2.85 | 2.64 | MgO | 3.49 |
| K | 2.60 | 2.40 | $K_2O$ | 3.13 |
| Mg | 2.09 | 1.94 | $Fe_2O_3$ | 3.08 |
| Ti | 0.63 | 0.58 | $H_2O^+$ | 1.15 |
| P | 0.15 | 0.12 | $TiO_2$ | 1.05 |
| H | 0.13 | 0.088 | $P_2O_5$ | 0.30 |
| Mn | 0.10 | 0.08 | MnO | 0.12 |
| 总和 | 99.63 | 98.448 | 总和 | 99.46 |

$SiO_2$ 是最重要的一种氧化物,它是反映岩浆性质和直接影响岩浆岩矿物成分变化的主要因素。据 $SiO_2$ 含量可把岩浆岩分为四类:即超基性岩($SiO_2$<45%)、基性岩($SiO_2$ 45%~53%)、中性岩($SiO_2$ 53%~66%)、酸性岩($SiO_2$>66%)。通常所指的岩石酸性程度及基性程度,就是指岩浆岩中的 $SiO_2$ 含量。习惯上 $SiO_2$ 含量高者,称为酸性程度高或酸度大,也叫

基性程度低；反之，SiO₂含量低者，称为酸度小或基性程度高。

在岩浆岩中，各种主要氧化物之间关系密切，其变化有规律。从图3-6可知，在各种岩浆岩中，随着 SiO₂ 含量的增加，FeO 及 MgO 逐渐减少，也就是说比较基性的岩石中 FeO 及 MgO 比酸性的岩石中含量高。K₂O 和 Na₂O 的含量逐渐增加，超基性岩中几乎不含 K₂O、Na₂O；CaO 和 Al₂O₃ 在纯橄榄岩中含量很低，但在辉石岩和基性岩中随 SiO₂ 增加而急剧增加，以后随着 SiO₂ 含量的增加又逐渐下降。

一般把 $K_2O + Na_2O$ 质量分数称为全碱含量，$(K_2O + Na_2O)^2 / (SiO_2 - 43) = \sigma$ 称为里特曼指数，$\sigma$ 越大，碱性越高。

岩浆岩中除了含有主要的造岩元素外，还存在大量的微量元素，如 Li、V、Cr、Co、Ni、Cu、Zn、Rb、Sr、Y、Zr、Nb、Ba、Ta、Pb、Th、U 等，它们的含量很低，一般用 $10^{-6}$ 或 $\mu g/g$ 来表示。根据微量元素含量可以求得一些有意义的微量元素比值，如 K/Rb、K/Ba、Rb/Sr、Nb/Ta、Th/U 等，它们对于探讨岩石成因和岩浆演化具有重要意义。某些元素的同位素丰度及比值，对于探索岩浆的起源及其演化历史很有意义的，如 $Sr_{87}/Sr_{86}$、$Pb_{206}/Pb_{204}$、$Pb_{207}/Pb_{204}$ 等。而 $O_{18}/O_{16}$、$S_{34}/S_{32}$ 等非放射性同位素，对于判断岩浆晚期或岩浆岩冷却的过程有很重要的意义。

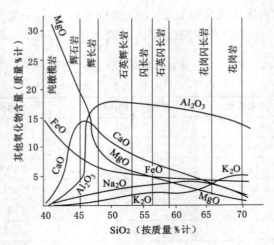

图 3-6　岩浆岩中 SiO₂ 与其他主要氧化物之间的变化规律

**二、岩浆岩的矿物成分**

岩浆岩的矿物成分，对于了解岩石的化学成分、生成条件以及岩石成因都有重大的意义，同时它也是岩浆岩分类和鉴别的主要依据。自然界中矿物种类超过 3 000 种，但组成岩浆岩的矿物常见的仅有十几种，这些矿物称为造岩矿物。

（一）主要矿物、次要矿物、副矿物

1. 主要矿物

岩石中含量较多的矿物，一般都在 10% 以上，它们是划分岩石大类的依据，是确定岩石名称所不可缺少的。例如，花岗岩类中的主要矿物是石英和钾长石，没有它们就不能定名为花岗岩（表 3-3）。

表 3-3  岩浆岩主要岩类平均矿物成分

（据 Larsen,1964）

| 矿物百分数<br>矿物种类 | 花岗岩 | 花岗<br>闪长岩 | 正长岩 | 闪长岩 | 辉长岩 | 辉绿岩 | 橄榄<br>辉绿岩 | 纯橄榄岩 |
|---|---|---|---|---|---|---|---|---|
| 石 英 | 25 | 21 | | 2 | | | | |
| 钾长石 | 40 | 15 | 72 | 3 | | | | |
| 斜长石 | 26 | 46 | 12 | 64 | 65 | 62 | 63 | |
| 黑云母 | 5 | 3 | 2 | 5 | 1 | 1 | | |
| 角闪石 | 1 | 13 | 7 | 12 | 3 | 1 | | |
| 辉 石 | | | 4 | 11 | 20 | 29 | 21 | 2 |
| 橄榄石 | | | | | 7 | 3 | 12 | 95 |
| 色 率 | 9 | 18 | 16 | 30 | 35 | 38 | 37 | 100 |

2. 次要矿物

岩石中含量次于主要矿物，一般都在 10% 以下，对于划分岩石大类不起主要作用，但是可以作为确定岩石种属的依据。如闪长岩中的石英，含量约 2%，没有石英也叫闪长岩，当石英>5%，则叫石英闪长岩，它对岩石大类不起命名作用，是确定岩石种属的矿物。

3. 副矿物

含量很少，常小于 1%，个别情况可达 5%，在一般的分类命名中均不起作用。如磁铁矿、钛铁矿、锆石、磷灰石等。但它们对于了解一个岩体的形成条件，对比不同岩体，确定岩体时代以及研究稀有元素有重要意义。

（二）硅铝矿物和铁镁矿物

1. 硅铝矿物

$SiO_2$ 和 $Al_2O_3$ 含量较高，不含铁镁。其中包括石英、长石类和似长石类，这些矿物颜色均较浅，所以又叫浅色矿物。

2. 铁镁矿物

FeO 与 MgO 含量较高，$SiO_2$ 含量较低，主要包括橄榄石类、辉石类、角闪石类及黑云母类等矿物，这些矿物颜色一般较深，所以又叫暗色矿物。岩石的颜色、相对密度常与铁镁矿物的含量多少有关，含铁镁矿物多的，颜色深，相对密度较大，反之颜色浅，相对密度较小。

岩浆岩中暗色矿物的百分含量通常称为"色率"，也就是暗色矿物和浅色矿物在岩石中的比例，它是岩浆岩肉眼鉴定和分类的重要标志之一。习惯上把花岗岩、正长岩等浅色矿物占优势的岩石称为浅色岩，其色率在 0～30 之间；以暗色矿物占优势的岩石称为暗色岩，如橄榄岩、辉长岩等，色率在 60～100。根据色率可以粗略判断岩石的成分和酸性程度。

总之，造岩矿物种类繁多，但其中最主要的不外乎橄榄石、辉石、角闪石、黑云母、斜长石、钾长石、石英等 7 种。这 7 种矿物在不同种类的岩石中的组合和相对含量都不相同，故在标本鉴定这些岩石时，主要的任务之一就是正确鉴定出岩石中的这些矿物的种类及其相对含量，借以区别出不同类别的岩浆岩。

（三）岩浆岩矿物的成因类型

**1. 原生矿物**

在岩浆结晶过程中所形成的矿物，如橄榄石、辉石、角闪石、云母、长石、石英等。也包括部分岩浆作用晚期析出的富含挥发分的矿物，如电气石、萤石等。

**2. 它生矿物**

这些矿物一般在正常的岩浆岩中不出现，多半是由于岩浆同化了围岩和捕虏体所引起的，这类矿物的形成反映了岩浆中外来组分的参与。如富铝矿物红柱石、堇青石、矽线石就是岩浆同化了富铝围岩的产物。

**3. 次生矿物**

在岩浆岩形成后，由于受到风化作用或岩浆期后热液蚀变作用，原生矿物发生变化而形成的新矿物，称次生矿物。如橄榄石蚀变成蛇纹石或伊丁石；辉石、角闪石蚀变成绿泥石；钾长石蚀变成高岭石等。这些次生矿物交代原生矿物后，还常保留有原生矿物的外形——假象。

**三、岩浆岩的矿物共生组合与化学成分的关系**

**1. 岩浆岩矿物成分与化学成分的关系**

岩浆岩不是任意组合，而是有规律地共生的。这种有规律的共生组合，除了其形成的温度、压力等因素外，主要决定于岩浆岩的化学成分，化学成分不同的岩浆岩其矿物成分也不一样。$SiO_2$ 含量对矿物共生组合的影响石英是硅酸盐熔体中游离的 $SiO_2$ 结晶的产物，石英的出现表示岩浆岩中 $SiO_2$ 含量过剩。因此，石英是岩浆岩中 $SiO_2$ 过饱和的指示矿物，含有石英的岩石一般就是 $SiO_2$ 过饱和的岩石。当 $SiO_2$ 不足时，在岩浆岩中就可能出现镁橄榄石和霞石、白榴石等，这些矿物被称为不饱和矿物，含有这些矿物的岩石，一般不含石英，这类岩石称之为 $SiO_2$ 不饱和岩石。因为在岩浆中存在下列反应式：

$$Mg_2SiO_4 + SiO_2(1\ 557\ ℃) \longrightarrow 2MgSiO_3$$
镁橄榄石（液相）　　　　　　　顽火辉石

$$NaAlSiO_4 + 2SiO_2 \longrightarrow NaAlSi_3O_8$$
霞石（液相）　　　　钠长石

$$KAlSiO_4 + 2SiO_2 \longrightarrow KAlSi_3O_8$$
白榴石（液相）　　　　正长石

因此，镁橄榄石、霞石、白榴石（统称为似长石类矿物）等矿物是和石英不能共生的矿物。

根据 $SiO_2$ 饱和状态，可将岩浆岩分为：过饱和（含石英）岩石、饱和岩石（不含石英，也不含不饱和矿物）、不饱和岩石（含不饱和矿物）3 类。各类岩浆岩的主要成分及其含量绘于图 3-7 中，从图中可以很容易地查出各类岩浆岩中的共生矿物及其含量。例如，花岗岩有 5 种共生矿物：钾长石约 50%、石英约 25%、酸性斜长石约 14%、黑云母约 5%、角闪石约 4%。

从图 3-7 可知，随着 $SiO_2$ 含量的增加，岩石中浅色矿物含量增加，而随岩石中 FeO、MgO 含量升高，则暗色矿物的含量增高，可把岩浆岩划分出下列 6 种典型组合：

（1）橄榄石-辉石组合。相当于超基性岩，钙、铁、镁多而硅少，且贫碱，故构成大量铁镁暗色矿物（橄榄石-辉石等），不出现石英和长石。

（2）基性斜长石-辉石组合。相当于基性岩，$Al_2O_3$ 和 CaO 多，FeO、MgO 和 $SiO_2$ 均较充分，主要形成基性斜长石和辉石，两者近于 1：1，不出现石英。

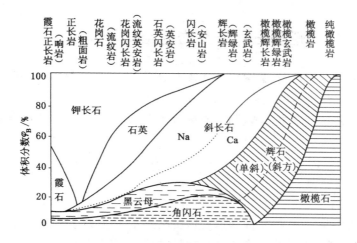

图 3-7 岩浆岩中矿物成分组合规律图

(3) 中性斜长石-角闪石组合。相当于中性岩,$Na_2O$ 和 $K_2O$ 略有增加,$Al_2O_3$、$SiO_2$、$CaO$、$FeO$、$MgO$ 均较充分,主要形成中性斜长石、角闪石、黑云母,可能出现少量石英和钾长石,浅色矿物同暗色矿物之比约 2:1。

(4) 石英-钾长石-酸性斜长石组合。相当于酸性岩,$Na_2O$、$K_2O$ 和 $SiO_2$ 含量高,$FeO$、$MgO$ 和 $CaO$ 含量低,因而大量出现石英、钾长石、酸性斜长石等浅色矿物,暗色矿物很少,浅色矿物同暗色矿物之比一般大于 10:1。

(5) 钾长石-黑云母-角闪石组合。该组合按 $SiO_2$ 含量相当于中性岩,$Na_2O$ 和 $K_2O$ 多,$FeO$ 和 $MgO$ 低,因而大量出现钾长石。

(6) 霞石-钾长石组合。按 $SiO_2$ 含量较接近于基性岩($SiO_2$平均为 53.36%),$Na_2O$ 和 $K_2O$ 含量高,所以出现霞石,因 $Na_2O$ 过多,故常出现碱性暗色矿物。

2. $Al_2O_3$ 含量对岩浆岩矿物成分的影响

$Al_2O_3$ 含量对铝硅酸盐矿物的种属有很大关系,类似于 $SiO_2$ 饱和的概念,也有 $Al_2O_3$ 饱和度的概念。根据 $Al_2O_3$ 与 $CaO$、$K_2O$、$Na_2O$ 分子数的相对值及在矿物成分上的反映,可将岩浆岩划分为 3 种类型:

(1) 过铝质岩石。$Al_2O_3 > (CaO + K_2O + Na_2O)$,特征矿物是白云母、黄玉、电气石、锰铝—铁铝榴石、刚玉、红柱石或矽线石。

(2) 亚铝质岩石。$Al_2O_3 \approx (Na_2O + K_2O)$,主要含铝矿物是长石和似长石。

(3) 过碱质岩石。$Al_2O_3 < (Na_2O + K_2O)$,$Al_2O_3 < K_2O$ 较少见,已出现碱性铁镁质矿物为特征,如霓石、霓辉石、钠闪石等。

 **任务实施**

掌握岩浆岩的基本化学成分组成以及矿物成分组成。

 **思考与练习**

组成岩浆岩的主要化学成分和矿物成分有哪些?

# 任务三　岩浆岩的结构和构造

**【知识要点】**　岩浆岩结构、岩浆岩构造基本概念；岩浆岩结构类型及分类；岩浆岩构造类型及分类。

**【技能目标】**　熟练掌握岩浆岩结构、构造的基本概念；岩浆岩的结构类型；岩浆岩的构造类型。

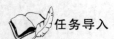**任务导入**

在观察和研究岩浆岩时，除了要认识其物质成分外，还必须了解这些物质组分是以什么样的状态、面貌和方式存在于岩石中的，即它们是如何构成岩石的。这种由物质组分的面貌状态所反映出的岩石在组成上的特征，即岩石的结构和构造特征。成分相同的岩浆，在不同的冷凝条件下，可以形成结构、构造截然不同的岩浆岩，所以岩浆岩的结构和构造特征是区分和鉴定岩浆岩的重要标志之一。

**任务分析**

必须掌握岩浆岩结构、构造的基本概念；岩浆岩的结构类型、构造类型。

**相关知识**

## 一、岩浆岩结构和构造的概念

关于岩浆岩的结构和构造术语，目前还不完全一致。本教材所采用的岩浆岩结构、构造的概念如下：

岩浆岩的结构是指组成岩石的矿物的结晶程度、颗粒大小、晶体形态、自形程度和矿物间（包括玻璃）相互关系。岩浆岩的构造是指岩石中不同矿物集合体之间或矿物集合体与其他组成部分之间的排列、充填方式等。

一般来说，岩石结构所表现出来的特点，决定于岩石形成时的物理化学条件（如岩浆的温度、压力、黏度、冷却速度等）；而岩石构造的特点则除了岩浆本身的特点外还与岩石形成时的地质因素有关。

## 二、岩浆岩的主要结构类型

（一）结晶程度

结晶程度是指结晶质部分和非晶质部分之间的比例。按结晶程度可将岩浆岩的结构分为 3 类：

1. 全晶质结构

岩石全部由已结晶的矿物组成，多见于深成侵入岩中，岩石结晶条件好、缓慢结晶的产物。

2. 半晶质结构

岩石由部分晶体和部分玻璃质组成，多见于浅成岩和火山岩中。

3. 玻璃质结构

岩石几乎全部由未结晶的火山玻璃所组成，多见于火山岩中，是快速冷凝结晶的产物。

玻璃质是一种未结晶的、不稳定状态下的固态物质，随着地质时代的增长和/或挥发组分、温度和压力的参与，玻璃质将逐渐转变为稳定态的结晶质，这一过程称为脱玻化作用。初期，生成一些颗粒极细的雏晶，雏晶的形态各异，有球雏晶、串珠雏晶、针雏晶、发雏晶及羽雏晶等，进一步可形成微晶（图3-8）。脱玻化作用还可形成霏细结构和球粒结构。前者主要由极细的、他形长英质矿物颗粒的集合体组成，颗粒之间的界线模糊，多见于中酸性、酸性岩石中；后者长英质矿物形成放射状的球形的集合体，在正交偏光下呈十字消光，多出现在基性火山岩中。

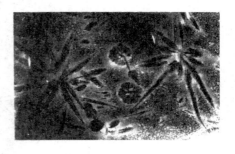

图3-8 火山玻璃中的羽状雏晶和球粒

（二）岩石中矿物的颗粒大小

矿物颗粒的大小，一是指矿物颗粒的绝对大小，二是指矿物颗粒的相对大小。根据主要矿物颗粒的绝对大小，可把岩浆岩的结构分为：

1. 显晶质结构

岩石中的矿物颗粒，凭肉眼观察或借助于放大镜能分辨出矿物颗粒。

显晶质结构按主要矿物颗粒的平均粒径分为以下几种：

（1）粗粒结构。颗粒直径大于5 mm。

（2）中粒结构。颗粒直径在2 mm～5 mm之间。

（3）细粒结构。颗粒直径在2 mm～0.2 mm之间。

（4）微粒结构。颗粒直径小于0.2 mm。

如果颗粒直径大于10 mm，称为巨晶；直径大于30 mm，称为伟晶。

颗粒大小指的是岩石中最主要矿物的大小，在标本及薄片中进行粒度测量时，要选择同一种主要矿物来测量，多以长石作标准。

2. 隐晶质结构

矿物颗粒很细，肉眼或借助放大镜无法分辨出矿物颗粒者。如果在显微镜下可以看清矿物颗粒者，称显微晶质结构；如果镜下只有偏光反映，而无法分辨矿物颗粒者，称显微隐晶质结构。具隐晶质结构的岩石外貌呈致密状，有蜡状光泽，具瓷状断口。

3. 非晶质结构

非晶质结构即不结晶的玻璃，就是在显微镜下也看不到矿物晶粒的一种结构。有玻璃光泽，具贝壳状断口，这种结构常见于火山岩中，如黑曜岩。

根据矿物颗粒的相对大小可划分为3种结构类型（图3-9）：

（1）等粒结构。岩石中同种主要矿物颗粒大小大致相等，这种结构多见于侵入岩中。

（2）不等粒结构。岩石中同种主要矿物颗粒大小不等，这种结构多见于侵入岩体的边部或浅成侵入岩中。

（3）斑状及似斑状结构。岩石中所有矿物颗粒可分为大小截然不同的两群，大者称为斑晶，小者和不结晶玻璃质称为基质，其中没有中等大小的颗粒，这点可与不等粒结构相区

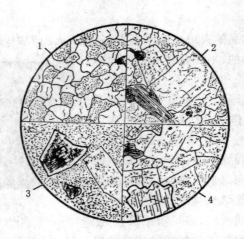

图 3-9　按矿物颗粒相对大小划分的结构

1——等粒结构；2——似斑状结构；3——不等粒结构；4——斑状结构

别。斑状与似斑状结构的区别：如果基质为隐晶质及玻璃质，则称斑状结构；如果基质为显晶质，则称似斑状结构。

　　斑状结构常见于浅成岩和喷出岩中，它的产生是由于岩浆在地下深处或上升过程中，某些矿物开始结晶析出，形成一些较大的晶体；然后这种含有晶体的岩浆又沿着一定的构造裂隙迅速上升到地壳表层或喷出至地表，这时未凝固的岩浆骤然冷却，快速形成一些隐晶质或玻璃质，这样就产生大小悬殊、世代不同的两个部分，即先结晶的斑晶和后冷凝的基质，从而构成斑状结构。深部结晶的斑晶在随岩浆上升过程中，由于物化条件的改变，而产生熔蚀，形成浑圆状、港湾状形态，称熔蚀结构；而含挥发分的斑晶在上升过程中常发生分解，在晶体边缘形成铁质分解氧化形成的磁铁矿等不透明矿物细粒集合体，称暗边结构（图 3-10）。

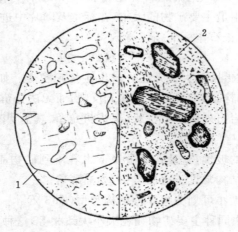

图 3-10　斑状结构

1——石英斑晶具熔蚀结构，角闪石斑晶具暗边结构；

2——角闪石为自形晶，基质为隐晶和微晶结构

似斑状结构主要分布于浅成侵入岩和部分中深成侵入岩中,它不同于斑状结构,见表3-4。

表 3-4　　　　　　　　　　　　　　斑状结构与似斑状结构对比表

| 特征 ＼ 类型 | 斑状结构 | 似斑状结构 |
|---|---|---|
| 基　质 | 隐晶质或玻璃质,少数情况下可为微粒结构 | 显晶质,粒度可为细粒、中粒甚至粗粒 |
| 斑　晶 | 常是高温矿物,如高温石英、透长石 | 低温稳定矿物 |
| 成　因 | 斑晶早生成,基质晚形成,常见于浅成岩和喷出岩中 | 斑晶和基质差不多同时形成,常见于浅成侵入岩和部分中深侵入岩中 |

**(三)岩石中矿物的自形程度**

矿物的自形程度是指矿物晶体发育的完整程度。它主要取决于矿物的结晶习性,岩浆结晶的物理化学条件,结晶的时间及空间状态等。根据岩石中矿物自形程度可以分为 3 种不同的结构(图 3-11)。

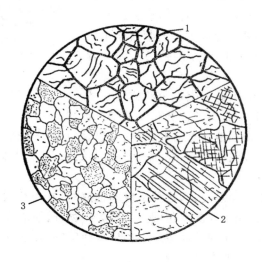

图 3-11　矿物颗粒外形完整程度
1——自形晶;2——半自形晶;3——它形晶

(1)自形晶结构。组成岩石的矿物颗粒基本上能按自己的结晶习性,发育成被规则的晶面所包围的晶体——自形晶。这种结构说明岩浆中矿物结晶中心少,结晶时间长,有足够的空间,或者矿物结晶能力强。

(2)它形晶结构。组成岩石的矿物颗粒多呈不规则的形态——它形晶,找不到完整规则的晶面。这种结构是结晶中心较多,矿物颗粒几乎同时结晶,在没有足够的结晶时间和空间的条件下形成的。

(3)半自形晶结构。组成岩石的矿物颗粒按结晶习性发育一部分规则的晶面,而其他的晶面发育不好,而呈不规则的形态,称为半自形晶。岩石中不排除有少数的自形晶和它形晶颗粒。这种结构的形成条件介于自形和它形之间,是深成岩中常见的结构。

（四）岩石中矿物颗粒间的相互关系

1. 交生结构

两种矿物互相穿插有规律地生长在一起，如文象结构、蠕虫结构及条纹结构等。

（1）文象结构。岩石中钾长石和石英呈有规则的交生，石英具独特的棱角形或楔形，有规律地镶嵌在钾长石中，形似希伯来文字，故称文象结构。文象结构是长石和石英在共结点同时结晶形成的（图 3-12）。

（2）条纹结构。钾长石和斜长石有规律地交生称为条纹结构。具条纹结构的长石，叫条纹长石。条纹结构有两种成因：一是固溶体分解而成，是分布最广的一类。因为高温下钾长石和钠长石可以形成完全的类质同象固溶体，当温度下降时，这种固溶体就变得不稳定，成为不完全的固溶体，一部分钠长石就从高温下形成的固溶体中析出成为单独的矿物相，从而形成以钾长石为主和少量的钠长石的条纹状规则交生体，即条纹长石，此种结构称正条纹结构。当这两种长石含量相反，即钠长石为主，钾长石较少时，称为反条纹长石，这种结构称反条纹结构。另一种成因是岩浆后期钠质交代钾长石而形成的，交代作用形成的钠长石条纹常常呈不规则的树枝状分布。

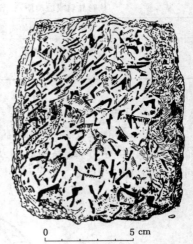

图 3-12　文象结构（王素绘）

（3）蠕虫结构。许多细小的形似蠕虫状或指状的石英穿插生长在长石中，其中石英的消光位一致，称为蠕虫结构。蠕虫结构可以由固溶体分离形成，也可以是斜长石交代钾长石，使多余的析出，生成蠕虫状石英，被包裹于斜长石中。成因有三种：共结蠕虫、交代蠕虫和分解蠕虫。

2. 反应边结构

早生成的矿物与熔浆发生反应，当这种反应不彻底时，在早生成的矿物外圈，形成另一种成分完全不同的新矿物，完全或局部包围早结晶的矿物，这种结构称反应边结构。如橄榄石的辉石反应边，单斜辉石的角闪石反应边。如果这种反应边是由次生交代作用形成的，则称次变边结构，它是变质岩中的常见结构。

3. 环带结构

与反应边结构类似，不同的是反应生成矿物与被反应矿物同属一类矿物，仅端元成分及光性方位有差异，因而呈现为环带状特征（图 3-13）。

4. 包含结构

较大的矿物颗粒中包含有许多较小的矿物颗粒，称为包含嵌晶结构。如果大的辉石或橄榄石中包含许多自形柱状的斜长石晶体，称嵌晶含长结构。

5. 填隙（间）结构

由辉石等暗色矿物以及隐晶质、玻璃质充填于微晶斜长石粒间空隙形成的结构。

**三、岩浆岩的主要构造类型**

1. 块状构造（均一构造）

组成岩石的矿物在整块岩石中分布是均匀的，岩石各部分在成分上或结构上是一样的。

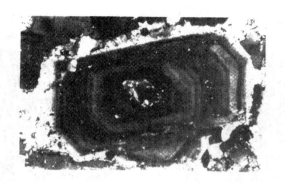

图 3-13 闪长岩中斜长石的环带结构

它是岩浆岩中最常见的一种构造。

2. 带状构造

不同成分的岩石彼此逐层交替,或者成分相同但结构、颜色及造岩矿物成分或数量不同的岩石彼此逐层交替呈带状、条带状,彼此平行或近于平行的一种构造。带状构造主要发育在基性、超基性岩中。例如,在辉长岩中常见含辉石和橄榄石较多的暗色条带与含斜长石较多的浅色条带,相互交替构成的带状构造(图 3-14)。

0 1 2 cm

图 3-14 带状构造

(带状辉长岩 祁连山)

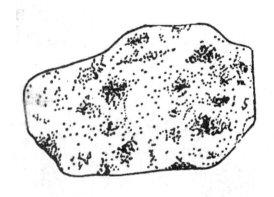

图 3-15 斑杂构造

(据武汉地质学院《岩浆岩石学》)

岩石的不同部分,其矿物成分或结构构造差别很大,因此整个岩石看起来是不均一的,斑斑块块、杂乱无章,称为斑杂构造(图 3-15)。斑杂构造形成的原因很多,可由不均一的岩浆分异造成,也可由岩浆对捕房体或围岩不均匀、不彻底的同化混染作用造成。

3. 气孔构造和杏仁构造

这类构造是喷出岩中常见的构造,主要见于熔岩层之顶部。它是由于从冷凝着的岩浆中尚未逸出的气体,上升汇集于岩流顶部,冷凝后留下的气孔,称为气孔构造(图 3-16)。气孔的拉长方向指示着岩流流动的方向。当气孔被岩浆期后矿物所充填,其充填物宛如杏仁,称为杏仁构造。杏仁构造在玄武岩中最常见(图 3-17)。

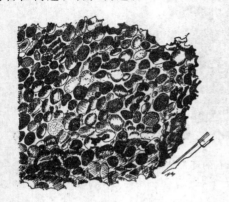 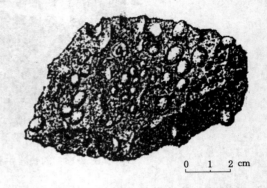

图 3-16　气孔构造
(据李尚宽,1982)

图 3-17　杏仁构造
(据李尚宽)

4. 流纹构造

流纹构造是酸性熔岩中最常见的构造。它是由不同颜色的条纹和拉长的气孔等表现出来的一种流动构造(图 3-18),是在熔岩流动过程中形成的,常见于流纹岩、英安岩和粗面岩中。

5. 球状构造

岩石中的矿物可围绕某一中心呈同心层状或放射状生长的球状体,称为球状构造。如某些球状花岗岩、球状流纹岩、球状辉长岩等。北京密云的球状花岗岩的球系由浅色的条纹长石和暗色的黑云母、角闪石与酸性斜长石组成(图 3-19)。

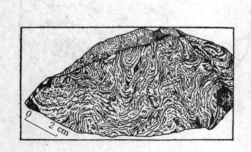 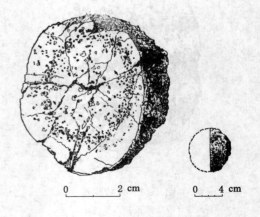

图 3-18　流纹构造(已褶皱变形)
(引自《火成岩岩石学》,南京大学)

图 3-19　球状构造
(球状花岗岩　河北密云)

6. 晶洞构造和晶腺构造

深成侵入岩中若出现了原生孔洞者即叫晶洞构造。如果在这些孔洞壁上生长着排列很好的晶体则称为晶腺构造。

7. 枕状构造

这是海底溢出的基性熔岩流中常见的构造,状似枕头,大小不等,互相堆积,其上面多呈弧形,底面较平,有时受下伏枕体的影响,局部凹入或陷于两枕交界处(图3-20)。借此可以判断熔岩流的顶底,而且它们往往多发育于熔岩层的顶面上,据此又可了解熔岩层的顶底面。枕体核部较致密,边缘有薄的玻璃质外壳,两者之间还有呈同心圆状分布的气孔或杏仁石。

图3-20　枕状构造(据李尚宽)

8. 流面和流线构造

岩浆岩中片状矿物、板状矿物及扁平捕房体、析离体的平行排列,形成流面构造;而柱状矿物和长析离体、捕房体的定向排列,形成流线构造。它们是岩浆流动的遗迹,流面与围岩接触面平行,流线与岩浆流动方向一致(图3-21)。

9. 原生片麻状构造

岩石中的暗色矿物呈断断续续的定向排列,其间被浅色粒状矿物所分开。它是流动的岩浆对围岩强烈挤压而产生的,也是岩浆的流动遗迹,这种构造多见于侵入体的边缘。

10. 原生节理

原生节理产于侵入体形成的最后阶段,是在熔融体冷凝到岩体完全固结这段时间内形成的。原生节理形成的原因,多数人认为与岩体的冷却收缩有关。原生节理与流动构造密切相关,根据它与流动构造的关系,可分为以下三种(图3-22)。

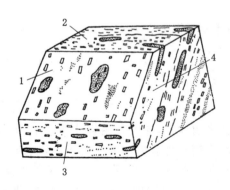

图3-21　流面和流线构造

1——平行流面构造的面含有柱状、
针状、片状矿物及包裹体的团块;
2——水平面;3——平行流面走向的纵切面;
4——垂直流面走向的纵切面
(引自《火成岩岩石学》,南京大学,1980)

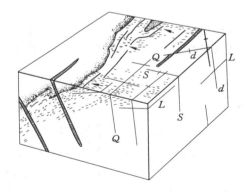

图3-22　侵入岩中的原生节理

$Q$——横节理;$S$——纵节理;
$L$——水平节理;$d$——斜交节理

(1) $L$节理,亦称层节理。平行于流面方向,一般与接触面平行。层节理面常较平滑,可有一些岩脉或矿脉充填。

(2) $Q$节理,亦称横节理。与流线方向垂直,这种节理直而长,节理面粗糙,常充填岩脉和矿脉。

（3）S 节理，亦称纵节理。平行流线方向，同时又垂直层节理和横节理，一般没有岩脉或矿脉充填。

L 节理、S 节理和 Q 节理是一组互相垂直的原生节理，除这三组节理外，还有斜节理。斜节理组成 X 形，与接触面斜交。

这些节理系统常是地下水的通道，也是岩石中工程性能薄弱的地带，所以研究它们的发育程度很有实际意义的。

风化作用产生的三类风化物质——碎屑物质、黏土物质和溶解物质，除少数残留在原地形成风化壳外，绝大多数被运走，并在新的合适的地方沉积下来形成了新的产物，三者的性质和沉积方式不同，搬运风化产物的自然营力主要是河流、湖水、海水、风、冰川、重力和生物等。搬运方式分为机械搬运、化学搬运和生物搬运 3 种。

### 任务实施

掌握岩浆岩结构、岩浆岩构造基本概念；岩浆岩构造类型及分类。

### 思考与练习

1. 简要说明岩浆岩结构、岩浆岩构造基本概念。
2. 简要说明岩浆岩构造类型及分类。

# 任务四　岩浆岩的产状

【知识要点】　岩浆岩产状的基本概念；火山岩产状及侵入岩产状的类型。
【技能目标】　熟练掌握岩浆岩产状类型。

### 任务导入

所谓岩浆岩的产状就是指岩浆岩体在地壳中的产出状态，它们是由岩体的大小、形状及其与围岩的接触关系和其所处的地质构造环境及距离当时地表的深度决定的。岩浆岩的产状是多种多样的，也是很复杂的，它们主要取决于岩浆岩的成分和其形成条件，条件不同，其所形成的产状也不一样，根据岩浆活动的方式不同，可将岩浆岩的产状分为两大类，即侵入岩的产状和火山岩的产状。但这两者之间有时是相连的，并没有截然的界线。查明岩浆岩的产状可以帮助了解岩浆岩的形成条件，同时对找矿和勘探也有一定意义。

### 任务分析

必须掌握火山岩产状类型和侵入岩产状类型。

### 相关知识

**一、火山岩的产状**

火山岩的产状与岩浆性质及其喷发的方式有关，通常把火山喷发的形式分为中心式、裂隙式和熔透式 3 种。

（一）中心式喷发

岩浆沿着管状裂隙喷发,喷发通道在平面上为点状,故又称点状喷发。近代大陆上的火山多数属于这种喷发形式。中心式喷发形成的岩体主要为火山锥、岩钟、岩针等。

1. 火山锥

火山锥是由中心式喷发出来的熔岩流和火山碎屑物质在火山附近堆积而成的锥状岩体（图 3-23）。

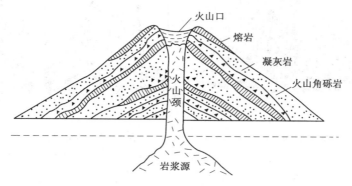

图 3-23　火山锥纵剖面示意图

火山锥由火山碎屑岩和熔岩互层堆积而成（引自《火山岩》,李石、王彤）

按其特点,火山锥可分为:

（1）碎屑锥。以爆发产物为主,火山碎屑物质常大于 95%。

（2）熔岩锥。以溢流产物为主,火山碎屑物质常小于 10%。

（3）混合锥。火山碎屑物与熔岩互层组成的火山锥,为喷发与溢流交替喷出的火山产物。

火山锥可以单独出现,但多数是成群出现,如黑龙江五大连池的火山群和山西大同的火山群（图 3-24）。

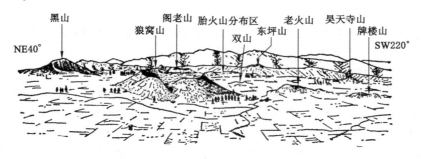

图 3-24　自金山望大同火山锥群

（孙善平素描）

2. 岩钟

岩钟是黏度较大的岩浆由火山口溢出后,不易向四周流散而形成钟状,穹丘状的火山岩体,如马达加斯加东面列维昂岛上的岩钟（图 3-25）。

### 3. 岩针

岩针是黏度很大的岩浆,一方面冷凝,一方面又向外挤出,形成较直立的类似针状的火山岩体。如有名的马提尼克岛上的蒙培雷岩针(图3-26)。

图 3-25　马达加斯加东面列维昂岛上的岩钟　　图 3-26　马提尼克岛上的蒙培雷岩针

(a) 由南望;(b) 由东北望

### (二)裂隙式喷发

岩浆沿一定方向的裂隙喷发,火山口沿断裂呈线状分布,故又称线状喷发。这种喷发多由基性岩浆形成,喷出的熔岩呈平缓的大面积分布,形成典型的熔岩被(图 3-27)、熔岩流(图 3-28)、熔岩瀑布(图 3-29)等。

图 3-27　熔岩被(冰岛基拉火山)

### (三)熔透式喷发

岩浆上升时,因过热和高度化学能,将其顶部围岩熔透,岩浆即溢出地表而成为喷出岩。这种喷发形成的火山岩产状主要是岩被,又称面状喷发。

### 二、侵入岩的产状

离开岩浆源运移到地壳内不同深度的岩浆,随着温度和压力的下降而结晶、冷凝形成的岩石,称为侵入岩。由这种岩石构成的地质体称为侵入体(岩体),侵入体周围的原有岩石称为围岩,侵入岩与围岩相互接触的部位称为接触带。

侵入岩的产状主要是指侵入体产出的形态,包括侵入体的形态、大小与围岩的关系以及侵入时的构造环境等。侵入岩由于是侵入地壳中形成的,故其产状和构造关系密切。有时它们冲破地壳以不整合的关系与地层共存,有时则以整合关系贯入地层之间构成整合侵入,其形体的大小和形状的简单与复杂情况差别很大。

### 1. 整合侵入体

侵入体的接触面基本上平行于围岩层理或片理,是岩浆以其机械力沿层理或片理等空隙贯入形成的。按侵入体形态包括以下几种主要类型:

图 3-28　加汝帕诺华山山麓的熔岩流

图 3-29　熔岩瀑布黑龙江五大连池
（据《中国五大连池火山》，地质博物馆，宋姚生绘）

（1）岩盆。岩盆是中央微向下凹的大型整合侵入体，多为铁镁质岩体，可具似层状构造。最著名的岩盆为东非布什维尔德岩体，其长达 400 km，宽 240 km，厚 8 km，底部赋存有巨大的铬铁矿床（图 3-30）。

图 3-30　岩盆（布什维尔德）

1——古老的结晶基底；2——脱兰斯威尔系；3——罗盘格统；4——粗玄岩岩床；5——苏长岩；
6——花岗岩；7——匹兰特斯盘格火山中心

（2）岩盖。上凸下平的穹隆状水平整合侵入体（图 3-31）。

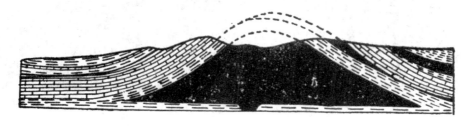

图 3-31　岩盖

（3）岩床（岩席）。厚薄均匀的近水平产出的，与地层整合的板状侵入体。其岩性多为基性岩（图 3-32）。

（4）岩鞍。岩鞍是侵入于褶皱转折端虚脱空间内的侵入体，呈上凸或下凹的鞍状或新月形（图 3-33）。

图 3-32　岩床
（引自《岩石学》，南京地校）

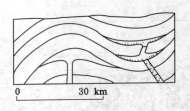

图 3-33　岩鞍

### 2. 不整合侵入体

岩浆沿断裂带贯入围岩或岩浆熔蚀交代围岩而形成的侵入体，因其切穿层理或片理，称为不整合侵入体。按其规模和形态主要有以下类型：

（1）岩基。岩基是地表出露面积大于 100 km² 的大型侵入体，最大者可达数万平方公里。岩基在平面上多呈长圆形或条带状。条带状大型岩基多出露在大的山系中央，顺山系走向延伸，最大者延伸可达几百公里。

（2）岩株。岩株是出露面积小于 100 km² 的中小型侵入体，平面上多呈近圆形或不规则形状。

（3）岩墙。岩墙是一种产状陡立且厚度稳定的板状侵入体。常见的岩墙厚几米至几十米，延长几百至几千米，多为基性侵入岩。岩墙常成群出现，或呈平行线状，或呈放射状、环状等（图 3-34）。

（4）岩脉。岩脉是指规模比较小、形态不规则、厚度小且变化大、有分叉及复合现象的脉络状侵入体，以中、酸性岩浆岩为主（图 3-35）。

图 3-34　岩墙
（煌斑岩 北京三家店）

图 3-35　岩脉
右边深色的为基性岩脉；
左边浅色的两条细脉为粗面斑岩脉
（据科学院地质研究所，王素绘）

任务实施

掌握岩浆岩产状的基本要素；火山岩产状及侵入岩产状的类型。

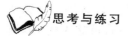**思考与练习**

1. 岩浆岩产状的基本要素包括哪些?
2. 概述火山岩产状及侵入岩产状的类型?

# 任务五　岩浆岩的分类

**【知识要点】**　岩浆岩的分类;岩浆岩的分类依据;岩浆岩主要类型。
**【技能目标】**　熟练掌握岩浆岩的分类依据;岩浆岩主要类型。

**任务导入**

自然界的岩浆岩多种多样,据统计已有岩石名称多达 1 000 种以上,它们之间在成分结构、共生组合、产状和成因上,既有联系也有差异,因而,正确地认识这些联系和差异,进行合理的归纳是岩浆岩分类的主要任务。

**任务分析**

必须掌握岩浆岩的分类依据;岩浆岩按其化学成分、矿物成分、结构构造及产状等分类特征。

**相关知识**

岩浆岩的分类方案有很多种,这里只介绍适用手标本鉴定的分类,尽量以简明扼要、便于应用为原则。岩浆岩的分类依据一般是根据其化学成分、矿物成分、结构构造及产状等几个方面来考虑的。

**一、岩浆岩的化学成分**

酸度和碱度是岩浆岩分类的重要化学成分依据。酸度即指 $SiO_2$ 含量,据 $SiO_2$ 质量百分数,通常将火成岩分为四大类:超基性岩($SiO_2 < 45\%$)、基性岩($SiO_2$ $45\% \sim 53\%$)、中性岩($SiO_2$ $53\% \sim 66\%$)、酸性岩($SiO_2 > 66\%$)。据碱度($\sigma$ 表示)又可将每大类岩石划分为三种类型:钙碱性岩($\sigma < 3.3$)、碱性岩($\sigma = 3.3 \sim 9$)和过碱性岩($\sigma > 9$)。

对于超基性岩,是据 $SiO_2$ 和($K_2O + Na_2O$)总量来划分碱度。($K_2O + Na_2O$)$> 3.5\%$ 为过碱性类型,如霓霞石、霞石岩、碳酸岩等;$K_2O + Na_2O < 3.5\%$ 为钙碱性和碱性。金伯利岩习惯上称偏碱性超基性岩。

以岩浆岩的化学成分为依据进行分类,对于隐晶质或玻璃质的岩石比较准确,但由于做一个岩石化学全分析成本高,所需时间较长,一般不宜大量进行。

**二、岩浆岩的矿物成分**

岩浆岩的矿物成分及其含量是分类命名的基础,矿物成分主要考虑石英含量、暗色矿物种类及含量、长石的种类及含量(即钾长石或斜长石)以及似长石的有无及含量。超基性岩类以不含石英,基本上不含长石和富含大量暗色矿物为特征;而酸性岩类则以富含石英和贫暗色矿物为特征;基性岩及中性岩类以其所含长石类型及暗色矿物种类加以区别。钙碱性系列的岩石以不含似长石为特征,而且斜长石成分较同类的碱性系列岩石富含 CaO;碱性系列岩石的暗色矿物均为碱性暗色矿物,富含 Na、Ti、Fe,如碱性角闪石、碱性辉石等。

### 三、岩浆岩的产状

根据产状,也就是根据岩石侵入到地下还是喷出到地表,岩浆岩又可以分为侵入岩和火山岩。如果岩浆上升未达到地表即已冷凝,由此而形成的岩浆岩称为侵入岩。侵入岩又可根据形成深度不同进一步划分为深成岩和浅成岩。深成岩一般形成于地表下 3 km 以上的深处,多形成大岩体;浅成岩形成的深度小于 3 km,常呈小岩体产出。

如果岩浆沿构造裂隙上升,由火山通道喷出地表,由此而形成的岩浆岩称为火山岩。火山岩又可分为两种岩石类型:一种是从火山喷发溢流出的熔浆冷凝而成的岩石叫熔岩或喷出岩;另一种是由火山爆发出来的各种碎屑物质从大气中降落下来而成的岩石叫火山碎屑岩。

每个大类的侵入岩和喷出岩在化学成分上是一致的,但是由于形成环境不同,它们的结构和构造有明显的差别。深成岩位于地下深处,岩浆冷凝速度慢,岩石多为全晶质、矿物结晶颗粒也比较大,常常形成大的斑晶;浅成岩靠近地表,常具细粒结构和斑状结构;而喷出岩由于冷凝速度快,矿物来不及结晶,常形成隐晶质和玻璃质的岩石。

根据上述原则,首先把岩浆岩按酸度分类,然后再按碱度把每大类岩石分出几个岩类,它们就是构成岩浆岩大家族的主要成员(表3-5)。分类如下:

表 3-5　　　　　　　岩浆岩分类表

| 系列 | 钙碱性 | | | | | 碱性 |
|---|---|---|---|---|---|---|
| 岩类 | 超基性岩 | 基性岩 | 中性岩 | | 酸性岩 | 碱性岩 |
| $SiO_2$ 含量 | <45% | 45%～53% | 53%～66% | | >66% | 53%～66% |
| 石英含量 | 无 | 无或很少 | <55 | | >20% | 无 |
| 长石种类及含量 | 一般无长石 | 斜长石为主 | 斜长石为主 | 钾长石为主 | 钾长石>斜长石 | 钾长石为主含似长石 |
| 暗色矿物种类及含量 | 橄榄石辉石,含量>90% | 主要为辉石,可有角闪石、黑云母、橄榄石等,含量<90% | 以角闪石为主,黑云母、辉石次之,含量15%～40% | 以角闪石为主,黑云母、辉石次之,含量15%～40% | 以黑云母为主,角闪石次之,含量10%～15% | 主要为碱性辉石和碱性角闪石,含量<40% |
| 色率 | >90 | 35～90 | 15～40 | 15～40 | 9～15 | <40 |
| 产状／结构特征 岩石名称 | | | | | | |
| 深成岩　中粗粒结构或似斑状结构 | 橄榄岩辉岩 | 辉长岩 | 闪长岩 | 正长岩 | 花岗岩 | 霞石正长岩 |
| 浅成岩　细粒结构或斑状结构 | 苦橄玢岩金伯利岩 | 辉绿岩 | 闪长玢岩 | 正长斑岩 | 花岗斑岩 | 霞石正长斑岩 |
| 喷出岩　无斑隐晶质结构斑状结构玻璃质结构 | 苦橄岩科马提岩 | 玄武岩 | 安山岩 | 粗面岩 | 流纹岩 | 响岩 |

（1）**超基性岩类**：钙碱性系列的岩石是橄榄岩-苦橄岩类；偏碱性的岩石是含金刚石的金伯利岩；过碱性岩石为霓霞岩-霞石岩类和碳酸岩类。

（2）**基性岩类**：钙碱性系列的岩石是辉长岩-玄武岩类；相应的碱性岩类是碱性辉长岩和碱性玄武岩。

（3）**中性岩类**：钙碱性系列为闪长岩-安山岩类；碱性系列为正长岩-粗面岩类；过碱性岩石为霞石正长岩-响岩类。

（4）**酸性岩类**：主要为钙碱性系列的花岗岩-流纹岩类。

（5）**脉岩类**。

（6）**火山碎屑岩类**。

这些岩类在地壳中的分布和出现的频率是不一样的，其中以钙碱性岩类中的橄榄岩、辉长岩、玄武岩、闪长岩、安山岩、花岗岩、流纹岩以及碱性系列的正长岩、粗面岩分布最广，在以下章节中将着重介绍，而那些分布少的碱性岩类（如碱性超基性岩、碱性基性岩和霞石正长岩—响岩等）则只作简单说明，不再详述。

分类以化学成分、矿物成分为基础，再按产状、结构构造的不同把各类岩石进一步划分，但表 3-5 只纳入了前五类岩石，第六类为火山碎屑岩类，这一类由火山活动形成而和沉积作用相关的过渡类型岩石，在沉积岩中将详细讨论它们。

斑岩和玢岩仅用于浅成岩中斑状结构的岩石。斑岩的斑晶是以石英、碱性长石和似长石为主；玢岩的斑晶以斜长石和暗色矿物为主。对于喷出岩中斑状结构的岩石，不使用斑岩和玢岩的名称。

 **任务实施**

岩浆岩的分类；岩浆岩的分类依据；岩浆岩主要类型。

 **思考与练习**

简述岩浆岩的分类依据及类型。

# 项目四　岩浆岩鉴定

　　自然界的岩浆岩多种多样,据统计已有岩石名称多达 1 000 种以上,它们之间在成分结构、共生组合、产状和成因上,既有联系也有差异,因而,通过手标本的观察与描述,正确认识不同岩浆岩矿物组分、结构构造、成因产状、次生变化等特征是岩浆岩鉴定的主要任务。

　　野外工作中遇到岩浆岩时,首先要区分是侵入岩还是火山岩,也就是要确定它们在形成及开始冷凝时是产于当时的地表之下,或是已经出露于地表之上。1870 年,Gilbert 最早在美国犹他州的 Henery 山观察到火成岩侵位于沉积岩中的现象,上覆的顶板沉积岩被火成岩推挤向上隆起,而岩体的底板沉积岩仍保持水平。该岩体延伸 8 km,厚度为 1 000 m。证明了岩浆不仅可直接喷出地表,也可以侵位于地层之中,而在此之前,火成岩的侵入产状并未得到共识。

## 任务一　超基性岩类

　　**【知识要点】**　*超基性岩的一般特征;侵入岩——橄榄岩类特征及主要岩石类型;喷出岩——苦橄岩类特征及主要岩石类型。*

　　**【技能目标】**　*掌握超基性岩的一般特征、分类及主要岩石类型,掌握岩石手标本鉴定特征,能够对手标本进行观察、描述并命名。*

　　酸度和碱度是岩浆岩分类的重要化学成分依据。酸度即指 $SiO_2$ 含量,根据 $SiO_2$ 质量百分数,通常将火成岩分为四大类:超基性岩($SiO_2 < 45\%$)、基性岩($SiO_2$ 45%～53%)、中性岩($SiO_2$ 53%～66%)、酸性岩($SiO_2 > 66\%$)。据碱度($\sigma$ 表示),又可将每大类岩石划分为 3 种类型:钙碱性岩($\sigma < 3.3$)、碱性岩($\sigma = 3.3～9$)和过碱性岩($\sigma > 9$)。

　　超基性岩二氧化硅含量低(小于 45%),铁、镁质含量高,以不含石英为特征。深灰黑色,相对密度较大。主要由橄榄石、辉石以及它们的蚀变产物,如蛇纹石、滑石、绿泥石等组成。代表性岩石有橄榄岩、辉石岩和金伯利岩、苦橄岩等。

　　本类岩石在地表分布面积很小,整个岩类只占岩浆岩总面积的 0.4%,侵入岩的规模一般不大,且往往遭受强烈的蛇纹石化,喷出岩罕见。

　　鉴定超基性岩,首先要对本类岩石基本特征有一个系统全面的认识,对其矿物成分、结构构造谙熟于心。继而通过对本类岩石侵入岩和喷出岩代表岩石特征的分析,全面了解超

基性岩及主要岩石类型。

## 任务分析

### 一、超基性岩概述

超基性岩无论是侵入岩还是喷出岩,从化学成分上分析,$SiO_2$ 含量很低,一般 $SiO_2 < 45\%$,为硅酸不饱和岩石;$K_2O$ 和 $Na_2O$ 的含量极少,一般均不到 $1\%$;CaO 和 $Al_2O_3$ 含量也很少;$FeO + Fe_2O_3$ 含量为 $8\% \sim 10\%$;MgO 含量为 $16\% \sim 46\%$。从矿物成分上看,铁镁矿物占绝对优势,主要为橄榄石、辉石,其次为角闪石,一般不含长石或含长石很少,绝不含石英。所以,就矿物成分来说,超基性岩的绝大多数又可叫做超镁铁岩,即铁镁矿物含量超过 $90\%$ 的超基性岩称为超铁镁岩。

超基性岩的色率都大于 70,故色深,相对密度大,常呈块状构造。由于 $SiO_2$ 含量少,岩浆在结晶时候黏度小,故常形成全晶质粒状结构。这类岩石多产于厚的岩床、岩盆和岩流的底部,且向上可过渡为基性岩类。褶皱带和断裂带中也可有独立的超基性岩体。

超基性岩在大陆表面分布面积很少,洋底分布的面积也不大,但在超基性岩中常含重要的金属和非金属矿产,故受人们的重视。超基性深成侵入岩为橄榄岩,浅成侵入岩则为苦橄玢岩和金伯利岩,喷出岩是苦橄岩。

本类岩石与铬、镍、钴、铂族金属、金刚石、石棉等矿产有着成因联系。

### 二、侵入岩——橄榄岩类

超基性深成侵入岩的代表岩石为橄榄岩。肉眼观察这类岩石多呈黑色、暗色或深色。色率高,全晶质粗粒结构,致密块状构造,相对密度大。新鲜的橄榄岩很少见到,多数已遭受蚀变,可变为深色、隐晶质致密具滑感的蛇纹岩,有时可见蛇纹石石棉分布其中;或变为浅色、硬度小,具块状构造的滑石菱镁岩或变为绿片岩。目前,在我国产出的超铁镁岩中,只有河北张家口汉诺坝、南京附近玄武岩中的团块包体与陕西商南松树沟的超基性岩体是新鲜的,其余各地产出的超基性岩都发生了变化。因此,在野外工作时往往只能根据已变成的蛇纹岩去圈定超基性岩体。

#### (一)矿物成分

橄榄岩主要矿物成分为橄榄石和辉石。次要矿物有角闪石、基性斜长石和黑云母。副矿物常见的有磁铁矿、钛铁矿、尖晶石、铬铁矿以及镍、钴、铜、铂等金属矿物及磷灰石等,这些副矿物大量富集可形成矿产。

(1)橄榄石。超基性侵入岩中的橄榄石一般是镁-铁橄榄石系列中镁质高的种属,如纯橄榄岩的镁橄榄石、橄榄岩中的贵橄榄石。这些橄榄石一般呈绿色或浅绿色,往往是结晶最早的矿物,有较高的自形程度,无解理,具贝壳状断口,有较强的玻璃光泽。在自变质作用下或在岩浆期后热液作用下,橄榄石转变为蛇纹石而析出磁铁矿,蛇纹石先沿橄榄石的裂缝交代,蚀变强烈时,全部变为蛇纹石而仅保留橄榄石的假象。

(2)辉石。超基性岩中的辉石多为镁质的斜方辉石,同时也可见单斜辉石。常见的斜方辉石为顽火辉石、古铜辉石、紫苏辉石。单斜辉石中常见的为普通辉石和透辉石。一般为黑色至黑绿色,也有呈棕色者,常具玻璃光泽。

(3)角闪石。超基性岩中的角闪石若为原生者,多为含 $Fe^{3+}$ 较多的棕色普通角闪石,但较常见者为颜色较浅、由辉石和橄榄石等原生矿物蚀变而来的纤闪石。

（4）云母在超基性岩中较少见,如果出现则多是富镁的金云母,镜下呈浅棕色。

（5）斜长石在超镁铁岩中有时可呈微量出现,而成分总是很基性的拉长石或培长石。

（6）蚀变矿物常见的有叶蛇纹石、纤维蛇纹石、菱镁矿和滑石等。

（二）结构构造

橄榄岩的结构主要为全自形粒状结构、包含结构、反应边结构、网状结构、填隙结构等。

（1）全自形粒状结构。橄榄石自形程度高,皆呈多边形,仅含少量磁铁矿,使整个岩石具全自形粒状结构（图 4-1）。

（2）包含结构。颗粒粗大的辉石或角闪石主晶,包裹了许多圆粒状橄榄石颗粒（图 4-2）。

（3）反应边结构。橄榄岩中可见到橄榄石边缘具辉石的反应边。

（4）网状结构。橄榄岩中见蛇纹石沿橄榄石的裂隙发生交代而形成网状,橄榄石呈残余的细小颗粒,是橄榄岩类岩石遭受热液蚀变所致（图 4-3）。

（5）填隙结构。在早期结晶的硅酸盐矿物颗粒间,充填了后期结晶的金属矿物或其他矿物（图 4-4）。

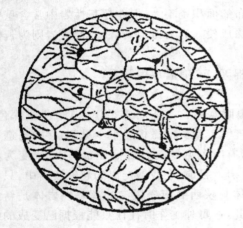

图 4-1　纯橄榄岩

（苏联乌拉尔）

图 4-2　橄榄辉石岩

（宁夏）

图 4-3　蛇纹石化橄榄岩

（吉林）

图 4-4　透辉石岩

（河北）

本类岩石构造多为块状构造、流动构造和带状构造。

（三）主要类型

超基性深成侵入岩按其矿物成分不同可以分成四种类型：橄榄岩类、辉石岩类、角闪石岩类、黑云母岩类。它们分别由反映自己名称的矿物组成。

（1）橄榄岩类。矿物成分几乎全部由橄榄石组成，辉石最多占 5%，还有少量铬铁矿、磁铁矿、钛铁矿、磁黄铁矿及尖晶石等。纯橄榄岩通常呈深绿色、褐色、淡黄绿色，全自形粒状结构，含铁矿物时形成填隙结构，致密块状构造，蚀变后变成蛇纹岩（图 4-5）。

图 4-5　纯橄榄岩 手标本
（河北汉诺坝 地大岩矿教研室）

（2）辉石岩类。矿物成分几乎全由辉石组成，可含少量橄榄石、角闪石、黑云母、铬铁矿、磁铁矿、钛铁矿等，色深，粒状结构。

（3）角闪石岩类。矿物成分主要成分为普通角闪石，含量可达 95%，可含少量辉石、橄榄石或斜长石，还可见铬铁矿和磁铁矿等。如因为变质作用成分由普通角闪石组成者，不叫角闪石岩，而称为角闪岩。

（4）黑云母岩类。矿物成分主要由黑云母组成。

这四类岩石中以前两种为多，角闪石次之，黑云母岩最少。但在自然界中，最常见的不是典型的这四种岩石，而是它们之间的过渡类型。关于超基性侵入岩的种属的划分目前方案还不统一，一般都是根据岩石中橄榄石和其他矿物（主要是辉石，其次是角闪石）的相对含量，尤其是以橄榄石的含量为主要因素划分的。对于手标本的鉴定可采用表 4-1 划分方案。

表 4-1　　　　　　　　　　　　　　　橄榄岩种属的划分

| 橄榄石含量/% | 100～90 | 90～75 | 75～40 | 40～10 | 10～0 |
|---|---|---|---|---|---|
| 辉石（角闪石）等的含量/% | 0～10 | 10～25 | 25～60 | 60～90 | 90～100 |
| 岩石名称 | 纯橄榄岩 | 辉橄岩 | 橄榄岩 | 橄辉岩 | 辉石岩（角闪石岩） |

表 4-1 所划分出的各种岩石，除其矿物成分的组成不同外，其他特征都十分相似，而且这些岩石还常常共生在一起构成同一岩体，肉眼下往往不易区分。只有当岩石中的辉石或角闪石经蛇纹石化或其他变化后仍保留原矿物的假象时才比较易于区分。

（四）次生变化

本类岩石由于含镁铁组分较高，而且多分布于深大断裂附近，邻近热液通道。因此，在深处上升的挥发组分或后期花岗岩侵入体的影响下，将遭受次生变化和交代作用，使原生岩石发生蚀变而形成超基性岩所特有的蚀变岩石。其中，$H_2O$ 和 $CO_2$ 使橄榄石和辉石发生蛇纹石化作用，这种交代可通过水化作用、硅化作用及碳酸盐化作用三种方式进行。

（五）产状、分布及有关矿产

超基性岩常与基性岩一起组成各种岩浆杂岩体，也有呈单独岩体出现的，它们一般构成不大的岩体，如岩株、岩盆、岩床、岩墙等。超基性岩常存在于岩盆或岩床的底部。超基性岩体常成群出露，一群岩体常有一致的延长方向，在一个狭长的地带内断续出露成带状分布，构成陆壳上的超基性岩带。我国的青海、宁夏、山东、辽宁等省份均有分布。

与本类岩石有关的金属矿产主要是铂矿、铬铁矿、镍钴矿、钒钛矿等，非金属矿产有金刚石、石棉、滑石、磷灰石、菱镁矿等。粗大而完美的橄榄石晶体可作宝石材料，某些高镁质的橄榄岩和蛇纹岩可做耐火材料及化肥原料等。该类岩体虽小，但物理性质较特殊，在岩石中其磁性较强，相对密度大，用磁法、重力法寻找它们比较有效。

### 三、喷出岩——苦橄岩类

超基性的喷出岩，分布很少，常常依产地或结构被命名为麦美奇岩、科马提岩、鬣刺岩等，其实它们都有类似的矿物学和岩石学特征，因此可以将其总归于苦橄岩名下，然后再按其矿物成分细分为苦橄岩、玻基纯橄岩、玻基橄榄岩、玻基辉橄岩、玻基橄辉岩、玻基辉岩等。

#### 1. 苦橄岩

矿物成分以橄榄石、辉石为主，不含或含有少量的基性斜长石、普通角闪石，副矿物为钛铁矿、磁铁矿、磷灰石等，此外还含有玻璃质，但均已脱玻化。岩石呈暗绿色至黑色，具细粒-微粒结构或斑状结构，块状构造，有时具气孔或杏仁构造。苦橄岩自然界分布较少，常与超基性侵入岩伴生或与玄武岩共生，多产于玄武岩底部附近。

#### 2. 玻基纯橄岩

矿物成分主要由橄榄石斑晶和黑色玻璃组成。橄榄石斑晶已部分蛇纹石化，玻基中则有含钛普通辉石微晶散布，另外还有充填着碳酸盐或蛇纹石的圆形杏仁石发育。该种岩石的典型产地是苏联西伯利亚麦美奇河一带，所以又称麦美奇岩，我国浙江天台有产出。它与苦橄岩和橄榄岩共生。

#### 3. 科马提岩

科马提岩是玻基橄榄岩，这些玻基橄榄岩可细分为玻基辉橄岩、玻基橄榄岩、玻基橄辉岩等，它是一种含镁很高的超镁铁质火山岩，常与拉斑玄武岩呈互层产于太古宙绿岩带中。主要矿物为富镁橄榄石、富铝单斜辉石。突出的特征是这两种矿物具针状骸晶，排列成鬣刺结构（图4-6）。这种岩石首先发现于南非科马提河，近年在世界上多处发现。我国迁西、内蒙古的太古宙变质绿岩带中也能见到，在它的底部常堆积有重大工业意义的硫化物铜镍矿床。

图 4-6　科马提岩 手标本
（地质学实验教学示范中心数字化标本）

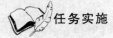**任务实施**

通过观察超基性岩手标本，熟悉并掌握超基性岩的矿物成分、结构构造、分类及其鉴定特征。

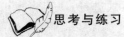**思考与练习**

1. 组成橄榄岩的矿物成分有哪些？各有什么特征？
2. 超基性岩蛇纹石化发生的机理是什么？
3. 橄榄岩手标本鉴定的一般特征是什么？

# 任务二　基性岩类

**【知识要点】** 基性岩的一般特征;侵入岩——辉长岩类特征及主要岩石类型;喷出岩——玄武岩类特征及主要岩石类型。

**【技能目标】** 掌握基性岩的一般特征、分类及主要岩石类型,掌握基性岩岩石手标本鉴定特征,能够对手标本进行观察、描述并命名。

 **任务导入**

按照 $SiO_2$ 的含量,可以把岩浆岩分成酸性岩类、中性岩类、基性岩类和超基性岩类。

$SiO_2$ 含量为 $45\%\sim53\%$,随着 $SiO_2$ 增多,$Al_2O_3$ 可达 $15\%$,$CaO$ 含量可达 $10\%$,均比超基性岩高,但 $MgO$ 和 $FeO$ 含量比超基性岩低。本类岩石矿物组成主要有辉石和基性斜长石。本类岩石色深,其侵入岩为辉长岩、辉绿岩,数量较少,喷出岩为玄武岩类,数量极多,是喷出岩中分布最广的一种,它的面积几乎为其他喷出岩分布面积的 5 倍。

 **任务分析**

在对基性岩特征有一个基本了解的基础上,熟悉本类岩石矿物组成、结构构造和成因产状,尤其要掌握本类岩石的结构,这是鉴定本类岩石的一个重要标志。通过对辉长岩和玄武岩等代表岩石特征的分析,全面了解基性岩及主要岩石类型。

 **相关知识**

## 一、基性岩类概述

$SiO_2$ 含量为 $45\%\sim53\%$,$Al_2O_3$ 可达 $15\%$,$CaO$ 含量可达 $10\%$,均比超基性岩高,$MgO$、$FeO$ 含量则比超基性岩低,$K_2O+Na_2O$ 仍然很低。但玄武岩中比辉长岩中要多一些,特别是 $K_2O$ 比辉长岩中要多一些。$\sigma<3.3$,属于钙碱性岩。如果其中的 $Na_2O$ 和 $K_2O$ 较高时,即组成了碱性基性岩。

在矿物成分上,基性岩和超基性岩不同的是有大量的铝硅酸盐矿物,但是镁铁矿物仍然不少,一般约占全岩的 $40\%$,故它们又可叫做镁铁岩类。主要矿物为基性斜长石和辉石,次要矿物为橄榄石、角闪石和黑云母,不含或含极少量石英。当其中出现碱性辉石和碱性角闪石以及中性斜长石与碱性长石和似长石时即过渡为碱性基性岩类。

本类岩石色率较高,一般为 $50\sim70$,相对密度为 $2.9\sim3.1$。

就其分布来看,钙碱性基性岩比碱性基性岩要广泛得多,且侵入岩数量较少,而喷出岩则数量极多。基性岩可以和超基性岩共生,也可以单独产出。最常见的侵入岩为辉长岩和辉绿岩,喷出岩则是玄武岩。

与本类岩石有关的矿床有铜、镍、钒、钛、磁铁矿以及冰洲石、玛瑙等,新鲜的辉绿岩、辉长岩可作为建筑石料,辉绿岩、玄武岩可作为铸石原料。

## 二、侵入岩——辉长岩类

本类侵入岩的代表性岩石为辉长岩、苏长岩、辉绿岩,颜色为灰黑色,中粗粒结构,色率

$50 \sim 70$。浅色侵入岩，如斜长岩较少见，其色率较低，约 $15\%$。

（一）矿物成分

主要矿物为基性斜长石和单斜辉石，次要矿物有斜方辉石、橄榄石、角闪石、黑云母，在向中性岩过渡的种属中可见石英及钾长石，常见的副矿物有磁铁矿、磷灰石、尖晶石等。

（1）基性斜长石。通常为拉长石和培长石，新鲜时无色透明或灰白色，解理发育，常呈厚板状，一般不具环带构造。发育卡钠复合双晶和钠长石双晶，双晶单体较宽，双晶纹较清晰。常含有赤铁矿、磁铁矿、钛铁矿、金红石等包体，它们往往由出溶作用形成。基性斜长石常被"钠黝帘石"所交代，变为黝帘石、绿帘石和钠长石的细粒集合体，还可含有不定量的绢云母、绿泥石等。

（2）单斜辉石。常见的单斜辉石为透辉石、异剥辉石、普通辉石。单斜辉石的边缘可具有角闪石的反应边，而它本身又可形成斜方辉石反应边。单斜辉石晶体内部常有针状、片状磁铁矿或其他金属矿物的包裹体，呈定向排列，称为"席勒构造"。辉石经蚀变后可为绿泥石和碳酸盐矿物所交代，亦可发生纤闪石化。

（3）斜方辉石。常见的斜方辉石为紫苏辉石、古铜辉石和顽火辉石。可在橄榄石外围形成反应边，在较低温条件下与单斜辉石构成条纹交生，一般在紫苏辉石中具片状出熔的普通辉石，一般沿 $c$ 轴延长，在薄片中有时易误认为是双晶。

（4）其他暗色矿物。橄榄石出现于 $SiO_2$ 不饱和的岩石变种中，多呈圆粒状或自形晶，次生变化可形成蛇纹石和绿泥石。

（5）角闪石。一般为褐色或棕色的普通角闪石，可形成较大晶体包裹橄榄石和斜方辉石，也可呈辉石的反应边。次生角闪石呈绿色，纤维状，主要由辉石经蚀变而来。

（6）黑云母。颜色较深，一般具棕色色调。可独立存在，也可构成角闪石的反应边，有时出现于磁铁矿的边缘，呈反应矿物存在。

（7）碱性长石与石英。一般为填隙组分，碱性长石为正长石，有时具微细的显微条纹构造。正长石与石英常与黑云母同时出现，见于辉长岩向石英二长岩或花岗岩过渡的岩石中。

（二）结构构造

辉长岩是基性深成侵入岩的代表岩石。辉长岩类岩石多呈黑色、灰黑色或带红的深灰色。一般为中或粗粒半自形粒状结构，最常见的结构为辉长结构和辉绿结构。

（1）辉长结构。辉长结构是辉长岩的典型结构，表现为岩石中的斜长石和辉石的自形程度相近，均呈现半自形或他形粒状（图 4-7）。

（2）辉绿结构。辉绿结构是浅成侵入岩中的典型结构。斜长石和辉石颗粒大小相差不多，但斜长石明显的比辉石要自形些。因此，往往在自形的板状斜长石组成的三角形空隙中常常充填着单个的他形辉石颗粒（图 4-7）。

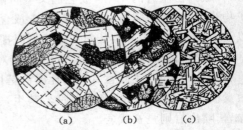

图 4-7　辉长岩、辉绿岩

(a) 橄榄辉长岩;(b) 辉长岩(富磁铁矿);

(c) 辉绿岩

辉长岩常见块状构造，但有时有暗色矿物和浅色矿物分别相对集中形成相间的条带状构造。辉长岩中的主要矿物是基性斜长石和辉石，次要矿物为橄榄石、角闪石和黑云母,偶尔含正长石和石英。副矿物常有磁铁矿、钛铁矿、铬铁矿、磷灰石和尖晶石。辉石多为黑色短柱状,但辉石有时可被绿泥石或角闪石交代,形成阳起石、透闪石的集合体。斜长石多为板状半自形晶体,新鲜的斜长石易见聚片双晶,斜长石常蚀变为钠长石、绿帘石、黝帘石等矿物的集合体,此时斜长石呈淡黄绿色,光泽较暗淡。

（三）主要类型

辉长岩类可按不同的原则进行种属的划分,其中最常用的是按照铁镁矿物和铝硅酸盐矿物的含量划分为下列种属:

（1）辉长岩。铁镁矿物含量为35%～65%,硅酸盐矿物含量为35%～65%,典型辉长岩中辉石和斜长石的含量近于58：42(图4-8)。

（2）斜长岩。斜长岩是浅色基性岩的深成岩,几乎全部由斜长石(基性)组成,其含量＞90%,暗色矿物含量＜10%,主要为辉石、角闪石、橄榄石。这类岩石不多见,常与辉长岩共生。一般认为是相当于辉长岩的熔浆分异产生的,但也有人认为是由地壳深部或上地幔的深熔作用形成的(图4-9)。

图 4-8　辉长岩 手标本

（山东济南）地大岩矿教研室

图 4-9　斜长岩 手标本

（山东济南）地大岩矿教研室

（3）辉绿岩。辉绿岩是一种浅成的基性侵入岩,矿物成分和辉长岩相当,即由辉石和斜长石组成,但结构不同。辉绿岩一般具有典型的辉绿结构和斑状结构,具斑状结构的辉绿岩称为辉绿玢岩。辉绿岩中的斜长石常被蚀变为钠长石、黝帘石等矿物集合体;辉石可蚀变为绿泥石、角闪石等矿物。辉绿岩是一种分布很广的基性侵入岩,常呈岩墙、岩脉、岩床或岩盘产出,既可以单独产出,也可以同辉长岩、基性喷出岩共生(图4-10)。

图 4-10　辉绿玢岩 手标本

（山东济南）地大岩矿教研室

（四）次生变化

辉长岩类比橄榄岩类要稳定些,但在热液影响下,还是可以看到一些变化。其中常见的是辉石的纤闪石化和斜长石的钠黝帘石化,其次还可有方柱石化与葡萄石化。

（五）产状、分布及有关矿产

基性侵入岩类在自然界的分布比超基性岩类稍微多些,多见于稳定地台区断裂带,但地槽区亦有出现。辉长岩多呈规模较小的侵入体如呈岩盆、岩盖、岩床、岩漏斗、岩株和岩墙产出，往往与超基性岩及闪长岩等共生。含矿辉长岩几乎总是同橄榄岩类构成杂岩体，就目前所见，单一成分的辉长岩体一般无矿，所以该类岩石的含矿性和超基性侵入岩相同，即含铬、镍、铂、铜、钴、钒、钛等。我国四川攀枝花地区的基性和超基性岩体是我国重要的含钒钛岩石，钒钛磁铁矿即含在岩石中，岩体本身就是采掘对象。辉长岩是良好的建筑石料，辉绿岩是理想的铸石材料。

### 三、喷出岩——玄武岩类

玄武岩是基性喷出岩的代表岩石，玄武岩其成分与辉长岩相当，多呈现黑色、灰黑色、黑绿色，风化后呈暗红色或黑褐色，常为细粒至隐晶质结构，也可有玻璃质结构和斑状结构。玄武岩常有气孔，随着其流动状态的变化，气孔或椭圆形或不规则状，或多或少，或稀疏散布或密集存在，有时并呈带状出现，当其量多时即组成了多孔或熔渣状构造。气孔可被后来的矿物如方解石、绿泥石、绿帘石、斜长石、蛋白石、玉髓和沸石等充填，形成单成分或复成分的杏仁石，这时就会出现杏仁构造。如果是水下喷出的玄武岩，常具有特殊的枕状构造。此外，玄武岩的柱状节理普遍发育，肉眼观察有时可见到斜长石的细小晶体，辉石则不易鉴别，若出现橄榄石，则多呈较大的斑晶或包裹体（图4-11）。

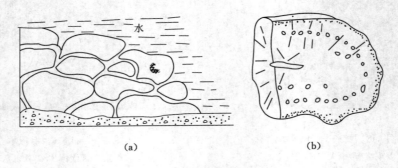

图 4-11　玄武岩的枕状构造

(a) 剖面示意图；(b) 岩枕的断面

（据《岩浆岩岩石学》上册，武汉地院，1980）

（一）矿物成分

玄武岩矿物种类与辉长岩类基本相同，主要矿物为基性斜长石和单斜辉石，次要矿物有橄榄石、角闪石、黑云母，有时还可出现少量石英。在矿物成分上与侵入岩的不同点如下：

（1）斜长石为高温型，有时可出现环带，并可见清晰和弯曲的裂纹，而在侵入岩中主要为低温型基性斜长石。

（2）单斜辉石一般为贫钙的易变辉石及富钙的普通辉石和透辉石，常具环带结构，斜方辉石少见。

（3）橄榄石一般较自形，可显一组完全解理，常具贫钙辉石（易变辉石或紫苏辉石）的反应边。在中温非氧化条件下橄榄石常蚀变为蛇纹石、绿泥石，在低温氧化条件下则蚀变为伊丁石。

（4）角闪石、黑云母较少见，如果出现则常具暗化边。

（5）玄武玻璃在某些斑状结构的喷出岩中可见，而侵入岩中则不出现。玄武玻璃呈黑色，镜下呈浅褐色，FeO 大于 11%，而 $Fe_2O_3$ 小于 1%，自然界中可见去玻化。

喷出岩中，基质与斑晶的矿物成分亦不相同，斑晶中斜长石比基质中的斜长石微晶偏基性，橄榄石斑晶比基质中的更自形。紫苏辉石只产于斑晶中，易变辉石只出现于基质中，而且呈微晶状。角闪石和黑云母只呈斑晶出现，而不存在于基质中。在斜长石和辉石微晶基质的间隙中可充填石英或含 $SiO_2$ 较多的隐晶质。

（二）结构构造

基性喷出岩由于喷出时黏度小，其结晶程度普偏高于其他类型的喷出岩。岩石多为斑状结构，少数为无斑隐晶结构、细粒结构、显微斑状结构，极少情况下也可出现中粒结构。斑状结构中，基质一般呈微晶结构，通常按矿物之间的关系，基质中可出现基性喷出岩所特有的一些专属性结构，它们对岩石更具有鉴定意义。常见的专属性基质结构有间粒结构、间隐结构和拉斑玄武结构。

间粒结构和间隐结构在结构构造中已介绍，拉斑玄武结构是在杂乱排列的斜长石长条状 晶体所形成的间隙中，除了有粒状辉石、磁铁矿外，还有隐晶质物质，是介于粗玄结构和间隐结构之间的过渡性结构，故又称间粒间隐结构或填间结构（图 4-12）。

除上述结构外，基质中还常见交织结构、玻璃质结构和玻基斑状结构。

交织结构大量的斜长石微晶呈平行状或半平行状密集排列，其间夹有辉石和金属矿物的显微晶粒，有时也含有少量玻璃质，主要出现于向安山岩过渡的岩石中。

玻璃质结构和玻基斑状结构岩石几乎全由褐色玻璃质组成，称玻璃质结构，若出现斑晶而且含量大于 5%，即过渡为玻基斑状结构（图 4-13）。

基性喷出岩常见块状构造及气孔、杏仁构造，当气孔极多时又称泡沫状构造。多孔状基性熔岩经火山爆发崩裂而成碎块，其外貌与炉渣相似，称为熔渣状构造。

基性熔岩喷出地表，熔岩流动过程中表面冷凝形成波状或绳状构造。熔岩喷到空中爆裂，旋转冷凝可形成梨形、麻花形、纺锤形等各种形状的火山弹。

基性熔岩在水下喷发流动时，可形成枕状构造。

图 4-12　伊丁玄武岩

（南思方山）

图 4-13　玻基玄武岩

（河北张家口）

（三）主要类型

由于玄武岩中矿物颗粒细小，成分又较复杂，所以肉眼不易鉴别，常需借助于显微镜和化学分析。现将常见的玄武岩类型介绍如下：

1. 按其结构构造的类型划分

在肉眼观察时，按其结构、构造和斑晶成分大致分为下列几种：

（1）粗玄岩。肉眼下可以很容易看出是全晶质结构，粒度多为细粒，部分可达中粒，大于 1mm 的颗粒常可分辨其矿物成分，如内蒙古集宁附近的粗玄岩，其中的橄榄石和辉石与斜长石明显可见，橄榄石部分已变成了褐红色的伊丁石。

（2）玄武岩。隐晶质结构，块状构造，偶尔有橄榄石斑晶，肉眼可凭其颜色识别之。

（3）杏仁玄武岩。具杏仁构造的玄武岩，杏仁体多由方解石、蛋白石、绿泥石构成。

（4）玻璃玄武岩。一般为致密的玻璃状岩石，几乎全部或大部分由玻璃质组成。玻璃重结晶后则可变成隐晶质物质，有时还可有球粒发育，形成球粒结构。具球粒结构的玄武岩可称球粒玄武岩。

2. 按化学成分和矿物成分划分

（1）钙碱性玄武岩。$SiO_2$ 较多，平均 50%，碱质较少（$Na_2O+K_2O$ 多数为 2%～4%）。在矿物成分上，辉石较多，橄榄石无或仅少量，长石偏基性。主要类型有：

a. 拉斑玄武岩。具斑状结构，斑晶主要为拉长石（基性斜长石的一种）和辉石，不含或少含橄榄石。其中，含少量（5%～40%）橄榄石斑晶者叫橄榄拉斑玄武岩；若橄榄石斑晶较多（占斑晶的 40% 以上），则叫苦橄玄武岩或大洋岩。苦橄玄武岩多分布于大洋岛屿，如夏威夷群岛；拉斑玄武岩广泛分布于大洋岛屿、深海盆地和大陆内部，如印度德干高原、苏联西伯利亚平原、我国西南山地等，可与安山岩、英安岩、流纹岩共生。

b. 高铝玄武岩。$Al_2O_3$ 含量高，大于 16%，$SiO_2$ 含量略低于拉斑玄武岩。矿物成分与拉斑玄武岩相似，但斑晶中有时可出现碱性长石。高铝玄武岩主要分布于岛弧和活动的陆缘地带，环太平洋火山带上多产此类岩石，常与英安岩、流纹岩共生。

（2）碱性玄武岩。$SiO_2$ 含量略低于钙碱性玄武岩，平均 47.81%。碱质含量高，$Na_2O+K_2O$ 平均 6.99%。橄榄石含量多，斜长石多偏于中性，可出现碱性长石。其余特征（结构、产状、分布等）和拉斑玄武岩基本相同，只有详细研究才能把两者相互区别开。碱性玄武岩在我国分布广泛，四川峨眉山、河北张家口、黑龙江德都五大连池以及东南沿海诸省均广泛产出。

（四）产状、分布及有关矿产

玄武岩不仅在大陆上广泛分布，如印度的德干高原和我国西南地区等，而且在所有的大洋的洋壳上也几乎全为它们所覆盖，如太平洋、大西洋等，在岛弧和陆缘边界上也有分布，所以它们是自然界中最常见的熔岩，它既可发育于地槽发育早期的强烈拗陷带内，也可在稳定地台的断裂带内形成大规模的泛流式岩系。在月球上，玄武岩也是构成月壳的主要岩石之一，月球玄武岩细粒、多孔，主要由辉石、斜长石和钛铁矿组成。

玄武岩的气孔中可充填自然铜、钴矿、冰洲石、玛瑙等贵重的金属和非金属矿产。玄武岩的抗压强度为 3 500～5 000 $kg/cm^2$，多孔的玄武岩强度较低。当其柱状节理发育时，常可形成集水和透水体，也可以是油气的通道。此外，有些玄武岩还可成为某些油气田的储层和盖层。

 **任务实施**

通过观察辉长岩、辉绿岩、玄武岩手标本,熟悉并掌握基性岩的矿物成分、结构构造、分类及其鉴定特征。

 **思考与练习**

1. 什么是色率? 色率在岩浆岩手标本鉴定中有什么作用?
2. 玄武岩按结构、构造一般可以划分为哪几种类型?
3. 基性侵入岩常见的专属性结构有什么? 各有什么特征?

# 任务三 中性岩类

【知识要点】 中性岩的一般特征;闪长岩类、安山岩类、正长岩类及粗面岩类特征及主要岩石类型。

【技能目标】 掌握中性岩的矿物组成、结构构造、次生变化、成因产状等特征,了解中性岩分类及主要代表岩石类型,掌握常见岩石手标本鉴定特征。

 **任务导入**

$SiO_2$ 含量介于酸性岩和基性岩之间,为 $52\%\sim65\%$。色率一般为 $20\sim35$,呈浅色。

矿物成分主要由中性斜长石和角闪石组成,有时含少量石英。常见的中性深成岩有闪长岩、石英闪长岩和二长岩等;浅成岩有闪长玢岩、石英闪长玢岩等;喷出岩有安山岩、英安岩和粗面岩等。铁、铜、铅、锌等多种黑色金属和有色金属矿产都与中性岩有关,与其有关的非金属矿产有高岭石、萤石、叶蜡石等。

 **任务分析**

鉴于中性岩既可以与基性岩或酸性岩密切共生,也可以与碱性岩有亲缘关系,因此它的成因十分复杂。即使是安山岩,也因它产出构造环境不同而有不同的成因解释。

 **相关知识**

## 一、中性岩类概述

中性岩类 $SiO_2$ 含量为 $53\%\sim66\%$,$CaO$、$FeO$、$Fe_2O_3$ 和 $MgO$ 的含量较基性岩明显减少,而 $K_2O+Na_2O$ 的含量则有所增加,钙碱系列的闪长岩类约为 $5\%\sim6\%$,碱性系列的正长岩可达 $8\%\sim12\%$。因而,在中性岩类的矿物组成中,闪长岩类主要矿物为中性斜长石和角闪石;次要矿物为辉石或黑云母、钾长石、石英。钾长石和石英的含量一般都低于 $5\%$,手标本上不易看见。正长岩类的主要矿物为钾长石和斜长石;次要矿物为辉石、角闪石、黑云母,不含石英或石英很少。总体上看,中性岩类中的暗色矿物比基性岩类大为减少,下降到 $30\%$ 左右,而浅色矿物上升到 $70\%$ 左右;岩石的色率为 $15\sim40$;相对密度约为 $2.7\sim2.9$。

本类岩石的侵入岩分布少,出露不广。而喷出岩分布广泛,仅次于玄武岩类,在喷出岩中居第二位。

**二、侵入岩——闪长岩和正长岩类**

闪长岩一般呈灰色至绿灰色,中、细粒粒状结构,块状构造,也可见斑杂构造。其主要矿物为中性斜长石和角闪石,次要矿物有辉石、黑云母,有的含<5%的石英或钾长石,副矿物为磷灰石、磁铁矿、钛铁矿和榍石等。色率约为30,如果受同化混染作用的影响,暗色矿物的含量也可增加,岩石的色泽亦加深。

以正长岩为代表的本类岩石的 $SiO_2$ 含量同闪长岩近似,但稍偏高,平均约 60%。 $\sigma = 3.3 \sim 9$,与闪长岩的主要区别是 $Na_2O$ 和 $K_2O$ 含量高,可达 10% 左右。$Al_2O_3$ 含量高,为 15%~20%,CaO 含量很低。因而,在矿物成分上的突出特点是出现大量碱性长石,斜长石和石英很少,暗色矿物也不多,一般小于 20%,有时可出现碱性暗色矿物。因此,颜色比闪长岩也要浅一些,常见为浅灰或浅肉红色。中粗粒结构或似斑状结构,块状构造,相对密度中等,和闪长岩类相似,约为 2.57~2.80。正长岩类主要发生钠长石化、高岭石化、绢云母化、碳酸盐化、绿泥石化和绿帘石化等次生变化。

（一）矿物成分

闪长岩主要矿物有斜长石、角闪石、单斜辉石,次要矿物为黑云母、石英、钾长石,副矿物为磁铁矿、磷灰石、榍石等。

（1）斜长石。一般为中长石,向酸性岩过渡的种属为中-更长石。晶体呈厚板状、半自形晶,常具有环带。

（2）碱性长石。主要为正长石,次为微斜长石及条纹长石。在闪长岩中含量较少,但在与酸性岩及正长岩过渡的岩石中含量增加。常呈他形粒状充填于其他矿物颗粒间,但有时也可形成巨大的颗粒。

（3）石英。在闪长岩中含量小于 5%,呈他形粒状充填于其他矿物颗粒间。随着石英含量增加,岩石则向酸性岩过渡。

（4）角闪石。以普通角闪石最为常见,颜色可有棕褐色、绿色及蓝色,多色性显著,呈他形或自形柱状晶体,是闪长岩、二长岩中最典型的暗色矿物。次生蚀变后可变为绿泥石、纤闪石,同时析出磁铁矿、榍石、方解石。

（5）黑云母。黑云母和普通角闪石同时存在,褐色、棕红色为主,多色性显著,在偏酸性的岩石中含量较多,蚀变后可形成绿泥石、蛭石等。

（6）辉石。常见者为普通辉石、透辉石,在偏基性的变种中可出现紫苏辉石。它是与辉长岩共生的闪长岩或较基性的二长岩中的主要暗色矿物。

（7）副矿物。闪长岩中副矿物种类不多,但不少岩体中可以分出两期:早期析出的磁铁矿、榍石、锆石、磷灰石,自形程度高,颗粒小,常被角闪石、斜长石包裹;晚期副矿物是岩浆期后暗色矿物遭受蚀变过程中相伴产生的,如辉石变为阳起石,角闪石变为绿泥石或纤闪石时析出粒状磁铁矿、榍石、磷灰石集合体。这些晚期形成的副矿物自形程度差,形态受其他矿物的制约。

（二）结构构造

闪长岩类常见的为半自形粒状结构,暗色矿物和斜长石均呈半自形。在偏基性的种属中,斜长石自形程度略高,辉石呈粒状或短柱状充填于斜长石晶体间,近似于辉长辉绿岩结构。在偏酸性的种属中,钾长石及石英呈他形充填于半自形的斜长石晶体之间,近似于二长结构。浅成侵入岩多具似斑状及斑状结构,暗色矿物及斜长石作斑晶,基质为细至微粒结构。侵入岩常见的构造为块状构造,有时亦可见条带构造、球状构造和晶洞构造。在同化混染作用较强的地区,也可见斑杂构造。在浅成或超浅成侵入岩中有时可见有气孔构造。

（三）主要类型

(1)闪长岩。闪长岩是一种全晶质的岩石,石英含量不超过5%,手标本上不易看见。暗色矿物20%～40%(平均30%),暗色矿物大于40%者叫暗色闪长岩,暗色矿物小于20%者叫浅色闪长岩。常见的暗色矿物为角闪石、辉石和黑云母,据此可将岩石命名为角闪闪长岩、辉石闪长岩和黑云母闪长岩。典型的闪长岩由中性斜长石(65%～75%)和普通角闪石(25%～35%)组成,两者比例约2:1,不含碱性长石和石英。中性斜长石除有时可见聚片双晶外,在较大的晶体上有时尚可见到环带状构造。角闪石多呈墨绿色,常呈细柱状。

(2)正长岩。呈浅灰、浅肉红、浅灰红等色。多为粗粒结构,有的为似斑状结构。主要为块状构造,少数可见似片麻状或斑杂构造。主要矿物有钾长石和斜长石,次要矿物有角闪石、黑云母、辉石,不含石英或含量很少,最多不超过5%。暗色矿物含量一般为20%～30%。根据所含暗色矿物的种类不同,可进一步详细命名。如暗色矿物以角闪石为主,可称为角闪正长岩;如以黑云母为主,可称为黑云母正长岩;如辉石为主,可称为辉石正长岩。在手标本上,钾长石和斜长石有时不易区分,一般可从颜色、双晶和解理等方面的特征加以区别。钾长石具卡式双晶,而斜长石具聚片双晶,把手标本转动不同方向,双晶特征常可清楚看到。钾长石的解理较为发育,因此常有较好的阶梯状断口。此外,也可用药品做简单的染色加以区别,如果石英含量达到5%～20%时,则可称为石英正长岩,这是一种向花岗岩类过渡的岩石(图4-14)。

(3)二长岩。碱性长石(钾钠长石)和斜长石含量相近,石英与暗色矿物的含量和正长岩大致相同,结构有所差别,斜长石的自形程度比钾长石好,是向闪长岩类或辉长岩类过渡的一个变种(图4-15)。

图 4-14　正长岩 手标本

（河北)地大岩矿教研室

图 4-15　二长岩 手标本

（河北)地大岩矿教研室

（四）次生变化

闪长岩类在岩浆期后热液作用下易发生蚀变,使其中的斜长石发生钠黝帘石化,即斜长石变为黝帘石、钠长石、方解石的混合物,或蚀变为绢云母、方解石和高岭土的混合物。正长石、微斜长石及条纹长石常被白云母或黏土土矿物交代。辉石转变为角闪石、绿泥石和方解石,有时产生绿帘石,角闪石经纤闪石化变为绿泥石。

经蚀变后的闪长岩颜色变为浅灰色、浅红色,或完全变为白色。斜长石经钠黝帘石化后,环带消失,双晶变模糊,表面布满绢云母,斜长石号码降低变为钠长石,而被交代钠长石也可析出钙质形成绿帘石及葡萄石,钠长石化强烈时,可形成具钠长石双晶的单矿钠长岩。

（五）产状、分布及有关矿产

闪长岩呈独立岩体者少见,一般均与辉长岩或花岗岩共生,构成它们的边缘(顶部)相或岩枝。和辉长岩共生的闪长岩,在云南元谋、四川渡口、山东济南均有产出。我国长江中、下游的许多闪长岩体则与花岗岩相伴而生,围岩多为石灰岩,一般认为它们是花岗岩浆同化钙质围岩的产物,在接触带出现矽卡岩,沿该类岩体的接触带上多有铁、铜和铅-锌矿产出。

与正长岩有关的矿产不多,目前已知者有矽卡岩型铁矿。稀有、稀土和放射性元素矿产则多与碱性正长岩有关。新鲜而较纯的正长岩(暗色矿物极少或无)可作为陶瓷原料,富钾者可作为钾肥原料。

### 三、喷出岩——安山岩和粗面岩类

安山岩成分与闪长岩相当的喷出岩称为安山岩,在南美洲安第斯山发育最好,因而得名安山岩。新鲜的安山岩呈浅灰色、灰色,经次生变化后往往呈灰褐、灰绿、红褐色;多数为半晶质斑状结构,少数为无斑隐晶结构或全玻璃质结构。岩石致密,主要为块状构造,气孔和杏仁构造也较发育,而且多半比较规则。

粗面岩一般呈灰色、灰白色、浅褐黄色、浅肉红色、浅紫褐色、浅绿色,具斑状结构。基质为隐晶质,玻璃质少见,由于表面有粗糙感故名。常为块状构造,可有气孔构造,流状或多孔与熔渣状构造,杏仁构造少见。斑晶多为无色透明的透长石、歪长石、钠长石,也可有正长石和斜长石。暗色矿物斑晶可有黑云母、角闪石和辉石。基质则几乎全有透长石或钠长石微晶组成,也可以有一些暗色矿物和斜长石分布,所以认识粗面岩时一定要注意其基质的成分。

（一）矿物成分

安山岩矿物成分主要是角闪石和斜长石,也有辉石和黑云母,橄榄石很少见到。由于结晶较细,矿物成分一般只有在斑晶上可以看清楚,基质的成分不易鉴定。斑晶成分常由灰白色的斜长石、黑色或黑绿色的长柱状角闪石组成,有些角闪石斑晶有暗化现象。黑云母较少,也往往暗化呈褐色片状,只有比较偏酸性的安山岩中,斑晶常有黑云母。

（1）斜长石。可呈斑晶,也可在基质中呈微晶出现。斑晶中斜长石的成分为中-拉长石,呈宽板状晶体,自形或半自形,有时具环带结构,一般为正环带,中心偏基性,为拉长石至培长石成分,边缘偏酸性,往往为更长石成分,常有不规则的玻璃质和铁质包裹体。斜长石斑晶经钠长石化可形成洁净的钠长石化边缘,称"净边"。基质中斜长石呈微晶状,一般缺乏环带结构,成分比斑晶斜长石偏酸性。

（2）碱性长石。喷出岩中常见的种属为透长石、正长石、歪长石,充填于基质中斜长石微晶之间,或形成斑晶的外壳。在安山岩中碱性长石含量较少。

（3）角闪石。为安山岩中常见的暗色矿物,可以是普通角闪石或玄武角闪石,普通角闪石中以棕色者最常见,绿色者较少。角闪石常具暗化边,是喷出岩中较好的标志,它是熔岩喷出地表时由于压力骤降及氧化作用,使角闪石发生分解析出三价铁并包围在角闪石边缘而成。熔蚀后的角闪石呈不规则状。由于角闪石在熔浆喷出地表的高温条件下不稳定,因此,在中性及酸性喷出岩的基质中一般不出现角闪石。

（4）辉石。在安山岩中也常见，单斜辉石中以普通辉石和透辉石较常见，可成为斑晶，也可出现于基质中，但易变辉石则出现于基质中，紫苏辉石在安山岩中多呈斑晶出现。

（5）黑云母。在喷出岩中多形成斑晶，常具棕色至棕红色的多色性，并具有暗化边。

安山岩的基质中可有玻璃质，为无色、浅灰色、浅褐色，除上述矿物外，少数安山岩中还出现橄榄石、石英、方石英、鳞石英。常见的副矿物有锆石、磷灰石、磁铁矿、榍石。气孔中充填有方解石、绿泥石、蛋白石、沸石等。

（二）结构构造

安山岩中几乎都具斑状结构，斑晶为斜长石、角闪石、辉石、黑云母等，无斑隐晶结构少见。在基质中可见以下几种结构。

（1）交织结构。斜长石微晶微呈平行或半平行排列，辉石及磁铁矿夹于其中，玻璃质及隐晶质很少。交织结构显示岩浆冷却时具有一定的流动方向（图4-16）。

（2）玻晶交织结构。也称为安山结构，岩石基质中的斜长石微晶呈杂乱排列，无一定方向，微晶之间有玻璃质或隐晶质充填，为安山岩所特有的结构（图4-17）。

图 4-16　黑云母二辉安山岩
（江苏太仓）

图 4-17　角闪安山岩
（北京温泉）

（3）玻基斑状结构。岩石呈斑状，而基质全为隐晶质-玻璃质。

安山岩最常见的构造是气孔构造、杏仁构造，也常见块状构造。

（三）主要类型

（1）辉石安山岩。辉石安山岩是一类分布很广的安山岩，具斑状结构，斑晶为拉长石，可有环带，环带核心为拉长石或倍长石，外缘为中长石或更长石。基质中的斜长石则为中长石或更长石。辉石则有紫苏辉石或普通辉石，它们呈斑晶出现，可有环带，核心富铁，边缘富镁。普通辉石和易变辉石可一起出现于基质中。河北宣化的辉石安山岩，斑晶是普通辉石和中长石，基质中有斜长石微晶和少量磁铁矿与脱玻化的玻璃物质（图4-18）。

图 4-18　辉石安山岩 手标本
（北京西山）地大岩矿教研室

（2）粗面岩。多具斑状结构，斑晶中有钾长石也有斜长石，钾长石往往是透长石和正长石。当透长石成为斑晶时，有较好的透明度，比较新鲜，常能看到清楚的解理，手标本上比较容易鉴别。另外，辉石、角闪石、黑云母也可以形成斑晶，但一般含量不超过 20%。基质是由长石和暗色矿物组成，结晶较细，不易分辨。粗面岩的斑晶中如果有极少量石英出现，可命名为石英粗面岩，这是向酸性喷出岩过渡的一种变种。粗面岩和酸性喷出岩（流纹岩）外貌相似，如果是无斑隐晶质时，就不容易区分，如果有斑晶出现时则较容易区分，因为粗面岩的斑晶中一般不含石英，而流纹岩中则有较多的石英斑晶。根据其暗色矿物种类可命名为云母粗面岩、角闪粗面岩和辉石粗面岩（图 4-19，图 4-20）。

图 4-19　粗面岩 手标本

（广东）地大岩矿教研室

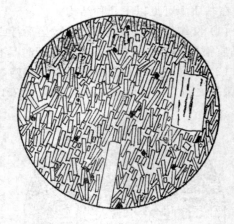

图 4-20　粗面岩

（广东从化南樵）

（3）粗面安山岩。粗面安山岩简称粗安岩，成分相当于二长岩，是向安山岩过渡的一种岩石。与粗面岩不同处在于其除含钾长石斑晶外，还含有较多的斜长石斑晶，如果两种长石鉴别不开，在手标本上只根据岩石的外貌，有时不易与安山岩区别。

（四）次生变化

安山岩次生变化常见有绿泥石化、绿帘石化、碳酸岩化、黏土绢云母化等。

安山岩在热液作用下，变为青盘岩（变安山岩），又称"青盘岩化"，使原岩的颜色变为绿色及绿灰色，原岩的矿物变为钠长石、阳起石、绿泥石、绿帘石、黝帘石、方解石、绢云母、黄铁矿。安山岩也可发生次生石英岩化、高岭土化、叶蜡石化等蚀变。

（五）产状、分布及有关矿产

安山岩是一种典型的钙碱性熔岩，常与玄武岩、英安岩和流纹岩共生，其分布很广，仅次于玄武岩，如环太平洋的四周，从南美的安第斯山经中美、北美的西海岸、阿留申群岛、日本、我国的台湾地区和东南亚沿海、菲律宾、印度尼西亚到新西兰都有广泛的发育。地质学上将这个巨大的环状安山岩称为安山岩线，而太平洋中的火山岛上则仅分布着玄武岩和碱性熔岩，几乎无安山岩。大西洋和地中海的安山岩也从不与碱性熔岩共生，这是安山岩分布上一个突出的特点，因而十分引人注意，可能与成因有关。

粗面岩的分布比玄武岩和安山岩少得多，在地槽区和地台区有分布，且多半与玄武岩或安山岩共生，所以其形成可能与玄武岩有关或与中酸性火山岩有关。非洲地堑是世界上粗面岩分布较多的一个地方。我国的粗面岩多是中生代的产物,在东北辽西和长白山主峰白头山上的天池,河北张家口、北京西山、长江中下游宁芜和庐枞地区均有粗面岩出露。由于粗面岩浆黏度较大,流动性差,常以小规模的熔岩流出露,有时也可形成岩钟、岩颈。

 **任务实施**

通过观察闪长岩、安山岩、正长岩、粗面岩手标本,熟悉并掌握中性岩的矿物成分、结构构造、分类及其鉴定特征。

 **思考与练习**

与闪长岩和正长岩成分相当的浅成岩和喷出岩分别是什么?

# 任务四 酸 性 岩 类

**【知识要点】** 酸性岩的一般特征;侵入岩——花岗岩类特征及主要岩石类型;喷出岩——流纹岩类特征及主要岩石类型。

**【技能目标】** 掌握酸性岩的一般特征、分类及主要岩石类型,能够对花岗岩及流纹岩手标本进行观察、描述并进行命名。

 **任务导入**

$SiO_2$ 含量在 $65\%\sim78\%$ 之间,一般以含石英和具花岗岩外貌为其特征。浅色矿物以长石、石英为主,总量大于 $80\%$,暗色矿物主要为云母,有时伴有白云母,色率一般小于15,副矿物含量小于 $1\%$,偶尔达 $3\%$。

酸性岩类中以人们熟悉的花岗岩类出露最多,是在大陆壳中分布最广的一类深成岩,常形成巨大的岩体。喷出岩是流纹岩和英安岩。这类岩石的 $SiO_2$ 含量最高,一般超过 $66\%$,$K_2O+Na_2O$ 平均在 $6\%\sim8\%$ 之间,铁、钙含量不高。

 **任务分析**

本类岩石由于浅色矿物含量大大超过暗色矿物,颜色浅,色率小,故称浅色岩。常呈浅红色、浅灰色等,相对密度较小。这是肉眼判定本大类一个最直观的特征。另外,本类岩石分布极广,但与基性岩类相反,侵入岩分布远远超过喷出岩,

 **相关知识**

**一、酸性岩类概述**

本类岩石在化学成分 $SiO_2$ 的含量是各类岩浆岩中最高的,其中花岗闪长岩和英安岩类达 $62\%$,花岗岩和流纹岩类则达 $70\%$ 以上,故它们属于硅酸过饱和的岩石,习惯上将其称为中酸性岩和酸性岩。其 $FeO$、$Fe_2O_3$、$MgO$ 的含量一般低于 $2\%$;$CaO$ 含量低于 $3\%$;而 $K_2O$、$Na_2O$ 含量较高,达 $6\%\sim8\%$,部分达 $10\%$。在矿物组成上,暗色矿物含量一般低于 $10\%$,

浅色矿物一般大于90%，主要由石英、碱性长石和酸性斜长石组成，石英含量大于20%。由于铁镁矿物含量少，所以岩石颜色浅，色率低，相对密度较小，一般为2.54～2.78。

本类岩石分布极广，而且侵入岩多于喷出岩，一般成大的岩基和岩株产出，通常分布于褶皱带中，地台区少见。它们可与多种有色金属、稀有和放射性矿产有关。

本类岩石的深成侵入岩为花岗岩和花岗闪长岩，浅成侵入岩为花岗斑岩，喷出岩则为流纹岩和英安岩。

### 二、侵入岩——花岗岩和花岗闪长岩类

酸性侵入岩的主要代表为花岗岩（深成相）和花岗斑岩（浅成相）。岩石色浅，一般呈灰色、灰白色、浅灰红色、肉红色，具中-粗粒结构或似斑状结构，浅成岩具细粒或斑状结构，块状构造。

#### （一）矿物成分

酸性侵入岩矿物成分的主要特点是主要矿物皆为浅色矿物，而次要矿物皆为暗色矿物。

侵入岩的主要矿物为石英、钾长石、斜长石，总含量达85%以上。次要矿物有黑云母、角闪石及少量辉石，含量在15%以下。副矿物有磁铁矿、磷灰石、榍石、锆石、萤石、电气石等。

（1）钾长石。钾长石和An小于5的钠长石习惯上称碱性长石。在普通花岗岩中，碱性长石为钾长石。它有两种变体，即单斜晶系的正长石和三斜晶系的微斜长石。前者形成温度高于520℃，多见于岩浆成因的花岗岩中，后者形成温度低于520℃，多见于交代成因的花岗岩中。

花岗岩中常见有钾长石和钠长石交生而形成的条纹长石。

（2）斜长石。花岗岩中的斜长石多为更长石，在偏中性的花岗闪长岩中出现中长石。镜下观察，聚片双晶发育，双晶纹细，环带结构不发育，但在花岗闪长岩中可见发育的环带。它们在花岗岩中自形程度比钾长石高，含量与钾长石呈消长关系。

（3）石英。在花岗岩中含量最多，可高达25%以上，是岩浆结晶的最后产物，呈他形粒状充填于其他矿物间隙中，有时与钾长石同时结晶，组成有规则的文象交生结构。石英颗粒中还常见气体或液体包裹体，有时也可见针状金红石、电气石、磷灰石的包裹体。

（4）暗色矿物。黑云母是本类岩石中最常见的暗色矿物，呈暗褐色或暗绿色，白云母在比较酸性的属种中出现。角闪石常见为绿色，呈半自形柱状，具明显的多色性，和黑云母一样，常含有副矿物包裹体，有时普通角闪石周围伴生有黑云母。普通角闪石在花岗岩中也较少见，其含量常随黑云母的消失，斜长石含量的增加而增加，因而在花岗闪长岩中较为多见。辉石在花岗岩中较少见。

花岗岩类岩石中副矿物含量常小于1%，但种类复杂，常见的有磷灰石、榍石、锆石、磁铁矿，此外还见有电气石、褐帘石、萤石、独居石、金红石等。

#### （二）结构构造

本类岩石以花岗结构（亦称半自形粒状结构）最为普遍，其特征是暗色矿物自形程度较好，长石次之，石英呈他形充填在不规则的空隙中（图4-21a）。其次也有斑状和似斑状结构，而更长环斑结构（图4-22）则是似斑状结构的特殊变种，是由更长环斑状长石组成的一种结构，具有这种结构的岩石即为更长环斑花岗岩。另外，条纹结构、文象结构（图4-21b）和蠕虫结构等在花岗岩中也广泛发育。

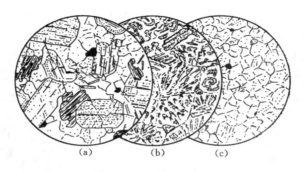

图 4-21　花岗岩类岩石

（a）花岗岩；（b）花斑岩；（c）花岗细晶岩

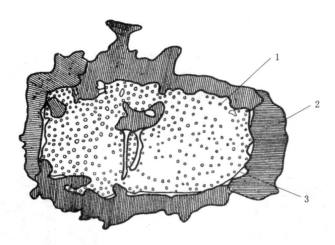

图 4-22　更长环斑状长石

1——正长石；2——斜长石；3——石英

本类岩石一般为块状构造,可有球状构造,斑杂构造,在岩体边部还可以有似片麻状构造。主要矿物成分是石英、碱性长石、酸性斜长石,次要矿物则有黑云母、角闪石,有时还有少量辉石。副矿物种类极多,其中常见的有锆石、榍石、独居石、磷灰石、磁铁矿等。由于石英含量多大于 20%,所以本类岩石只要认出了石英就容易和其他岩类相区别。

（三）主要类型

（1）花岗岩。岩石属浅色,一般是灰白色、肉红色,主要矿物是石英、钾长石和酸性斜长石。次要矿物为黑云母、角闪石和辉石,有时还有少量辉石。副矿物种类很多,常见的有磁铁矿、榍石、锆石、磷灰石、电气石、萤石等。石英含量一般大于 25%,暗色矿物常小于 5%。钾长石含量（平均约 40%）大于斜长石含量（平均 25%）,两者的含量比例关系常常是钾长石占长石总量的 2/3,斜长石占 1/3,钾长石在花岗岩中多呈浅肉红色,也有灰白、灰色的。灰白色的钾长石和斜长石在手标本上往往不易区分（图 4-23）。这时我们要仔细观察这两种长石的双晶特征,因为斜长石具聚片双晶,转动手标本时可见到斜长石晶体上有规则的明暗相间的聚片;而钾长石为卡式双晶,表现为明亮程度不同的两半晶体。花岗岩可按暗色矿物种类命名,如黑云母花岗岩、二云母花岗岩（含黑云母和白云母）、角闪花岗岩等,其中黑云母花岗岩最常见(图4-24);若暗色矿物很少(<1%),则称白岗岩(图4-25)。

图 4-23　花岗岩 手标本

(河南)地大岩矿教研室

图 4-24　黑云母花岗岩 手标本

(安徽黄山)地大岩矿教研室

(2) 花岗闪长岩。花岗闪长岩是花岗岩类向闪长岩过渡的中间成员,颜色较花岗岩深一些,多呈深灰色或灰绿色(图4-26)。同花岗岩相比,石英含量低些,斜长石含量较多,且多于钾长石,暗色矿物含量略增高。典型花岗闪长岩的矿物组合:石英约15%,酸性或中性斜长石大于40%,碱长石小于20%,暗色矿物约15%,暗色矿物以角闪石为主,部分为黑云母。同样,可按暗色矿物种类命名,如黑云母花岗闪长岩、角闪花岗闪长岩等。

图 4-25　白岗岩 手标本

(北京八达岭)地大岩矿教研室

图 4-26　花岗闪长岩 手标本

(北京周口店)地大岩矿教研室

(3) 碱性花岗岩。　主要矿物成分和花岗岩相似,其特征是含有碱性暗色矿物,如霓石、霓辉石、铁锂云母、碱性角闪石等,长石则为碱性长石。

(4) 二长花岗岩。斜长石与钾长石含量近于相等的花岗岩。

(5) 斜长花岗岩。由酸性或中酸性斜长石为主组成的一种花岗岩,含钾长石很少或不含,暗色矿物为黑云母或角闪石,石英含量大于20%,因此岩石常为灰白色。

(6) 花岗斑岩。花岗斑岩是花岗岩的浅成相岩石,成分相当于花岗岩。具斑状结构,斑晶主要为钾长石与石英,有时有黑云母、角闪石等。基质与斑晶具有相同的成分,但一般为隐晶质-微晶结构。如果岩石为似斑状结构,则称为斑状花岗岩,岩石具花斑结构,称花斑岩(图4-27)。

(7) 石英斑岩。　具斑状结构,斑晶主要为石英,有时还出现少量透长石,基质为隐晶质,为浅成相岩石(图 4-28)。

图 4-27 花岗斑岩 手标本

(安徽黄山)地大岩矿教研室

图 4-28 石英斑岩 手标本

(安徽黄山)地大岩矿教研室

此外,尚有两个特殊种属,即更长环斑花岗岩和紫苏花岗岩。

(1)更长环斑花岗岩。具似斑状结构,其特征是自形、圆形或卵形的钾长石斑晶的外围生长有酸性斜长石(更长石或钠-更长石)环,故命名之。它是发育在前寒武纪的一种特殊岩体,常与其他中、酸性岩类共生,成带状分布于断裂带附近,或构成较大的岩基。北京密云的更长环斑花岗岩岩体东西长 12 km,宽约 2 km,侵入于前震旦纪片麻岩系中。

(2)紫苏花岗岩。成分相当于花岗岩,以含紫苏辉石为特征。颜色较深,主要矿物成分为石英、钾长石、酸性斜长石、紫苏辉石和石榴子石。钾长石一般为微斜长石,其特征是条纹长石中的条纹成分不是钠长石而是更长石或者中长石,有时还可见到反条纹长石。印度、斯里兰卡、苏联和我国内蒙古、河北的一些古老变质岩系中有产出。

(四)次生变化

花岗岩的主要次生变化是云英岩化、硅化、钠长石化、绢云母化、高岭石化等,这些变化同矿产的成因关系十分密切。钠长石化和绢云母化主要发生在长石类矿物中,即长石被钠长石和绢云母所交代。高岭石化则是表生作用下长石分解而成高岭石,有时可形成高岭石矿床,如江西景德镇陶土矿。

(五)产状、分布及有关矿产

花岗岩岩体多呈巨大的岩基、岩株产出,岩体内部岩相带的变化比较明显,许多岩体同中性侵入岩共生而构成中-酸性杂岩体。花岗岩类在自然界分布广泛,并且主要分布在褶皱带和古老地台的结晶基底上。如高加索山区,花岗岩占该区岩浆岩面积的 95%,北美洲西海岸有 1 000 余公里的花岗岩带,我国一些地区(如南岭)也广泛出露。

首先,花岗岩类是重要的含矿岩石,与之有关的矿产有铁、铜、铅、锌、金、银、钨、锡、铋、钼、铍、汞、锑以及 Nb、Ta 等稀有、稀土和放射性元素等,这些有用矿物或伴生于花岗岩中,或在岩体的边上形成矽卡岩矿床或伟晶岩矿床或热液矿床。另外,有些风化型的高岭土矿和稀土矿则直接由花岗岩变化而来,如江西的高岭土矿和稀土矿。

其次,花岗岩也是良好的乃至名贵的建筑石料,因其孔隙度小,耐寒耐风化,强度大,但不同粒度的花岗岩并不一样,其中粗粒的花岗岩抗压强度为 800 kg/cm²,细粒的则可达 2 000 kg/cm²,如天安门前的人民英雄纪念碑就是选用优质的青岛花岗岩建成的,南京的中山陵则是选用福建的淡绿色花岗岩建造的,适宜的花岗岩基还可以作为地下工程和水电工程的设施地与油田盆地的基地。

### 三、喷出岩——流纹岩和英安岩类

流纹岩和英安岩是与花岗岩和花岗闪长岩化学成分相对应的喷出岩。由于岩浆黏度大和挥发组分含量较高,当这类岩浆喷出地表迅速冷却后,结晶很细,以至经常成玻璃质的岩石。

#### (一)矿物成分

石英和长石常常是高温的种属,如透长石、高温石英。而角闪石和黑云母在地表温压条件下不稳定,因此少见。

(1)石英。可出现于斑晶和基质中,斑晶石英为高温型 $\beta$-石英,呈六方双锥的自形晶体,常被熔蚀呈浑圆状或具港湾状的边缘,常含有无色或褐色玻璃质及基质中的矿物包体。基质中的石英可能是鳞石英或者方石英。

(2)碱性长石。主要为透长石、正长石,其次是歪长石,呈斑晶或基质出现。一般不出现微斜长石。

(3)斜长石。多见于偏基性的流纹质英安岩中,在流纹岩中并没特征,常呈斑晶,很少见于基质,通常是更-中长石,具环带。

(4)暗色矿物。以黑云母、角闪石为主,偶见透辉石。黑云母和角闪石常具暗化边,由于所含 $Fe^{2+}$ 部分或全部氧化为 $Fe^{3+}$,故具有褐色的多色性。它们多作为斑晶出现,很少见于基质中。

除上述外,还可见有磁铁矿、磷灰石、锆石、榍石等副矿物。

#### (二)结构构造

本类喷出岩通常具斑状结构,无斑隐晶结构比较少见。斑晶只有长石,有时有石英,只有石英而无长石的情况较少见,有时还有深色矿物黑云母、角闪石等少量斑晶。肉眼观察,基质为隐晶质及玻璃质。镜下观察,基质常出现玻璃质结构、霏细结构、球粒结构以及显微花岗结构、显微嵌晶结构等。一般在熔岩流中多具玻基斑状结构或霏细结构,在较大岩体的中心部分,可见全晶质基质,甚至见显微花岗结构。

酸性喷出岩常具有特征的流纹构造,主要由岩石中不同颜色或不同结构的条纹或条带显示出来,它反映原始熔岩流的流动状态。

气孔和杏仁构造也是酸性喷出岩常见的构造,一般在熔岩流的近底部或顶部较发育。由于酸性熔浆黏度大,气体不易逸出,故气孔大多呈不规则状,这与中基性的喷出岩的气孔形态有明显的不同。

#### (三)主要类型

(1)流纹岩。流纹岩的成分相当于花岗岩,岩石呈灰、砖红、灰白等颜色,常具斑状结构和流纹构造,斑晶中有透长石、斜长石(更长石)、石英(高温石英)及少量黑云母和角闪石。新鲜岩石中的透长石呈自形晶,长板状,无色透明,石英呈六方双锥或被熔蚀后呈浑圆状;暗色矿物斑晶常出现暗化现象。基质多为隐晶质和玻璃质。流纹岩的主要鉴别标志是含石英斑晶,据此可同其他喷出岩相区别(图4-29)。

图 4-29　流纹岩 手标本
(河北张家口)地大岩矿教研室

(2)英安岩。英安岩是相当于花岗闪长岩的喷出岩,一

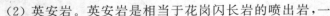

般呈土红色、浅紫色或灰色，多为隐晶质或半晶质，常见斑状结构，斑晶为斜长石、石英和正长石或透长石，斑晶多于正长石，有时具环带构造。石英常呈双锥状晶，主要构成斑晶，铁镁矿物斑晶中以普通辉石和紫苏辉石居多，但在较酸性的流纹英安岩中则主要是角闪石和黑云母斑晶，且往往发生了暗化。在斑晶中若能鉴别暗色矿物种属时，亦可按暗色矿物命名为云母英安岩、角闪英安岩等。基质通常为玻璃质，或为石英和钾长石或斜长石或两种长石的混合共生物，因此，基质的结构常是玻璃质或玻晶交织结构或霏细结构。构造除块状构造外，也可见流纹构造。

（3）石英角斑岩。石英角斑岩是流纹岩类的特殊变种，它是酸性岩浆海底喷发的产物。岩石呈灰白色，具斑状结构，斑晶由钠长石、石英和钾长石组成。基质为隐晶质结构，主要由钠长石和石英的微晶组成，岩石也可全部为隐晶质结构。与角斑岩区别，主要是基质中石英含量大于 20%，而角斑岩基质中石英小于或等于 20%。该岩石常同细碧岩、角斑岩组成细碧-角斑岩系，是细碧角斑岩系中的酸性成员。

（4）酸性玻璃质岩石。此类岩石几乎全部由玻璃质构成，晶质矿物很少见，欲准确鉴定，必须依据化学分析资料。

a. 黑曜岩。黑曜岩是灰黑、黑色玻璃质岩石，贝壳状断口，玻璃光泽，有时含少量石英和透长石斑晶，成分相当于流纹岩，但含有较多的水，岩石含水量小于 2%。相对密度较轻，约 2.13～2.42。因酸性玻璃质黑曜岩最常见，一般习称黑曜岩。此外也可有中性玻璃质黑曜岩，但少见。

b. 松脂岩。呈黑色、红色、褐色、浅黄绿色等，具松脂光泽，光泽和结构酷似沥青，由酸性火山玻璃组成，含水量高，约 8%。具贝壳状断口，常有少量斑晶，相对密度为 2.22～2.51（图 4-30）。

图 4-30　松脂岩 手标本
（河北张家口）地大岩矿教研室

c. 珍珠岩。珍珠岩是具有珍球状裂隙的玻璃质岩石。颜色一般较浅，呈灰色，灰绿、红褐、蓝绿色等多种。具蜡状光泽或釉状光泽。常见珍珠构造。珍珠岩也含水，含量介于黑曜岩和松脂岩之间，约 2%～6%，相对密度 2.24～2.30。珍珠岩可作为制造膨胀珍珠岩（轻质保温材料）的原料（图 4-31）。

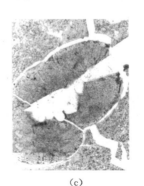

(a)　　　　　　　　　　(b)　　　　　　　　　　(c)

图 4-31　珍珠岩
（a）珍珠岩 手标本；（b）珍珠岩 正交偏光；（c）珍珠岩 单偏光
（河北张家口）地大岩矿教研室

d. 浮岩。灰色、白色、浅黄色或浅红色多孔状的玻璃质流纹岩，几乎全由玻璃质组成，气孔构造十分发育，气孔拉伸呈平行排列，气孔的体积大大超过玻璃质的体积，似蜂窝状，相对密度小，可漂浮于水面上，因而得名。浮岩是以构造特征命名的，在基性火山岩中也有浮岩(图 4-32)。

图 4-32　浮岩 手标本
(黑龙江五大连池) 地大岩矿教研室

（四）次生变化

这类岩石的次生变化主要表现为后期的热液作用下易发生硅化。当硅化作用较强时，常形成次生石英岩。与硅化作用有关的还有黄铁矿化、明矾石化、高岭石化和叶蜡石化等。

这种硅化作用在火山口或接近火山口的火山岩相中特别发育。次生石英岩具有一套特殊的矿物组合，主要成分由细粒石英组成，通常占岩石的 $70\%\sim75\%$，其他矿物由刚玉、红柱石、一水硬铝石、明矾石、高岭石、绢云母等富铝矿物组成。在有些情况下，也可以产生绢云母化和高岭土化作用。

在风化作用过程中，酸性喷出岩也可以变为高岭土。

（五）产状、分布及有关矿产

酸性喷出岩的产状常成为岩钟、岩锥、岩针等，多为中心式喷发，少数可成裂隙喷发而形成规模不大的岩流和岩被。流纹岩的分布不如侵入岩广泛，我国流纹岩类主要分布在东部及沿海地区，常与安山岩类共生。

与流纹岩类有关的矿产主要是和热液蚀变作用有关的一些金属和非金属矿产，如铜、铅、锌、铀及黄铁矿、明矾石、叶蜡石、刚玉等。流纹岩抗压强度高，也是较好的建筑石材，某些流纹岩蚀变成蒙脱石黏土，它是一种很好的漂白剂。含水的玻璃质喷出岩可制造膨胀珍珠岩，也可做很好的隔热、隔音材料。

 **任务实施**

通过观察花岗岩、流纹岩、英安岩手标本，熟悉并掌握酸性岩的矿物成分、结构构造、分类及其鉴定特征。

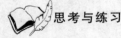 **思考与练习**

1. 花岗岩和花岗闪长岩在矿物成分上的区别？
2. 什么是浮岩？有何特征？
3. 什么是花岗结构？

# 任务五　碱性岩类

【知识要点】　碱性岩类的一般特征；霞石正长岩、响岩类特征及主要岩石类型。

【技能目标】　掌握碱性岩的划分依据、一般特征、分类及主要岩石类型，掌握代表岩石手标本鉴定特征。

任务导入

碱性岩的概念最早是由 Iddings J. P(1892)在他的著作《火成岩的起源》中提出来的，并划分出碱性岩和亚碱性岩两个岩浆岩岩石系列，即：玄武岩—粗面岩—响岩系列和玄武岩—安山岩—流纹岩系列。现在，通常把 $Na_2O+K_2O$ 的重量百分比之和称为全碱含量。$Na_2O+K_2O$ 含量越高，岩石的碱度越大。1957 年，A. Rittmann 考虑 $SiO_2$ 和 $Na_2O+K_2O$ 之间的关系，提出了确定岩石碱度比较常用的组合指数 $\sigma$。$\sigma$ 值越大，岩石的碱性程度越强。每一大类岩石都可以根据碱度大小划分出钙碱性、碱性和过碱性岩三种类型。$\sigma$ 小于 3.3 时，为钙碱性岩；$\sigma=3.3\sim9.0$ 时，为碱性岩；$\sigma$ 大于 9 时，为过碱性岩。

任务分析

当碱质含量远超过 10% 时，称为碱质过饱和的碱性岩类，即霞石正长岩—响岩类。这类岩石一般为浅色、浅灰色或淡红色，相对密度也较小，以出现特征的碱性矿物为主要鉴定特征。

相关知识

**一、碱性岩类概述**

本类岩石和前几类岩石相比，其 $SiO_2$ 的含量与中性岩类似而偏低，一般约为 54%，是硅酸不饱和的岩石。$K_2O$ 和 $Na_2O$ 的含量很高，$K_2O+Na_2O$ 的平均含量达 13.5%～15.6%，为典型的碱性岩。$FeO$、$Fe_2O_3$ 的含量仅有 2%～4% 左右，$CaO$ 和 $MgO$ 的含量较低，约 1%～2%。

**二、侵入岩——霞石正长岩类**

本类岩石岩性复杂，按 $SiO_2$ 含量属中性岩，世界上该类岩石的 $SiO_2$ 平均含量是 55.17%，$FeO$、$CaO$、$MgO$ 含量低；$K_2O$ 和 $Na_2O$ 含量很高，一般大于 10%，可高达 16%。大量出现副长石（主要是霞石），一般其含量大于 10%，可达 20%。碱性长石含量可达 60% 左右。碱性暗色矿物的含量通常是 15%～20%，副矿物中常出现含稀土元素的铌钽硅酸盐类。岩石颜色较浅，多呈浅灰色、肉红色，相对密度小，一般是半自形粒状结构，有时矿物呈定向排列而成流状构造。

（一）矿物成分

（1）碱性长石。常常有含钠的种属，如钠长石、歪长石和条纹长石、钠正长石，有时也可有透长石，多呈长板状的自形晶。

（2）副长石。主要为霞石，呈他形粒状，有时亦可形成自形晶。新鲜的霞石常为肉红

色,断口带有脂肪光泽,具有解理,以此区别于石英。

除霞石外,也常见方钠石,常呈不规则粒状,有时呈细脉交代霞石。钙霞石分布亦较普遍,方沸石分布较少。

(3)碱性暗色矿物。碱性辉石主要为霓石、霓辉石、钛辉石,亦可见透辉石。霓辉石常构成斑晶,宽板状,环带发育,自中心向外为透辉石—霓石,基质中发育有霓石,成针状。钛辉石呈紫色,常包围在霓辉石或透辉石外围。

碱性角闪石为蓝绿色,具反吸收的钠闪石、纳铁闪石和富铁钠闪石。

云母为褐红色富铁黑云母,呈六边形,有时常出现在辉石及角闪石类矿物的外围。

(4)副矿物。种属极为多样,但大多数为含钛、锆、铌的硅酸盐,常见的有锆英石、单斜钠锆石、独居石、褐帘石、黑榴石等,此外,还见有磷灰石、楣石、金红石、磁铁矿、萤石等。

(二)结构构造

本类岩石多为半自形粒状结构,不规则的他形霞石充填于比较自形的板状长石空隙中,近似于花岗结构。有时自形板状的长石晶体略呈平行状排列,其间充填有霞石或霓石,形成似粗面结构,也可见钾长石与霞石、方钠石及霓石呈嵌晶连生,在巨大的微斜长石和霓石颗粒间充满着细粒霞石、方钠石及其他矿物,构成嵌晶结构;有时也具有似斑状和斑状结构。

霞石正长岩常见的构造有块状、条带状、似片麻状及斑杂构造等(图4-33)。

(三)主要类型

本类岩石类型多种多样,比较复杂。种类的划分主要依据碱性长石和副长石的含量来决定。种类多,但分布少,这里仅介绍常见的两种。

(1)霞石正长岩。通常为灰白色、暗灰色、灰色等,主要由碱性长石和霞石组成。碱性长石多为灰紫色、灰白色的钾钠长石,有的可见卡式双晶及阶梯状解理。新鲜霞石多为灰白色,具明显的油脂光泽,不规则粒状,外貌很像石英,但霞石可有解理及易于风化成肉红色或凹坑而和石英相区别。次要矿物为霓石、霓辉石或钠闪石、黑云母。含霓石为主的霞石正长岩可称为霓霞正长岩;如含黑云母较多的霞石正长岩可称为云霞正长岩(图4-34)。

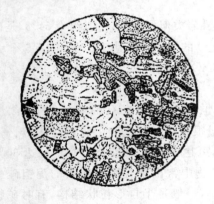

图4-33　霞石正长岩
(云南个旧)

图4-34　霞石正长岩 手标本
(山西)地大岩矿教研室

(2)霞石正长斑岩。矿物成分和霞石正长岩基本一样,只是产状不同。霞石正长斑岩为浅成岩,结构为斑状,似斑状结构。斑晶主要为钾长石,常常发生次生变化。基质主要由细粒-微粒的碱性长石、霞石及少量暗色矿物组成。

（四）次生变化

霞石正长岩类常见的次生变化有钠长石化、碳酸盐化等。岩石中的钾长石常被钠长石交代，使岩石变为更浅的色调，结构松散，或被碳酸盐类矿物所交代。霞石、白榴石也常被白云母或绢云母、沸石类矿物的集合体所交代，形成霞石和白榴石的假象。

（五）产状、分布及有关矿产

本类岩石产状多成小岩体，如小岩株、岩盖、岩流、岩穿等，多呈碱性杂岩体产出。自然界很少见，出露面积不及整个岩浆岩出露面积的1％，属稀少岩类，特别是霞斜岩（由霞石、基性斜长石和碱性暗色矿物组成）、霓霞岩（由霓石和霞石组成，不含长石）极为少见。主要同稀有、稀土和放射性元素的矿产有关，如Nb、Ta、Zr、Th和U等，有时还有可磷灰石矿与其伴生。此外，富含霞石的岩石还可用做提取铝和制玻璃的原料。

**三、喷出岩——响岩类**

响岩类是和霞石正长岩成分相当的喷出岩，一般为浅灰色、灰白色或灰褐色灰绿色直至黑绿色和黑色，具斑状结构或无斑隐晶质结构，基质为微粒至隐晶质结构，斑晶为透长石，也有白榴石或黝方石。透长石、白榴石为高温条件形成的矿物，白榴石不稳定，常被正长石所代替，形成白榴石假象。"响岩"这个名称是根据这种岩石的偶然表征，即沿节理将之击碎时发生音响而命名的。

（一）矿物成分

主要矿物成分为碱性长石中的透长石、歪长石、霞石、白榴石，有时还有方钠石、黝方石、蓝方石等；暗色矿物含量低于10％～15％，常见的有霓石、霓辉石、钛辉石、棕闪石；副矿物以榍石最为常见。

（二）结构构造

大多数响岩为致密的全晶质岩石，常具斑状结构，斑晶为副长石或碱性长石，基质以碱性长石为主，基质结构为响岩结构。其特征是基质中含大量短柱状、长方形或六边形的霞石微晶，此外还可见似粗面结构。

响岩与碱性粗面岩很相似，两者的区别是响岩含副长石，且含量大于10％。

（三）主要类型

响岩的成分接近于碱性粗面岩，其区别是含有大量的似长石。按照岩石中的似长石性质可将响岩划分为霞石响岩、白榴石响岩。

（1）霞石响岩。霞石响岩是一种普通响岩，可简称响岩，也即钠质响岩。多具斑状结构，也有无斑隐晶质结构者，基质可以是细粒结构或似粗面结构。斑晶主要是霞石和碱性长石，铁镁矿物斑晶较少，可有透辉石和钛辉石、霓辉石和霓石或碱性角闪石，有时还有黑云母与普通角闪石。黝方石、蓝方石、方钠石、方沸石和白榴石也可构成斑晶，基质成分和斑晶相似。按照似长石性质可将响岩分为黝方石响岩、蓝方石响岩、方钠石响岩等。

（2）白榴石响岩。白榴石响岩是一种次钾质响岩，一般为斑状结构，斑晶主要是白榴石或假白榴石透长石以及暗色的碱性辉石和黑云母，有时可有黝方石、黑榴石，偶尔也有榍石、斜长石斑晶。基质比较致密，其成分和斑晶相同。有的白榴石响岩白榴石仅存在于基质中，当白榴石成了假白榴石时即构成了假白榴石响岩（图4-35）。

（四）产状、分布及有关矿产

响岩在地球上分布不多,我国所见也甚少,一般都呈岩钟和小的岩流出现。如江苏江宁铜井娘娘山的黝方石响岩即呈岩流夹于中生代酸性火山岩系中,辽宁凤城碱性杂岩区有少量假白榴石响岩分布,山西临县碱性杂岩体中还有接近地表的假白榴石响岩脉出现。有一些金矿和铜矿产于响岩中。

图 4-35　白榴石响岩 手标本
（吉林白头山）地大岩矿教研室

**任务实施**

通过观察霞石正长岩、响岩手标本,熟悉并掌握基性岩的矿物成分、结构构造、分类及其鉴定特征。

**思考与练习**

1. 什么是响岩?因什么特征而得名?
2. 假白榴石响岩有什么特征?

# 任务六　脉　岩　类

**【知识要点】**　脉岩的概念及一般特征;细晶岩、伟晶岩特征及主要岩石类型;煌斑岩类特征及主要岩石类型。

**【技能目标】**　掌握脉岩的一般特征、分类及主要岩石类型,掌握脉岩岩石手标本鉴定特征,能够对手标本进行观察、描述并命名。

**任务导入**

在岩浆岩体内部或其附近围岩中形成的呈脉状产出的岩浆岩称为脉岩。这类岩体宽度一般不大,从几厘米至几百米不等,有的延长较远,长的可达数千米。它们经常充填围岩裂隙,以岩墙、岩脉或岩床等形态产出。

**任务分析**

脉岩是根据岩体的产状分类的,其冷凝条件与侵入岩体和喷出岩都有差别,并有其特征的结构、构造,在成分上与侵入体既反映出继承性,又反映出演化后的差异性。

**相关知识**

**一、脉岩概述**

除了前述的各类岩石之外,还有一些岩浆岩常呈脉状或岩墙状充填于岩体或其围岩的裂隙中,由于其产状多作脉状,故统称之为脉岩。脉岩类是一种浅成侵入岩,由于大多数脉岩形成深度较浅,有的甚至接近地表,岩体相对较小,所以冷却快,故脉岩的结构一般也较细,常呈细粒、微粒、隐晶质结构,有时甚至有玻璃质。斑状结构也常见,在某些情况下,如果熔浆中富集了挥发分,则可形成粗粒、巨粒的伟晶结构。一般为块状构造,有时也有流动、气孔、杏仁等构造出现。

脉岩在物质成分和空间分布上常与一定的侵入岩有关,如前述的各类浅成岩像花岗斑岩、辉长玢岩等。有的则和相伴存的岩体在成分和结构上有明显的差别,如有的以浅色矿物为主要成分,有的暗色矿物又非常集中,有的结晶细小,有的极其粗大。因此,有浅色脉岩和暗色脉岩之分,前者一般称为细晶岩和伟晶岩,后者则叫做煌斑岩。

### 二、煌斑岩类

#### (一)一般特征

煌斑岩一名最初是用来表示一种富含云母的脉岩,因其标本在肉眼下闪闪发光而得名。现在则表示主要由暗色矿物组成斑晶的一类暗色脉岩。在化学成分上,$SiO_2$的含量变化很大(多数在40%~50%),一般不超过中性岩,因此它们多呈硅酸不饱和或饱和的岩石。石英几乎不可见,或有少许,或为外来捕房晶。$Fe_2O_3$、$FeO$、$MgO$ 及 $K_2O+Na_2O$ 等含量很高,所以它们暗色矿物占优势。暗色矿物可以是辉石、角闪石或黑云母;浅色矿物是斜长石或钾长石,有些也可以是似长石。煌斑岩的结构特点是多为全晶质结构,很少有半晶质的,全自形粒状结构很普遍,也多见斑状结构。斑晶为自形的角闪石和黑云母是其最大特点,硅铝矿物(长石)少,且分布于基质中,有的也可为细粒结构。因此,基质或斑晶中的暗色矿物均呈完美的自形晶,是煌斑岩所特有的。

#### (二)主要类型

按暗色矿物的种类划分,煌斑岩常见类型如下:

(1)云母煌斑岩。云母煌斑岩是最常见的一类煌斑岩。新鲜时为黑色或灰黑色,变化后常常为褐色或黄褐色。一般为致密块状,但变化强烈者可形成类似云母片岩的片理,煌斑结构明显。斑晶矿物主要是黑云母,有时可有少量辉石或角闪石,橄榄石无或极少。基质则主要由长石组成,可有一些磷灰石、榍石、磁铁矿。这类岩石极易变化,但是其中的黑云母总是可以被认出的,所以可以称其为云母煌斑岩,当其中的长石性质确定后,就可以将其细分为云煌岩、云斜煌岩、云辉斜煌岩。

云煌岩主要由黑云母、正长石组成,黑色,斑状结构。斑晶为自形的黑云母,正长石分布于基质中。新鲜的黑云母斑晶辉煌发亮,因此在手标本上能看到闪烁的耀斑,野外比较容易认识(图4-36)。

(2)闪辉煌斑岩。闪辉煌斑岩很常见,多为黑色、黑绿色、绿色,具煌斑结构。斑晶多为绿色或褐色的普通角闪石和无色或淡绿色的透辉石,也可有橄榄石和黑云母,有时也可有长石斑晶。基质则主要由长石组成,也可有一些自形的暗色矿物。像云母煌斑岩一样,如果其

图4-36　云煌岩　手标本
(河北涞源)地大岩矿教研室

中的长石性质确定了,可以将闪煌斑岩细分为闪辉正煌岩、闪斜煌斑岩、拉辉煌斑岩等。

(3)碱性煌斑岩。碱性煌斑岩是一类分布不广,矿物成分复杂,名称众多的煌斑岩类。其共同特点是碱质较高,硅质较低,常出现碱性辉石和碱性角闪石,斜长石变化较大,有的为拉长石,中长石,有的则为更长石,甚至钠长石。钾长石中也富含钠质,其次副矿物也较多。碱性煌斑岩中比较常见的有棕闪煌斑岩、钠云煌岩等。

（三）产状、分布及有关矿产

煌斑岩呈脉状或岩墙产出，规模不大，长仅数米至数十米，其分布很广，有时也呈岩脉群分布，多数在岩体顶部或边缘，少数在岩体附近的围岩中。我国研究较详细的煌斑岩有河北涞源、青海茶卡、北京八达岭及江苏宁镇山脉等地。关于煌斑岩的成因，主要有两种观点，一种认为煌斑岩由岩浆物质直接结晶而成，是岩浆分异的产物，甚至认为是地幔岩浆源分异作用形成的，并推测在其中可能找到金刚石（地幔型煌斑岩）。另外一种则认为它是岩浆同化围岩后形成的，例如，基性岩浆同化花岗岩后即可形成煌斑岩。

目前尚未发现煌斑岩同矿产的直接关系。

### 三、细晶岩类

（一）一般特征

细晶岩类是浅色的脉状岩石，浅色矿物为钾长石、斜长石和石英，这些矿物的含量通常在90％以上。不含或很少含暗色矿物，暗色矿物多为黑云母，也可有角闪石或辉石。细晶岩均呈细粒他形结构，外貌似砂糖状，是其重要的结构特征。

细晶岩在肉眼鉴定中常易与霏细岩相混淆，它们的区别在于细晶岩为全晶质细粒结构，呈砂状断口，霏细岩具隐晶质结构，具瓷状断口。

细晶岩脉一般宽度不大，多产于深成岩中，有时也伸出岩体充填在围岩的裂隙中。大多数情况下，细晶岩中的浅色矿物也和与之相伴生的深成岩相同。

（二）主要类型

按照细晶岩的矿物成分，可将常见的细晶岩划分如下：

（1）花岗细晶岩。常为灰白色和浅肉红色，主要由石英、酸性斜长石、钾长石组成，偶尔有白云母或黑云母或二者皆有。其与细粒花岗岩的区别在于结构不同及暗色矿物含量更少。北京周口店花岗闪长岩中有大量分布，由于这种细晶岩极常见，所以一般简称的细晶岩多指的是花岗细晶岩（图4-37）。

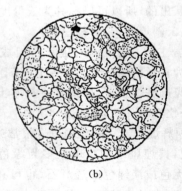

(a)　　　　　　　　(b)

图 4-37　花岗细晶岩

(a) 花岗细晶岩 手标本；(b) 花岗细晶岩

（北京周口店）地大岩矿教研室

（2）辉长细晶岩。一般呈灰色或浅灰色，少数可为灰黑色，主要由拉长石和辉石组成，可含有少量紫苏辉石和磁铁矿。山东济南华山产于辉长岩中的辉长细晶岩即由大量斜长石间夹辉石云母磁铁矿而成。

（3）闪长细晶岩。一般为浅绿色，主要由他形细粒的斜长石和少量角闪石组成。

（4）正长细晶岩。一般呈浅肉红色，主要由他形细粒的正长石和少量角闪石或黑云母或辉石组成。与细粒正长岩区别是结构为全它形细粒结构，不含或只含少量石英（图4-38）。

图4-38 正长细晶岩 手标本

（河北）地大岩矿教研室

（5）斜长细晶岩。常为灰白色，主要由酸性斜长石和石英组成。山东桃科前寒武纪辉长苏长岩中产者，则大部分由更长石组成，石英很少。

（三）成因及有关矿产

细晶岩含矿的可能性很小，我国仅在华南某地发现有具工业价值的含钽细晶岩脉。关于细晶岩的成因，多数认为它是岩浆结晶冷凝后所残余的岩浆结晶而成，因含挥发分少，这种残余岩浆中组分不易扩散，不利于晶体生长，故呈细粒它形结构。

**四、伟晶岩类**

（一）一般特征

构成这类岩石的晶体一般都很粗大，个别的以米来衡量或以吨来计算，如新疆阿尔泰地区伟晶岩中的绿柱石极为巨大。伟晶岩的形态可以是规则的脉状，也可以是不规则的透镜体或团块状。多分布于有关的侵入体内部或其附近的围岩中。伟晶岩的矿物成分较简单，甚至形成单矿物伟晶岩，也可以很复杂。

与其他类型的岩石相比，有如下特点：

（1）矿物晶体粗大。由于伟晶岩中晶体颗粒粗，所以一般岩浆岩的矿物颗粒的粒级标准 不适合于伟晶岩。伟晶岩的颗粒大小划分标准是：小于0.5 cm为细粒，0.5～2 cm为中粒，大于2 cm为粗粒。伟晶岩的研究、观察与命名多半凭肉眼进行，并配合必要的镜下及其他手段。

（2）含大量稀有元素矿物。伟晶岩中所出现的矿物除母岩所固有的以外，还出现一般岩浆岩所不具备的稀有元素矿物。

（3）具有特殊的结构构造。伟晶岩可具有一般岩浆岩所不具备的伟晶结构，其特征是由粗大的矿物晶体构成块状伟晶集合体。

伟晶岩常产于各深成岩体（岩基、岩株）的顶部以及远离岩体的围岩中。除了呈脉状产出以外，还可形成不规则的透镜体或囊状体。岩体大小相差悬殊，可以从几厘米到几十米宽，延长可从几十米以至几百米。

伟晶岩在成分上与各类深成岩相似，而且在时间和空间上与相应的深成岩体有密切关系。因此，伟晶岩的种属划分的主要依据与深成岩相应的矿物成分有关。

（二）主要类型

（1）花岗伟晶岩。分布最广，一般所指的伟晶岩多数就是花岗伟晶岩。它是由粗大的钾长石、石英、斜长石构成，常具文象结构，其附属矿物可达300多种（图4-39）。化学成分复杂，特别富含稀有、稀土及放射性元素，如Li、Be、B、Cs、Nb、Ta、Zr、Hf、TR等近50种，几乎占天然元素的一半。这些元素可富集成重要的矿床。

（2）正长伟晶岩。成分与正长岩大致相当，几乎全由钾长石组成，不含或含很少量的石英,还有很少的暗色矿物。

（3）辉长伟晶岩。成分相当于辉长岩,一般为黑色
或灰色,主要由粗大的斜长石和少量辉石巨晶组成。

（4）闪长伟晶岩。成分与闪长岩相当,主要由粗大
的斜长石和少量的角闪石组成。

（三）产状、分布、成因与矿产

图 4-39　文象花岗伟晶岩 手标本
（内蒙古）地大岩矿教研室

伟晶岩常与岩基或岩株状侵入体相联系,它既可以
产于岩基、岩株内部,也可以分布于邻近的围岩中。伟
晶岩脉在空间上往往成群出现,有时成千上万条伟晶岩
脉聚集成一个大伟晶岩区。例如,新疆阿尔泰伟晶岩区
已知泰伟晶岩脉两万余条,秦岭东段伟晶岩区有伟晶岩脉数千条,且多含稀有元素。

关于伟晶岩的成因争论很多,一种认为是富含挥发组分的岩浆在封闭条件下的结晶产
物,一种认为是来自深部的气化-热液或岩浆结晶后的残余热液沿围岩裂隙进行交代的结
果,在交代过程中小晶粒长成大晶体,并有稀有元素矿物沉淀。根据目前研究,伟晶岩形成
的最小深度是 2 km,温度在 500 ℃～700 ℃之间。

与伟晶岩相关的矿产很多,特别是那些中酸性伟晶岩中矿产就更多,其中主要是稀土和
放射性矿物,如锂、铯、钽、铍、铀、钍、铈、锆等,这元素的工业原料矿石主要采自伟晶岩中,另
外一些白云母、水晶、黄玉、钾长石等非金属矿产也采自伟晶岩中。

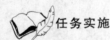　任务实施

通过观察煌斑岩、云煌岩、花岗伟晶岩、细晶岩手标本,熟悉并掌握脉岩的矿物成分、结
构构造、分类及其鉴定特征。

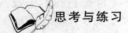　思考与练习

简述脉岩的主要类型,各有什么鉴定特征?

项目四彩图

# 项目五　沉积岩概述

## 任务一　沉积岩的基本概念及基本特征

【知识要点】　沉积岩的基本概念;沉积岩的基本特性;沉积岩的分布;沉积岩的研究方法。

【技能目标】　熟练掌握沉积岩的基本概念;沉积岩的基本特性;沉积岩的研究方法;了解沉积岩的分布情况。

 任务导入

　　沉积岩是组成地球岩石圈的三大类岩石(沉积岩、岩浆岩、变质岩)之一,又称为水成岩。是在地表不太深的地方,将其他岩石的风化产物和一些火山喷发物,经过水流或冰川的搬运、沉积、成岩作用形成的岩石。在地球地表有70%的岩石是沉积岩,但如果从地球表面到16 km深的整个岩石圈算,沉积岩只占5%。沉积岩主要包括石灰岩、砂岩、页岩等。本任务主要学习沉积岩的基本概念;沉积岩的基本特性;沉积岩的分布;沉积岩的研究方法。

 任务分析

　　沉积岩是组成地球岩石圈的三大类岩石(沉积岩、岩浆岩、变质岩)之一,又称为水成岩。必须掌握如下知识:

　　(1)沉积岩的基本概念。

　　(2)沉积岩的基本特性。

　　(3)沉积岩的研究方法。

　　(4)了解沉积岩的分布情况。

 相关知识

**一、沉积岩的基本概念**

　　沉积岩是组成地球岩石圈的三大类岩石(沉积岩、岩浆岩、变质岩)之一,又称为水成岩(图 5-1)。是在地表不太深的地方,将其他岩石的风化产物和一些火山喷发物,经过水流或冰川的搬运、沉积、成岩作用形成的岩石。在地球地表有70%的岩石是沉积岩,但如果从地球表面到16 km深的整个岩石圈算,沉积岩只占5%。沉积岩主要包括石灰岩、砂岩、页岩等。沉积岩中所含有的矿产,占全部世界矿产蕴藏量的80%。相比较于火成岩及变质岩,

沉积岩中的化石所受破坏较少，保存也较完整，因此对考古学来说是十分重要的研究意义。

图 5-1　沉积岩

**二、沉积岩的基本特性**

沉积岩是指成层性的松散沉积物固结而成的岩石，又名水成岩，是地壳三大岩类（火成岩、沉积岩和变质岩）之一。沉积物指陆地或水盆地中的松散碎屑物，如砾石、砂、黏土、灰泥和生物残骸等。主要是母岩风化的产物，其次是火山喷发物、有机物和宇宙物质等。沉积岩分布在地壳的表层。在陆地上出露的面积约占 75%，火成岩和变质岩只有 25%。沉积岩种类繁多，最常见的是砂岩、石灰岩和页岩，约占沉积岩总数的 95%。这三种岩石的分配比例随沉积区的地质构造和古地理位置而不同。沉积岩地层中蕴藏着绝大部分矿产，如能源、非金属、金属和稀有元素矿产，其次还有化石群。

**三、沉积岩的分布**

沉积岩在地壳表层分布较广，陆地面积的大约 3/4 被沉积物所覆盖着，而海底几乎全部被沉积物所覆盖。沉积岩约占地壳岩石圈体积的 5%。因此，沉积岩主要分布在岩石圈地壳表层上部分。沉积岩在地壳表层的具体厚度，变化很大的，如高加索地区，仅中生代和新生代的沉积岩厚度就达 20～30 km；但有的地方则很薄，甚至没有沉积岩的分布，直接出露岩浆岩和变质岩。地质资料证实：沉积物大量沉积的场所为大陆边缘和大陆内部的拗陷带，在这些地方可以形成巨厚的沉积岩层，是地质工作者研究主要目标。

沉积岩中储藏了大量矿产。世界资源总储量的 75%～85% 是沉积和沉积变质成因的。石油、天然气、煤、油页岩等可燃有机矿产以及盐类矿产，几乎全部是沉积成因的。铁矿的 90%、铅锌矿的 40%～50%、铜矿的 25%～30%、锰矿和铝矿的绝大部分以及其他许多金属和非金属矿产，也都是沉积或沉积变质成因的。

**四、沉积岩的研究方法**

沉积岩的研究方法主要有野外地质观察和描述、地球物理勘探、覆盖区地质研究以及室内化学分析等方法。

野外地质观察和描述是研究沉积岩的基础。它可以初步鉴定沉积岩的岩性，描述原生沉积构造，测量岩层产状和厚度，确定岩层之间的接触关系及其成因标志。综合分析研究野外观察到的地质现象，编制相应的野外地质图件，建立沉积岩的沉积序列，分析沉积岩层的形成条件和成因环境，初步判断沉积岩的含矿性。

覆盖区沉积岩研究是对沉积岩的岩心观察和描述，利用岩心资料，对关键井的沉积类型作出科学判断。它要充分利用多种测井、录井和地震资料进行岩性、电性、物性和含油气性分析，进行沉积相标志、测井相标志和地震相标志的综合研究，利用层序地层学理论，确定沉积序列,建立不同井之间的等时地层格架,恢复沉积盆地不同沉积时期的沉积面貌,表明沉积体系类型及其空间分布规律。

室内化学分析法主要是以薄片鉴定为主,再辅之一些常规分析,如铸体薄片分析、粒度分析和物性分析等;针对不同的岩类和研究目的,采用扫描电镜、电子探针与能谱、X射线衍射、阴极发光、显微荧光、图像分析、包裹体分析、有机地球化学指标分析,以及黏土矿物和碳、氧、硫等的稳定同位素分析。利用上述室内分析化验资料,综合研究沉积岩的岩石学特征,恢复沉积环境。

 **任务实施**

结合常见沉积岩,谈谈沉积岩的基本特征及分布特点,并说明沉积岩在石油、天然气、煤等矿产蕴藏方面的特点。

 **思考与练习**

1. 沉积岩的基本概念。
2. 沉积岩的基本特性。
3. 沉积岩的研究方法。

# 任务二　沉积物的形成过程

【知识要点】　风化作用概念;风化作用的类型;沉积岩主要的造岩矿物风化特性;母岩的风化及其产物、母岩风化产物的类型、风化壳。

【技能目标】　熟练掌握风化作用、风化壳的基本概念;风化作用及主要造岩矿物特性;母岩风化产物的类型、母岩的风化及其产物。

 **任务导入**

沉积物的形成主要是风化作用形成的,而风化作用是指地表或接近地表的坚硬岩石、矿物与大气、水及生物接触过程中产生物理、化学变化而在原地形成松散堆积物的全过程。本任务掌握风化作用的发生因素、性质及其类型即物理风化作用、化学风化作用、生物风化作用;掌握风化作用的类型;沉积岩主要的造岩矿物风化特性;母岩的风化及其产物、母岩风化产物的类型、风化壳的形成等。

 **任务分析**

风化作用是指地表或接近地表的岩石、矿物受大气、水及生物影响而产生物理、化学变化形成松散堆积物的全过程。必须掌握如下知识:

(1)风化作用。
(2)风化壳的基本概念及风化作用及母岩风化产物的类型。
(3)母岩的风化及其产物。

 相关知识

## 一、岩石的风化作用

风化作用是指地表或接近地表的岩石、矿物受大气、水及生物影响而产生物理、化学变化形成松散堆积物的全过程。风化作用一般有三种类型：物理风化作用、化学风化作用和生物风化作用（图 5-2）。

图 5-2　岩石风化作用

## 二、风化作用的类型

### （一）物理风化

物理风化使岩石只发生机械破碎而化学成分不变的风化作用。物理风化的主要影响因素为温度的变化、矿物晶体的生长、重力作用、生物的活动以及水、冰和风的破坏作用。但物理风化与化学风化息息相关，物理风化催进了化学风化，而化学风化促成了岩石更快的机械破碎。

### （二）生物风化

生物风化有时既参与物理风化，同时也有化学风化。地衣及薛类植物在岩石表面生长，形成了潮湿的化学微环境，促使岩石层进行物理与化学分解反应；植物的根部在岩石上物理压力形成的裂隙，提供一个水及化学物的渗透渠道；挖洞动物及昆虫分布在底岩附近的土壤表层里，增加了水及酸的渗透性和氧化过程的表面积等。另外，部分动植物释放出酸性化学物而引起化学风化。例如，有些植物释放螯合物化学物，加速分解了土壤中的铝、铁等成分；土壤中植的残骸可以形成有机酸，溶于水后造成化学风化。

### （三）生物的化学风化

生物的化学风化作用是指生物死亡腐烂后，分解形成一种腐殖质的有机酸，对岩石起腐蚀作用。地壳表层岩石经机械破碎，化学风化后形成的松散物，再经过生物的化学风化作用，形成有机物质——腐殖质，这种具有腐殖质、矿物质、水和空气的松散物质以形成土壤。

### （四）化学风化

在地表或接近地表条件下，岩石、矿物在原地发生化学变化并可产生新生矿物的过程叫化学风化作用。引起化学风化作用的主要因素是水和氧。自然界的水，不论是雨水、地面水或地下水，都溶解有多种气体（如 $O_2$、$CO_2$ 等）和化合物（如酸、碱、盐等）。其实，自然界的水都是水溶液，可通过溶解、水化、水解、碳酸化等方式促使岩石发生化学风化作用。

## 三、沉积岩主要的造岩矿物风化特性

各种造岩矿物抵抗风化作用的能力，即它们在风化作用条件下的稳定性是各不相同的。

（一）石英

石英是沉积岩主要造岩矿物。风化作用中石英稳定性极高，它几乎不发生化学溶解作用，一般只发生机械破碎作用。在长期的风化作用、搬运及沉积作用的过程中，风化稳定性较低的一些矿物就逐渐被破坏，从而相对减少，而风化稳定性高的石英相对能富集起来。所以，石英就成了沉积岩中最主要的造岩矿物。

（二）长石类

长石的风化稳定性次于石英。在长石类矿物中，钾长石的稳定性较高，多钠的酸性斜长石次之，中性斜长石再次之，多钙的基性斜长石最低。因此，在沉积岩中钾长石含量多于斜长石。

钾长石的风化过程及其产物如下：

$$K(AlSi_3O_8)（钾长石）\longrightarrow K<1Al_2[(Si,Al)_4O_1U][OH]_2 \cdot nH_2O（水白云母）$$
$$\longrightarrow Al_4[Si_4O_{10}](OH)_8（高岭石）\longrightarrow SiO_2 \cdot nH_2O（蛋白石）+Ai_2O_3 \cdot nH_2O（铝土矿）$$

在钾长石的风化过程中，最先析出的成分是钾，其次是硅，最后才是铝。与此同时，氢氧根或水也参加到矿物的晶格中来。随着钾、硅、铝的逐渐析出和水的加入，原来的钾长石逐步转变为水白云母、高岭石、蛋白石和铝土矿。钾长石是富钾的无水铝硅酸盐矿物，架状构造，铝位于硅酸根的结晶格架中。水白云母中的钾要比钾长石中的钾少，硅也有所减少，部分铝已从硅酸根的晶格中释放出来，变为一般的阳离子，其结晶构造已不是架状而是层状的了，但仍然还是铝硅酸盐矿物。高岭石与水白云母相比，有更进一步的变化，钾已完全没有，铝已完全从硅酸根中释放出来变为一般的阳离子，但高岭石仍然还是层状构造的硅酸盐矿物。蛋白石和铝土矿就完全不同了，它们已不再是硅酸盐矿物，而是含水的氧化物矿物了。因此，原来的钾长石到水白云母、高岭石，到最后的蛋白石和铝土矿，是一个由量变到质变的、逐步的、阶段性的风化过程。这一过程的总趋势是原来的钾长石不断地遭受破坏，最终变为在风化带中最为稳定的新矿物。铝土矿是风化带中很稳定的矿物，它是钾长石风化的最终产物。但是，只有在理想的条件下，钾长石才能完全风化成铝土矿，一般情况下钾长石大都转变为水白云母和高岭石。

斜长石的风化情况与钾长石类似。斜长石风化时，除一些成分（如钙、钠、硅等）从矿物中转移出去，常形成一些在风化带中相对较稳定的新矿物，如各种沸石、绿帘石、黝帘石、蒙皂石、蛋白石、方解石等。当然，这些新矿物还会继续发生变化。基性斜长石的风化稳定性比酸性斜长石低，因此在沉积岩中很少见到基性斜长石。

（三）云母类

在云母类中，白云母的抗风化能力较强，它在沉积岩中相当常见。白云母在风化过程中，主要是析出钾和加人水，先变为水白云母，最后可变为高岭石；黑云母的抗风化能力比白云母差得多。黑云母遭受风化后，钾、镁等成分首先析出，同时加人水，常转变为蛭石、绿泥石、褐铁矿等。

（四）镁铁矿物类

橄榄石、辉石、角闪石等铁镁硅酸盐矿物的抗风化能力比石英、长石、云母都低得多，其中橄榄石最易风化，辉石次之，角闪石又次之。这些矿物在风化产物中保留较少，故在沉积岩中较少见。这些矿物在遭受风化时，铁、镁、钙等易溶元素首先析出，硅也部分或全部析出，大部分元素呈溶液状态流失，少部分元素在风化带中形成褐铁矿、蛋白石等。

**（五）黏土矿物类**

各种黏土矿物（如高岭石、蒙皂石、水云母等），本来就是在风化条件下或者沉积环境中生成的，在风化带中相当稳定。但是，在一定的条件下，它们也会发生变化，转变为更加稳定的矿物，如铝土矿、蛋白石等。

**（六）碳酸盐矿物类**

各种碳酸盐矿物（如方解石、白云石等），风化稳定性很低，很容易溶于水并被转移，因此在碎屑沉积岩中很难看到它们。只有在干旱的气候条件下，在距母岩很近的快速搬运和堆积的沉积物中，才可能看到由它们组成的岩屑。

**（七）硫酸盐矿物类**

各种硫酸盐矿物（如石膏、硬石膏）、硫化物矿物（如黄铁矿）、卤化物矿物（如石盐）等，它们的风化稳定性最低，易溶于水，多呈真溶液状流失。

**（八）岩浆岩及变质岩中常见的一些次要矿物**

在岩浆岩及变质岩中常见的一些次要矿物或副矿物，其风化稳定性的差别很大。其中风化稳定性较高的次要矿物或副矿物，如石榴石、锆英石、刚玉、电气石、锡石、金红石、磁铁矿、榍石、十字石、蓝晶石、独居石、红柱石等，在沉积岩中常作为碎屑重矿物出现。

**四、母岩的风化及其产物**

岩石是由矿物组成的集合体，岩石的风化及其产物主要是由组成它的矿物的风化情况决定的。

（1）花岗质的岩浆岩及变质岩是分布最广的岩浆及变质岩，它们的风化作用具有代表性。

花岗质的岩浆岩包含多种抗风化能力较强的矿物，甚至有些矿物几乎不发生化学风化；但有些矿物既发生物理风化，也发生化学风化，形成新的矿物（表 5-1）。

**表 5-1** 　　　　　　　　　　　花岗岩的风化作用及其产物

| 矿物成分 | 化学组分 | 所发生的变化 | 风化产物 |
|---|---|---|---|
| 石英 | $SiO_2$ | 残留不变 | 砂粒 |
| 钾长石 | $K_2O$ | 成为碳酸盐、氧化物进入溶液 | 溶解物质 |
| | $Al_2O_3$ | 水化后成为含水铝硅酸盐 | 黏土 |
| | $6 SiO_2$ | 少部分 $SiO_2$ 游离出来，溶于水中 | 溶解物质 |
| 斜长石 | $3Na_2O$ | 成为碳酸盐、氧化物进入溶液 | 溶解物质 |
| | $CaO$ | 成为碳酸盐，溶于含 $CO_2$ 的水中 | 溶解物质 |
| | $4AbO_3$ | 水化后成为含水铝硅酸盐 | 黏土 |
| | $20SiO_2$ | 部分 $SiO_2$ 游离出来，溶于水中 | 溶解物质 |
| 白云母 | $2H_2O$ | 残留不变 | 云母碎片 |
| | $K_2O$ | | |
| | $3Ai_2O_3$ | | |
| | $20SiO_2$ | | |

续表 5-1

| 矿物成分 | 化学组分 | 所发生的变化 | 风化产物 |
|---|---|---|---|
| 黑云母 | H₂O | 水溶液 | 水溶液 |
| | K₂O | 成为碳酸盐、氯化物进入溶液 | 溶解物质 |
| | Ai₂O₃ | 生成含水铝硅酸盐 | 黏土 |
| | 2(Mg,Fe)O | 成为碳酸盐、氯化物进入溶液，碳酸盐氧化为赤铁矿、褐铁矿等 | 溶解物质及色素 |
| | 3 SiO₂ | 部分 SiO₂ 游离出来，溶于水中 | 溶解物质 |
| 锆英石 | ZrO₂ | 残留不变 | 砂粒（重矿物） |
| | SiO₂ | | |
| 磷灰石 | Ca₅(PO₄)₃ | 溶解或残留不变 | 溶解物质或 |
| | (F, Cl, OH) | | 砂粒（重矿物） |

　　美国科罗拉多州博尔德附近的一个花岗闪长岩体的风化情况如图 5-3 所示。从图中可以明显地看出：在风化带中，角闪石大部分消失；黑云母变化也很强烈，主要变为蛭石；奥长石变化很大以至基本消失；相反，微斜长石和石英则基本上没有发生什么变化，因此在机械残余的碎屑矿物中，它们的相对含量就增高了；氧化铁及黏土矿物是新生成的化学残余矿物；白云石可能是成岩作用的产物。中性和碱性侵入岩的风化情况大体与花岗质岩石相似。

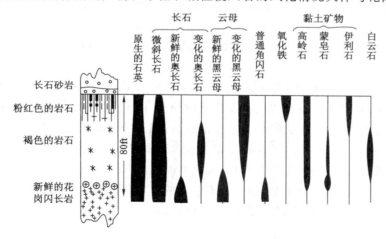

图 5-3　美国科罗拉多州博尔德附近密西西比纪花岗闪长岩体的风化剖面图
（转引自布拉特，1972）

　　（2）基性和超基性侵入岩主要由较易风化的橄榄石、辉石、基性斜长石组成，远比花岗质岩石易风化。风化后，除部分易溶元素转移流失外，常在原地形成一些化学残余矿物，如蛇纹石、滑石、绿泥石、褐铁矿等。

　　（3）火山岩及火山碎屑岩由于含有大量的玻璃质或火山灰，其风化速度快，如玄武岩在遭受风化时，除一部分易溶元素流失外，常形成蒙皂石、高岭石、铝土矿、褐铁矿等化学残余矿物；有时可形成风化残余的富铁的红土层。

（4）沉积岩的风化情况比较简单,因为它们本身主要是由母岩的风化产物组成的。其中,蒸发岩(主要由卤化物及硫酸盐矿物组成)最易溶解、最易风化;碳酸盐岩次之;黏土岩、石英砂岩、硅岩等最难风化。

## 五、母岩风化产物的类型

地壳表层岩石的风化作用一般形成以下三种性质不同的风化产物。

### （一）碎屑残留物质

碎屑残留物质主要是指母岩的岩石碎屑或矿物碎屑。在风化作用的机械破碎阶段,这些碎屑残留物质最发育;到风化作用的铝铁土阶段,这种物质就很少了,只有那些风化稳定性最高、很难风化的石英才可能保留下来。这些物质在初始阶段大都残留在母岩区,后来就可能被各种地质营运力搬运到沉积地区。碎屑残留物质是碎屑沉积岩的主要原始物质成分。

### （二）新生成的矿物

新生成的矿物主要是指在风化作用过程中化学变化生成的一些新矿物,如水云母、高岭石、蒙皂石、蛋白石、铝土矿、褐铁矿等。这些物质起初一般存在于母岩的风化带中,后来被各种地质营力搬运到新的沉积环境,新生成的矿物是构成黏土岩以及其他沉积岩的主要原始物质成分。

### （三）溶解物质

溶解物质主要是指母岩在化学风化作用过程中被溶解的那些物质成分,如氯、硫、钙、钠、镁、钾、硅、铁、铝、磷等。这些物质大都呈真溶液或胶体溶液状态被水搬运,转移到远离母岩区的湖泊或海洋中去。在一定的条件(首先是各种化学条件、生物作用条件和水动力作用条件)下沉积下来,再经过固结成岩作用形成了各种类型的化学岩、生物化学岩或生物岩。

综上所述,从母岩的风化作用开始,其物质成分的分异作用就开始了,各种不同性质的风化产物开始形成,即一些沉积岩的主要物质成分就开始形成了。风化彻底的岩石所提供的沉积物为成熟的沉积物,这类物质几乎全是由风化最终产物组成的,它们主要是黏土矿物和稳定的矿物碎屑、岩石碎屑。这些物质在搬运过程中进一步分选,分别成为由黏土矿物或碎屑物质组成的成分单一的沉积物;相反,风化不彻底的岩石所提供的沉积物质则形成不成熟的沉积物,这些沉积物成分复杂,稳定和不稳定的矿物碎屑都有,还有较多的各种岩石碎屑和重矿物,经搬运、堆积形成成分复杂的不成熟的沉积物。

## 六、风化壳

地壳表层岩石风化的结果,除一部分溶解物质流失外,其碎屑残余物质和新生成的化学残余物质大都残留在原来岩石的表层。这个由风化残余物质组成的地表岩石的表层部分被称为风化壳或风化带。

风化壳中岩石的风化程度因深度而不同。表层风化程度较深,深处风化程度较浅,以至逐渐过渡到未风化的母岩。

风化壳的厚度取决于气候、地形、构造等许多因素,在气候潮湿、地形平坦、构造活动比较稳定的地区,风化作用较强,剥蚀作用较弱,风化残余物质易于保存,风化壳厚度较大。相反,风化壳厚度就较小。按岩石大类分,风化壳可分为碎屑岩风化壳、碳酸盐岩风化壳、火山岩风化壳,其中以碳酸盐岩风化壳分布最广泛。

**任务实施**

1. 在地质实验室内阅读长石类地质标本,分析说明长石类造岩矿物风化作用的特点及其风化新矿物特点。

2. 在条件允许的情况下去白银景泰石林实地参观风蚀作用及风化壳的特点。

3. 在地质实验室内阅读花岗岩地质标本,分析说明花岗岩风化作用的特点及其风化新矿物特点。

**思考与练习**

1. 风化作用的概念及其类型?

2. 以长石类矿物为例说明造岩矿物风化的特点?

3. 以花岗岩为例说明岩石风化的特性?

4. 母岩风化的类型及其特点?

# 任务三　风化产物的搬运与沉积

【知识要点】　风化产物的概念;碎屑物质的搬运和沉积作用;溶解物质的搬运和沉积作用;胶体溶液物质的搬运和沉积作用;真溶液物质的搬运和沉积作用;生物的搬运和沉积作用;化学沉积分异作用。

【技能目标】　熟练掌握风化产物的搬运方式及其沉积作用异同。

**任务导入**

风化作用产生的三类风化物质——碎屑物质、黏土物质和溶解物质,除少数残留在原地形成风化壳外,绝大多数被运走,并在新的合适的地方沉积下来形成了新的产物,三者的性质和沉积方式不同,搬运风化产物的自然营力主要是河流、湖水、海水、风、冰川、重力和生物等。搬运方式有机械搬运、化学搬运和生物搬运 3 种。

**任务分析**

风化作用产生的三类风化物质——碎屑物质、黏土物质和溶解物质,除少数残留在原地形成风化壳外,绝大多数被运走,并在新的合适的地方沉积下来形成了新的产物,三者的性质和沉积方式不同,搬运风化产物的自然营力主要是河流、湖水、海水、风、冰川、重力和生物等。搬运方式由机械搬运、化学搬运和生物搬运三种。必须掌握如下知识:

(1) 风化产物的概念,碎屑物质的搬运和沉积作用。

(2) 溶解物质的搬运和沉积作用,胶体溶液物质的搬运和沉积作用。

(3) 真溶液物质的搬运和沉积作用。

(4) 生物的搬运和沉积作用。

(5) 化学沉积分异作用。

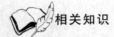 相关知识

**一、碎屑物质在流水中的搬运和沉积作用**

碎屑物质在流水中的搬运和沉积,主要与水的流动状态和碎屑物质的特点密切相关。水流是层流还是紊流,是急流还是缓流,碎屑物质的大小、相对密度、形状等都影响碎屑物质在流水中的搬运和沉积。流水搬运碎屑物质过程中水流状态的变换,在很大程度上取决于流速,其次与水的密度、黏度、水深、水量、边界条件等因素有关;碎屑物质在流水中的搬运和沉积作用受多种因素的影响和制约。

(一) 搬运方式

流水搬运碎屑物质的方式主要有两种,即推移搬运(或滚动跳跃搬运)和悬浮搬运(或悬移搬运)。前者也可称为推移载荷,后者也可称为悬浮载荷。至于跳跃搬运,它基本上属于推移搬运。较粗的碎屑(如砂和砾石)大都沿流水的底部移动,呈滚动或跳跃方式搬运。

较细的碎屑(如粉砂和黏土)在流水中常呈悬浮状态搬运。实验证明,当沉降速度小于流速的 8% 时,即流速至少是沉降速度的 12 倍时,颗粒才能呈悬浮状态。较细的颗粒碎屑常呈悬浮状态。

(二) 碎屑物质在流水搬运及沉积作用过程中的分异作用

碎屑物质在流水搬运和沉积作用过程中,除了在成分、粒度、圆度、球度等方面发生一些重大的变化以外,它们还将在许多方面发生分异作用。

(1) 粒度的分异。母岩的风化产物或其他来源的碎屑物质,在粒度上都是大小混杂的。但在流水搬运及沉积作用过程中,在水的流速、流量等其他因素的作用下,粒度开始分异,即粒度大的颗粒难以搬运,而当其处于搬运状态时,流速稍有减小,颗粒就会下沉;粒度小的颗粒易于搬运,而当其处于搬运状态时,比粒度大的颗粒难以沉积。搬运的时间和距离越长,这种粒度分异现象越明显。因此,原来大小混杂的原始碎屑物质,在流水搬运及沉积过程中,按粒度的大小分别集中,即从上游到下游,出现了粒度从大到小、分选由差到好的顺序分布,即砾(岩)、砂(岩)、粉砂(岩)、黏土(岩)的顺序分布。

(2) 相对密度分异。碎屑物质相对密度大的颗粒难以搬运而易于沉积,相对密度小的颗粒易于搬运而难以沉积。这样就出现了从上游到下游,碎屑物质按相对密度大小依次沉积的现象,即从上游到下游,相对密度大的碎屑的含量逐渐减少,相对密度小的碎屑含量逐渐增多的现象。

(3) 碎屑物质在形状上也发生了分异。即粒状碎屑不如片状碎屑搬运得远。

(4) 碎屑的成分也发生了分异。因为不同成分的碎屑,在粒度、相对密度、形状上都是有所不同的,粒度、相对密度、形状上的分异必然会反映在成分上的分异,即随着搬运距离的增加,成分稳定的颗粒含量相对增加。

上述各种机械分异作用,当然是同时出现的,但是在一般情况下,这些分异作用很难进行彻底。通常是某一种分异作用(如粒度分异作用)表现得较为明显,其他的分异作用常被粒度分异所掩盖。

碎屑物质在流水搬运及沉积过程中的分异作用,几乎与碎屑物质在这一过程中所发生的变化(成分、粒度、形状上的变化)同时发生,这些变化使分异现象更加明显了,但是两者在成因上却根本不同。因此,确切地判断从上游到下游沉积物(或沉积岩)在成分、粒度、相对

密度及形状上有规律的分布现象是分异作用形成的,还是颗粒本身变化形成的呢? 这是碎屑物质在流水搬运及沉积过程中的分异作用中一个很重要的研究,这个研究的实质就是要区分这两种成因机制对碎屑沉积物的影响。

与机械分异作用相对立的是混杂作用。混杂作用主要是由于河流支流搬运物质与沿岸物质的注入以及其他因素引起的。混杂作用干扰了沉积物质在流水搬运和沉积中的分异作用,但是,分异作用对碎屑沉积物的影响还是主要的。

**二、碎屑物质在海、湖水体中的搬运和沉积作用**

陆地表面流水搬运的碎屑物质,大部分都注入海洋,其次是湖泊。海、湖是流水搬运碎屑物质的最终沉积场所。海、湖中的碎屑物质,除流水搬运来的以外,还有岸边及水底的破碎物质,有时还有由于风携、冰携以及海、湖水底火山喷发提供的碎屑物质等。但是,流水搬运来的碎屑物质是主要的,这些碎屑物质在一定场所稳定之前,还要发生移动,那就是被海、湖水体搬运、再沉积。

引起海洋中碎屑物质搬运和沉积的营力主要是波浪、潮汐和海流。引起湖泊中碎屑物质搬运和沉积的营力主要是湖浪和湖流。

（一）碎屑物质在海水中的搬运和沉积作用

波浪主要由风引起,因此波浪的大小主要决定于风力的大小以及风的吹程。一般波浪的浪底为几十米,在深达 100～1 200 m 的海底,波浪作用是很小的。因此,波浪作用主要限于滨岸的浅水地区。波浪可以分为垂直海岸的(横向)运动和平行海岸的(纵向)运动,大部分波浪运动属于过渡类型。

海底常有一定的坡度,当海底碎屑颗粒受波浪作用做往返运动时,不可避免地受重力的影响而向海底较低的地方移动,直到它位于浪底之下为止。因此,海底的碎屑既做往返的运动,也有沿着倾斜的海底向下移动的趋势。

在近岸方向的较浅水地区,波浪开始变得不对称了,海底碎屑在经过一个周期的运动之后,又回到原来的位置,不再有向海方向的移动。

在更近岸的浅水地区,波浪变得更不对称,海底碎屑在做往返运动的同时,也向岸的方向移动。

碎屑物质的运动在波浪作用下出现了三种状态:在远岸的较深水地区,碎屑物质既做往返运动,也做向海方向的运动;在近岸的浅水地区,碎屑物质既做往返运动,也做向岸方向的运动;在两者之间,只做往返运动(图 5-4)。

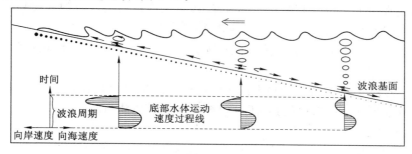

图 5-4　海岸带波浪底部水体运动、粗细物质分布及其与坡降的关系

(据任明达,1985)

潮汐作用对滨岸地区的碎屑物质影响很大。在潮汐作用带，水体作大规模地涨潮和落潮运动，因此也使水底的碎屑物质做相应的往返运动。其不同于波浪作用的是在涨潮转落潮和落潮转涨潮，海平面处于暂时平衡状态时（平潮和停潮），潮流流速接近或等于零，称为憩流期。这时大部分悬浮物质发生沉积，在河口海湾或平坦开阔海岸地区形成大面积泥质沉积物。开始涨潮或落潮时流速很小，此后流速渐增，冲刷部分海底，沉积物向岸或向海搬运，形成潮坪、潮道、潮汐三角洲、滨外线状坝等潮汐沉积物。

海洋中的碎屑物质在波浪、潮汐等长期作用下，长时期地做往返运动和其他运动。在这一运动过程中，碎屑颗粒之间的相互碰撞和磨蚀，碎屑颗粒与海底或海岸之间的相互碰撞和磨蚀，以及海水对碎屑颗粒的溶蚀作用等，将使这些碎屑物质发生进一步的变化，即不稳定成分逐渐减少，粒度逐渐变小，圆度逐渐变好。与此同时，各种分异现象，如粒度、相对密度、形状以及成分上的分异，也在进一步地进行。因此，在海洋环境中沉积的陆源碎屑物（岩）的成熟度远比大陆环境中沉积的碎屑物（岩）高得多。在特殊的情况下，如在靠近陡的海岸的深水地区，海岸岩石的破碎产物经洪水作用，进入浪底以下的深水地带，波浪或潮汐对海底的碎屑物质已很难触及，因此这里堆积的碎屑物质的成熟度就很低。

（二）碎屑物质在湖水中的搬运和沉积作用

与海洋相比，湖泊面积小，因此缺乏潮汐作用或潮汐作用不明显，但对大型湖泊来说就要作具体分析。因此，湖浪和湖流是湖泊中搬运和沉积碎屑物质的主要动力。我国青海湖、鄱阳湖湖浪对碎屑物质的搬运和沉积作用主要表现在滨岸浅水地带，细的悬浮物质可被搬运到深水区，由于湖浪的搬运和沉积作用，使得湖泊中碎屑物质的机械沉积分异作用非常明显。

另外，由于湖泊面积小，更易受台风和飓风影响，产生大的风暴浪，重新将滨岸沉积物冲刷扰动起来，以回流形式，重力流和牵引流双重水流机制，将碎屑物质搬向正常浪基面以下。

在湖泊里，湖流系统是很复杂的，通常是由于风的拖曳力、大气压不平衡、河水注入时产生的惯性，以及定向水流从这一端流向另一端所引起的。现代湖泊是一个复杂湖流体系的模式和湖底沉积物再搬运和再沉积作用的模式。

**三、碎屑物质在空气中的搬运和沉积作用**

风是碎屑物质在空气中搬运和沉积的主要营力。在干旱地区，这种搬运及沉积作用是主要的。与流水的搬运及沉积作用相比，风的搬运及沉积作用有以下一些特点：

（1）由于空气的密度比水小得多，故风的搬运能力远比水小；在同样的速度下，风的搬运能力约为流水的1/300。因此，在一般情况下，风只能搬运较细粒的碎屑物质，如砂以下的碎屑；只有在特大的风暴时，才能搬运砂和砾石。

（2）由于风的搬运能力有限，所以搬运物质的选择性就比较强，沉积物的粒度分选性较好。

（3）空气的密度较小，碎屑物质在搬运的过程中，相互之间的碰撞和磨蚀以及它们与地表之间的相互碰撞和磨蚀都比较强，所以较粗的风成沉积物（如砂、砾石等）的圆度都比较好，有时还具有棱面。

常见的风成沉积是各种沙丘，如沙漠沙丘、滨湖沙丘、河漫沙丘和黄土等。在正常地面风力条件下，沉积物搬运方式以跳跃搬运为主（图5-5）。

当跳跃颗粒撞击在较粗砂粒上时，可使较粗砂粒徐徐向前滚动。在低风速时，滚动距离

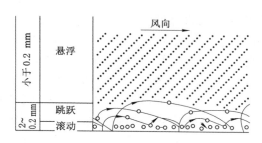

图 5-5　空气中碎屑物质搬运的三种基本形式

（据任明达修改，1985）

短，风速增加，滚动距离就加大，且有更多的砂粒滚动；在高风速时，可见到地表有一层砂粒都在缓慢向前滚动。故一般滚动颗粒要大于跳跃颗粒，重矿物也可在滚动中富集。

空气中的悬浮载荷可作长距离搬运，在距来源地很远的大陆或海洋中沉积下来；滚动载荷则多半在来源地（沙漠或海滩）附近堆积下来，其最主要的堆积形式是沙丘。由于风速降低，使得推移力减小或有效重力超过垂直上举力而使碎屑沉积。当风沙流运行遇到障碍物（陡崖、植被、大砾石等）时，因遇阻而减速使碎屑堆积下来，称为障碍堆积（图 5-5）。我国北方广泛分布的黄土在风的搬运和沉积就属于这种成因。

**四、碎屑物质在冰川中的搬运和沉积作用**

在寒冷的两极地区和高寒的山区，冰川的搬运及沉积作用是明显的。冰川在运动过程中，不仅具有强大的侵蚀力，而且还能携带冰蚀作用产生的许多岩屑物质，接受周围山地因冰融风化、雪崩、泥石流等作用所造成的坠落堆积物。这些堆积物没有分选地，随着冰川的运动而位移，这些大小不等的碎屑物质统称为冰碛物。

冰川具有巨大的搬运能力，成千上万吨的巨大漂砾皆能随冰块流运移，但搬运距离差别很大。一般冰川的堆积物，尤其是底碛物的搬运距离小，往往形成就地附近堆积的石块；而规模巨大的冰川，则可将侵蚀力强的巨大漂砾搬得很远。同时，冰川还有逆坡搬运的能力，把冰碛物从低处搬到高处，如我国西藏东南部一大型山谷冰川，曾把花岗岩漂砾抬举高达 200 m。在大陆冰川作用地区，冰川运动不受下伏地貌的控制，冰碛物的逆坡运移现象更为普遍。

随着冰川的消融衰退，冰川携带的冰碛物就相应地堆积下来。当冰川的冰雪积累与消融处于相对平衡阶段时，冰川边缘比较稳定，冰川源源不断地将上游的各类冰碛物向下游运送，直至冰川末端堆积；部分底碛还沿冰川前缘剪切滑动面上移，并暴露在冰面，当冰体消融后，也堆积于冰川边缘地带；若冰川迅速消退，冰体大量融化后，各种冰碛物就地坠落，转化为消融堆积冰碛，从而形成了各类冰碛沉积物。

**五、溶解物质的搬运和沉积作用**

母岩风化产物中的溶解物质，主要为 Cl、S、Ca、Na、K、Mg、P、Si、Al、Fe 等，前面的物质溶解度较大，多呈真溶液；后面的物质溶解度较小，多呈胶体溶液，它们在河水或地下水中均呈溶解状态，向湖泊和海洋中转移。这些物质在河流中是很少沉淀的，在地下水中沉淀的也不多；它们主要沉淀在内陆的盐湖及海洋中，尤其是在海洋中，海洋是这些溶解物质沉淀的最主要场所。

### 六、胶体溶液物质的搬运和沉积作用

胶体溶液是指带有电荷,多呈分子状态的胶质质点。胶体溶液的性质既不同于粗分散系的碎屑物质,也不同于真溶液。胶体质点带正电荷者为正胶体,如铁、铝等的含水氧化物胶体;带负电荷者为负胶体,如硅、锰等的含水氧化物胶体,引起胶体质点搬运的主要因素是同种电荷的胶体质点之间的相互排斥力,这是胶体质点仅在重力的影响下难以沉淀的根本原因。假如胶体质点的电荷在某些因素的影响下被中和了,它们之间的相互排斥力就消失了,则它们就会相互凝聚为大的质点,并在重力的作用下迅速地下沉,成为胶体沉积物。显然,胶体质点电荷的中和是胶体溶液物质沉淀的根本原因。

其他电解质的加入,也可造成胶体质点的电荷中和,从而成为胶体沉积物。河流搬运的胶体物质(如铁、锰、硅、铝等)在它们进入海洋后,就因为海水中的各种电解质中和了它们的电荷而在近岸地区迅速沉积。

不同名胶体的相互作用可使它们的电荷中和,从而使胶体发生沉淀。二氧化硅的胶体(负胶体)与氧化铝的胶体(正胶体)相遇,就会相互作用,使电荷中和,形成一些黏土矿物(如高岭石等)而沉淀,这也是自然界胶体质点沉积的重要原因。

其他一些因素也影响胶体溶液物质的搬运和沉积作用。例如水介质中如果含有一定量的腐殖酸,将大大增加某些胶体质点的稳定性,使其易于转移而不发生沉淀,这种护胶作用对铁胶体物质的搬运尤为重要。另外,像生物作用、蒸发作用等,对胶体的搬运和沉积也有一定影响。

### 七、真溶液物质的搬运和沉积作用

真溶液物质是指在溶液中呈离子状态存在的化学物质。母岩风化产物中的真溶液物质主要是 Cl、S、Ca、Na、K、Mg 等;P、Si、Al、Fe、Mn 等也可部分地呈溶液状态。

真溶液物质的搬运及沉积作用的根本控制因素是它们的溶解度,即溶解度越大,越易搬运,越难沉积;反之,溶解度越小,则越易沉积,越难搬运。

Fe、Mn、Si、Al 等溶解物质的溶解度较小,易于沉淀。在它们的搬运和沉积作用中,水介质的各种物理化学条件的影响十分重要。

$CaCO_3$ 的沉淀,除了一定的 pH 和 Eh 条件外,对水介质的温度、压力和 $CO_2$ 含量等也有一定的要求。水介质温度升高或压力降低时,$CO_2$ 在水中的溶解度就减小,水中的 $CO_2$ 就向大气中逸出,这就促使溶解的 $Ca(HCO_3)_2$ 转变为 $CaCO_3$ 而沉淀。相反,如果温度降低或压力增加,反应就会向相反的方向进行,$CaCO_3$ 不易发生沉淀。因此,$CaCO_3$ 沉积多见于热带、亚热带地区。

因此,在研究 Fe、Mn、Si、Al、Ca 等溶解物质的搬运及沉积作用时,应充分重视水介质条件的影响。

对于溶解度大的物质(如 Cl、S、Na、K、Mg 等)的搬运和沉积作用,水介质条件的影响是不大的。只有在干热的气候条件下,在封闭或半封闭的盆地中,或者在水循环受限制的潮上地带,即在蒸发的条件下,溶解度大的物质才能沉积下来。石膏、硬石膏、钠盐、钾盐、镁盐就是这样形成的。

### 八、生物的搬运和沉积作用

生物在母岩风化产物的搬运和沉积过程中起着重要的作用,不少沉积岩和沉积矿产的形成都与生物作用有关,或直接由生物沉积作用而形成,例如碳酸盐、硅酸盐、磷酸盐、沉积

铁矿、硅藻土、白垩、煤、油页岩和石油等。

在各类生物中,尤以藻类和细菌等微生物在沉积岩和沉积矿产形成作用中的意义大。这类生物繁殖快、分布广、数量多、适应性强,而且在地质历史中出现很早,被认为是最早的生命记录。32 亿年前南非的无花果群中的生物遗迹,属于保存在硅质沉积物(岩)中的蓝绿藻类。广泛应用电子显微镜后,在泥晶碳酸盐岩、泥晶硅岩和泥晶磷块岩中普遍见到超微化石组分。前寒武纪地层中广泛分布的叠层石的形成也与藻类有关,早在 25 亿年前的太古代末期就已有叠层石出现,这进一步说明很早以前生物就参与了沉积岩的形成作用。

生物的搬运和沉积作用有两种方式:一种是生物通过新陈代谢作用,在其生活的过程中不断地从周围介质中汲取一定物质成分,从而把一些元素富集起来。在生物的机体中,大量地集中了 C、O、N、S、P、K、F 等元素;在动物的骨骼或介壳中,特别富集了 Ca、Mg、Si 等元素。当生物死亡后,其遗体的堆积物就可以形成特定的有机岩或有机矿产。在煤灰分中某些元素的富集含量比岩石圈一般的富集含量大几十倍到几千倍,另一种是由于生物作用而引起的周围介质条件的改变,从而影响某些物质的搬运和沉积。例如由生物作用排出的 $CO_2$,对碳酸盐的溶解和沉积有很大的影响;原生沉积物包含大量细菌,而细菌的生命活动改变着沉积物中介质的物理化学条件。细菌的生命活动首先影响沉积物中的水里剩余的 $NH_3$、$CO_2$、$H_2S$ 以及在有机体分解时产生的其他气体。

时至今日,随着地球的发展和世界环境变化的影响,生物的搬运和沉积作用的重要性将越来越大,生物的影响领域越来越大了。

### 九、化学沉积分异作用

根据溶解物质(包括胶体溶液物质和真溶液物质)的化学性质,主要是它们在溶液中的化学活泼性或溶解度的大小,溶解物质从溶液中沉淀出来是有一定先后顺序的。原来共存于溶液中的各种成分,在其搬运和沉积作用的过程中,由于物理和化学条件的变化逐渐发生沉积作用,并逐渐分离开来,这就是溶解物质在其搬运及沉积作用过程中的化学沉积分异作用。

 **任务实施**

1. 利用实习实训带领学生去(如黄河、湖泊、大海等)实地观察研究碎屑物质搬运和沉积现象。

2. 在实验室做关于胶体溶液、真溶液、溶解物质实验,体会这些溶液在受到外界因素影响下沉积(沉淀)现象。

3. 利用实习去野外实地观察研究生物对自然界搬运和沉积作用。

 **思考与练习**

1. 简述风化产物的概念。

2. 简述碎屑物质的搬运和沉积作用。

3. 简述溶解物质的搬运和沉积作用。

4. 简述胶体溶液物质的搬运和沉积作用。

5. 简述真溶液物质的搬运和沉积作用。

6. 简述生物的搬运和沉积作用。

# 任务四　　沉积期后变化

**【知识要点】**　沉积期后变化作用概念;沉积期后变化阶段划分及其特点;压实和压溶作用、胶结作用、后生阶段、交代作用、重结晶作用。

**【技能目标】**　熟练掌握沉积期后变化作用的相关概念:压实和压溶作用、胶结作用、后生阶段、交代作用、重结晶作用。

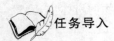任务导入

沉积期后变化包括两种作用,即成岩作用和后生作用。母岩的风化产物经搬运、沉积后,形成松散的、多半富含水的沉积物,也就是沉积岩的原始物质。沉积物随着地壳表面不断下降,新的沉积物不断进行堆积,先生成的沉积物被埋葬得越来越深,其所受的压力和温度也越来越高,介质条件发生了改变,与沉积时的环境完全不同,致使沉积物发生了一系列的变化,最终使松散含水的沉积物固结成岩石。沉积物转变为岩石的这一系列变化,称为沉积物的成岩作用。沉积物转变为沉积岩的阶段,称为成岩作用阶段。

沉积岩形成后,在地壳运动的影响下,将会不断地发生变化。随着地壳的继续凹陷,沉积岩沉降到一定深度后,岩石将逐渐过渡为变质岩;当地壳隆起时,沉积岩逐渐接近地表,温度、压力逐渐降低,岩石将遭受风化破坏,进入表生作用阶段,直至遭受风化或变质以前所发生的变化,称为沉积岩的后生作用,这一阶段称为后生作用阶段。

任务分析

沉积期后变化包括两种作用,即成岩作用和后生作用。本节将重点掌握如下知识:

(1) 沉积期后变化作用概念、沉积期后变化阶段划分及其特点。

(2) 压实和压溶作用、胶结作用。

(3) 后生阶段、交代作用及重结晶作用等问题。

相关知识

## 一、沉积期后变化阶段的划分和特点

沉积期后变化一般分为四个阶段,同生阶段(或称海解阶段)、成岩阶段、后生阶段和表生岩阶段。前两个阶段属于成岩作用阶段,后两个阶段称为后生作用阶段。

### (一) 同生阶段

同生阶段发生同生作用,是指沉积物形成初期,在其最表部与上覆水体相接触中所发生的变化。海洋沉积中的同生作用称"海解作用"或"海底风化作用"。即当碎屑颗粒刚刚沉积于海底,在它未曾被埋藏又未再搬运时,与底层海水发生的化学反应。同生作用的主要影响因素有 pH、Eh 值、有机质及矿物成分等。海解作用中形成的代表性新生矿物是海绿石、结核型铁锰、钙质矿物、沸石等。如海绿石可能是由黏土、云母或长石在海底缓慢水化和进行离子交换形成的。

（二）成岩阶段

后生阶段指沉积物与底层水脱离接触，但粒间水还可以自由运动的时期，此时介质呈弱碱性-碱性，为还原环境，形成球状黄铁矿、玉髓、黏土矿物和成岩结核。沉积物主要与软泥中的水发生作用，作用是在封闭系统中进行的，无 $H_2S$、$NH_3$、$CO_2$ 等气体，使介质呈碱性和还原性质，pH 达 9 以上，Eh 降至 $-0.4\sim0.6$。这样就破坏了沉积物与软泥水间的平衡，引起本层物质重新分配和组合，以建立新的平衡。在成岩阶段生成的矿物叫成岩矿物，如球状黄铁矿、少量的菱铁矿以及 $CaCO_3$ 等。这些矿物颗粒不大，其分布常受层理控制。由于成岩矿物的沉淀，沉积物受压缩、孔隙度减小并被胶结成为固结的岩石。

1. 后生作用

在沉积物固结变为坚硬的岩石之后，直至岩石变质之前这一阶段称为后生阶段。这一阶段所发生的一切作用，称为沉积岩的后生作用，简称为后生作用。后生作用是在温度较高、压力较大、外来物质加入的开放系统中进行的，由于温度高、压力大、作用时间长，故形成的后生矿物晶体粗大晶形完好；另外，因有外来物质的加入和参与，新生的矿物成分与本层物质无关，其分布不受层理的控制，可以切穿层理。会发生最常见的现象，如交代、重结晶、次生加大等，并常会产生新的矿物，如自生长石、石英等。

2. 表生成岩阶段

表生成岩阶段指岩石被抬升至地表潜水面以下，在常温常压条件下，在渗透水和浅部地下水的影响下发生变化的阶段。这时候介质呈弱酸性-酸性，氧化-弱还原条件，具溶蚀、交代及重结晶结构。产生黏土和硅质矿物、氧化物矿物、碳酸盐矿物以及表生结核、细脉等。

**二、主要沉积期后变化**

沉积物在沉积期后所发生的变化是多种多样的、复杂的。其中主要有压实和压溶作用、胶结作用、交代作用、重结晶作用、溶解作用、矿物多形转变作用。它们都是互相联系和互用影响的，其综合效应影响和控制着碎屑沉积物的发育历史。其中，对碎屑岩孔隙性有重要影响的是压实作用、胶结作用和溶解作用。

（一）压实和压溶作用

由于上覆沉积物的压力而使松散沉积物的体积缩小、含水量减少、密度增加的作用称为压实作用。压实作用的强度取决于沉积物的类型及埋藏深度。如泥质沉积物受压实作用的影响最大。新鲜软泥的孔隙度可达 90% 以上，但其压成页岩后，则孔隙度不足 20%。砂岩和碳酸盐沉积物受压实作用的影响则较小。

当压力达到一定程度时，在沉积颗粒间的接触部位会发生溶解，这种压力所导致的溶解作用称为压溶作用。

（二）胶结作用

胶结作用是指从孔隙溶液中沉淀出矿物质，将松散的沉积物固结起来的作用。胶结作用是沉淀物转变成沉积岩的重要作用，也是使沉积层中孔隙度和渗透率降低的主要原因之一。胶结作用主要发生在成岩作用的各个时期。

通过孔隙溶液沉淀出的胶结物的种类很多。常见的胶结物有盐酸盐质（方解石、白云石等）、硅质（石英、玉髓及蛋白石）、铁质（赤铁矿、褐铁矿等）及硫酸盐质（石膏、硬石膏、重晶石）。自生黏土矿物也是碎屑岩中最常见的一类胶结物。胶结物类型常与砂岩颗粒成分有关。如石英砂岩大部分是氧化硅和碳酸盐胶结，特别是古老的海相石英砂岩多呈氧化硅胶结;而一些岩屑砂岩、杂砂岩和火山碎屑质砂岩的胶结物主要是蚀变了的杂基和化学沉淀物的混合物,其成分有黏土矿物、沸石矿物和其他硅酸盐矿物。硅酸盐胶结物分布最广泛,可出现在海相和陆相、浅埋和深埋阶段,并呈现方解石、含铁方解石、白云石和含铁白云石等不同的演化系列。黏土胶结物同样也随埋深变化而出现演化系列。氧化铁、碳酸盐胶结物也常在砂岩类型中出现。但基本的条件是孔隙中沉淀大量胶结物,孔隙流体系统是不封闭的,有饱和流体不断补给。随着沉淀作用的进行,孔隙空间减少,渗透性降低,矿物沉淀的速率也就缓慢下来。

（三）交代作用

交代作用是指一种矿物被另一种矿物的代替现象。交代作用可以发生于成岩作用的各个阶段甚至可发生在表生期。交代矿物可以交代颗粒的边缘,将颗粒溶蚀成锯齿状或鸡冠状的不规则边缘,也可以完全交代碎屑颗粒,从而成为它的"假象"。后来的胶结物还可以交代早成的胶结物。交代彻底时,被交代矿物甚至影无踪迹。交代作用的实质是成岩作用体系发生化学平衡反应的平衡转移。当体系内的物理、化学条件(温度、压力、浓度、流体成分、pH值、Eh值等)发生改变时,原来稳定的矿物或矿物组合将变得不稳定,发生溶解、迁移或原地转化,形成新的矿物或矿物组合。碎屑岩中常见的交代作用有:氧化硅与方解石的相互交代作用、方解石对长石的交代作用、方解石交代黏土矿物、黏土矿物与长石的交代作用及各种黏土矿物之间的交代作用等。

（四）重结晶作用

在成岩过程中,由于高温、高压的影响,使矿物晶体发生溶解再结晶的作用为重结晶作用。对碎屑岩来说,重结晶作用主要发生在碎屑岩胶结物中,在偏光显微镜下,重结晶的主要特征是细小的晶体溶解之后重新组合结晶成大的晶体,形成新的结构、构造。重结晶作用的产生及其强弱,决定于重结晶之前矿物的成分、颗粒大小及成分的均一性,一般情况下是颗粒细、溶解度大、成分均一的矿物容易发生重结晶作用,其程度也强。碳酸盐类矿物、盐类矿物、硅质矿物等都易发生重结晶作用。在重结晶作用过程中,原来矿物中的包裹体、残留物等仍可留在重新结晶成的晶体之中。泥晶的碳酸盐如方解石、白云石等,在重结晶之前有的含有一定泥质,重结晶作用之后泥质仍会保留在重新结晶成的大晶体内,晶体在结晶时会把泥质相对的集中。

（五）成岩矿物的形成

在成岩作用过程中,其矿物成分也有显著的变化,形成许多与成岩环境的物理化学条件相适应的成岩矿物,即广义的自生矿物。

常见的成岩矿物有自生的石英、长石、黄铁矿、白铁矿、海绿石、菱铁矿、方解石、白云石、各种黏土矿物、鲕绿泥石、沸石、磷灰石、石膏、硬石膏、天石、重晶石等。这些矿物在岩石中可均匀地分布,也可集结成结核状、透镜状及条带状,甚至有些还可以形成厚度很大的岩层。成岩矿物的生成方式多种多样,有的是由同生水中的溶解物质沉积而成的。如海相石灰岩中的方解石,大多是因孔隙溶液中的 $Mg^{2+}/Ca^{2+}$ 比值降低后,由原沉积文石或高镁方解石转变成的。铁、锰的高价氧化物大多是原沉积的矿物,随着成岩过程中还原条件的增强,铁、锰的高价氧化物逐渐被还原而转变成低价的铁、锰的化合物。例如,褐铁矿在有机质的作用下可还原成菱铁矿:

$$2Fe_2O_3 \cdot 3H_2O(褐铁矿) + C \longrightarrow 4FeO + CO_2 + 3H_2O$$

$FeO + CO_2 \longrightarrow FeCO_3$（菱铁矿）

此外，还有一些成岩矿物是由交代作用形成的，最常见的交代作用是硅化和白云石化。硅化主要见于碳酸盐中，由 $SiO_2$ 交代碳酸盐矿物。白云石化则是在孔隙溶液中 $Mg^{2+}/Ca^{2+}$ 比值较高的条件下，$CaCO_3$ 矿物（文石、方解石）中的部分 $Mg^{2+}$ 被溶液中的 $Ca^{2+}$ 所交代的结果。其反应式如下：

$2CaCO_3 + Mg^{2+} \longrightarrow CaMg(CO_3)_2 + Ca^{2+}$

自然界中绝大数的白云岩都是在成岩阶段由白云石化作用形成的。

**任务实施**

1. 在偏光显微镜下观察胶结作用、交代作用、重结晶作用等。
2. 常见的成岩矿物有哪些？ 这些矿物在岩石中的分布特点是什么？

**思考与练习**

1. 简述沉积期后变化作用、压实和压溶作用、胶结作用、后生阶段、交代作用、重结晶作用的概念。
2. 简述沉积期后变化阶段划分及其特点。

# 任务五　沉积岩的物质组成

【知识要点】　岩石的矿物成分；矿物碎屑；岩屑；杂基。
【技能目标】　熟练掌握矿物碎屑、岩屑、杂基的概念；岩石的矿物成分及其化学成分。

**任务导入**

沉积岩的物质组成可以用其所含的矿物成分表示，也可用化学成分表示。化学成分对岩浆岩、变质岩的研究十分重要，但是对于沉积岩来说，化学成分的研究长期以来并没有给予足够的重视。一方面是由于在过去化学分析成本比较高；另一方面，化学分析给出的只是岩石较为笼统的成分，不能将沉积岩组分和胶结物质区分开。但在岩石薄片中，不仅能分辨出碎屑和胶结物，而且在识别成分的同时能够观察到岩石的结构特征，这对于沉积岩工作者来讲更为便利。但是，沉积岩中很多重要元素，特别是一些重要微量元素的研究，单纯用薄片分析解决不了问题，而这些资料的获得对于岩石成因分析十分重要。因此，化学成分分析对于沉积岩研究又是一个必要的研究领域。所以，本节将重点讲述沉积岩的矿物成分和化学成分的同时，并进一步对矿物碎屑、岩屑、杂基的概念进行了阐述。

**任务分析**

沉积岩的物质组成可以用其所含的矿物成分表示，也可用化学成分表示。本节将重点掌握如下知识：

（1）沉积岩的矿物成分和化学成分。

（2）矿物碎屑、岩屑、杂基的概念。

　相关知识

## 一、化学成分

### （一）岩石的矿物成分决定其化学成分

Si 的含量与硅酸盐矿物和非硅酸盐矿物的比值有关，与石英和燧石的含量密切相关。胶结物主要为碳酸盐、硫酸盐或氧化物的砂岩，其 Si 的含量偏低。Al 的含量与砂岩中的长石、云母和黏土矿物的含量有关，此类岩石的黏土和长石均很丰富。Ca 主要存在于钙长石和碳酸盐胶结物中，Mg 主要来自于云母族矿物。大部分砂岩 Ca 比 Mg 更丰富，这反映了方解石的含量一般要比云母高；在杂砂岩中，由于基质中含有大量的绿泥石质黏土，因此 Ca 与 Mg 的含量接近。

（1）在泥质砂岩中，Na 和 K 主要是存在于伊利石和蒙皂石等黏土矿物内。一般砂岩中 K 的含量超过 Na 的含量，这是因为砂岩中含 K 的矿物多，且黏土矿物易于吸附 K，而 Na 的溶解度较大，易于溶解而被带走。杂砂岩含 Na 丰富，主要是富含钠长石的原因。

（2）$Fe^{2+}$ 和 $Fe^{3+}$ 作为许多矿物的组分存在于砂岩中。$Fe^{2+}$ 可存在于绿泥石、蒙皂石、伊利石、菱铁矿等中；$Fe^{3+}$ 主要存在氧化物中，如赤铁矿、针铁矿、海绿石等。

### （二）不同类型砂岩化学成分差异明显

具不同碎屑组分的砂岩其化学成分特点也不相同。这是因为岩石的化学成分与其碎屑组分在很大程度上是一致。石英砂岩的成分是近于纯 $SiO_2$ 的，这类岩石的 $Al_2O_3$ 是由于其中含黏土，其中 CaO 是由于岩石中含碳酸盐胶结物。

长石砂岩含有大量的长石，因此 $Al_2O_3$、$K_2O$ 和 $Na_2O$ 的含量较高，而 Fe、Mg 的含量则较低。很显然，长石砂岩在化学成分上的特点与其主要矿物成分——长石的化学成分相一致。

岩屑砂岩中岩石碎屑的含量大于 25％，在化学成分上除 $Al_2O_3$ 含量较高以外，Fe、Mg 等化学组分的含量也都比较高。这是由于在大多数岩屑砂岩中常含有富 Fe、Mg 的不稳定岩屑，以及一些碎屑的 Fe、Mg 矿物。

杂砂岩的 $SiO_2$ 比大多数砂岩要低，但 $Al_2O_3$ 较高，$Na_2O$ 含量大于 $K_2O$。这与杂砂岩中石英的含量相对较少，而黏土矿物的含量相对较多相一致。

当然，上述各砂岩类型的划分并不是绝对的。实际上，由于成因中地质条件的过渡性，常常会形成一些过渡类型砂岩，它们在化学成分上表现为不规律性。

在所有的黏土和页岩中，$SO_2$ 都是主要成分。它是作为复杂黏土矿物的一部分而存在的，即作为未分解的碎屑硅酸盐和游离 $SiO_2$，包括碎屑岩石英和生物化学作用沉淀的 $SiO_2$。$Al_2O_3$ 是黏土矿物复杂体的基本组分和未风化的碎屑硅酸盐——主要是长石的成分。页岩中的铁是作为一种氧化物的染色物而存在的，其异常产物如黄铁矿、白铁矿、菱铁矿或铁硅酸盐等。铁的氧化状态极大地影响了页岩的颜色。MgO 为绿泥石或白云石的成分，CaO 来自于碳酸盐。

### （三）化学成分与粒度之间存在明显关系

沉积岩化学成分与粒度之间存在明显关系。因为不同粒级沉积岩的矿物成分不同，所以化学成分存在明显差异。由于较细粒沉积物石英含量较少而黏土矿物较丰富，所以与较

粗粒沉积物在化学成分上差异明显。

（四）沉积物中某些微量元素与沉积环境关系密切

沉积岩中的微量元素可辅助判断沉积环境及古水深、古盐度，因而越来越受到沉积学者的重视。常用作指相标志的主要是黏土沉积物中的微量元素，如 Mn、B、Br、Cl、Na、Sr、P、Ni、Co、U、Cu、As、Zn 和 Ga 等。在沉积作用过程中，沉积物与介质之间存在着复杂的地球化学平衡，如沉积物与介质之间的物质交换，沉积物对某些元素的吸附等。这种交换或吸附作用除与元素本身性质有关外，还受到各种环境的一系列物理化学条件的影响，因此，在不同环境中，元素分散与聚集规律也不相同。

## 二、碎屑成分

碎屑岩的碎屑成分包括各种陆源矿物碎屑和岩石碎屑，岩石碎屑是以矿物集合体的形式出现的，其成分反映母岩的岩石类型。

目前已经发现的碎屑矿物约有 160 种，沉积岩中最常见的约 20 种，但主要碎屑矿物一般有 3～5 种。

碎屑矿物按相对密度可分为轻矿物和重矿物两类。前者相对密度小于 2.86，主要是石英、长石；后者相对密度大于 2.86，主要为岩浆岩中的副矿物（如榍石、锆石）、部分铁镁矿物（如辉石、角闪石）以及变质岩中的变质矿物（如石榴石、红柱石）。此外，重矿物还包括沉积和成岩过程中形成的相对密度较大的自生矿物（如黄铁矿、重晶石）。

### 1. 石英

石英抗风化能力很强，既抗磨又难分解，同时在大部分岩浆岩和变质岩中石英含量较高，石英是碎屑岩中分布最广的一种碎屑矿物。它主要出现在砂岩及粉砂岩中（平均含量达 66.8%），在砾岩中含量较少，在黏土岩中则更少。石英来源不同，特点往往不同。通过观察石英中所含包裹体及波状消光现象，结合颗粒大小及颗粒形状等特征，有助于判断石英的来源。

（1）来自深成岩浆岩的石英。来自中酸性深成岩浆岩的石英，常含有细小的液体和气体包裹体，或含锆石、磷灰石、电气石、独居石等岩浆岩副矿物包裹体。矿物包裹体颗粒细小，自形程度高，排列没有方位，石英颗粒呈云雾状。

（2）来自变质岩的石英。片麻岩和片岩风化崩解后，会产生大量的单晶及多晶石英。这些变质岩中分离出来的单晶石英比来自深成岩的单晶石英颗粒细小。变质石英表面常见裂纹，不含液体包裹体，可见有特征的电气石、硅线石、蓝晶石等变质矿物的针状、长柱状包裹体。

（3）再旋回石英。呈浑圆状或带自生加大边是再旋回石英的特征。再旋回石英可以是单晶石英，也可以是多晶石英。另外，在碎屑颗粒中所有圆滑程度很高的颗粒，应看作是再旋回的产物。例如，塔里木盆地泥盆系东河砂岩段主要由石英砂岩组成，除石英次生加大胶结作用外，还在碎屑颗粒中经常可见浑圆状并残留有加大边的石英颗粒。

### 2. 长石

在沉积岩中，长石的含量一般少于石英。据统计，砂岩中长石的平均含量为 10%～15%，远比石英含量少，而在岩浆岩中长石的平均含量则为石英的好几倍。其原因是由于长石的风化稳定度远比石英小。从化学性质角度看，长石很容易水解；从物理性质上看，它的解理和双晶都很育，且易于破碎。因此，在风化和搬运的过程中，长石逐渐地被淘汰。但是有些砂岩中长石的含量相当高，主要是因为地壳运动比较剧烈、地形高差大、气候干燥、物理风化作用为主、搬运距离近以及堆积速度快等条件，是长石大量出现的主要因素。

长石主要来源于花岗岩和花岗片麻岩，在沉积岩中钾长石多于斜长石，在钾长石中正长石略多于微斜长石，在斜长石中钠长石远远超过钙长石。造成长石相对丰度的差别，究其原因：首先与母岩成分有关，地表普遍存在的酸性岩浆岩为钾长石、钠长石的大量出现创造了先决条件；其次与不同长石在地表环境的相对稳定度有关。各种长石稳定性不同，钾长石最稳定，钠长石较不稳定，钙长石最不稳定。

在长石中，最新鲜的是微斜长石，颗粒表面极光洁，网格双晶清晰可见，常呈圆粒状。而正长石常见高岭石化，使表面呈云雾状，颗粒轮廓模糊不清。酸性斜长石常有清晰的钠长石双晶，然而来自变质岩的光洁的钠长石和正长石经常没有双晶。斜长石常被绢云母或碳酸盐矿物所交代，这些作用多发生于成岩后生阶段。强烈的蚀变作用会使斜长石表面呈云雾状，轮廓模糊，甚至形成斜长石假象。

不同类型长石的分布不同。透长石只生成于高温接触变质岩及火山岩中；而微斜长石广泛分布于深成岩浆岩及深变质岩中，在火山岩中不出现。由此，在碎屑岩研究中，长石是重要的物源标志。

再旋回长石的特征是微斜长石、正长石或斜长石都具有自生加大边。长石主要分布于极粗、中粗砂岩中，在砾岩和粉砂岩中长石矿物碎屑含量较少。

### 3. 重矿物

沉积岩中的重矿物含量很少，一般不超过 1%，其分布的粒度受重矿物的晶形大小、相对密度及硬度的控制。如石榴石晶粒较粗，多分布于 0.1 mm 粒级以上的碎屑中；锆石较细，主要分布于粒级小于 0.1 mm 的碎屑中。总的来说，在 0.05～0.25 mm 的粒级范围内，重矿物含量相对最高。

重矿物的种类很多，根据风化稳定性，可将重矿物划分为稳定和不稳定两类。前者抗风化能力强，分布广泛，在远离母岩区的沉积岩中其百分含量相对较高；后者抗风化能力弱，分布较少，离母岩越远其相对含量越少。稳定重矿物：石榴石、锆石、刚玉、电气石、锡石、金红石、白钛矿、磁铁矿、榍石、十字石、蓝晶石、独居石；不稳定重矿物：重晶石、磷灰石、绿帘石、黝帘石、阳起石、符山石、红柱石、硅线石、黄铁矿、透闪石、普通角闪石、透辉石、普通辉石、斜方辉石、橄榄石。

不同重矿物的颜色、形状、包裹体、风化程度等亦有不同，它们常能反映母岩特征以及重矿物在风化、搬运过程中的变化。如锆石的颜色是放射性成因的，其浓度或强度随时间而增加。因此，只有古老的太古代片麻岩或花岗岩中的锆石为紫色、粉红色至玫瑰红色；而较新时代的锆石一般为无色。从形状方面看，岩浆岩中大多数锆石是自形的，只有副片岩和副片麻岩中的锆石趋于圆形，这是沉积锆石保存在中级变质岩中的磨圆形态。

### 三、岩屑

岩屑是母岩岩石的碎块，是保持着母岩结构的矿物集合体。因此，岩屑是提供沉积物来源区岩石类型的直接标志。但是由于各类岩石的成分、结构、风化稳定度等存在着不同差别，因此在风化、搬运过程中，各类岩屑含量变化较大，即并不是每类母岩都能形成岩屑。

岩屑含量决定于岩屑粒级、母岩成分及成熟度等因素。首先,岩屑含量明显地取决于粒级,即岩屑的含量随碎屑粒级的增大而增加。砾岩中岩屑含量最多,砂岩中只存在有细粒结构及隐晶结构的岩屑。粗粒结构的岩石碎块,如果其单晶颗粒比砂的粒度还大,就不会作为岩屑出现在砂岩中。另外,各类岩屑的丰度还取决于母岩的性质。细粒或隐晶结构的岩石,如燧石岩、中酸性喷出岩等岩石的岩屑分布最广;而易受化学分解的石灰岩,一般只在母岩区附近有快速堆积和埋藏的条件,否则很难形成岩屑。同时,岩屑的含量还与碎屑成熟度有关,结构上成熟的砂或砂岩,其碎屑的圆度和分选都较好,岩屑含量一般较低。

在砂岩的碎屑中,岩屑的平均含量为 10%～15%,有时也可高达 50%左右。各类侵入岩岩屑、变质岩岩屑、喷出岩岩屑,以及硅岩、黏土岩、碳酸盐岩的岩屑的识别和鉴定,需要有良好的矿物学和岩石学基础。有不少岩屑在搬运、沉积、成岩等不同阶段发生风化和蚀变。

**四、杂基**

杂基是沉积岩中充填碎屑颗粒之间的、细小的机械成因组分,其粒级以泥为主,可包括一些细粉砂。最常见的杂基成分是高岭石、水云母、蒙皂石等黏土矿物,有时可见灰泥和云泥。各种细粉砂级碎屑,如绢云母、绿泥石、石英、长石及隐晶结构的岩石碎屑等,都属于杂基范围。它们是悬浮载荷,经卸载后形成充填颗粒之间的物质。

在不同的沉积岩中杂基含量不同,有的杂基含量很高,有的却完全不含杂基。沉积岩中保留大量杂基,表明沉积环境中分选作用不强,沉积物没有经过充分地分异再改造作用,从而不同粒度的泥和砂混杂堆积。在快速堆积的、发育成递变层理和块状层理的洪积以及深水重力流成因的砂砾岩中,都混有大量杂基,这正是"鱼龙混杂"砂砾岩的特征。

当然,我们不能仅仅依据矿物成分识别杂基,应该说结构是最重要的鉴别标志。例如,碎屑岩中最重要的杂基成分是黏土矿物,但碎屑岩中的黏土矿物并非全是杂基,因为有些并不是碎屑成因的,有的黏土矿物是近岸地区的胶体沉积。有时在砂岩粒间孔隙中见有蠕虫状的高岭石晶体集合体,它们是以化学沉淀方式由孔隙水中析出的自生矿物,属于胶结物,而非杂基。

**任务实施**

在实验室通过对矿物及岩石标本的观察,掌握矿物碎屑、岩屑、杂基的概念;岩石的矿物成分主要是石英、长石类矿物等。

**思考与练习**

1. 矿物碎屑、岩屑、杂基的概念。
2. 以长石类矿物为例说说岩石的矿物成分。

# 任务六　沉积岩的结构

【知识要点】　沉积岩的结构；碎屑结构；非碎屑结构。

【技能目标】　熟练掌握沉积岩的结构主要类型及其特征。

 任务导入

　　沉积岩的结构是指沉积岩颗粒的性质，大小，形态及其相互关系。按组成物质、颗粒大小及形状等方面的特点，主要有以下两类结构：即碎屑结构和非碎屑结构。本节重点介绍沉积岩的结构类型及其特征。

 任务分析

　　本沉积岩的结构是指沉积岩颗粒的性质，大小，形态及其相互关系。按组成物质、颗粒大小及形状等方面的特点，主要有以下两类结构：即碎屑结构和非碎屑结构。本节将重点掌握如下知识：

　　(1) 沉积岩的结构、碎屑结构、非碎屑结构的概念。

　　(2) 掌握沉积岩的结构类型及其特征。

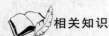 相关知识

　　沉积岩的结构是指沉积岩颗粒的性质，大小，形态及其相互关系。按组成物质、颗粒大小及形状等方面的特点，主要有以下两类结构（表 5-2）。

**表 5-2**　　　　　　　　　　　　　沉积岩的结构类型及其特征

| 主要结构类型 | 主要特征 |
|---|---|
| 碎屑结构 | 1. 碎屑粒度按颗粒的直径表示：巨粒（粒径大于 1 000 mm）、粗粒（粒径 100～1 000 mm）、中粒（粒径 100～10 mm）、细粒（粒径 10～1 mm）、粗砂（粒径 1～0.5 mm）、中砂（粒径 0.5～0.25 mm）、细砂（粒径 0.25～0.1 mm）、粉砂（粒径 0.05～0.1 mm）、黏土（粒径小于 0.01 mm）<br>2. 分选性即颗粒大小的均匀程度：分选好（主要粒级大于 75%）、分选中等（主要粒级 50%～75%）、分选差（主要粒级小于 50%）<br>3. 磨圆度是指颗粒棱角被磨圆的程度：棱角状、次棱角状、次圆状、圆状<br>4. 形状：圆球状、扁球状、椭球状、长扁圆状<br>5. 表面特征：碎屑结构的表面特征常用碎屑结构的成熟度来表示，即碎屑结构的磨圆度、分选性、杂基等 |
| 非碎屑结构 | 1. 岩石中的颗粒由化学沉积作用或生物沉积作用形成<br>2. 大部分为晶质或隐晶质，少数为非晶质，或呈凝聚的颗粒状结构<br>3. 常见的泥质结构，隐晶质、鲕状、豆状结构<br>4. 呈生长状态的生物骨骼构成格架，格架内部充填其他性质的沉积物形成生物骨架结构 |

（1）碎屑结构。岩石中的颗粒是机械沉积的碎屑物，被胶结结构胶结而成。碎屑物可以是岩石碎屑、矿物碎屑、石化的有机体或其碎片以及火山喷发的固体产物等。

（2）非碎屑结构。岩石中的颗粒由化学沉积作用或生物沉积作用形成。主要是泥质结构、结晶结构及生物结构。沉积岩的主要结构类型见表5-5。

**任务实施**

在地质实验室通过观察研究沉积岩标本，熟悉掌握沉积岩的结构类型及其特征。

**思考与练习**

1. 沉积岩的结构、碎屑结构、非碎屑结构的概念。

2. 沉积岩的结构类型及其特征有哪些？

# 任务七　沉积岩的构造

【知识要点】　沉积岩的构造、沉积岩层理构造、层面构造、结核构造、晶体印痕构造、包裹体构造。

【技能目标】　熟练掌握沉积岩构造的概念及其特点。

**任务导入**

沉积岩的构造是指沉积岩的各个组成部分之间的空间分布和排列方式，它是沉积物在沉积期或沉积后通过物理作用、化学作用和生物作用形成的。其中沉积期形成的构造称原生构造，如层理、波痕等流动成因构造；沉积后形成的构造，有的是在沉积物固结成岩之前形成的，如负荷构造、包卷层理等同生变形构造；有的是沉积物固结成岩以后产生的，如缝合线、叠锥等化学成因构造。本节重点讲述沉积岩层理构造、沉积岩层面构造、结核构造、晶体印痕构造和包裹体构造。

**任务分析**

沉积岩的构造是指沉积岩的各个组成部分之间的空间分布和排列方式，它是沉积物在沉积期或沉积后通过物理作用、化学作用和生物作用形成的。本节重点掌握如下知识：

（1）沉积岩层理构造、层面构造、结核构造。

（2）晶体印痕构造和包裹体构造。

**相关知识**

**一、沉积岩成层性**

由于沉积岩的成因所致，野外沉积岩最大的鉴定标志是成层性或其他的层状构造，如水平构造、单斜构造等，分别如图5-7、图5-8所示。

图 5-7　野外看到的水平构造沉积岩

图 5-8　野外看到的单斜构造沉积岩

## 二、沉积岩层理构造

在岩层中或一块沉积岩石中详细观察可见其内部由颗粒大小、物质成分、形状、颜色等在垂向上的差异性而表现出来的细微成层现象。

根据层理的形态不同将其分为如下类型(图 5-9)：

(1)水平层理。层理面平行于岩层层面,层理面为彼此平行的直线状。是在较为平静的介质条件下形成。海洋、湖泊地带形成的粉砂岩、黏土岩、化学岩中常见。

(2)波状层理。层理面总体平行于岩层层面,层理面呈波状起伏状。反映了沉积物是在波浪运动的浅水地带形成。在湖泊浅水带、海湾、泻湖形成的为对称波状;在河漫滩形成的为不对称状波状层理。在细碎屑岩中常可见到。

(3)斜层理。层理与总层面呈角度相交,其倾角可反映河流(及风)的流向。河床相沉积物中常见。

(4)交错层理。层理与总层面呈角度相交,几组斜层理组合在一起,各组斜层理的倾向不一。反映了水流流向时常发生改变的不固定环境形成。海陆过渡相的岩层中可见。

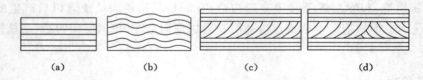

  (a)    (b)    (c)    (d)

图 5-9　层理类型示意图
(a)水平层理;(b)波状层理;(c)斜交层理;(d)交错层理

## 三、沉积岩层面构造

沉积岩的层面上保留下来的介质运动及自然条件变化的痕迹,称为层面构造。常见的层面构造有波痕、雹痕、雨痕、泥裂等。利用这些特征可帮助我们确定沉积岩的形成条件、地层的新老层序等。

(1)波痕。由风、水流或波浪作用,使未固结的沉积物留下波状起伏的表面,经固结成岩作用而保存在岩层的层面上的这种形态。波痕在风成、河流、滨海、湖泊、浅海等形成的沉积岩中均有发现。对称的波痕反映了水体的摆动,其波峰尖锐而波谷圆滑者为岩层的顶面;不对称波痕反映为单向水流,其波峰和波谷均较圆滑,较粗大颗粒集中于波谷者为岩层的顶面,见图 5-10。

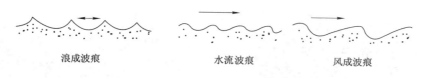

图 5-10　各种成因波痕示意图(箭头表示水流及风的方向)

(2)雨痕、雹痕印模。它是稀疏的冰雹或雨滴落在湿润而柔软的泥质及粉砂质沉积物上,打出的圆形或椭圆形凹坑的一种原生构造。它被上层覆盖的岩层保存下来,它的凹坑总是分布在顶面,见图 5-11。

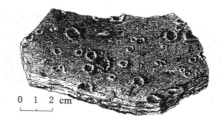

图 5-11　雨痕

(3)泥裂。泥裂也叫干裂或龟裂,是一些细粒的沉积物还未固结时露出水面,经暴晒干枯并发生收缩和裂开而形成的裂缝。它在岩层的顶面发育,形态为上部开阔的裂缝,下部尖锐的楔形(图 5-12)。

图 5-12　泥裂示意图

### 四、化学成因构造

#### (一) 结核

在沉积岩层中外部呈球状、扁圆状、瘤状等,内部为同心圆状或放射状,其物质成分与围岩成分不同,这种大小不等的块体称结核。在煤层及顶底板中常可见到黄铁矿及菱铁矿结核(图 5-13 和 5-14)。

根据结核的成因不同,可分为沉积结核、成岩结核和后生结核。

(1)沉积结核。在岩石的形成时生成,其特点是胶结物质围绕某些质点为中心层层沉淀形成,具有同心圆状及核心,结核的成分与同时生成的沉积物明显不同,结核与围岩的界

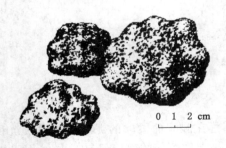

图 5-13　菱铁矿的球状结核　　　　　　　　图 5-14　黄铁矿的瘤状结核

限清楚,围岩层理多绕结核而过。常见沉积结核有硅质结核、磷、锰、铁质结核等。

（2）成岩结核。在成岩的过程中形成,生成在富含胶质体的内部,在软泥中常见。其形成原因是沉积物脱离沉积环境后,胶体物质围绕某些中心体凝结沉淀形成。胶体物质可来自沉积物的内部,也可是和沉积物发生局部的化学反应而形成。结核与围岩呈过渡关系,界限往往不明显。结核在干燥时体积发生收缩,常产生一些裂隙或空洞,其内可充填各种矿物质,裂隙由里向外逐渐尖灭。

（3）后生结核。生成于已硬化的沉积岩中,常分布在裂隙附近。其特点是结核明显切穿围岩的层理,层理不出现弯曲带现象。

在煤系地层中结核分布较广,常可见有菱铁矿结核、黄铁矿结核和硅质结核。菱铁矿结核、黄铁矿结核多形成于沉积和成岩阶段,分布在沼泽相、湖泊相、泻湖相等粉砂岩及黏土岩中,在煤层及煤层的顶底板的岩层中常可见到;燧石（硅质）结核则分布在浅海相的石灰岩中,例如河北峰峰煤田的 8 号煤顶板的大青灰岩中见到的灰黑色及黑色眼球状、条带状燧石结核。这些结核都比围岩的相对密度大,硬度大。

（二）晶体印痕

在含盐度高、蒸发量大的咸水盆地泥质沉积物中,常有石盐、石膏等晶体沉积。当成岩作用时,泥质沉积物失水、压缩、厚度减薄,而盐类物质收缩小,突出于岩层表面,并嵌入上覆岩层中,故使上下岩层的底面和顶面留下晶体的印痕。若易溶矿物晶体被溶解移去,也可留下晶体的痕迹。如其空间被后来的矿物体所充填,还可产生矿物假象。石盐、石膏等盐类晶体印痕或假象是大陆干燥地区沉积物的特征。

### 五、生物成因构造

生物成因的构造有生物遗迹构造和生物扰动构造。前者是生物生存期间运动、居住、寻找食物等活动留下的痕迹——化石;后者是底栖生物的活动使沉积物的原始构造受到破坏,形成生物扰动沉积岩。

地质历史时期中保存在岩石和沙土中的生物遗体或遗迹称化石。化石的存在是沉积岩的重要特征之一,反映了沉积物的生成环境。具有海生动物化石,说明沉积物为海相沉积;具有陆生动、植物化石,说明沉积物是陆相沉积;具完整植物叶化石,说明是在水介质平静的湖泊相沉积;破碎植物叶的化石,说明是在水介质强烈运动的急流河床相沉积。不同的地质时代的地层有不同的化石,利用标准化石可确定沉积岩层的形成时代（图 5-15）。

### 六、包裹体

大小混杂的岩石碎块夹在其岩石中,这种有棱角的团块状及不规则状的岩石碎块叫包裹体。例如岩石中的煤泥岩石碎块等如图 5-16 所示。

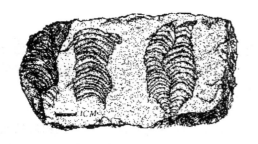

图 5-15　岩层中的化石

图 5-16　水晶包裹体

**任务实施**

1. 在地质实验室通过观察研究沉积岩标本,熟悉掌握沉积岩的构造类型及其特征。
2. 在野外实习实训中通过观察研究沉积岩岩石体,熟悉掌握沉积岩的构造类型及其特征。

**思考与练习**

沉积岩层理构造、层面构造、结核构造、晶体印痕构造、包裹体构造的概念及其特点。

# 任务八　沉积岩的颜色

**【知识要点】**　沉积岩的颜色;沉积岩颜色的成因类型;沉积岩不同颜色的成因。

**【技能目标】**　熟练掌握沉积岩的颜色、沉积岩颜色的成因类型、沉积岩不同颜色的成因。

**任务导入**

沉积岩的颜色是沉积岩最特色的沉积标志,是鉴别岩石、划分和对比地层、分析判断古地理条件的重要依据之一。本节重点讲解熟练掌握沉积岩的颜色、沉积岩颜色的成因类型、沉积岩不同颜色的成因。

**任务分析**

本节通过讲解沉积岩的颜色、沉积岩颜色的成因类型、沉积岩不同颜色的成因,让学生基本掌握如下知识:

(1) 沉积岩不同颜色的成因,让学生基本学会利用沉积岩的颜色鉴别岩石。

(2) 划分和对比地层,分析判断古地理等。

 相关知识

## 一、沉积岩颜色的成因类型

沉积岩的颜色可分为继承色、自生色和次生色。继承色和自生色都是原生色,原生色与层理界线一致,在同一层内沿走向均匀稳定分布。次生色一般切穿层理面,分布不均,常呈斑点状,沿缝洞和破碎带颜色有明显变化。

### (一)继承色

继承色主要取决于碎屑颗粒的颜色,而碎屑颗粒是母岩机械风化的产物,故沉积岩的颜色继承了母岩的颜色。如长石砂岩多呈红色,这是因为花岗质母岩中的长石颗粒是红色的缘故。同样,纯石英砂岩因为碎屑石英无色透明而呈白色。

### (二)自生色

自生色取决于沉积物堆积过程及其早期成岩过程中自生矿物的颜色。比如,含海绿石或鲕绿泥石的岩石常呈各种色调的绿色和黄绿色;红色软泥是因为其中含脱水氧化铁矿物(赤铁矿)。

### (三)次生色

次生色是在后生作用阶段或风化过程中,原生组分发生次生变化,由新生成的次生矿物所造成的颜色。这种颜色多半是由氧化作用或还原作用等引起的,比如在有些情况下,含黄铁矿岩层的露头呈现红褐色,这是由于黄铁矿分解形成红色的褐铁矿所致;而在另一种情况下,同样是这样的露头,由于低价铁和高价铁硫酸盐的渗出而呈现浅绿—黄色。

岩石颜色的原生性(继承色和自生色)和次生性都可作为找矿标志。例如,由于油气的影响,可使原生的黄红色、紫红色还原为灰色、灰绿色,根据这种次生色的发育情况,有助于寻找储油构造,尤其是在局部构造的顶部,裂隙往往比较发育,油气运移较多,这种找矿标志更为明显。

## 二、沉积岩不同颜色的成因

沉积岩的颜色主要取决于岩石的成分,即取决于岩石中所含的染色物质——色素。换句话说,沉积岩的颜色多半是由含铁质化合物(绿色、红色、褐色、黄色)或含游离碳(灰色、黑色)等染色物质,即色素造成的。

### (一)灰色和黑色

大多数岩石由暗灰色变为黑色,是因为存在有机质(炭质、沥青质)或分散状硫化铁(黄铁矿、白铁矿)造成的。岩石的颜色随着有机碳含量的增加而变深,表明岩石形成于还原或强还原环境。

### (二)红色、棕色、黄色

红色、棕色、黄色这些颜色通常是由于岩石中含有铁的氧化物或氢氧化物(赤铁矿、褐铁矿等)染色的结果。若系自生色,则表示沉积时为氧化或强氧化环境。大陆沉积物多为红黄色,然而,海洋沉积物有时也呈红色,这多半是由于海底火山喷发物质的影响或海底沉积物氧化所致;也有红色岩层是由于大陆形成的红色沉积物被搬运入海,处于近岸氧化环境或被迅速埋藏造成的,故通常所谓的红层不一定都是陆相沉积。

在红色地层中,有时发现绿色的椭圆斑点,或者在露头上较大范围内呈现出红、黄、绿、灰等色掺杂现象,这多半是氧化铁在局部地方发生还原的缘故。有时,沿着红层的节理发育

有绿色边缘,这种现象可能与地下水的次生还原作用有关。

（三）绿色

岩石的绿色多数是由于其中含有低价铁的矿物,如海绿石、鲕绿泥石等所致;少数是由于含铜的化合物所致,如含孔雀石而呈鲜艳的绿色。若系自生色,绿色一般反映弱氧化或弱还原环境。

除自生矿物外,碎屑岩的绿色有时是由于含有绿色的碎屑矿物,如角闪石、阳起石、绿泥石、绿帘石等所致;而泥质岩的绿色还常因含伊利石所致。

例如,在岩石中同时存在高价铁的氧化物和低价铁的氧化物,那么,它的颜色与含铁量则无明显关系,而是取决于这两种组分比值($Fe^{3+}/Fe^{2+}$)的变化。在红色和紫色的板岩中,$Fe^{3+}$与$Fe^{2+}$比值大于1,而在绿色和黑色板岩中这种比值小于1。这表明了岩石的颜色随着低价铁作用的加大而由红色到绿色甚至到黑色的变化情况。

影响颜色的因素是多方面的,除了岩石成分和风化程度外,岩石颗粒大小、干湿程度、向阳背阳等对颜色都有很大影响。粒度越细、越湿并且处于阴暗时,色调越深;反之色浅。因此,在观察颜色时,必须看到新鲜面并需说明它们是在怎样的岩石状态下测定的。

在进行野外露头研究中,应逐层描述沉积岩的原生颜色,确定次生斑点颜色的分布,并查明颜色的原生性或次生性及其成因性质。颜色的描述方法应以表示主要颜色为主,必要时在主要颜色之前附以补充色,并以深浅表示色调,例如,深紫红色或浅黄灰色。其中红、灰是主要颜色,放在后面;紫、黄是次要颜色,放在主色前面作为形容词。

 **任务实施**

在地质实验室通过观察研究沉积岩标本,熟悉掌握沉积岩的颜色及其特征。

 **思考与练习**

1. 简述继承色、自生色、次生色的概念。
2. 试述沉积岩不同颜色的成因。

# 任务九　沉积岩的分类

【知识要点】　沉积岩分类;常见沉积岩分类及特征。
【技能目标】　掌握常见沉积岩分类及特征;认识常见沉积岩。

 **任务导入**

沉积岩分类考虑岩石的成因、造岩组分和结构构造三个因素。沉积岩的成因分类粗略地可分为内源沉积岩和外源沉积岩两类。

 **任务分析**

沉积岩分类考虑岩石的成因、造岩组分和结构构造三个因素。沉积岩的成因分类粗略

的可分为内源沉积岩和外源沉积岩两类。本节重点掌握如下知识：

（1）常见沉积岩分类及特征。

（2）认识鉴别常见沉积岩。

相关知识

沉积岩分类考虑岩石的成因、造岩组分和结构构造三个因素。沉积岩的成因分类粗略地可分为内源沉积岩和外源沉积岩两类。

外生和内生实际上是指盆地外和盆地内的两种成因类型。盆地外的，主要形成陆源的硅质碎屑岩，但是陆地的河流等定向水系可将陆源碎屑物搬运到湖、海等盆地内部而沉积、成岩；盆地内的，形成的内生沉积岩的造岩组分，除了直接由湖、海中析出的化学成分外，也可能有一部分来自陆地的化学或生物组分。因此，可简单地分为两类：

（1）陆源碎屑岩。主要由陆地岩石风化、剥蚀产生的各种碎屑物组成。按颗粒粗细分为砾岩、砂岩、粉砂岩和泥质岩。

（2）内源沉积岩。主要指在盆地内沉积的化学岩、生物-化学岩，也可由风浪、风暴、地震和滑塌作用将未充分固结的岩石破碎再堆积，成为内碎屑岩。内积岩按造岩成分分为铝质岩、铁质岩、锰质岩、磷质岩、硅质岩、蒸发岩、可燃有机岩（褐煤、煤、油页岩）和碳酸盐岩（石灰岩、白云岩等）。此外，由不同性质的水流形成不同沉积岩。如浊流作用形成浊积岩，风暴流作用形成风暴岩，平流作用形成平流岩，滑塌作用形成滑积岩，造山作用前后常可分别形成复理石和磨拉石。

按沉积岩的造岩组分和结构特点，将沉积岩分为碎屑岩类、黏土岩类、化学岩及生物化学岩类。

**一、碎屑岩类**

碎屑岩是由胶结物把碎屑物质胶结起来而形成的岩石。根据物质的来源不同，碎屑岩可分为正常沉积碎屑岩和火山碎屑岩两类。下面主要讲正常沉积碎屑岩类。

正常沉积碎屑岩是由机械风化的碎屑物质经胶结而成的岩石。碎屑的物质主要是经风化后的稳定矿物（石英、长石、白云母等）和岩屑；胶结物有硅质、泥质、铁质等。按组成沉积岩的碎屑颗粒大小分为以下几种。

（一）角砾岩和砾岩

这类岩石的碎屑颗粒大于 2 mm，并占岩石总量的 50％以上。

（1）角砾岩：由棱角状的砾石（碎石、角砾）经胶结形成的岩石。角砾岩的成因可以是多种多样的，例如同生角砾岩、冰川角砾岩、山崩滑坡角砾岩、盐溶角砾岩、陷落柱角砾岩、断层角砾岩、成岩后生角砾岩等（图 5-17）。

（2）砾岩：由磨圆度好、呈圆形或扁圆形的砾石经胶结形成的岩石。一般都是沉积作用形成的，砾石经过了不同程度的磨圆过程。根据不同的成因，可有河成砾岩、滨海砾岩、滨湖砾岩及三角洲砾岩等。根据砾岩在剖面中的位置又有底砾岩、层间砾岩等（图 5-18）。

（二）砂岩

砂岩是 50％以上 2～0.1 mm 的碎屑物质经胶结而形成的岩石（图 5-19、5-20、5-21）。

1. 按碎屑颗粒大小划分

（1）粗粒砂岩：碎屑颗粒直径 2～0.5 mm 组成的岩石。

图 5-17　角砾岩

图 5-18　砾岩

（2）中粒砂岩:碎屑颗粒直径 0.5～0.25 mm 组成的岩石。

（3）细粒砂岩:碎屑直径 0.25～0.1 mm 组成的岩石。

**2. 按碎屑的矿物成分划分**

（1）石英砂岩:砂岩中石英碎屑颗粒占 90% 以上,其次可有少量的长石及重矿物等组成。胶结物多为硅质,有时有钙质或铁质。岩石的硬度大,其颜色多为白色、黄白色、灰白色等。

（2）长石砂岩:砂岩主要由石英、长石碎屑组成,长石碎屑占 25%～50%,石英一般为 30%～60%。胶结物常为钙质、黏土质,有时为硅质或铁质。岩石的颜色一般较浅,呈淡黄、米黄色、浅红色等。

（3）硬砂岩:岩石主要由岩屑、石英和长石碎屑组成。砂岩中石英含量占 25%～50%,岩屑占 25% 以上,长石占 15%～25%。胶结物为钙质或泥质,有时为硅质。碎屑颗粒一般较粗,分选及磨圆较差。颜色多呈淡灰绿色到暗色。

图 5-19　石英砂岩

图 5-20　长石砂岩

图 5-21　岩屑砂岩

**3. 按胶结物成分划分**

（1）硅质砂岩:硬度大,颜色浅。

（2）铁质砂岩:颜色红,相对密度大。

（3）钙质砂岩:颜色浅,点盐酸起泡。

（4）泥质砂岩:硬度小,疏松。

**（三）粉砂岩**

粉砂岩是砂岩与黏土岩之间的过渡类型,由含量 50% 以上的 0.1～0.003 9 mm 碎屑物质经胶结形成的岩石。粉砂岩的颗粒细小,肉眼不易分辨矿物的成分及粒度,手摸有轻微的粗糙感(图 5-22)。

图 5-22  粉砂岩                          图 5-23  泥岩

## 二、泥质岩

由含量 50％以上粒径小于 0.003 9 mm 的细碎屑组成并含有大量黏土矿物的沉积岩，又称黏土岩，疏松的称为黏土，固结的称为页岩和泥岩。泥质岩是分布最广的一类沉积岩。地球表面大陆沉积物中的 69％是页岩，在整个地质时期所产生的沉积物中页岩占 80％。

泥质岩的主要有下列几种类型：

（1）高岭石黏土（岩），又称高岭土，因首先发现于中国江西景德镇附近的高岭村而得名。

（2）蒙脱石黏土（岩），主要由蒙脱石组成，常含少量白云母、绿泥石、碳酸盐矿物、石膏、有机质以及未分解的火山凝灰物质等。

（3）伊利石黏土（岩），是以伊利石为主、分布最广的一类黏土（岩），但经常含有其他黏土矿物，以及石英、长石、云母等碎屑和有机质。

（4）泥岩和页岩。泥岩（图 5-23）是块状的不具纹理或页理的泥质岩，页岩是具纹理或页理的泥质岩，含油的称为油页岩（图 5-24）。

## 三、化学及生物化学岩

### （一）石灰岩

石灰岩是主要由方解石组成的碳酸盐岩，简称灰岩。石灰岩成分中经常混入有白云石、石膏、菱镁矿、黄铁矿、蛋白石、玉髓、石英、海绿石、萤石、磷酸盐矿物等。此外还常含有黏土、石英碎屑、长石碎屑和其他重矿物碎屑（图 5-25）。

图 5-24  油页岩                          图 5-25  石灰岩

（二）泥灰岩

泥灰岩通常指由粉砂及泥级碳酸盐与黏土矿物混合组成的一种松、软、易碎、较新的沉积岩。常呈灰、黄、绿等色，也有深色的。按重量碳酸盐成分占 $30\%\sim70\%$，矿物主要为方解石，白云石，文石少见，菱铁矿更少。黏土矿物有伊利石，蒙脱石、高岭石不常见。副组分有石英、海绿石、长石、磷灰石族、铁矿物、有机质等，有时全无陆源碎屑。显微镜下可见方解石，为碎屑状。海相的常有孔虫壳及颗石碎片。宏观上一般不显层理，成岩后可呈次贝壳状断口（图 5-26）。

（三）蒸发岩

在封闭、半封闭的环境中，由于干旱炎热气候条件下，强烈的蒸发作用而形成的化学沉积岩，又称盐岩。蒸发岩中最常见的盐类矿物有天然碱、苏打、芒硝、无水芒硝、钙芒硝、石膏、硬石膏、石盐、泻利盐、杂卤石、光卤石和钾石盐；有的盐湖中还有固体硼砂矿物或含硼、溴、碘的卤水。蒸发岩一般具有结晶结构，有时可再结晶为数毫米甚至数厘米的巨晶结构。

蒸发岩的主要类型有石膏岩-硬石膏岩、钙芒硝泥岩、石盐岩、光卤石岩和钾石盐岩等。由于不同地区或不同成岩时代陆地水和海水的化学性质不同（如氯化物型、硫酸盐型和混合型等），产生了含不同盐类的矿物组合的现代盐湖和不同盐类组成的古代盐类矿床。中国青海柴达木盆地中的察尔盐湖，沉积了光卤石矿层，青海和西藏的一些盐湖中有硼矿沉积。内蒙古、新疆的一些现代盐湖中天然碱相当丰富。中国云南勐野井存在有钾石盐组成的固体钾盐矿层，但储量很小，中国河南吴城发现了古代的固体天然碱矿床。盐湖或与固体盐层有关的地下卤水包括多种稀有元素，如硼、溴、碘、铯、锂等，都具有综合利用价值，西藏的盐湖中发现了含锂和铯的沉积矿物（图 5-27）。

图 5-26　泥灰岩

图 5-27　蒸发岩

（四）锰质岩

锰质岩是富含锰矿物的化学沉积岩，在其沉积过程中也受到生物化学作用的促进。原生的沉积锰质岩主要是碳酸锰质岩，次生的锰质岩是含氧化锰的锰质岩。沉积锰质岩主要由软锰矿、硬锰矿、褐锰矿、水锰矿、黑锰矿和菱锰矿等六种含锰矿物组成。此外，常与菱锰矿在一起的还有锰方解石。菱锰矿和锰方解石也可由氧化富集转变为氧化锰矿石。碳酸盐锰质岩具泥晶玉细晶结构，与赋存锰质岩的石灰岩的结构一致。次生锰质岩一般呈胶状结构。锰质岩在赋存岩层中具有条带状构造、透镜体构造、角砾状构造等。次生充填的氧化锰可成裂隙充填构造。锰质岩常在浅海和湖盆地中形成，在海洋近岸一侧的滨后湖盆中最为常见。这种沉积环境中常有藻类、浮游生物、钙质壳生物和其他微生物繁殖,促进了锰质的交代,形成锰方解石或菱锰矿。锰质岩的原生岩形成于水盆地弱还原的较深水部位;次生岩则是地表或近地表氧化带溶解碳酸盐后淋滤沉淀产生的(图5-28)。

（五）铁质岩

铁质岩是富含铁矿物的化学或生物化学沉积岩。主要铁矿物有赤铁矿或镜铁矿、磁铁矿、针铁矿或褐铁矿、菱铁矿、鲕绿泥石和黄铁矿等。铁质岩的结构和构造因主要含铁造岩矿物不同而异。赤铁矿铁质岩、针铁矿或褐铁矿铁质岩以及鲕绿泥石铁质岩等具胶状结构。部分黄铁矿铁质岩及镜铁矿铁质岩等具胶状和结晶体状结构。菱铁矿铁质岩具结晶体状结构。氧化铁质铁质岩和菱铁矿铁质岩一般都具有成层构造,其中赤铁矿和鲕绿泥石铁矿还具肾状、葡萄状、结核状构造。黄铁矿铁质岩和褐铁矿铁质岩常具团块状、透镜状或豆荚状构造。铁质岩在浅海、滨岸、湖泊盆地中,经化学沉积作用形成(图5-29)。

图5-28　锰质岩

图5-29　铁质岩

（六）硅质岩

硅质岩是由化学或生物化学作用形成的以 $SiO_2$ 为主要造岩成分的沉积岩,也称燧石岩。一般含 $SiO_2$ 在80%以上,常可达95%以上。其中 $SiO_2$ 矿物不是来自碎屑,而是来自生物的硅质骨骼、壳体或碎片,由化学作用直接沉淀或交代作用产生。火山活动可提高海洋中的硅质含量,也是硅质岩中硅的主要物源。硅质岩中主要矿物是蛋白石、玉髓和自生石英。硅质岩有两大类结构:一类是生物结构,在硅质岩中显微镜下可看到放射虫、硅藻或硅质交代残留的钙藻等;另一类是非生物的化学沉淀结构。原生沉淀的硅质一般是非晶质结构,但是经过成岩作用,非晶质蛋白石转变为结晶质玉髓和石英,成为结晶质结构。

（1）生物硅质岩:如由放射虫球状体堆积而成的放射虫硅质岩;主要由硅质海绵骨针堆积并由化学沉淀的 $SiO_2$ 胶结形成的海绵硅质岩;主要由硅藻组成,并由黏土质充填或混杂胶结而成的硅藻土。

（2）化学硅质岩:由沉积的或交代碳酸盐或其他矿物的 $SiO_2$ 为主要成分的岩石,质地坚硬,一般称为燧石岩。含氧化铁杂质的,称铁质碧玉岩,常呈红色、绿色或黄色;含有机炭的,称炭质碧玉岩,常呈黑色;燧石岩和碧玉岩在元古宙的地层中经常出现。

（3）凝灰硅质岩:由脱玻化玻屑为主要造岩成分的蛋白石岩,又称瓷土岩。其中蛋白石呈超显微状球体集聚状,孔隙多,质地较轻,含少量黏土成分,是火山灰沉积在湖、海中改造而成的一种特殊的硅质岩。凝灰硅质岩或瓷土岩常出现在中生代以后的地层中(图5-30)。

（a）　　　　　　　　　　　　　　（b）

图 5-30　硅质岩

（a）层状硅质岩；（b）结核状硅质岩

（七）磷质岩

富含磷酸盐矿物的化学-生物化学沉积岩，又称磷块岩。$P_2O_5$ 含量大于 5%～8%。磷酸盐矿物主要是磷灰石的变种，常见的有羟基磷灰石、碳磷灰石、氟磷灰石和氯磷灰石。有些磷质岩中含铈、镧等稀土元素而成为稀土磷质岩。在显微镜下沉积磷质岩呈隐晶结构，层状构造，与黑色页岩、硅质岩或碳酸盐岩互层，有时呈透镜状、结核状或内碎屑团块或角砾状构造。磷质岩也可成犬牙交错构造与泥晶石灰岩渐变或过渡。磷灰岩主要类型有磷块岩，一般是成层的，含磷品位较高，$P_2O_5$ 含量在 12% 以上；磷质页岩或磷质泥灰岩，一般是黑色页岩或硅质岩层内夹层，$P_2O_5$ 含量 8%～12%；含磷沉积岩，含磷结核的页岩或灰岩，磷质部分胶结的砂岩等 $P_2O_5$ 含量为 5%～8%；鸟粪磷块岩，含磷极高，一般在 30% 以上（图 5-31）。

（八）铝质岩

富含氧化铝和铝硅酸盐矿物的化学沉积岩，又称铝土岩或铝矾土。$Al_2O_3$ 含量大于 40%，$Al_2O_3/SiO_2$ 比值大于 2.5 的铝质岩称为铝土矿。铝质岩中主要含铝矿物，有三水铝石、一水铝石和勃姆石。常含有高岭石和伊利石。铝质岩一般具胶体结构，矿物颗粒细小，常小于 0.01 mm，常有内碎屑状颗粒结构。铝质岩可具有鲕状、豆状等结构和葡萄状、块状、凝块状构造，有时成角砾状凝块结合体构造（图 5-32）。

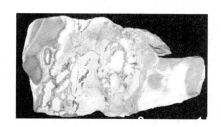

图 5-31　磷质岩　　　　　　　　图 5-32　灰色铝质岩

主要沉积岩分类及特点见表 5-3。

表 5-3　　　　　　　　　　　　　　　　沉积岩分类及特点

| 类型 | 岩石名称 | 结构 | 主要成分 | 其他特征 |
|---|---|---|---|---|
| 碎屑岩 | 砾岩 | 砾状粒径大于 2 mm | 多为坚硬岩石(如石英岩、部分火成岩)和硬度较高矿物(如石英)的碎屑 | 由磨圆度好,呈圆形或扁圆形的砾石经胶结形成。一般都是沉积作用形成的,砾石磨圆度好。根据不同的成因,有河成砾岩、滨海砾岩、滨湖砾岩及三角洲砾岩等。根据砾岩在剖面中的位置有底砾岩、层间砾岩等 |
| | 角砾岩 | 棱角状胶结,粒径大于 2 mm | 成分复杂、变化较大 | 角砾岩成因多种多样,多为棱角状,大小不等,形状各异,岩石厚度一般不大,且多不成层状,有同生角砾岩、盐溶角砾岩、陷落柱角砾岩、断层角砾岩等 |
| | 砂岩 | 砂状,粒径在 2~0.05 mm 之间 | 多为耐风化的矿物,如石英、长石、白云母及部分岩石碎屑 | 岩石外表为灰白、灰黄等浅色,由 50% 以上直径为 2~0.05 mm 的沙砾组成,按粒径大小还可以分为粗砂岩(2~0.05 mm)、中砂岩(0.5~0.25 mm)和细砂岩(0.25~0.1 mm);按岩石成分则可以分为石英砂岩(含石英颗粒 90% 以上)、长石砂岩(含长石 25% 以上,并含石英颗粒)和硬砂岩(含 50% 左右的石英和长石颗粒,并含其他岩石碎屑) |
| | 粉砂岩 | 砂状,粒径在 0.05~0.005 mm 之间 | 多为石英,次为长石、白云母,很少岩石碎屑 | 由含量 50% 以上的粒径 0.1~0.003 9 mm 碎屑物质经胶结形成的岩石。粉砂岩的颗粒细小,肉眼不易分辨矿物的成分及粒度,手摸有轻微的粗糙感。碎屑的成分主要为石英、长石、白云母,有时含岩屑。胶结物一般为钙质、硅质、泥质。颜色多呈灰黄、灰绿、灰黑等色 |
| 泥岩 | 高岭石黏土岩 | 泥质结构 | 粒径小于 0.003 9 mm 的黏土矿物 | 岩石致密均一,可以形成各种过渡类型结构,如粉砂泥质结构等 |
| | 页岩 | 泥质结构 | 页岩是具纹理或页理的泥质岩,含油的称为油页岩 | 页岩外观多呈褐色泥岩状,其相对密度为 1.4~2.7。油页岩中的矿物质常与有机质均匀细密地混合,难以用一般选煤的方法进行选矿。含有大量黏土矿物的油页岩,往往形成明显的片理 |
| 化学生物岩 | 石灰岩 | 隐晶质或结晶粒状 | 主要为方解石,并常混入白云石、黏土等杂质 | 多为浅色,因含杂质可有红、褐、灰、黑等色;遇盐酸可剧烈起泡;易被溶蚀成各种卡斯特形态,按成因结构的不同可有各种名称,如生物石灰岩、竹叶状石灰岩等 |
| | 蒸发岩 | 结晶结构或巨晶粒状结构 | 主要为石膏岩、钙芒硝泥岩、食盐岩、光卤石岩等 | 蒸发岩一般具有结晶结构,有时可再结晶为数毫米甚至数厘米的巨晶结构。一般是层状构造,往往呈角砾状、泥砾状的次生构造,并形成盐溶角砾岩 |
| | 泥灰岩 | 微粒状或泥质 | 除有方解石、白云石还有黏土矿物,碳酸盐成分占 30%~70% | 通常指由粉砂及泥级碳酸盐与黏土矿物混合组成的一种松、软、易碎的较新的沉积岩。常呈灰、黄、绿等色,也有深色的。按重量碳酸盐成分占 30%~70%,矿物主要为方解石,白云石、文石少见,菱铁矿更少 |
| | 锰质岩 | 泥晶玉细晶结构,次生锰质岩一般呈胶状结构 | 锰质岩主要由软锰矿、硬锰矿、褐锰矿、水锰矿、黑锰矿和菱锰矿等含锰矿物组成。此外,常与菱锰矿在一起的锰方解石 | 锰质岩在赋存岩层中具有条带状、透镜状、角砾状构造。次生充填的氧化锰可成充填构造。锰质岩常在浅海和湖盆地中形成,在海洋近岸一侧沉积环境中常有藻类、浮游生物、钙质壳生物和其他微生物,促进了锰质的交代,形成锰方解石或菱锰矿 |

**任务实施**

在实验室岩石标本实习或野外实习实训中,能分辨常见沉积岩及其分类、特征。

**思考与练习**

1. 简述陆源碎屑岩、内源沉积岩的概念。
2. 简述常见沉积岩分类及特征,识别常见的沉积岩。

项目五彩图

# 项目六　沉积岩鉴定

沉积岩广泛地分布在地球表面,与我们人类的生产、生活息息相关,所以对沉积岩的研究有着十分重要的意义。学习了沉积岩的概述,对沉积岩的形成及基本特征也有了一个系统的认识。项目六主要详细介绍各大类沉积岩的特征及鉴定。沉积岩的鉴定是通过对沉积岩的物质组成、结构构造、颜色等特征的分析进一步确定其分类和名称。沉积岩的鉴定主要包括肉眼鉴定和镜下鉴定,在这里我们着重介绍肉眼观察的方法。通过理论陈述和标本实图相结合,帮助同学们更轻松地理解知识要点和难点,掌握相关知识点,进一步认识沉积岩,达到学习目标。

## 任务一　火山碎屑岩

**【知识要点】**　岩屑、晶屑、玻屑;火山碎屑粒级的划分依据;火山碎屑岩常见的五种构造类型;火山碎屑岩的颜色;常见的火山碎屑岩类的特征。

**【技能目标】**　肉眼观察手标本主要矿物成分及相对含量;准确地划分标本的结构;熟练地描述火山碎屑岩标本的构造特征;区分海相火山碎屑岩和陆相火山碎屑岩;掌握手标本的描述方法和沉积岩的命名原则。

 任务导入

火山碎屑岩由其名可知,火山碎屑物质是其主要组成物质,火山碎屑含量在50%以上。虽然火山碎屑岩的主要组成是火山碎屑,但它属于沉积岩类,是介于岩浆岩与沉积岩之间的岩石类型,兼有两者的特点,又与两者相互过渡。与火山碎屑岩相伴生的还有熔岩、次火山岩(或超浅层侵入岩)和正常沉积岩类。火山碎屑岩在自然界中的分布十分广泛,从前寒武纪至第四纪形成的地层里均有分布。许多矿产都与火山碎屑有关,如铁、锰、钾、硫等矿物。火山碎屑岩除了易于形成各种矿产之外,由于其多孔的特殊结构还可作为重要的油气储集岩。火山碎屑岩具有重要的科学研究价值,在世界上也越来越受到人们的重视。

任务分析

鉴定火山碎屑岩,首先得掌握火山碎屑岩的基本特征,注意与相似岩类的区分,以典型的岩石为例,更容易理解相关知识。要鉴定火山碎屑岩,必须掌握以下知识点:

(1)了解火山碎屑岩的成因及物质来源。

(2)了解成因对火山碎屑岩结构和构造的影响。

(3)掌握火山碎屑岩区别于其他类岩石的特殊结构构造等特征。

 相关知识

### 一、火山碎屑岩的基本特征

（一）成分

火山碎屑岩主要是由火山碎屑物质组成的岩石。火山碎屑物质按其组成物质及结晶程度可分为岩屑、晶屑和玻屑三种类型。除了火山碎屑，火山碎屑岩中还有一些其他的物质成分，如正常沉积物、熔岩物质等。

1. 岩屑

岩屑形状多样，大小不一，可为微细粒至数米的巨块，根据其来源特征可分为刚性岩屑和塑性岩屑两种。刚性岩屑是早已凝固的熔岩或火山基底及管道的围岩，在火山爆发时冲碎而成。塑性岩屑又称塑性玻璃岩屑、浆屑或火焰石等，是由塑性、半塑性熔浆在喷出后经塑变而成，具玻璃质结构，断面呈火焰状、撕裂状、树枝状、纺锤状、透镜状、条带状等（图 6-1）。火山弹是由于塑性熔浆团在空中旋转而成，形如纺锤、椭球、麻花、陀螺、梨状等，表面具旋钮纹理和裂隙，并具有一层淬火边，大者可达数米。

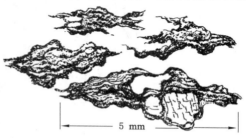

图 6-1　塑性岩屑

2. 晶屑

晶屑是早期析出的斑晶随熔浆炸碎而成，一般小于 2 mm，外形各异，常呈棱角状，有时也保持原来的部分晶形，常见的晶屑多为石英、长石、黑云母、角闪石、辉石等。石英晶屑表面极为光洁，具不规则裂纹及港湾状熔蚀外形；长石晶屑主要为透长石、酸性至基性斜长石，自形程度一般较高，可见沿解理破裂及明显的裂纹，扫描电子显微镜下能够清晰地观察到（图 6-2）。黑云母和角闪石晶屑常具弯曲、断裂及暗化现象，辉石主要出现在偏基性的火山碎屑岩中。

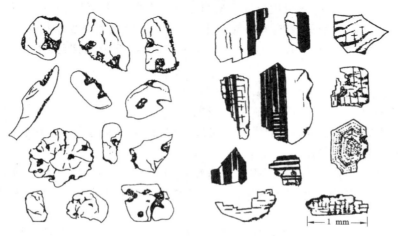

图 6-2　石英晶屑和长石晶屑

### 3. 玻屑

玻屑大小通常在 0.01～0.1 mm 之间,大小在 0.01～2 mm 者称为火山灰,小于 0.01 者称为火山尘。刚性玻屑有弧面棱角状和浮石状两种。弧面棱角状很常见,形状多样,镜下常用弓形、弧形、镰刀形、月牙形等,综观其共同特点,它们是由一些不完整的气孔壁和贝壳状断口等组成(图 6-3)。浮石状不太常见,是没有彻底炸碎的弧面、棱面状玻屑,内部保留较多的气孔,状如浮石,在中基性火山碎屑岩中出现较多。

塑性玻屑是炽热的玻屑在上覆火山碎屑物质的重压下,彼此压扁拉长叠置并定向排列,且相互粘连熔结在一起而成。强烈塑变玻屑显流纹状,通称假流纹构造。

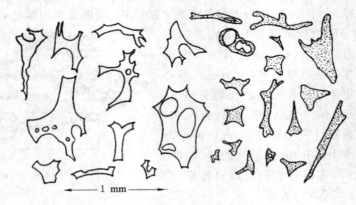

←—— 1 mm ——→

图 6-3　弧面棱角状玻屑

### (二) 结构

按火山碎屑的粒级,可将火山碎屑岩的结构划分为火山集块结构(大于 100 mm)、火山角砾结构(2～100 mm)、火山灰结构(0.01～2 mm)和火山尘结构(小于 0.01 mm)。专属性的火山碎屑结构有集块结构(火山集块含量大于 50%)、火山角砾结构(火山角砾含量大于 75%)、凝灰结构(火山灰含量大于 75%)。按碎屑形态特点可将火山碎屑岩结构划分为塑变碎屑结构(主要由塑变碎屑组成)、碎屑熔岩结构(基质为熔岩结构)、沉凝灰结构(指混入正常沉积物而言),以及凝灰砂状、凝灰粉砂状、凝灰泥状等过渡类型结构等。

火山碎屑物的分选性与圆度都很差,这是由于未经长距离搬运,有的甚至就地堆积而致。

### (三) 构造

在火山碎屑岩中,常见的构造有下列 5 种类型。

(1) 层理构造。火山碎屑岩通常不显层理,但在水携或风携的火山碎屑沉积中,也可出现小型和大型交错层理以及平行层理。

(2) 递变层理。主要出现在沉积物重力流成因的火山碎屑岩类中,是陆上或水下火山碎屑重力流以悬浮和递变悬浮方式搬运和沉积作用所致,如正递变、反递变以及叠覆递变层理。

(3) 斑杂构造。火山碎屑物在颜色、粒度、成分上分布不均,且无排列性而表现出来的一种杂乱构造。

(4) 平行构造。泛指由伸长形的火山碎屑物,如透镜体、饼状体、熔岩团块和条带等定向排列所组成的构造。

（5）假流纹构造。主要出现在流纹质熔结凝灰岩中,根据塑性玻屑可见燕尾状分叉。在刚性碎屑边部可见塑变不强的弧面棱角状外形,假流纹延伸不远,一般无气孔及杏仁体等而有别于流纹构造。

除上述构造外,有时还可见气孔、杏仁构造、火山泥球及豆石构造等,甚至在某些火山碎屑岩中还见有生物搅动构造及实体化石。

（四）颜色

火山碎屑岩常具有特殊并且鲜艳的颜色,如浅红、紫红、嫩绿、浅黄、灰绿等色,它是野外鉴别火山碎屑岩的重要标志之一。颜色主要取决于物质成分,中基性火山碎屑岩色深,为墨绿、深紫红等色;中酸性火山碎屑岩色浅,常为粉红、浅黄等色。火山碎屑岩颜色还受次生变化影响,如发生绿泥石化则显绿色,蒙皂石化则显灰白色或浅红色。

**二、常见岩类**

随着科学研究的加深,火山碎屑岩的分类及命名方案并不是确定的,研究者提出了不同的方案,各抒己见。广义的火山碎屑岩类的分类和命名原则如下所述。

根据物质来源和生成方式,划分为火山碎屑岩类型、向熔岩过渡类型和向沉积岩过渡类型3种成因类型。根据碎屑物质相对含量和固结成岩方式,划分为火山碎屑熔岩、熔结火山碎屑岩、火山碎屑岩、沉火山碎屑岩和火山碎屑沉积岩5种类型。根据碎屑粒度和各粒级组分的相对含量,划分为3个基本种属,即集块岩、火山角砾岩和凝灰岩,它们的过渡型为凝灰角砾岩、角砾凝灰岩等。

以碎屑物态、成分、构造等依次作为形容词,对岩石进行命名,如晶屑凝灰岩、流纹质晶屑凝灰岩、含火山球流纹质玻屑凝灰岩等。次生变化也常作为命名的形容词,如硅化凝灰岩、蒙皂石化凝灰岩、沸石化凝灰岩和变质流纹质晶屑凝灰岩等。

1. 火山碎屑熔岩

火山碎屑熔岩是火山碎屑岩向熔岩过渡的一个类型,熔岩基质中可含10%～90%的火山碎屑物质,具有碎屑熔岩结构、块状构造。熔岩基质中可含数量不定的斑晶,呈斑状结构或气孔杏仁构造。火山碎屑主要是晶屑及一部分岩屑,玻屑少见。当成分相近时,岩屑与熔岩基质的区别就不是那么明显,常常将岩屑误认为熔岩。按主要粒级碎屑划分为集块熔岩、角砾熔岩和凝灰熔岩。

2. 熔结火山碎屑岩

熔结火山碎屑岩是以熔结方式形成的一类火山碎屑岩。火山碎屑物质含量达90%以上,其中以塑变碎屑为主,主要产于火山颈、破火山口、火山构造洼地和巨大的火山碎屑流与侵入状的熔结凝灰岩体中,其中较粗粒的熔结集块岩和熔结角砾岩分布不广,主要组成近火山口相。

3. 火山碎屑岩

火山碎屑岩类中的火山碎屑占90%以上,经压积或压实作用成岩,按粒度大小分为集块岩、火山角砾岩和凝灰岩。

（1）集块岩

集块岩由火山弹及熔岩碎块堆积而成,也常混入一些火山管道的围岩碎屑,由于未经过搬运而呈棱角状,具集块结构,由细粒级角砾、岩屑、晶屑及火山灰充填压实胶结成岩。集块岩一般存在于火山通道附近形成火山锥。

（2）火山角砾岩

火山角砾岩主要由大小不等的熔岩角砾组成,分选差,不具层理,通常被火山灰充填,并经压实胶结成岩。火山角砾岩多分布在火山口附近。

（3）凝灰岩

凝灰岩是指主要由小于2 mm的火山碎屑组成的结构。碎屑成分主要是火山灰,按碎屑粒级,进一步分为粗(1～2 mm)、细(0.1～1 mm)、粉(0.01～0.1 mm)和微(小于0.01 mm)4种凝灰岩。依据组成物质的特征又可分为单屑凝灰岩(玻屑凝灰岩、晶屑凝灰岩或岩屑凝灰岩)、双屑凝灰岩(两种物态碎屑含量均在25％以上)和多屑凝灰岩(3种物态碎屑均在20％以上)。

4. 沉火山碎屑岩

沉火山碎屑岩是火山碎屑岩与正常沉积岩之间的过渡类型,火山碎屑物质含量占50％～90％,其他为正常沉积物质,经压积和化学胶结成岩。常显层理,有时也称层火山碎屑岩。正常沉积物除具有陆源砂泥外,还可含有化学及生物化学组分以及生物碎屑等。沉火山碎屑岩颜色新鲜、颗粒棱角明显、无明显磨蚀边缘及风化边缘。

5. 火山碎屑沉积岩

火山碎屑沉积岩以正常的沉积物为主,火山碎屑物质含量相对较少占10％～50％,岩性特征基本与正常沉积岩相同。当成分主要由陆源碎屑砂组成时,称凝灰质砂岩;主要成分为泥时,称凝灰质泥岩;主要成分为碳酸盐时,称凝灰质石灰岩或凝灰质白云岩等。

三、成因分类

（一）依据火山喷发的环境,可分为海相火山碎屑岩系和陆相火山碎屑岩系

1. 海相火山碎屑岩系

海相火山岩系的最主要特点是广泛的钠长石化作用,火山玻璃分解为含水的硅酸盐。由于绿帘石化和绿泥石化,岩石呈现绿色,一般呈枕状构造。由于海水中的特殊环境,常具有以下特点:

（1）韵律性层理,不同粒级的火山碎屑物互层产出,主要呈正韵律(下粗上细)。

（2）每个夹层的厚度及粒度一般相对稳定。

（3）往往可见到凝灰岩向沉凝灰岩和凝灰质砂岩过渡的现象。

（4）由于常含有海相夹层,所以会出现孔虫、放射虫和硅藻等海相动植物化石。

2. 陆相火山碎屑岩系

熔浆流出地表时暴露在空气中被氧化,常呈现红褐色或黑色,火山岩系与下伏岩层多呈不整合或假整合接触。分布于其中的火山碎屑岩系的特点如下:

（1）岩石特征及厚度变化明显。

（2）存在泥石流角砾岩。

（3）常含有火山弹。

（4）熔结火山碎屑岩类发育。

（5）凝灰岩多半比较疏松。

（6）由于有时含有陆相砂岩、泥岩和页岩夹层,也会出现多为湖相的植物化石和淡水动物化石。

（二）依据搬运和沉积方式，可将火山碎屑物分为 3 种成因类型

1. 重力流型火山碎屑沉积

重力流型火山碎屑沉积按其沉积环境可分水下和陆上两种沉积类型。

水下火山碎屑流沉积又称重力型火山碎屑沉积，主要是由火山喷发碎屑物组成的高密度底流，当在水下流动时，由于流速降低而形成沉积。这种沉积类型的特点如下：

（1）成层性较好，粒序构造明显。

（2）分选性较好，熔结性差。

（3）浮石和火山渣气孔少。

（4）粒序层之上的流动层，常出现交错层理、波痕、叠瓦构造及颗粒定向排列等。

粒序构造是水下火山碎屑沉积物重力流沉积的主要构造标志。其形成机理：当水下喷发时，熔浆与水接触，二者之间的密度差比空气小，熔浆的表面张力相对增大，熔浆凝固时，易形成球体形态；水的粘度比空气大，颗粒在水中的沉降速度比空气中要慢，经悬浮搬运而形成粒序沉积构造。

陆上火山碎屑流沉积是熔结火山碎屑岩类的主要形成方式。高粘度、富含挥发分的酸性、中酸性熔浆，上升到地表浅处，由于压力骤降，气体快速膨胀，以强烈爆发形式喷出火山口并将熔岩柱炸碎。一部分粉碎的火山碎屑物，呈火山灰、玻屑、晶屑等碎屑物，被抛入高空后，呈空降火山碎屑物而堆积。大部分或全部喷出火山口的熔岩碎屑物，没有被抛入高空，以悬浮物混杂于火山气体之中，在一定坡度下，沿地面向四周高度扩散，构成由熔岩碎屑和气体所组成的特殊岩流——火山碎屑流。火山碎屑物堆积后，由于上覆堆积物的静压力和其自身保持的高温，使玻屑变形、扁平化、气孔大部分消失，从而使碎屑压聚熔结成岩。其特点是斑晶和碎屑物呈不均匀分布，粒序层理不明显，具明显熔结性。

2. 降落型火山碎屑沉积

降落型火山碎屑沉积通常又称降落灰沉积，主要是指火山喷发物在大气中经风力分异而形成的产物。其形成机理：当火山物质顺风搬运时，由于粒度和密度各异，颗粒依降落速度不同而分离。散落形态受风向、风速、扰动性以及碎屑物的喷射高度的影响。降落灰厚度向下风方向减薄，粒度相应减小。在理想情况下，成分、粒度及厚度在顺风方向上均作相互有关的系统变化。典型的降落灰沉积以好至极好的分选性为标志，并发育水平层理。

虽然火山灰流和降落灰一般都是在一个主要喷发时期中产出的，但由于它们的搬运和沉积条件不同，所以有显著的区别。大量火山灰可以在空中作长距离搬运，然后降落在陆上或水中。现代沉积研究表明，在取自不同的深海区域的样品中，火山玻璃碎屑是十分普遍的，而且集中在一定层位中。火山灰大部分是被风带到深海区中的，距离喷发中心可达数百英里，降落在水中的火山灰物质，还可被水流继续搬运很远距离，尤其是很细的火山尘，质轻多孔，可像浮石般漂流很远的距离。

3. 水携型火山碎屑沉积

水携型火山碎屑沉积具有明显的水携沉积特点，流水是喷发物运移的载体。火山碎屑一般是以床沙形式进行搬运的，随着搬运距离加大，正常沉积物质也随之增多。因此，其外貌类似岩屑砂岩或长石砂岩，也常具有正常碎屑沉积岩的各种构造，如大型斜层理、波痕、砾石叠瓦构造、间断韵律等。

### 四、沉积岩的命名

根据《岩石分类和命名方案　沉积岩岩石分类和命名方案》(GB/T 17412.2—1998)。沉积岩的命名原则按附加修饰词＋基本名称。

1．基本名称的命名原则

岩石中内源矿物量或陆源碎屑物量大于50％或能反映岩石基本特征和基本属性者，为确定岩石基本名称的依据。岩石中有用组分具开采利用价值，按现在矿产工业指标的具体规定，并换算为相应的矿物百分含量，确定基本名称。

2．次要矿物作为附加修饰词的规定

(1) 次要矿物量小于5％，不参与命名。当具有特殊地质意义时，以微含××质作为附加修饰词。

(2) 次要矿物量为5％至25％时，以含××质作为附加修饰词。

(3) 次要矿物量为25％至50％时，以××质作为附加修饰词。

3．结构作为附加修饰词的规定

(1) 只有一种结构存在时，以该结构作为附加修饰词。

(2) 两种结构存在时，按次者在前主者在后的顺序作为附加修饰词。

(3) 三种结构同时存在时，不一一列出，而予以总称作为附加修饰词，如内碎屑、不等粒、不等晶等。

4．成岩后生变化产物作为附加修饰词的规定

(1) 成岩后生变化产物含量为5％至25％时，称弱××化或弱脱××化作为附加修饰词。

(2) 成岩后生变化产物含量为25％至50％时，称××化或弱××化作为附加修饰词。

(2) 成岩后生变化产物含量为50％至90％时，称强××化或强脱××化作为附加修饰词。

(3) 成岩后生变化产物含量大于90％时，称极强××化或极强脱××化作为附加修饰词。

### 五、常见火山碎屑岩标本及描述

1．火山角砾岩

紫褐色，火山角砾结构，块状构造。火山角砾灰或灰黄色，部分浅褐色，呈各种炸碎棱角状，大小在2～30 mm之间，以10～20 mm为主，内部隐晶质，硬度较大，无定向排列，含量约60％。角砾之间为火山灰，整体呈紫红色，较粗糙，常见细小孔洞(图6-4)。

图6-4　火山角砾岩(网络下载)

2．熔结火山角砾岩

浅灰色，熔结火山角砾结构，假流纹构造。主要由塑变岩屑、刚性岩屑、晶屑和火山灰尘构成。塑变岩屑浅肉红色或淡褐色，长透镜状或撕裂枝杈状，长10～20 mm为主，少数达40～50 mm，大体定向排列呈假流纹。内部斑状结构，基质隐晶质结构，斑晶为浅肉红色钾长石，少数为淡青色斜长石，塑变岩屑含量约50％。刚性岩屑呈角状，深灰色，大小10 mm左右，内部结构细腻，硬

度较大,含量约 5%。晶屑为长石,多肉红色,少数灰白色,碎裂板状,大小 2~3 mm,常有阶梯状断口,含量约 5%。火山灰尘呈砂土状或致密状,淡灰色,分布在岩屑和晶屑之间,含量约 40%(图6-5)。

图 6-5　熔结火山角砾岩(网络下载)

3. 晶屑凝灰岩

浅灰色,晶屑凝灰结构,块状构造,主要由晶屑等火山灰机械堆积而成。晶屑呈炸碎棱角状,部分尖角已熔融圆化,大小从小于 0.2 mm 到 3~4 mm 不等,成分主要为石英、长石和少量黑云母。石英烟灰色或无色透明,贝壳状或内凹弧形断口,油脂光泽,含量约 20%。长石灰白色,部分浅肉红色或无色透明,可见阶梯状断口和发育的解理,玻璃光泽,含量约 30%,黑云母黑色,小刀可刻动,约 2%。小于 0.2 mm的火山灰呈尘点状紧密堆积,整体呈浅灰色,瓷状断口,粗糙(图6-6)。

4. 熔结凝灰岩

浅肉红色,熔结凝灰结构,假流纹构造,主要由塑变岩屑、晶屑和火山尘构成。塑变岩屑淡褐色-灰色,细长透镜状,波曲带状或条纹状近平行排列,貌似流纹,长 3~10 mm,最长 18mm,含量约 10%。晶屑主要为长石,少量石英。长石无色透明,板状,大小 1~2 mm,玻璃光泽,含量约 10%。石英烟灰色,粒状,大小 1 mm 左右,含量约 5%。火山尘呈尘土状,浅褐黄色,处在塑变岩屑和晶屑之间,含量约 75%(图6-7)。

图 6-6　晶屑凝灰岩(网络下载)

图 6-7　熔结凝灰岩(网络下载)

任务实施

总结火山碎屑岩的基本特征,在实验室观察手表本,描述 10 种手标本,完成实验报告。

思考与练习

1. 分析火山碎屑岩的物质组成及来源。
2. 描述海相火山碎屑岩与陆相火山碎屑岩的特征及区别。
3. 火山碎屑岩成因对其结构构造的影响。
4. 沉积岩的命名方法。

# 任务二　陆源碎屑岩

【知识要点】　陆源碎屑岩的基本特征；层理的描述原则；陆源碎屑岩粒度的分类依据；影响结构成熟度的因素；各类典型代表岩石的特征。

【技能目标】　掌握陆源碎屑岩的特征并能够鉴别典型的陆源碎屑岩；熟练掌握陆源碎屑岩粒度的划分依据；在镜下观察和描述陆源碎屑岩的胶结结构；能够准确地划分砾岩、砂岩、泥岩；掌握陆源碎屑岩手标本的描述及命名原则。

 **任务导入**

　　陆源碎屑岩是沉积岩的主要一大类，是最常见的沉积岩之一，是母岩机械破碎后的产物经过搬运、沉积和成岩作用所形成的由碎屑颗粒和填隙物组成的岩石。碎屑成分占50％以上，碎屑岩的性质主要由碎屑来体现。在前面学习的沉积岩概述里我们已经对碎屑岩有了一个初步的认识，陆源碎屑岩有着沉积岩最典型的结构构造特征。

 **任务分析**

　　鉴定陆源碎屑岩的前提是要对陆源碎屑岩的基本特征有一个系统的认识，如物质来源的确定、结构构造的成因。通过对常见陆源碎屑岩的典型代表岩石特征的分析，进一步了解陆源碎屑岩区分与其他岩类，从而达到分类命名的目的。要鉴定陆源碎屑岩就必须掌握下面知识：

　　（1）陆源碎屑岩的物质来源。

　　（2）陆源碎屑岩的原生结构构造及成岩作用对其结构构造的影响机理。

　　（3）砾岩、砂岩、泥质岩的划分和命名原则。

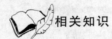 **相关知识**

## 一、陆源碎屑岩的基本特征

### （一）成分

　　陆源碎屑岩的成分由两部分组成，即碎屑成分和填隙物成分。碎屑成分分为矿物碎屑和岩屑，填隙物成分分为杂基和胶结物。关于陆源碎屑岩的成分在项目五中已经介绍过了，这里不再重复。

### （二）结构

　　陆源碎屑岩的结构与前面介绍的碎屑岩的结构一样，是指矿物和岩石碎屑的大小、形状、填隙物的结构以及不同组分的空间组合关系。具体地说，其结构包括碎屑颗粒的结构、杂基和胶结物的结构、孔隙的结构以及碎屑颗粒与杂基和胶结物之间的关系。陆源碎屑岩颗粒的结构特征一般包括粒度、球度、形状、圆度以及颗粒的表面结构。

　　1. 粒度

　　粒度指碎屑颗粒的大小，是碎屑颗粒最主要的结构特征，是根据碎屑颗粒的粒径划分的,具体的划分原则在项目五里已经介绍过了。颗粒的大小直接决定着岩石的类型和性质,因此它是碎屑岩分类命名的重要依据。同时粒度也是搬运能力和效率的度量重要标志之一。

2. 分选性

碎屑岩中颗粒大小的均匀程度称为分选性,将其划分为好、中、差三个级。当主要粒级成分含量占碎屑颗粒总量的75％以上,也就是颗粒大小基本相等时,分选性好;当主要粒级成分含量为50％～75％时,分选性中等;而没有一种粒级成分能够超过50％,即颗粒大小相差很悬殊时,分选性差。

3. 圆度

圆度是指碎屑颗粒的原始棱角被磨圆的程度。碎屑在搬运过程中会受到机械磨蚀,主要表现为棱角逐渐消失,形状趋近于圆。碎屑颗粒的圆度一方面取决于它在搬运过程中所受磨蚀作用的强度,另一方面也取决于碎屑颗粒本身的物理化学性质、搬运条件以及它的原始形状、粒度等。但圆度随着搬运距离和搬运时间的增加而变好,是一个总的变化趋势。在手标本的观察描述中,通常把碎屑的圆度划分为如下6个级别(图6-8)。

(1)尖棱角状。碎屑棱角没有受到磨蚀,棱角明显,保持其原始状态。

(2)棱角状。碎屑的原始棱角无磨蚀痕迹或只受到轻微磨蚀,其原始形状无变化或变化不大。

(3)次棱角状。碎屑的原始棱角已普遍受到磨蚀,但磨蚀程度不大,颗粒原始形状明显可见。

(4)次圆状。碎屑的原始棱角已受到较大的磨损,其原始形状已有了较大的变化,但仍然可以辨认。

(5)圆状。碎屑的棱角已基本或完全磨损,其原始形状已难以辨认,甚至无法辨认,碎屑颗粒大都呈球状、椭球状。

(6)滚圆状。碎屑经过良好的磨蚀后棱角完全消失,表面规整甚至光滑,成良好的几何球状或椭球状,无法辨认原始形状。

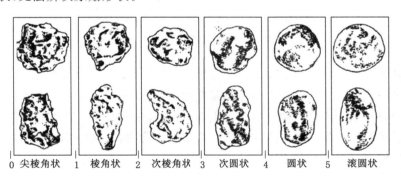

0 尖棱角状　　1 棱角状　　2 次棱角状　　3 次圆状　　4 圆状　　5 滚圆状

图6-8　圆度的形状和分级

4. 支撑结构和胶结类型

按碎屑和杂基的相对含量,碎屑结构的支撑类型可划分为两类,即杂基支撑结构和颗粒支撑结构。当杂基含量大于15％时,颗粒被杂基包裹,颗粒与颗粒之间被杂基分隔基本无相互接触,这时称为杂基支撑。当杂基含量小于15％时就会出现颗粒与颗粒的直接接触,称为颗粒支撑。按颗粒和胶结物质的含量分为四种结构,即基底胶结、孔隙胶结、接触胶结和镶嵌胶结(图6-9)。

(1)基底胶结。填隙物含量较多,碎屑颗粒在其中互不接触呈漂浮状,被填隙物分隔包裹着。由于该胶结类型一般代表着高密度流快速堆积、分选较差的沉积特征,杂基含量高。基底胶结属于杂基支撑结构。

(2)孔隙胶结。孔隙胶结是最常见的一种颗粒支撑结构,碎屑颗粒构成支架状,颗粒之间多呈点状接触。胶结物含量较少,充填在碎屑颗粒之间的孔隙中,它们是成岩期或后生期的化学沉淀产物。由于该胶结类型反映了稳定水流沉积作用和波浪淘洗作用,胶结物含量较少,具较好的储层质量。

(3)接触胶结。接触胶结是颗粒支撑结构的一种类型,颗粒之间呈点接触或线接触,胶结物含量很少,仅分布于碎屑颗粒相互接触的地方。它可能是干旱气候带的砂层,因毛细管作用,溶液沿颗粒间细缝流动并发生沉淀作用形成的;或者是原来的孔隙式胶结物经地下水淋滤改造作用而形成的,具良好的储层质量,是地下水和油气的理想储层条件。

(4)镶嵌胶结。岩石在压固作用下,特别是当压溶作用明显时,砂质沉积物中的碎屑颗粒会更紧密地接触。颗粒之间由点接触发展为线接触、凹凸接触,甚至形成缝合状接触。这种颗粒直接接触构成的镶嵌式胶结,储层质量与基底胶结一样,都比较差。

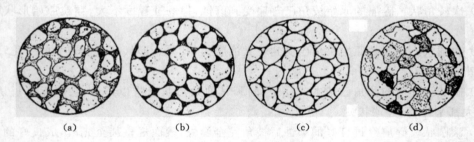

图6-9　胶结类型

(a)基底胶结;(b)孔隙胶结;(c)接触胶结;(d)镶嵌胶结

5.孔隙

孔隙是陆源碎屑岩的重要结构组成部分之一,根据形成阶段的不同,孔隙可以分为原生孔隙和次生孔隙两类。原生孔隙主要是粒间孔隙,即碎屑颗粒原始格架间的孔隙。次生孔隙绝大多数都是形成于成岩中期之后及后生期,一般都是岩石组分发生溶解作用的结果,也包括岩石因破碎或收缩作用而形成的裂缝。孔隙的发育为气体或液体(如烃类气体、水、石油、矿液等)的储存提供了有利空间。

6.结构成熟度

结构成熟度是指碎屑岩沉积物在风化、搬运及沉积作用的改造下接近终极结构特征的程度。从理论上讲,碎屑沉积物的理想终极结构应该是分选性和磨圆都好,碎屑为等大球体,具颗粒支撑结构和化学胶结填隙物,即结构成熟度的高低应反映在碎屑的分选性和磨圆度以及杂基的含量上。一般可将结构成熟度分为3个等级。

(1)结构成熟度高。颗粒分选磨圆好,具明显的颗粒支撑结构和较多化学胶结填隙物,杂基含量一般小于 5%。

（2）结构成熟度中等。颗粒分选磨圆中等，具颗粒支撑结构和一定量的化学胶结填隙物，杂基含量 5%～15%。

（3）结构成熟度低。颗粒分选磨圆较差，具明显的杂基支撑结构和很少的化学胶结填隙物，杂基含量一般大于 15%。

（三）构造

陆源碎屑岩的构造是其宏观特征，是重要的沉积相标志。陆源碎屑岩的构造主要有层理构造、层面构造、变形构造、化学成因构造、生物成因构造这五大类。陆源碎屑岩的构造在学习沉积岩的典型构造时已经介绍了一部分，这里我们着重补充介绍一些其他常见构造。

1. 递变层理

递变层理是指沉积物粒度发生垂向递变的一种特殊层理，又称粒序层理。这种层理除了粒度变化以外，没有任何内部纹层。递变层理有两种递变形式，一是颗粒的粒度向上逐渐变小，二是细粒物质全层均有分布，下部粗粒物质含量多，向上细粒物质含量逐渐占优势。

2. 韵律层理

韵律层理是指成分、结构与颜色等性质不同的薄层（纹层厚度通常小于 3 mm 或 4 mm）做有规律地重复出现而组成的层理。

3. 剥离线理

剥离线理是一种原生流水线理构造，主要出现在具有平行层理的砂岩中，沿层面剥开出现大致平行的线状沟或脊，镜下可见长形颗粒定向排列，常代表古流向。

4. 槽模

槽模是分布在底面上的一种半圆锥形、不连续的凸起构造，是涡流状流体作用所产生，定向的浊流在尚未固结的软泥表面侵蚀冲刷的凹槽被砂质充填而成，形态特点是略呈对称、伸长状勺形，起伏明显，向上游一端具有圆滑的球根状形态，向下游一端则呈倾伏状渐趋层面而消失。

在鉴别具有层理特性的陆源碎屑岩时，对层理的观察和描述是必不可少的。详细描述层理的内部特征，首先确定层系的性质，包括形状、厚度、层系间界面的形状以及有无侵蚀现象；其次确定层理的类型、规模、不同层理的空间组合关系；最后要分析层理显现的原因，指出层理的显示是由沉积物的物质成分、粒度和颜色变化所引起的，还是由生物化石、结核的分布所引起的。

5. 球枕构造

球枕构造是指砂岩层断开并陷入泥岩中形成的许多紧密或稀疏排列的椭球状或枕状块体。由于外貌很像结核，也被称为假结核。这些砂岩球或砂岩枕的大小可从直径几厘米至几米。它们一般不具内部构造，如果砂岩具有纹层，则多已变形，常随砂球或砂枕外形向下弯曲而呈槽状。

6. 生物遗迹构造

生物遗迹构造是指由生物活动而产生于沉积物表面或内部并具有一定形态的各种痕迹，包括生物生存期间的运动、居住、觅食和摄食等行为遗留下的痕迹（图 6-10），因而又称痕迹化石或遗迹化石。

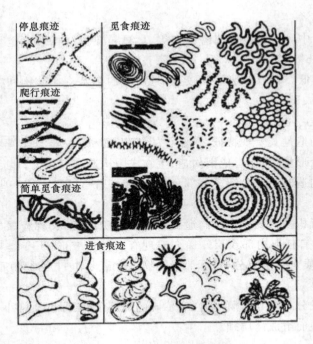

图 6-10　　遗迹化石(网络下载)

### 7. 植物根茎痕

植物根呈炭化残余或枝杈状矿化痕迹出现在陆相地层中,它们在煤系中特别常见,是陆相的可靠标志。在煤系地层中,根常被铁和钙的碳酸盐所交代,形成各种形状的结核称为植物根假象。

### (四)颜色

关于陆源碎屑岩的颜色在前面学习的沉积岩的颜色里已经详细介绍过了,这里不再作过多的陈述。影响陆源碎屑岩的颜色的因素主要有两部分,一是所含矿物成分的颜色,二是后生成岩作用引起的变化。陆源碎屑岩的颜色也反映了其形成环境,比如,灰色和黑色表明岩石形成于还原或强还原环境;红色、棕色、黄色这些颜色通常是由于岩石中含有铁的氧化物或氢氧化物(赤铁矿、褐铁矿等)染色的结果,一般代表沉积时为氧化或强氧化环境;绿色一般反映弱氧化或弱还原环境。

## 二、陆源碎屑岩的分类及常见岩类

### (一)砾岩

#### 1. 主要特征

砾岩是指由粒径大于 2 mm、含量大于 30%、粗大的碎屑颗粒组成。砾岩中的碎屑颗粒绝大部分都是岩屑,所以砾岩的颗粒成分可以很好地反映母岩类型。与将要学习的砂岩相比,砾岩的砾间填隙物质较粗,即杂基粒度上限有所增高,通常为砂、粉砂和黏土物质,这些杂基与粗粒碎屑同时或大致同时沉积下来。砾岩中的胶结物常是从真溶液或胶体溶液中沉淀出的一些化学物质,如方解石、绿泥石、二氧化硅、氢氧化铁等。砾岩中的沉积构造常见有大型斜层理和递变层理。有时由于层理不明显而呈均匀块状,在这种情况下,层面往往极难分辨,甚至需要借助与其互层的其他岩石才能确定。另外,砾石排列常有较强的规律性,扁形砾石尤为明显,其最大扁平面常向源倾斜,彼此叠覆,呈叠瓦构造。因为在强烈水流冲击下,砾石只有呈叠瓦状排列才最为稳定。

沉积成因的砾岩种类很多,但它们具有一个共同的特点,即它们都是其他岩石遭受破坏的最初产物,在原地或其后的机械沉积分异作用过程中堆积形成的。根据砾石的圆度,把砾岩划分为两个基本大类:① 砾岩,圆状和次圆状砾石含量大于50%的砾岩;② 角砾岩,棱角状和次棱角状砾石含量大于50%的砾岩。根据砾石的大小,可把砾岩分为四类:① 细砾岩,砾石直径为2~10 mm;② 中砾岩,砾石直径为10~100 mm;③ 粗砾岩,砾石直径为100~1 000 mm;④ 巨砾岩,砾石直径大于1 000 mm。

2. 常见类型

(1) 河成砾岩

河成砾岩常见于山区河流,多位于河床沉积的底部。由于搬运不远,故不稳定组分仍然存在,砾石成分复杂,常可出现由各种岩石成分组成的砾石。杂基中具大量石英、长石、暗色矿物等砂级碎屑和泥质混入物。分选和对称性较差。砾石最大扁平面向源倾斜,呈叠瓦状排列,河成砾岩多呈透镜体出现。

(2) 洪积砾岩

洪积砾岩是由山区洪流(包括暂时河流和经常河流)在流出山间峡谷进入平原时,流速骤减,致使带出的粗碎屑物质在山麓处快速堆积而成。其特点为砾石较粗大,含较多中砾级甚至粗砾级砾石,分选很差,磨圆度也低。杂基成分常与砾石成分相似,并多具泥质,胶结物多为钙质、铁质。

(3) 滨岸砾岩

滨岸砾岩主要形成于海或湖的滨岸地带,由河流搬运来的砾石沿海(湖)岸,经海(湖)浪作用长期改造而成。其特点是砾石成分较单一,以稳定组分为主,如石英岩、燧石及石英等。分选性好,往往以一个粒级表现突出,磨圆度极好,常见扁平对称的砾石,粗砾很少。

(4) 冰川角砾岩

冰川角砾岩即通称的冰碛岩,其特点是成分复杂,常见新鲜的不稳定组分;分选极不好,大的砾石和泥沙混杂,有时砂泥含量甚多,砾石含量不超过50%,与滨海(湖)砾岩相比,具有较多细粒填隙物,砾石多呈棱角状,表面有时可见冰川擦痕和冰蚀凹坑。

(5) 岩溶角砾岩

岩溶角砾岩亦称洞穴角砾岩,它的形成与下伏物质被溶解以及上覆地层的坍塌作用有关,尤其是石灰岩的坍塌。在地下水活动的石灰岩发育区常可见到由溶洞壁垮塌堆积形成的角砾岩。其特点是角砾通常为板状碎片及各种大小的石灰岩块,杂基仍是碳酸盐质或是风化的红土物质。角砾呈高度棱角状,毫无分选,成分单一。

3. 命名

根据《岩石分类和命名方案　沉积岩石的分类和命名方案》(GB/T 17412.2—1998),具体如下:

(1) 砾岩的命名:胶结物+砾石成分+结构+基本名称。例如钙质胶结石灰岩质粗砾岩。

(2) 胶结物占岩石总量的10%以上,以××质胶结作为附加修饰词。

(3) 混入其他粒级陆源碎屑岩的命名,按沉积岩总命名原则规定量限,以含×质、×质作为修饰词。

（4）砾岩岩性单一，直接参加命名；岩性复杂，以其占碎屑总量50%以上的碎屑岩性作为附加词；无任何一种碎屑岩性超过总碎屑总量的50%，则以其含量相对为主的两种碎屑岩，用"-"号连接作为修饰词；具三种以上，没有任何一种超过50%，其含量又相近，则以复成分作为附加修饰词。

（二）砂岩

1. 主要特征

砂岩的分布较砾岩广泛，在沉积岩中仅次于黏土岩而居第二位，占沉积岩的1/3左右，它是最主要的储集油气的岩石之一。砂岩是指主要由含量大于50%、粒径0.005~2 mm的陆源碎屑颗粒组成。砂岩的碎屑成分较为复杂，通常砂级碎屑组分以石英为主，其次是长石及各种岩屑，有时含云母和绿泥石等碎屑矿物。从结构上看，砂岩由砂粒碎屑、基质和胶结物三部分组成。基质和胶结物对砂岩都起胶结作用。基质含量的多少反映了岩石分选的好坏。不同砂岩的化学成分不同，这取决于碎屑组分和胶结物的成分。砂岩成熟度包括成分成熟度和结构成熟度，它是指砂岩中碎屑组分在风化、搬运、沉积作用的改造下接近最稳定的终极产物的程度。一般来说，不成熟的砂岩是靠近物源区堆积的，含有很多不稳定碎屑，如岩屑、长石和铁镁矿物；高度成熟的砂岩是经过长距离搬运，遭受改造的产物，几乎全由石英组成。砂岩颗粒分选性、磨圆度及砂岩基质含量都影响其结构成熟度，它随搬运次数和搬运距离的增加而增加。

2. 常见岩石类型

砂岩的分类有两种方案，一是根据颗粒的粒度可将砂岩分为粗砂岩、中砂岩、细砂岩，这种方案在项目五碎屑岩的分类里已经介绍过了，这里就不再重复了。二是根据所含成分可分为石英砂岩、长石砂岩和岩屑砂岩。

（1）石英砂岩

石英砂岩类最突出特征是石英矿物含量高可达90%以上，含有少量长石和燧石等岩屑。其中重矿物含量极少，往往不超过千分之几，且多为稳定组分，通常由极圆的锆石、电气石、金红石等组成，有时有钛铁矿及其衍生的白钛石。大部分石英碎屑常磨得很圆，表面光泽暗淡呈雾状，大小均一，分选良好，泥质含量少。石英砂岩类的胶结物大多为硅质，其次为钙质、铁质及海绿石等。根据胶结物的成分，可将石英砂岩进一步分类和命名，如铁质石英砂岩、钙质石英砂岩及硅质石英砂岩等。石英砂岩的颜色大部分为灰白色，有些略带浅红、浅黄、浅绿等，少数为较深色调。其颜色主要取决于胶结物的颜色，如胶结物为海绿石，则岩石呈浅绿色。有时碎屑石英表面包有一层赤铁矿薄膜，虽然它可能只占整个岩石的一部分或更少，但却使岩石呈浅红色或浅褐色。

（2）长石砂岩

长石含量较高是此类砂岩的特点，均大于25%，长石含量高于75%的极为罕见。含有大量的白云母和黑云母碎屑是长石砂岩的另一特征，云母含量可高达10%以上。它们在比较细粒的岩石中最多，一般比其共生的石英和长石颗粒要大些，常沿层面平行排列。云母片因受邻近颗粒的挤压，可产生弯曲甚至裂开，黑云母常见绿泥石化。岩屑在长石砂岩中通常作为附属成分，与石英砂岩类相比，长石砂岩类重矿物含量较高，可达1%以上；成分较复杂，既可见稳定组分，如锆石、金红石、电气石、石榴石和磁铁矿等，也可见稳定性差的矿物，如磷灰石、榍石、绿帘石、角闪石等。长石砂岩中含有少量黏土基质,它总是很细而污浊,并常被氧化铁和有机物污染。一般是高岭石质的,有时为云母类和绿泥石类矿物。胶结物常为钙质,有时为铁质,硅质的较少。总结长石砂岩类主要特征:长石砂岩主要由石英和长石颗粒组成,石英含量小于 75%,长石含量大于 25%,岩屑含量小于 25%。石英颗粒一般不规则,并且磨圆度差。

（3）岩屑砂岩

岩屑砂岩含有丰富的岩屑,含量大于 25%。长石含量小于 25%,石英含量在 50%～75% 以下。岩屑成分复杂,有时在一种岩屑砂岩之内可有 20 种岩屑。石英也是岩屑砂岩的主要成分,在含有沉积岩屑的砂岩中可能含有大量石英,它们大部分可能来源于先前存在的石英砂岩,其磨圆度通常比长石砂岩及杂砂岩中的石英要好些。在富含变质岩岩屑的砂岩中,大部分石英可能是变质而成的波状消光石英和多晶石英,这种石英往往呈棱角状至次棱角状。

在许多岩屑砂岩中,碎屑黑云母和白云母常是值得注意的组分。云母片一般平行层理面富集,常见的重矿物有锆石、电气石、角闪石、绿帘石、斜黝帘石、榍石和石榴石等。这些矿物广泛地分布于许多种母岩之中。岩屑砂岩常有碳酸盐和氧化硅胶结物。

3. 命名

根据《岩石分类和命名方案　沉积岩岩石分类和命名方案》(GB/T 17412.2—1998)规定,具体如下:

（1）砂岩的命名:胶结物＋结构＋碎屑成分＋基本名称。例如中粒长石石英砂岩。

（2）胶结物占岩石总量的 10% 以上,以××质胶结作为附加修饰词。

（3）混入其他粒级陆源碎屑岩的命名,按沉积岩总命名原则规定量限,以含×质、×质作为修饰词。

（4）砂岩碎屑岩性单一,直接参加命名;岩性复杂,以其占碎屑总量 50% 以上的碎屑岩性参加命名;无任何一种碎屑岩性超过总碎屑总量的 50%,则以其含量相对为主的两种碎屑岩,用"-"号连接参加命名;具三种以上碎屑成分,含量相近,没有任何一种超过 50%,则总称岩屑作为附加修饰词。

（5）石英砂岩中部分硅质胶结物,发生次生加大成为再生石英,具砂状结构,再生长式胶结,称石英岩状砂岩;胶结物已全部重结晶围绕石英次生加大边,称沉积石英砂岩。

（6）砂岩中出现特殊矿物,其含量小于 5% 也要参加命名。如海绿石细粒石英砂岩。

（三）泥质岩

1. 主要特征

泥质岩是指以黏土矿物为主(含量大于 50%)的沉积岩。除了黏土矿物还有石英、长石、云母、各种副矿物,其中最主要的还是石英。泥质岩的粒度组分大都很细小,这主要是因黏土矿物的粒度细小所致。黏土矿物的粒径一般都在 0.005 mm 以下,甚至在 0.001 mm 以下。因此,就粒度组分而论,当岩石组分中小于 0.005 的组分含量大于 50% 时,这类岩石也称为黏土岩。泥质结构又称为黏土结构,几乎全部由黏土质点组成,砂或粉砂级碎屑含量小于 10%,以手触摸有滑腻感,用小刀切刮时,切面光滑,常呈现鱼鳞状或贝壳状断口。含粉砂泥质结构和粉砂泥质结构也可分别称为含粉砂黏土结构和粉砂黏土结构。泥质岩的构造包括多种层理构造(如水平层理、块状层理)、多种层面构造(如干裂、雨痕、虫迹、结核、晶体印痕)、水底滑动构造等。泥质岩常见的颜色有红色、紫色、褐黄色、灰绿色、灰黑色、黑色等,颜色的差异与黏土岩所含的有机碳、铁离子的氧化状态等因素有关。

　　泥质岩是沉积岩中分布最广的一类,约占沉积岩总量的 60%。它不仅是重要的生油岩,同时还是良好的盖层,甚至还可作为油气的储层。因此,泥质岩研究不仅对沉积岩成因、沉积环境分析起重要作用,而且还具有重要的石油地质意义。泥质岩常具有一些独特的物理性质(如非渗透性、吸附性、吸水膨胀性、可塑性、耐火性、烧结性、黏结性、干缩性等),有些黑色页岩和碳质页岩还含有一些稀土元素,这就使泥质岩具有更广泛的工业使用价值。

　　2. 命名

　　根据《岩石分类和命名方案　沉积岩岩石分类和命名方案》(GB/T 17412.2—1998)规定,具体如下:

　　(1)泥质岩的命名:胶结物＋结构＋基本名称。例如泥质粉砂岩。

　　(2)泥质岩中的泥质物不作杂基处理。当泥质占岩石总量的 10% 以上,以泥质作为附加修饰词。

　　(3)混入其他粒级陆源碎屑岩的命名,按沉积岩总命名原则规定量限,以含×质、×质作为修饰词。

　　**三、常见陆源碎屑岩标本及描述**

　　1. 石英岩

　　岩石颜色呈浅灰褐。块状构造,中砂结构。主要成分为石英,岩石由石英砂粒和石英胶结物构成,整体似结晶岩(图 6-11)。

　　2. 长石砂岩

　　岩石颜色呈浅红色。块状构造,中砂结构。主要成分为长石、石英砂粒,黏土基质,砂粒含量超过岩石的 50%,砂粒中石英含量小于 75%,长石/岩屑＞3/1(图 6-12)。

图 6-11　石英岩(网络下载)　　　　图 6-12　长石砂岩(网络下载)

　　3. 洞穴角砾岩

　　岩石呈灰褐色。中细砾角砾状结构,多孔状构造。角砾全为深灰色石灰岩碎块,形态不规则,多尖棱角状,大小混杂,最小约 2 mm,最大约 50 mm,分选很差,排列杂乱,含量约60%,呈颗粒支撑,孔隙式胶结。胶结物为钙泥质,呈灰黄-灰褐色,多未填满粒间孔而留下较多孔洞,滴稀盐酸剧烈起泡,反应完毕后有较多泥质残留。胶结构含量约 25%,孔洞约15%(图 6-13)。

**4. 中砾石灰岩角砾岩**

岩石呈灰褐色。中砾角砾状结构,块状构造。角砾略呈等轴状或不规则状,大小 10～40 mm 为主,多次角状,部分角状,分选差,颜色深灰、淡灰褐或灰白,硬度小于小刀,滴稀盐酸剧烈起泡,均为石灰岩角砾,含量达 80%,呈颗粒支撑,孔隙式胶结。胶结物为钙泥质,呈略红褐色,土状,硬度小于小刀,滴稀盐酸亦起泡,含量约 20%(图 6-14)。

图 6-13　洞穴角砾岩(网络下载)

图 6-14　中砾石灰岩角砾岩(网络下载)

**5. 海绿石石英砂岩**

岩石呈灰绿色,风化面暗紫红色。中细砂状结构,纹层状构造。砂粒分选好,多次圆-圆状,含量约 70%。粒间胶结物呈填隙状,含量约 30%。砂粒全为碎屑石英,呈烟灰色,油脂光泽。胶结物为海绿石和石英。海绿石绿色,风化后呈铁锈色,多呈纹层状高集,少数散布,含量约 20%。石英略呈灰白色,分布在无海绿石的粒间孔隙内,含量约 10%(图 6-15)。

**6. 粗粒长石砂岩**

岩石呈淡灰褐色,粗砂状结构,块状构造。砂粒以次角状为主,分选较差,含量约 85%,粒间胶结物约 15%。砂粒成分主要是长石、石英和少量白云母。长石浅肉红色或淡褐色,可见少量解理面,大多反光很弱,含量约 50%。石英灰或烟灰色,略透明,泛油脂光泽,含量约 30%。白云母银白色片状,强玻璃光泽,大小达 1～3 mm,含量约 5%。胶结物灰白色,较致密,略有粉末状感觉(图 6-16)。

图 6-15　海绿石石英砂岩(网络下载)

图 6-16　粗粒长石砂岩(网络下载)

**7. 泥质粉砂岩**

岩石呈暗灰褐色,泥质粉砂结构,纹层状构造,层面上有流痕构造。粉砂成分为石英,粒度极细,含量约 75%,整体泛微弱油脂光泽,断口粗糙。泥质略褐红色,分布不均匀,有呈纹层状集中趋势,平均含量约 25%(图 6-17)。

8. 高岭石黏土岩

岩石呈白色,泥状结构,块状构造。岩石致密细腻,硬度很小,指甲可划动。略具贝壳状断口,手摸有明显滑感,舔之粘舌。吸水性强,但遇水不膨胀(图6-18)。

图 6-17　泥质粉砂岩(网络下载)　　　　图 6-18　高岭石黏土岩(网络下载)

任务实施

结合所学习的内容,阐述如何区分火山碎屑岩和陆源碎屑岩;在实验室根据实验要求观察手标本,完成实习报告。

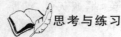思考与练习

1. 简述陆源碎屑岩的物质来源有哪些。
2. 简述成岩过程对结构成熟度的影响。
3. 简述陆源碎屑岩的构造与其沉积环境的关系。
4. 比较砾岩、砂岩、泥质岩的不同,说说它们分别代表了怎样的沉积环境?

# 任务三　碳 酸 盐 岩

【知识要点】　碳酸盐岩的成分及形成过程;影响碳酸盐岩颜色的因素;碳酸盐岩的结构构造特点;石灰岩和白云岩的特征及分类;石灰岩和白云岩的区别。

【技能目标】　掌握碳酸盐岩的形成机理;能够区分碳酸盐岩和碎屑岩;能够在野外环境下区分石灰岩和白云岩;学会描述碳酸盐岩标本特征,准确命名。

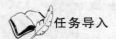任务导入

当沉积岩中所含自生碳酸盐矿物体积分数超过 50%,该沉积岩称为碳酸盐岩。碳酸盐岩主要由方解石和白云石等碳酸盐矿物组成,属于化学岩及生物化学岩类。若方解石占碳酸盐矿物 50% 以上称为石灰岩,而白云石占碳酸盐矿物 50% 以上称为白云岩。石灰岩和白云岩是碳酸盐岩中最主要的岩石类型。碳酸盐岩仅占沉积岩体积分数的 4% 左右,而在地表的分布可达到 10%～35%,是常见的一种自生沉积岩。碳酸盐岩的沉积环境大部分是海洋环境,少部分沉积在湖泊里。海底的大部分区域都被碳酸盐沉积物覆盖着。

　　碳酸盐岩是重要的烃源岩和储集岩,在当前国内外的大油气田中,碳酸盐岩储层占很大相对密度,蕴藏着世界近一半的石油。碳酸盐岩还是主要的冶金熔剂、化工原料、耐火工业原料以及提炼金属镁的原料,也可直接用于建筑材料,是主要的地下水的储集岩。碳酸盐岩的岩石学和岩相古地理学的探索研究,对油、气、地下水以及各种金属与非金属矿产或工业原料的勘探与开发具有重要的意义。

**任务分析**

　　要认识鉴别碳酸盐岩,就必须掌握以下知识点:

　　(1) 结合前面所学过的知识,了解碳酸盐岩的形成过程。

　　(2) 分析碳酸盐岩的形成过程对其结构构造和颜色的影响。

　　(3) 熟练掌握碳酸盐岩的基本特征,牢记碳酸盐岩的特有结构。

　　(4) 掌握石灰岩和白云岩的区别和联系。

**相关知识**

**一、碳酸盐岩的基本特征**

**(一) 成分**

**1. 矿物成分**

　　碳酸盐岩主要由方解石和白云石两种碳酸盐矿物组成,以方解石为主的碳酸盐岩称为石灰岩,以白云石为主的碳酸盐岩称为白云岩,这是碳酸盐岩的两个最基本的岩石类型。方解石($CaCO_3$)属于三方晶系,硬度为3,相对密度为2.71;白云石($CaMg[CO_3]_2$)也属于三方晶系,硬度为3.5～4,相对密度为2.87。在碳酸盐岩中,除含有上述方解石和白云石体系的矿物外,还常有菱铁矿、菱镁矿等碳酸盐矿物。在碳酸盐岩中,除上述碳酸盐矿物外,还常有一些非碳酸盐的自生矿物,即在沉积环境中生成的非碳酸盐矿物,如石膏、硬石膏、天青石、重晶石、萤石、石盐、钾石盐、玉髓、自生石英、黄铁矿、赤铁矿、海绿石、胶磷矿等。另外,还常含一些陆源矿物,如黏土矿物、石英、长石、云母、绿泥石以及一些重矿物等。在碳酸盐岩中,还常含一些有机质。

**2. 化学成分**

　　纯石灰岩(纯方解石)的理论化学成分为 $CaCO_3$,纯白云岩(纯白云石)的理论化学成分为 $CaO(30.4\%)$、$MgO(21.7\%)$、$CO_2(47.9\%)$。但是,实际上自然界中的碳酸盐岩总是或多或少地含有其他的化学成分,如 Sr、Ba、Mn、Co、Ni、Pb、Zn、Cu、Cr、Ga、Ti、B 等。

**(二) 结构组分**

**1. 颗粒**

　　碳酸盐岩中的颗粒,按其是否在沉积盆地中形成,可分内颗粒和外颗粒两类。内颗粒是主要的,外颗粒是次要的。因此,在碳酸盐岩中,凡提到颗粒,只要不特别注明,均指内颗粒。

　　内颗粒指在沉积盆地或沉积环境内形成的碳酸盐颗粒。这种颗粒可以是化学沉积作用形成的,可以是机械破碎作用形成的,还可以是生物作用形成的,或者是这些作用的综合产物。

　　内颗粒的类型多种多样,下面就讲述几种主要类型的特征和成因。

　　(1) 内碎屑

内碎屑主要是沉积盆地中刚刚沉积的、半固结或固结的各种碳酸盐沉积物,在外力作用下破碎、磨蚀后沉积而成的。内碎屑的内部结构通常很复杂,可含有化石、鲕粒、球粒以及早先形成的内碎屑等,磨蚀的边缘常切割它所包含的化石、鲕粒等颗粒(图 6-19)。

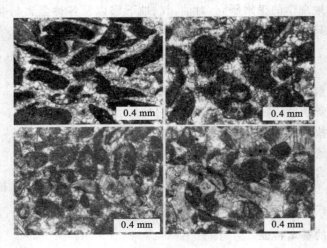

图 6-19　内碎屑(网络下载)

（2）鲕粒

鲕粒是具有核心和同心层结构的球状颗粒,形状很像鱼子,故得名。鲕粒大都为极粗砂级到中砂级的颗粒(0.25～2 mm),常见的鲕粒为粗砂级(0.5～1 mm),大于 2 mm 和小于 0.25 mm 的鲕粒较少见(图 6-20)。

（3）球粒

球粒的成因主要有两种:一种是机械成因,即一些分选和磨圆都较好的粉砂级或砂级的内碎屑;另一种是生物成因,即由一些生物排泄的粒状粪便形成的,这种成因的球粒亦称粪球粒。绝大部分球粒是粪球粒(图 6-21)。

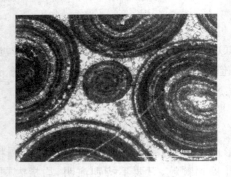

图 6-20　鲕粒(网络下载)

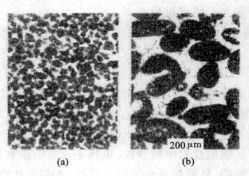

图 6-21
（a）球粒；（b）粪求粒(网络下载)

（4）葡萄石

几个或多个相互接触的颗粒,如鲕粒、球粒、生物颗粒等,胶结在一起形成一个复合颗粒。由于这种颗粒外形像葡萄串,故称其为"葡萄石",也有人称这种颗粒为复合颗粒(图6-22)。

(5)生物颗粒

生物颗粒是指生物骨骼及其碎屑,也可称"生屑"、"生粒"、"骨粒"、"骨屑"等,其类型包括腕足类、头足类、瓣鳃类、三叶虫、介形虫、有孔虫、珊瑚、红藻、绿藻等各种钙质生物化石(图6-23)。

外颗粒指来自沉积地区以外的较老的碳酸盐岩碎屑,是陆源碎屑颗粒。这种陆源的碳酸盐岩碎屑,与在

图6-22　葡萄石(网络下载)

沉积盆地中形成的碳酸盐岩内碎屑在成分上虽然相同,即都是碳酸盐成分,但形成机理却是根本不同的,主要是由陆源的石灰岩碎屑颗粒或白云岩碎屑颗粒组成的岩石。

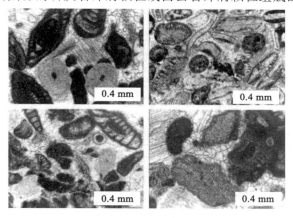

图6-23　生物颗粒(网络下载)

2．泥

泥是与颗粒相对应的另一种结构组分,是指泥级的碳酸盐质点,它与黏土泥是相当的。微晶碳酸盐泥、微晶、泥晶、泥屑是它的同义语。根据具体成分,可分灰泥和云泥。灰泥是方解石成分的泥,也称微晶方解石泥;云泥是白云石成分的泥。

3．胶结物

胶结物主要是指沉淀于颗粒之间的结晶方解石或其他矿物,它与砂岩中的胶结物相似。这种方解石胶结物的晶粒一般都比灰泥的晶粒粗大,通常都大于0.01 mm。由于其晶体一般较清洁明亮,故常称作亮晶方解石、亮晶方解石胶结物或亮晶。但也有泥晶级的胶结物,但比较少见。

亮晶方解石胶结物与粒间灰泥的区别在于:

(1)亮晶晶粒较大,灰泥则较小。

(2)亮晶较清洁明亮,灰泥则较污浊。

(3)亮晶胶结物常呈现出栉壳状等特征的分布状况,灰泥则不是这样。

4．晶粒

晶粒是晶粒碳酸盐岩(也称结晶碳酸盐岩)的主要结构组分。晶粒可首先根据其粒度划分为砾晶、砂晶、粉晶、泥晶等;砂晶还可再细分为极粗晶、粗晶、中晶、细晶及极细晶;粉晶还

可再细分为粗粉晶和细粉晶。

5．生物格架

生物格架主要是指原地生长的群体生物，如珊瑚、苔藓、海绵、层孔虫等，以其坚硬的钙质骨骼所形成的骨骼格架。另外，一些藻类，如蓝藻和红藻，其黏液可以黏结其他碳酸盐组分，如灰泥、颗粒、生物碎屑等，从而形成粘结格架，如各种叠层石以及其他黏结格架。

（三）碳酸盐岩的构造

碳酸盐岩具有丰富多彩的构造特征，按成因可划分为：水流成因构造、重力成因构造、生物成因构造、溶解-渗滤成因构造和叠加成因构造。按在碳酸盐岩层中的产出部位，碳酸盐岩构造可划分为：底面构造、顶面构造和内部构造。

碳酸盐岩属于沉积岩类，沉积岩的基本构造在前面的项目五中已经学习了，这里不再重复。生物成因构造、溶解、渗滤以及暴露过程所形成的一系列化学成因构造类型，则是碳酸盐岩所特有的。下面我们讲述碳酸盐岩的5种特有构造。

1．叠层构造

叠层构造是由单细胞或多细胞藻类等在固定基底上周期性繁殖形成的一种纹层状构造，也称叠层藻构造。叠层石由两种基本层组成，一种是藻类发育条件良好的富藻纹层，又称暗层，藻类组分含量多，有机质含量高，碳酸盐沉积物少，色暗；另一种是受环境影响，藻类发育较差而碳酸盐发育良好的富碳酸盐纹层，又称亮层，藻类组分含量少，有机质含量低，故色浅。这两种基本层交互出现，形成叠层石构造。

2．鸟眼构造

在泥晶或粉晶的石灰岩中，常见一种几个毫米大小的、一般多被方解石或硬石膏充填的孔隙，因其形似鸟眼，故称鸟眼构造。

3．示顶底构造

在碳酸盐岩的孔隙中，如在鸟眼孔隙、生物体腔孔隙以及其他孔隙中，常见两种不同特征的充填物。在孔隙底部或下部主要为泥晶或粉晶方解石，色较暗；在孔隙顶部或上部为亮晶方解石，色浅且多呈白色。两者界面平直，且同一岩层中的各个孔隙的类似界面都相互平行。

不同的孔隙充填物代表着不同时期的充填作用。底部或下部的泥粉晶充填物形成早，是孔隙形成不久后由上覆水体中呈悬浮状态的灰泥沉积形成的，上部或顶部的亮晶方解石则是后期充填的。两者之间的平直界面与水平面是平行的。因此，根据这一充填孔隙构造，可以判断岩层的顶底，故称示顶底构造，亦可简称示底构造或地花瓣构造。岩石在形成后，在经历了各种复杂的后期地质作用后会出现岩层翻转的现象，此时岩层的原始顶底面的确定就成一个问题，示底构造的出现则是一个很好的判断依据。

4．虫迹构造

虫迹构造（或称遗迹化石）是个概括性的术语，它包括生物穿孔、生物潜穴、生物爬行痕迹等，这说明在古代有生物出现并可体现其生活习性及生活环境特征。这里所说的生物主要是蠕虫动物或软体动物等。

5．缝合线构造

缝合线构造是碳酸盐岩中常见的一种裂缝构造。在岩层的剖面上，它呈现为锯齿状的曲线，在形态上很像头骨的缝隙纹路，即称缝合线；在平面上，即在沿此裂缝破裂面上，它呈现为参差不平、凹凸起伏的面,称为缝合面;从立体上看,这些下凹或凸起的大小不等的柱体,叫缝合柱。缝合线构造是一种裂缝构造,它是油、气、水运移的良好通道。科学研究证明,缝合线在油气的运移和聚集上起了积极的作用。

（四）颜色

与碎屑岩相比,碳酸盐岩的颜色相对单调些,以灰色、灰黑色为主,也有白色、灰绿色、黄褐色、紫红色等。颜色在沉积环境分析中意义重大。

碳酸盐岩的颜色可以分为自生色和次生色。

自生色是碳酸盐沉积物在沉积环境中以及早期成岩过程中形成的颜色,与沉积环境密切相关。不含杂质的纯碳酸盐岩通常是白色的。灰色和灰黑色主要是因为存在有机质,通常有机质含量越高,颜色越暗,反映沉积环境还原性越强、水体能量越低。水深在浪基面之下、水体循环又较好的开阔台地环境,属于弱还原环境,颜色通常为灰色。水体深的斜坡、盆地环境以及水体基本停滞的局限台地环境属于强还原环境,其碳酸盐沉积通常呈灰黑色。在低能还原环境沉积的碳酸盐岩中含有黏土时,颜色通常呈灰绿色。高能颗粒滩或生物礁属于弱氧化环境,颜色通常呈灰白色、白色。潮坪环境属于强氧化环境,呈灰白色;含有黏土时,由于 $Fe^{3+}$ 的存在,常呈黄褐色。

次生色是在后生作用阶段或风化过程中,原生组分发生次生变化,由新生成的次生矿物所造成的颜色。这种颜色通常是由氧化作用引起的。当碳酸盐矿物或岩石中的黏土矿物含有 $Fe^{2+}$ 时,遭受氧化后 $Fe^{2+}$ 转变为 $Fe^{3+}$,形成铁的氧化物或氢氧化物(赤铁矿、褐铁矿等),使岩石的颜色变为黄褐色或紫红色。如豹斑石灰岩在风化面上呈黄褐色,黄褐色就是白云石晶格中的 $Fe^{2+}$ 氧化后转变为 $Fe^{3+}$ 析出并形成铁的氧化物或氢氧化物的缘故。

原生色与层理界线一致,在同一层内沿走向均匀稳定分布。次生色一般切穿层理面,呈斑点状,分布不均。次生色一般呈现在岩石风化表面,而新鲜面上则呈现原生色。只要细心观察,原生色与次生色是比较容易区分的。

**二、常见碳酸盐岩**

（一）石灰岩

1. 一般特征

有相当一部分石灰岩几乎全部由方解石组成,其他成分体积分数不到 5%。比较常见的矿物有黏土矿物、粉砂级石英、海绿石、铁质颗粒、有机质等。颜色多为灰白、灰、灰黑或紫红色等。

石灰岩的结构以泥晶结构和各种颗粒结构为主,特殊的生物骨架结构在生物层出现,重结晶结构也比较常见,如钟乳石、石灰华等。

沉积构造类型比砂岩或碎屑岩简单,除水平层理相对常见,其他纹装层理较少,更多出现的是块状构造。叠层构造和鸟眼构造发育在特定的石灰岩中,其他沉积构造有泥裂、生物痕迹、结核、缝合线等,特别是虫孔、生物痕迹、燧石结核和缝合线构造很常见。

大部分的石灰岩都为区域性的稳定层状,特别是海成石灰岩,分布范围广、连续性强,也常与净砂岩互层。湖成石灰岩规模一般不大,多夹在泥质岩或细碎屑岩之间或在这类岩石中以条带状出现。

2. 基本分类

（1）按矿物成分划分

石灰岩除方解石(体积分数大于50%)以外,其他成分体积分数超过5%的可以这样划分。下面以白云石和砂级陆源碎屑为例简单说明。

表 6-1                    石灰岩矿物成分划分

| 岩石类型 | 灰岩 | 含白云质灰岩 | 白云质灰岩 |
|---|---|---|---|
| 白云石体积分数/% | 0～5 | 5～25 | 25～50 |
| 砂的体积分数/% | 0～5 | 5～25 | 25～50 |

(2)石灰岩按结构类型划分(表 6-2)

表 6-2                        石灰岩矿结构类型划分

| 粒屑/% | | ≥50 | | 50～25 | 25～10 | <10 |
|---|---|---|---|---|---|---|
| 填隙物/% | | 亮晶>泥晶 | 泥晶>亮晶 | 泥晶≥50 | 含泥晶≥75 | 泥晶≥90 |
| 粒屑类型 | 内碎屑 | 亮晶内碎屑灰岩 | 泥晶内碎屑灰岩 | 内碎屑泥晶灰岩 | 含内碎屑泥晶灰岩 | 泥晶灰岩 |
| | 生物屑 | 亮晶生物屑灰岩 | 泥晶生物屑灰岩 | 生物屑泥晶灰岩 | 含生物屑泥晶灰岩 | |
| | 鲕粒 | 亮晶鲕粒灰岩 | 泥晶鲕粒灰岩 | 鲕粒泥晶灰岩 | 含鲕粒泥晶灰岩 | |
| | 团粒 | 亮晶团粒灰岩 | 泥晶团粒灰岩 | 团粒泥晶灰岩 | 含团粒泥晶灰岩 | |
| | 团块 | 亮晶团块灰岩 | 泥晶团块灰岩 | 团块泥晶灰岩 | 含团块泥晶灰岩 | |
| | 混合粒屑 | 亮晶粒屑灰岩 | 泥晶粒屑灰岩 | 粒屑泥晶灰岩 | 含粒屑泥晶灰岩 | |
| 原地固着生物类型 | | 生物礁灰岩、生物层灰岩、生物丘灰岩 | | | | |
| 化学及生物化学类型 | | 石灰华、钟乳石、钙质层、泥晶灰岩 | | | | |
| 重结晶类型 | | 巨晶灰岩、粗晶灰岩、中晶灰岩、细晶灰岩、不等晶灰岩 | | | | |

3. 常见石灰岩类型

(1)颗粒石灰岩。常呈浅灰色至灰色,中厚层至厚层或块状。岩石中颗粒含量大于50%。颗粒的组成可以是生物碎屑、内碎屑、鲕粒、藻粒、球粒等其中的一种或几种。粒径有漂砾级到粉屑级。填隙物为灰泥杂基或亮晶胶结物,有时两者同时出现。颗粒的分选性和磨圆度体现了搬运磨蚀的程度,反映了当时的成岩环境。如风成沙丘或海滩颗粒石灰岩的颗粒分选磨圆度最好,而浅水波浪环境的颗粒石灰岩中的颗粒分选磨圆度次之,潮上或礁前环境形成的颗粒石灰岩中的颗粒多呈棱角状碎屑,磨圆度差。

(2)泥晶石灰岩。泥晶石灰岩又称灰泥石灰岩,一般呈灰色至深灰色,薄至中层为主。岩石主要成分是泥晶方解石。常发育有水平纹理、虫迹、生物扰动等构造。纯泥晶石灰岩常具光滑的贝壳状断口。泥晶石灰岩中的颗粒含量很低,但所含的颗粒类型特别是生物碎屑的种类为判断岩石沉积环境提供了重要标志。例如含有浮游生物则可能沉积于深水环境，含有孔虫及绿藻等局限环境生物，则沉积于浅水环境。泥晶石灰岩主要发育在浅水潟湖、局限台地或较深水的斜坡和盆地，属于水动力不强的低能环境。

（3）晶粒石灰岩。晶粒石灰岩是一类较特殊的石灰岩，主要由方解石晶粒组成。其中较粗晶的晶粒石灰岩大都是重结晶作用或交代作用的产物。

（4）生物礁石灰岩。主要成分是造礁生物骨架及造礁生物黏结的灰泥沉积物。生物礁石灰岩在地貌上高于同期沉积物的石灰岩而呈块状岩隆。造礁生物的类型随着地质时代而变化，主要的造礁生物有钙藻、珊瑚、海绵动物、苔藓虫、层孔虫、厚壳蛤等。只要知道了生物礁石灰岩的造礁生物的时代就可以推断相应岩石的形成年代。

（二）白云岩

1. 白云岩的一般特征

白云岩是碳酸盐岩的另一大类岩石，一般呈灰白、浅黄、灰褐色等。常与石灰岩或砂岩等共生，也可单独发育。较纯的白云岩多呈结晶结构，也有少数呈鲕粒和内碎屑结构，与结构相同的石灰岩很相似，白云岩与石灰岩有时存在明显的交代系，可形成连续的过渡岩系列。白云岩不仅有沉积成因的，更多的是次生交代成因的。对于沉积成因的白云岩，主要也是由颗粒、泥、胶结物等结构组分组成，只不过成分与石灰岩不同（石灰岩的成分主要是方解石，白云岩的成分主要是白云石），其结构分类系统和命名原则与石灰岩的基本相同，只要把石灰岩结构分类表中的石灰岩改为白云岩、灰泥改为云泥即可，如白云质内碎屑就是指由盆地内较早形成的白云岩破碎、搬运、再沉积形成的颗粒。

2. 白云岩的成因

白云岩的生成机理问题是碳酸盐岩岩石学中最复杂、争论时间最久、最难解决的问题之一。现代海水是不能够直接沉淀白云石的，人工也无法模拟合成。人们普遍认为白云岩是碳酸盐沉积物或灰岩白云石化的产物。对白云石的形成有两种看法：一种认为是直接由化学沉淀；另一种认为是刚刚沉积的以文石为主的沉积物在交代作用下形成。于是就有了"沉淀白云岩"与"交代白云岩"和"原生白云岩"与"次生白云岩"的争议，这一争议目前还没有统一，被称为"白云岩问题"。争议背后是科学家探索未知世界的辛勤付出，体现了对科学事业严谨的态度，也反映了白云岩成因的复杂性。在现实研究中，各种次生白云化作用机理的实例远比原生白云石的生成机理的实例多，其可信程度也远比原生白云石的实例高得多，目前白云石化的模式有很多种，这里简单地介绍两种主要模式。

（1）浓缩海水白云石化模式。在高温气候下，潮上带表层 $CaCO_3$ 沉积物因剧烈蒸发而脱水，紧相邻的海水又通过毛细管作用，源源不断地补充到这些疏松沉积物的颗粒之间，经过漫长的时间，这些粒间水的含盐度就增大了，正常的海水就变成了盐水。文石和石膏先后结晶沉淀出来，也可能还有一些其他盐类矿物。随着钙元素的不断消耗，表层海水中的钙镁比不断下降，镁的相对含量升高。这种高镁的粒间盐水或表层水经常与早期沉积的文石颗粒相接触，将不可避免地使文石被交代，被白云化，使文石转变为白云石，这就是现代潮上带表层碳酸钙沉积物的粒间白云化作用，由于这时的作用还是沉积物与海水的作用，也称为准同生交代作用。

（2）混合水模式。最早是由 Badiozamani（1973）在研究美国威斯康星州中奥陶统白云岩时提出。他以实验的方法得出，含海水在 $5\% \sim 30\%$ 的混合水对白云石过饱和，对方解石不饱和。这就表明在 5%～30%混合水中可发生方解石被白云石交代作用。

　　3．白云石的分类

　　白云岩类按结构成因，划分如表 6-3 所示。

表 6-3　　　　　　　　　　　　白云岩类按结构成因划分

| 石化强度 ＼ 原生结构 | 粒屑灰岩白云石化 | | | | 内碎屑白云岩 | 生物白云岩 |
|---|---|---|---|---|---|---|
| | 弱白云石化（白云石<25%～5%） | 中等白云石化（白云石<50%～25%） | 强白云石化（白云石<50%～25%） | 极强白云石化（白云石<50%～25%） | | |
| 内碎屑 | 弱白云石化内碎屑灰岩 | 白云石化内碎屑灰岩 | 残余内碎屑灰质白云岩 | 细晶白云岩 中晶白云岩 粗晶白云岩 巨晶白云岩 不等晶白云岩 | 砾屑白云岩 砂屑白云岩 粉屑白云岩 泥屑白云岩 | 叠层石白云岩 层纹石白云岩 核形石白云岩 凝块石白云岩 |
| 生物屑 | 弱白云石化生物屑灰岩 | 白云石化生物屑灰岩 | 残余生物屑灰质白云岩 | | | |
| 鲕粒 | 弱白云石化鲕粒灰岩 | 白云石化鲕粒灰岩 | 残余鲕粒灰质白云岩 | | | |
| 团粒 | 弱白云石化团粒灰岩 | 白云石化团粒灰岩 | 残余团粒灰质白云岩 | | | |
| 团块 | 弱白云石化团块灰岩 | 白云石化团块灰岩 | 残余团块灰质白云岩 | | | |
| 微晶 | 弱白云石化微晶灰岩 | 白云石化微晶灰岩 | 残余微晶灰质白云岩 | | | |
| 原地固着生物灰岩白云岩化 | 白云石化生物礁灰岩　白云石化生物层灰岩　白云石化生物丘灰岩 | | 残余生物礁灰质白云岩残余生物层灰质白云岩　残余生物丘灰质白云岩 | | | |
| 准同生白云岩 | 泥晶白云岩、微晶白云岩、粉晶白云岩 | | | | | |

## 三、石灰岩和白云岩类的命名

　　石灰岩和白云岩的命名原则相同，且二者都属于沉积岩类，在命名上遵循沉积岩命名的原则，但也有其自身的特殊性。

　　（1）石灰岩和白云岩的命名：成岩后生变化＋结构＋次要矿物＋基本名称。

　　（2）岩石中粒屑总量占 50%以上，以粒屑为主要结构，填隙物为次要结构，按次前主后的顺序排列。粒屑以一种粒屑类型占粒屑总量 50%以上，即以该粒屑类型作为主要结构名称；两种粒屑为主其含量占总量的 3/4 以上，以其两种粒屑类型联合，按略次者置前，略多者居后的顺序排列作为主要结构名称；具三种以上粒屑类型，只要有三种类型其量相近，则名称粒屑作为主要结构名称。填隙物已重结晶，按矿物粒晶粒级名称作为次要结构名称。

　　（3）岩石中粒屑总量占 50%～25%，粒屑作为次要结构，填隙物作为主要结构，按次前主后的顺序排列。一种粒屑类型占粒屑总量50%以上，该粒屑类型作为次要结构名称；两种粒屑为主，其含量占总量的3/4以上，以其两种粒屑类型联合作为次要结构名称；具有三种以上粒屑类型，只要三种类型的量相近，则名称粒屑作为次要结构名称。填隙物已重结晶，按矿物粒晶粒级名称作为主要结构名称。

（4）岩石中粒屑总量占25%～10%，粒屑作为次要结构名称，并冠以"含"字。

（5）岩石粒屑总量小于10%，粒屑不参与命名，而按泥晶＋次要矿物＋基本名称。泥晶已重结晶，按矿物晶粒粒级名称参加命名。

（6）岩石重结晶，以一种晶粒粒级为主，则以该粒级名称参加命名；以两种粒级为主，其量相近，其含量占岩石总量的3/4以上，则以该两种粒级名称联合，按略次者置前，略多者居后的顺序排列参加命名；具三种以上粒级并存，其量相近，则总称不等晶参加命名。

（7）岩石中孔隙率在5%以上，以孔隙类型的名称作为附加修饰词参加命名，置于岩石名称之首。岩石中有几种孔隙类型并存，则总称多孔。

### 四、常见碳酸盐岩标本及描述

**1. 竹叶状灰岩**

岩石呈灰褐色，砾屑结构，块状构造，由砾屑和泥晶基质构成。砾屑略呈饼状，断面竹叶状，暗灰绿色，大小相差很大，约2～60 mm，分选很差，无定向排列，内部泥晶方解石质，含量约70%。泥晶基质褐黄色，分布在砾屑之间，含量约30%。砾屑和基质均暗淡无光泽，硬度小于小刀，与稀盐酸反应强烈（图6-24）。

**2. 鲕粒灰岩**

岩石呈深灰色或黑灰色，鲕粒结构，纹层状构造，由方解石质鲕粒和粒间填隙物构成。硬度小于小刀，滴稀盐酸剧烈起泡。鲕粒黑色，多球或椭球形，大小较均匀，以1 mm左右为主，少数可达2 mm左右，内部略显同心状，粒度较大者可见为复鲕，含量约75%。填隙物灰或浅灰色，较鲕粒浅淡，略透明，含量约25%（图6-25）。

图6-24　竹叶状灰岩（网络下载）

图6-25　鲕粒灰岩（网络下载）

**3. 豆粒灰岩**

岩石呈灰色或深灰色，豆粒结构，块状构造，由方解石质豆粒和粒间填隙物构成。硬度小于小刀。滴稀盐酸剧烈起泡。豆粒灰或深灰色，多规则球或椭球形，表面光滑，大小极不均匀，约0.3～5 mm，以大于2 mm为主，内部呈同心状，核心极细小，多无法分辨，包壳圈层明暗相同，圈层相对厚度不等。堆积紧密，含量约85%。填隙物颜色较豆粒为浅，呈灰或淡灰色,致密,微透明,含量约 15%(图 6-26)。

### 4. 泥晶海百合茎灰岩

岩石呈暗灰红色,泥晶生屑结构,块状构造,由海百合茎和泥晶构成。海百合茎白色、灰白色或暗灰红色,自形,常由多个茎环构成中空柱状,柱粗 5~15 mm,柱长 10~100 mm,部分散落成单个茎环。茎孔粗大,多圆形,少数五边形。柱体长轴平行层面,但方向杂乱。茎体间呈颗粒支撑,少量呈面接触或缝合线接触,含量达 70%。泥晶灰黑色,致密,暗淡无光泽,含量约 30%(图 6-27)。

图 6-26　豆粒灰岩(网络下载)　　　　图 6-27　泥晶海百合茎灰岩(网络下载)

### 5. 鲕粒白云岩

灰色,略带淡褐色调,鲕粒结构,块状构造,由鲕粒和粒间填隙物构成。硬度小于小刀,与稀盐酸不反应,但粉末遇酸起泡。鲕粒灰白色,部分淡红色,球、椭球或不太规则形,大小不均匀,以 0.5~1.0 mm 为主,边缘清楚,表面光滑,内部大多不显鲕核和包壳,呈均一的泥晶或极细晶状,少数残留有 1~2 圈包壳,含量约 70%。粒间填隙物灰色,致密,略有透明感,含量约 30%(图 6-28)。

### 6. 泥晶白云岩

岩石呈灰色,略带淡褐色调,泥晶结构,纹层状构造。岩石结构细腻,无颗粒,硬度小于小刀,与稀盐酸不反应,但粉末反应较强(图 6-29)。

图 6-28　鲕粒白云岩(网络下载)　　　　图 6-29　泥晶白云岩(网络下载)

 **任务实施**

结合本节课内容,在实验室观察碳酸盐岩手标本,按实习要求完成实习报告。

**思考与练习**

1. 简述碳酸盐岩的形成过程。
2. 论述沉积环境对碳酸盐岩结构构造的影响。
3. 方解石和白云石的含量是如何影响碳酸盐岩的命名？
4. 简述石灰岩和白云岩的区别及野外鉴定的方法。

# 任务四　其他沉积岩类

【知识要点】　蒸发岩的形成；硅岩类、铁沉积岩、铝土岩、铜沉积岩、锰沉积岩、沉积磷酸盐岩的基本特征；煤的宏观组分及工艺性，油页岩的特征。

【技能目标】　了解蒸发岩的形成过程；认识常见的其他沉积岩类；掌握煤的宏观组分和工业分析法。

**任务导入**

陆源碎屑岩、黏土岩和碳酸盐岩是最常见分布最广的沉积岩，还有一些重要的沉积组分，如二氧化硅矿物，铁、锰、铝的氧化物和氢氧化物，磷酸盐矿物，盐类矿物，它们既可作为次要成分产于上述岩石中，亦可富集成岩，形成硅质岩、铝质岩、铁质岩、锰质岩、蒸发岩等。碳质、沥青质、液态烃类等有机物，可作为次要组分出现在主要类型沉积岩中，更重要的是构成具有重要的经济价值的煤、石油、天然气等可燃有机岩的主要成分。

**任务分析**

认识其他沉积岩类就要从根本上区分与之前所学的三类沉积岩，即岩石的成因分析。
（1）其他沉积岩的形成过程。
（2）所含矿物来源。

**相关知识**

**一、蒸发岩**

（一）蒸发岩的基本特征

在强烈蒸发条件下，水溶液浓缩发生沉淀，这样形成的化学成因的岩石称为蒸发岩。蒸发岩的主要由盐类矿物组成，钾、钠、钙、镁的氯化物、硫酸盐、碳酸盐，其中以石膏（$CaSO_4 \cdot 2H_2O$）、硬石膏（$CaSO_4$）和石盐（$NaCl$）最重要。由于盐类矿物易于溶解和沉淀，使得原始沉积物的结构、构造在成岩到后生作用这一过程发生了很大的改变，特别是地层中的蒸发岩原始的矿物学特征和结构特征几乎完全消失了。常常见到的是一些次生结构，主要有斑状变晶结构、粒状变晶结构、纤维状结构、柱状结构、放射状结构，其次还有经过机械搬运的碎屑结构、应力作用而成的矿物塑性变形等。蒸发岩的构造常见的有：均匀块状构造、层理构造、条带状构造、角砾状构造、变形构造。此外还常见不均匀构造，其中种类繁多，反映了蒸发岩在成岩—后生阶段复杂的变化。蒸发岩中常见块状层理构造、薄层的及纹层的层理构造。蒸发岩的层理常是白云岩、石膏（硬石膏）岩及石盐岩间互而成的，有时它们也可以单独由颜色显示，以及夹有纹层状的黏土质、沥青膜而成层，某些纹层厚度小于 1 mm。

（二）常见的蒸发岩类型

**1. 石膏岩和硬石膏岩**

单矿物组成的石膏岩、硬石膏岩、广泛产于蒸发岩层系中。石膏岩和硬石膏岩常常会混入黏土、氧化铁、砂质、白云石、石盐、天青石、黄铁矿和各种的硅质矿物，可以和碳酸盐岩、石盐岩等呈过渡型岩类，在石膏质、硬石膏质的岩层中，有时也夹有不具工业价值的薄层钾盐层。石膏岩和硬石膏岩为块状和层状岩石，具有不平整的断口或参差状断口，往往还有粒状断口。常有节理，在岩层中可见块状节理、层状节理。石膏岩常有巨粒或粗粒结构及斑状结构，脉状产出的石膏岩还有平行纤状结构。硬石膏岩一般为微粒到中粒结构，粗粒很少见，相对石膏岩要致密些。此外，硬石膏岩中柱状结构、放射状结构及扇状结构也很发育。层状硬石膏岩、石膏岩多为纹层状，它们常与白云岩、泥质岩互层，纹层中往往是褐色富含沥青质的薄膜。颜色种类较多，如白、灰、淡黄、淡绿、红、黑和淡蓝。

**2. 盐岩或石盐岩**

盐岩主要矿物为石盐，并含少量其他盐类矿物，常见的混入物有白云母、黄铁矿、赤铁矿、黏土质、有机质等。结构以粗粒的结晶结构或变晶结构为主。盐岩呈层状、条带状、不规则透镜状及各种形式的盐丘产出。盐岩非常纯净时无色，当含有混入物或液体等包体时而呈黑色、灰色、褐色、红色、白色等，而蓝色的是含有金属钠的缘故。

**3. 钾镁质盐岩**

钾镁质盐岩的主要矿物为钾石盐、光卤石、钾盐镁矾、杂卤石等，常含有大量的石盐，并与石盐岩共生。按其结构可分为四类岩石：钾石盐岩、光卤石岩、钾盐镁矾矿和硬盐岩。钾镁质盐岩结构构造都很复杂。

**二、硅岩类型**

（一）硅岩的基本特征

硅岩在地壳中的分布仅次于碳酸盐岩，硅岩是由 $70\% \sim 90\%$ 自生硅质矿物所组成的沉积岩，这里必须强调自生硅质矿物，而富含二氧化硅他生成因的岩石，不属于硅岩，如石英砂岩和沉积石英岩。硅岩的主要矿物成分为蛋白石、玉髓和石英。蛋白石（$SiO_2 \cdot H_2O$）是非晶质二氧化硅，相对密度为 2.1，随含水率和热力条件而变化，易脱水重结晶而成隐晶状玉髓，仅见于中、新生代的硅岩中。玉髓（或石髓）是一种隐晶至微晶状（小于 0.1 mm）石英，常显细小粒状、纤维状及放射球粒状。玉髓进一步脱水重结晶而变为微细晶石英，隐晶至细晶石英的集合体，通称为燧石。硅岩的化学成分以 $SiO_2$ 为主，有时高达 $99\%$，常见的混入物有 $Al_2O_3$、$Fe_2O_3$、$CaO$ 和 $MgO$。硅岩具有非晶质结构、隐—微晶结构、生物结构、纤维状结构、碎屑结构、鲕状结构、隐藻结构以及交代结构等。硅质岩的产出形态多种多样，常见层状、透镜状、结核状、条带状和团块伏。硅质岩的颜色很多，且随岩石中所含的杂质而异。常见灰黑色，灰白色，有时可见灰绿色、红色等。硅岩致密坚硬且性脆，化学性质稳定，抗风化能力强，因此，在野外常突出于岩层风化面之上。

（二）常见的硅岩

**1. 内碎屑硅岩**

内碎屑硅岩主要由硅质内碎屑组成，矿物的主要成分是玉髓，常保留原岩的结构、构造特征，分选和圆度均较差。基质成分复杂，为玉髓、方解石或白云石，常含一些泥质。

**2. 鲕粒硅岩**

鲕粒硅岩的鲕粒主要由隐—微晶石英组成，或主要由玉髓组成，常显放射球粒结构，具核心及同心层。胶结物为微—细晶石英或玉髓，并呈栉壳状围绕鲕粒生长。野外显稳定层状，常见斜层理及交错层理。鲕粒结构，有时同心层不明显，为球粒结构。

**3. 藻叠层硅岩**

藻叠层硅岩矿物成分主要为玉髓。类似碳酸盐岩中的叠层石，宏观呈层状、柱状和锥状等，形态多样、大小不一。基本层分别由暗色硅质层和浅色硅质层组成。暗层主要由低等藻类通过生物化学作用形成，亮层则主要由化学作用而成。我国北方震旦系中常见呈层状分布的硅质叠层石。

**4. 硅藻岩**

硅藻岩主要由硅藻的壳体组成，矿物成分主要为蛋白石，化学成分中 $SiO_2$ 含量一般在70％以上。不同环境下形成的硅藻岩，常混入数量不等的黏土矿物、铁质矿物和碳酸盐矿物等。土状硅藻岩呈白色或浅黄色，质软疏松多孔，相对密度为 0.4～0.9，孔隙度极大，可高达 90％以上，吸水性强、粘舌，外貌似土状，纹层状页理十分发育，薄如纸页。

**5. 海绵岩**

海绵岩主要成岩矿物为蛋白石及玉髓，由硅质海绵骨针所组成，有时含有少量放射虫及钙质生物遗体，可混入少量黏土矿物、碳酸盐矿物及海绿石等矿物。海绵岩外貌为细粒状，呈淡灰绿色或黑色。

### 三、铁沉积岩

可把铁矿物含量大于 50％的沉积岩称为铁沉积岩，也可简称为铁岩；铁矿物含量 25％～50％的沉积岩，可称为铁质沉积岩或铁质岩；矿物含量小于 25％的沉积岩，可称为含铁沉积岩或含铁岩。在沉积铁矿的化学成分中，主要组分为 Fe。有益组分为 Mn、V、Ni、Co、Cr等，有害组分为 P、S、As 等，成渣组分为 $SiO_2$、$Al_2O_3$、CaO、MgO 等，挥发组分为 $CO_2$、$H_2O$等。铁沉积岩的结构常见类型有内碎屑结构、鲕粒结构和豆粒结构、球粒结构、泥结构等。铁沉积岩的构造也有多样，其中常见的有"肾状构造"，实际上是一种叠层石构造，还有层理、波痕及泥裂构造等。

有经济价值的铁沉积岩、铁质沉积岩、含铁沉积岩，称为沉积铁矿。沉积铁矿是极重要的铁矿类型，沉积及沉积变质的铁矿约占世界铁矿总储量的 90％，所以铁沉积岩及沉积铁矿的经济意义很大。

### 四、铝土岩

富含氢氧化铝矿物的沉积岩称铝土岩。如果铝土岩的 $Al_2O_3$ 含量大于 40％，其 $Al_2O_3$含量与 $SiO_2$ 含量之比大于 2：1，则称为铝土矿。铝土岩或铝土矿的矿物成分主要为铝的氢氧化物，即三水铝石、一水软铝石、一水硬铝石；其次为各种黏土矿物、陆源碎屑矿物（如石英）、化学沉淀矿物（如方解石、赤铁矿等）。在这三种铝矿物中，三水铝石最不稳定，一水软铝石次之，一水硬铝石最稳定。在其成岩后生作用过程中，它们将按下列顺序转化：三水铝石先转化为一水软铝石,一水软铝石再转化为一水硬铝石,一水硬铝石最后转化为刚玉。所以,三水铝石型铝土矿多见于新生代与中生代地层中,一水硬铝石、一水软铝石型铝土矿多见于古生代及中生代地层中,刚玉则见于变质的铝土矿中。铝土岩的结构常见的有泥结构、粉砂泥结构、鲕粒及豆粒结构、内碎屑结构等。泥结构和粉砂泥结构的铝土岩与黏土岩很相似,区别是铝土岩无可塑性,硬度和相对密度较大,有时有磁性。

### 五、铜沉积岩

含铜矿物在岩石中极少见到,也不能构成沉积物的主要成分。因为人们对铜的重视,对那些明显含有铜矿物的沉积岩则称为铜质岩。铜矿物常常作为次要矿物附生于砂岩、页岩、泥灰岩及碳酸盐岩中,因而许多文献又称其为附生岩类,其矿床则称为层状铜矿床。铜沉积岩中的铜矿物可以在沉积作用中形成,但很多情况下可能是成岩至后生作用中形成的或是原生铜矿物经改造而成的。这些矿物通常是铜的硫化物和氧化物等,常见的最主要的有辉铜矿($Cu_2S$)、斑铜矿($Cu_5FeS_4$)、黄铜矿($CuFeS_2$),也包括自然铜($Cu$)、铜蓝($CuS$)。也有许多不含铜的自生矿物和含铜矿物紧密伴生,常见的有黄铁矿、白铁矿、赤铁矿,有时还有 Ni、Mo、Co、Pb、Zn 的硫化物和自然金属 Au、Pb、Ag 等。铜沉积岩的结构构造取决于含铜矿物所依附的岩石类型,常常就是所依附的岩石本身特有的结构,如碎屑岩中砾状、砂状、粉砂状结构,泥质岩的泥状结构,碳酸盐岩的粒屑结构以及这些岩石常见的各种沉积构造,如层理、波痕、虫迹、叠层构造等。

### 六、锰沉积岩

可把锰矿物含量大于 50% 的沉积岩称为锰沉积岩,也可简称为锰岩;锰矿物含量为 25%~50% 的沉积岩,可称为锰质沉积岩或锰质岩;锰矿物含量小于 25% 的沉积岩,可称为含锰沉积岩或含锰岩。除了锰矿物以外,锰沉积岩还常含陆源碎屑矿物、黏土矿物、碳酸盐矿物、蛋白石等。在锰沉积岩及沉积锰矿中,常见的结构有鲕粒结构、豆粒结构、泥状结构、胶状结构,也有交代结构。有经济价值的锰沉积岩、锰质沉积岩、含锰沉积岩,称为沉积锰矿。沉积锰矿是最重要的锰矿类型,世界上的锰矿主要来自沉积锰矿。

### 七、沉积磷酸盐岩

在沉积磷酸盐岩中,常见的磷酸盐矿物有:氟磷灰石[$Ca_5(PO_4)_3F$]、氯磷灰石[$Ca_5(PO_4)_3Cl$]、氢氧磷灰石[$Ca_5(PO_4)_3OH$]。其中的 $PO_4$ 可被 $VO_4$、$As_2O_4$、$SO_2$、$SO_4$、$CO_3$ 代换,F、Cl、OH 也可互相代换,Ca 可为 Mg、Mn、Sr、Pb、Na、U、Ce 以及其他稀土元素代换。除了这些磷酸盐矿物以外,还常见黏土矿物、各种碎屑矿物以及各种化学沉淀矿物等。可把磷酸盐矿物(主要是磷灰石)含量大于 50%(相当于 $P_2O_5$ 含量大于 19%)的沉积岩,称为沉积磷酸盐岩,也可称为磷酸盐岩、磷灰岩、磷沉积岩、沉积磷岩、磷岩等;可把磷酸盐矿物含量为 25%~50%($P_2O_5$ 含量为 10%~19%)的沉积岩称为磷酸盐质沉积岩,也可简称为磷质沉积岩或磷质岩;可把磷酸盐矿物含量小于 25%($P_2O_5$ 含量小于 10%)的沉积岩称为含磷酸盐沉积岩,也可简称为含磷沉积岩或含磷岩。沉积磷酸盐岩常见的结构有各种内碎屑结构、鲕粒结构、生物碎屑结构、泥晶结构、胶状结构以及交代结构等。沉积磷酸盐岩的构造因结构而异。具颗粒结构的磷酸盐岩,水动力标志明显,常见递变层理、波状层理、交错层理,有时还见波痕、泥裂等层面构造。具泥晶结构、胶状结构的磷酸盐岩,常呈层状构造、块状构造等,也有叠层构造。在野外,鉴别岩石中是否含磷,通常用少许钼酸铵粉末放在岩石上,再加一些硝酸,观察是否生成黄色沉淀(磷钼酸铵)。有经济价值的含磷沉积岩、磷质沉积岩、磷沉积岩,称为沉积磷矿。沉积磷矿是最重要的磷矿类型,它是农业磷肥的主要原料。另外,其中还常含有 U、V、Ni、Mo、O、Sr、Ba 以及稀土元素,可综合利用。

### 八、煤岩

我国煤炭资源非常丰富,是世界上的产煤大国之一。煤炭是我国主要的能源矿产,在经济建设中有着十分重要的地位。成煤原始物质是植物遗体,大量的植物遗体在微生物的参与下,不完全氧化分解,经过漫长的时间和一系列复杂的变化后固结压实成煤,煤岩也属于沉积岩。

（一）煤岩的组分

1. 镜煤

黑色、光泽强、均一、性脆、贝壳状断口,在煤层中常呈透镜状或条带状产出,厚度几毫米到 2 cm,有时呈线理状夹在亮煤或暗煤中。

2. 丝炭

灰黑色,外观似木炭,具明显的纤维结构和丝绢光泽,疏松多孔,性脆,染手,常呈扁平透镜体沿煤的层面分布,大多厚 2 mm 至几毫米。

3. 亮煤

亮煤是最常见的煤岩类型,其光泽仅次于镜煤,但均一程度不如镜煤,表面隐约可见微细纹理。亮煤的许多性质介于镜煤与暗煤之间。

4. 暗煤

灰黑色,光泽暗淡,致密,坚硬而具韧性。在煤层中,可以由暗煤为主形成较厚的分层,甚至单独成层。

（二）煤的物理性质

煤的物理性质是其体现出的最直接特征,是鉴别各种煤类型尤其是各种变质煤类型的重要依据,下面从颜色、条痕、光泽、相对密度、硬度、断口几个方面逐一介绍。

黑色是煤的最主要颜色,也是最常见颜色,但不是唯一颜色。褐煤是褐黑色或暗黑色;低变质烟煤呈蓝黑色,并带有淡褐色的色调;中变质烟煤呈黑色;高变质烟煤呈黑色,并带钢灰色色彩;无烟煤呈钢灰色;腐泥煤颜色多变,有深灰、浅黄、褐、灰绿、黑色不等。

褐煤为褐色;低变质烟煤和中变质烟煤为深褐到褐黑色;高变质烟煤为黑色,微带褐色;无烟煤为深黑、深灰色;腐泥煤有时为黄色,有时为褐色。

烟煤变质程度越高,光泽越强。低变质烟煤往往具暗淡的沥青状光泽或弱玻璃光泽;中变质烟煤呈玻璃光泽;高变质烟煤呈强玻璃光泽;无烟煤呈金属光泽或似金属光泽;褐煤一般无光泽或呈蜡状光泽;腐泥煤一般也无光泽或光泽暗淡。

煤的相对密度变化很大,这与煤的类型、杂质含量等因素有关。褐煤一般小于 1.3;烟煤多为 1.3~1.4;无烟煤多为 1.4~1.9;腐泥煤相对密度最小,一般仅为 1.1。所以有时根据相对密度,也可以大体把腐泥煤与腐殖煤区分开。

以矿物学上的摩氏硬度为准,泥炭和褐煤的硬度最小,约为 2.0~2.5;无烟煤的硬度最大,接近 4。

腐泥煤和无烟煤比较均一,常呈贝壳状断口;其他的烟煤多呈不平坦状、阶梯状、棱角状断口等。

根据前述煤的各种物理性质,可以在野外工作阶段用肉眼鉴定方法,把煤的一些主要类型大致鉴别出来。这是煤岩学的最基本的知识和方法。用肉眼鉴定煤的类型，应以镜煤或较纯净的亮煤为准。

（三）煤的化学性质

下面从元素分析方法和工业分析方法两个方面简述其化学性质。

煤的元素分析主要是测定煤的有机质的 5 个主要元素，即碳、氢、氧、氮、硫，有时也测定碱、氯、砷、锗、镓、铀、钒等。随着煤化程度的增高，煤中的氢、氧含量降低，碳含量则增高。

工业分析主要是测定煤的水分、灰分、挥发分、固定碳这 4 种化学组分。煤中都含有水，水分对煤的储存、运输、加工利用等都是不利的，根据其存在的位置不同可分为外在水、内在水和结晶水。煤的灰分是指煤完全燃烧后剩下来的残渣，它主要是由煤中的各种矿物质组成的。灰分也是影响煤质量的不利成分，对炼焦及化工用煤都很不利。挥发分是指把煤放在与空气隔绝的条件下加热，从煤中分解出来的焦油蒸汽和气体，如氮、氢、甲烷、二氧化碳、硫化氢以及其他有机化合物。在测定挥发分时，残留在坩埚中的固态残渣减去灰分，即得固定碳。在灰分一定的情况下，随着煤的变质程度的增高，煤中固定碳的含量也相应地增高，其水分含量和挥发分含量则相应地降低。

## 九、油页岩

油页岩是指主要由藻类及一部分低等生物的遗体经腐泥化作用和煤化作用而形成的一种高灰分的低变质的腐泥煤。油页岩含有一定的沥青物质，通过加工可从中提取原油。油页岩的有机成分有 C、H、O、N、S 等。与煤不同的是它的 C 与 H 之比低，含油率高，N、S 含量也较高。油页岩的无机成分一般为黏土和粉砂，有时也出现碳酸盐矿物和黄铁矿等。油页岩的页状层理发育，甚至可呈极薄的纸状层理，有时外表看起来也呈块状，但一经风化，其页理就呈现出来了。油页岩的颜色很丰富，有暗褐色、浅黄色、黄褐色、褐黑色、灰黑色、深绿色、黑色等。条痕有褐色至黑色。一般是含油率越高，其颜色越暗。风化后，颜色常变浅。相对密度为 1.4～2.3，比一般的页岩轻，干燥的油页岩相对密度更小。大都坚韧不易破碎，常具有弹性；含油率高者，用小刀刮起的薄片可发生卷曲。含油率 4%～20% 不等，高的可达 30%。具有可燃性，含油率高的，用火柴即可点燃。

## 十、常见其他沉积岩标本

### 1. 石膏岩

岩石呈白色，板状变晶结构，薄层状构造，全由石膏晶体构成。石膏无色透明，整体呈白色，晶体自形板状，长约 10 mm，宽约 3～5 mm，解理发育，玻璃光泽，硬度小于指甲。晶体长轴多垂直层面，但板面方向有变化（图 6-30）。

### 2. 硅藻页岩

岩石呈暗灰黄色，泥状结构（隐生物结构），水平纹层—页理构造。岩石结构细腻、疏松、质轻、性脆，硬度小，手碾之成粉，稍有滑感，与稀盐酸不反应，纹层由深浅颜色显示（图 6-31）。

### 3. 鲕粒铁岩

岩石呈灰褐色，鲕粒结构，块状构造，由鲕粒和粒间胶结物构成。鲕粒球状，大小多 1～2 mm，极少可达 3～4 mm，可呈多层薄壳状剥开。成分为镜铁矿，呈钢灰色，金属光泽。鲕粒堆积紧密，含量约 80%。胶结物为赤铁矿或褐铁矿，紫红色，含量约 20%（图 6-32）。

### 4. 豆状铝质岩

岩石呈灰色，块状构造，豆状结构。主要成分为氧化铝质豆粒，氧化铝微晶、石英粉砂、

图 6-30 石膏岩（网络下载）

图 6-31 硅藻页岩（网络下载）

黏土等填隙物（图 6-33）。

图 6-32 鲕粒铁岩（网络下载）

图 6-33 豆状铝质岩（网络下载）

**5. 菱锰矿**

岩石呈深灰色，风化面浅黄。块状构造，结晶结构。主要成分为菱锰矿（图 6-34）。

**6. 油页岩**

岩石呈棕褐色，泥状结构，页理构造。岩石致密细腻，质轻，略有滑感，断口呈书页状，薄边处灼烧冒烟，有强沥青味（图 6-35）。

图 6-34 菱锰矿（网络下载）

图 6-35 油页岩（网络下载）

**任务实施**

结合本节课内容，在实验室观察手标本，按实习要求完成实习报告。

**思考与练习**

1. 简述蒸发岩的形成过程。
2. 简述铁沉积岩和铜沉积岩的特征。
3. 简述煤的宏观组分及其特征。

项目六彩图

# 项目七 变质岩概述

## 任务一 变质岩作用

【知识要点】 变质作用概述；引起变质作用的因素；变质作用的方式；变质作用类型及其代表性岩石。

【技能目标】 熟练掌握变质作用的概念和变质作用的方式；能够正确区分不同变质作用类型及其代表性岩石。

**任务导入**

在变质作用条件下形成的新的岩石称为变质岩（metamorphic rock）。变质岩是组成地壳的三大类岩石之一，占地壳总体积的 27.4%。变质岩石类型众多，可形成于不同时期和不同地区，既可出露于古老的结晶基底——地盾或地台，也可出现于较新的变质活动带，分布遍及大陆和海洋，最古老的变质岩是前寒武纪的结晶片岩。变质作用可导致某些元素的富集，形成重要的矿产。世界上迄今发现的各种矿产，在变质岩系中几乎都有发现，特别是前寒武纪，世界上 70% 的铁矿，63% 的锰矿，大多数的铜、钴、镍矿都产在前寒武纪的变质岩中。我国在不同时代的变质岩系中，也赋存有丰富的金属和非金属矿产，因此变质岩的研究具有重要的现实意义。

**任务分析**

本任务是进行变质岩学习最基础的理论知识，要达到本任务的技能目标，必须掌握如下知识点：

（1）正确熟练掌握变质作用的概念，对变质作用的主要影响因素：温度、压力及化学活动性流体有透彻理解。

（2）认识到原岩是在固态条件下通过重结晶作用、变质结晶作用、变质分异作用、交代作用及各种变形和碎裂作用等才能够形成变质岩。

（3）能够根据变质作用发生的地质背景、物化条件及分布规律对变质作用进行类型划分，并对不同变质作用类型的代表性岩石有初步了解。

**相关知识**

### 一、变质作用概念

地球上早已形成的岩石，随着地壳的不断演化，其所处的环境也在不断发生改变，为了适应新的地质环境和物理-化学条件的变化,原岩基本是在固态条件下,由地球内动力作用促使岩石发生矿物成分(或化学成分)和结构构造的变化,形成新的矿物与岩石或新的结构、构造的地质作用,称为变质作用(metamorphism)。

关于变质作用的概念应强调以下几点:

(1)在岩石的整个变质过程中,原岩(岩浆岩、沉积岩、变质岩)基本上是在固态下,由于温度、压力及化学活动性流体的作用,发生成分、结构、构造等变化,变质时岩石未发生熔融,未失去岩石的整体性。

(2)在变质过程中,温度是一个递增过程,这一点与岩浆作用不同。后者强调的是矿物从硅酸盐熔融体中结晶,所涉及的是晶体-液态的平衡,并强调温度的下降过程。当变质作用温度较高时,岩石可发生部分熔融,出现一定数量的熔体,这些熔体与固态残余物之间可发生混合岩化作用。当熔体数量较多时转变为典型的岩浆作用。广义的变质作用概念包括岩石在固态下的变质作用和有部分熔体出现的混合岩化作用。

(3)变质作用是在地下一定深度下进行的,地壳一定深处的含义是指变质作用发生于一定的温度和压力范围,通常是 $T=200\sim800$ ℃,$p=0.02\sim1.5$ GPa。此温度范围大致位于成岩后生作用和岩浆作用之间,压力范围表明此深度处于风化带之下,因此变质岩大都是在地下深处形成的,后期由于构造运动可以把它从深部抬升到地表,或者通过风化剥蚀作用,浅部岩石剥蚀后,深部变质岩出露于地表。但变质作用不一定只由地球内部因素引起,只发生于地表一定深度下,它也可以发生在地表,如冲击变质作用,陨石猛烈撞击地表会引起地表岩石发生变质。

总之,地壳一定深处和固态转变是变质作用的两个基本点,也是区别于其他矿物转变作用(如成岩后生作用、岩浆作用)的关键所在。

**二、引起变质作用的因素**

变质作用的控制因素可分为两类:一类是内部因素(内因),指原岩的成分、结构、构造及岩石组合特征;另一类是外部因素(外因),亦即地质因素,指温度、压力、具化学活动性的流体和时间。尽管控制变质作用的因素多种多样,但从物理化学角度看,变质作用的控制因素主要指外部因素,即物理、化学方面的因素,具体地说,主要是温度 $T$、压力 $p$ 以及具有化学活动性的流体。

**(一)温度**

温度往往是引起岩石变质的主导因素,它可以提供变质作用所需要的能量,使岩石中矿物的原子、离子或分子具有较强的活动性,促使一系列的化学反应和结晶作用得以进行;同时温度增高还可使矿物的溶解度加大,使更多的矿物成分进入岩石空隙中的流体内,增强了流体的渗透性、扩散性及化学活动性,促进了变质作用的过程;温度还可导致重结晶、变质反应、重熔、增加流体活性、改变岩石变形性质等,因此它是变质作用的主导因素。

引起岩石温度升高的热能来源主要有以下几方面:当地壳浅部的岩石进入深部时,由于地热增温使原岩的温度升高;岩浆的侵入作用使其围岩温度升高;由深部热流上升所带来的热量使岩石的温度升高;放射性元素衰变释放的放射热使岩石的温度升高;岩石遭受机械挤压或破裂错动时由机械能转化的热量使岩石的温度升高,但这种热量一般较小或较局限。

**(二)压力**

压力也是变质作用的重要因素,参与变质作用的压力有三种类型:负荷压力、流体压力和定向压力。压力的标准国际单位是 Pa 或 GPa。

**1. 负荷压力**

负荷压力，又称围压或固体岩石所承受的压力，一般指由上覆岩层的负荷重量所引起的压力，而且对岩石的作用力各向均等，是一种均向性的静压力，以 $p_L$ 表示。其数值随深度增加而增加，取决于上覆岩层的厚度和密度，近似于上覆岩层的重力。在离地表 $0\sim40$ km 范围内，根据岩石的平均密度计算，每加深 1 km，负荷压力增加 0.027 5 GPa。

负荷压力的作用表现为：

（1）改变发生变质反应的温度。压力增高，多数情况下可使吸热反应的平衡温度升高，如 $CaCO_3+SiO_2 \rightleftharpoons CaSiO_3+CO_2\uparrow$ 的反应，当压力由 105 Pa(1 bar)增高到 0.1 GPa(1 Kb)时，发生这一反应的温度将由 470 ℃ 增到 670 ℃。

（2）压力的增高有利于形成分子积体较小、密度较大的高压矿物或矿物组合。压力的增高使岩石压缩，导致矿物中原子、分子或离子间的距离缩小，促使矿物内部结构改变，形成密度大、体积小的新矿物，即形成大密度小体积矿物，如红柱石（$Al_2SiO_5$）是在压力较低的环境下形成的，相对密度为 $3.1\sim3.2$ g/cm$^3$，当负荷压力增大时，它可以转变为化学成分相同、但分子体积较小的蓝晶石（$Al_2SiO_5$），其相对密度为 $3.56\sim3.68$ g/cm$^3$。

**2. 流体压力**

一般来说，任何岩石在变质前，岩石系统中常存在少量的流体相（$H_2O$ 和 $CO_2$ 等），变质作用一旦开始，便有流体释放出来，它们充填于毛细孔和微裂隙中，不完全被颗粒所吸附，便成为一个独立的流体相，它们所具有的内压称流体压力，以 $p_f$ 表示。流体压力可以成为控制某些变质反应的重要因素，如脱碳反应和脱水反应等。

流体压力对变质作用的影响分两种情况：

（1）当岩石处在封闭系统中时，上覆岩石的重量都传递给了各部位的流体，此时流体压力等于上覆岩石的静压值，流体压力与静压力相等，流体压力不构成独立的控制因素。

（2）当上覆岩石中有大量彼此连接并与地面沟通的裂隙时，即流体本身在开放系统中，此时流体压力等于流体本身的重量，流体压力与静压力不相等，其值低于岩石的静压力，流体压力构成独立的控制因素。

**3. 定向压力**

定向压力，也叫应力，主要与地壳活动带的构造运动有关。由于动压力只存在于一定的方向上，因此定向压力可理解为伴随构造运动，来自一定方向的侧压力。定向压力的强度在空间上的变化很大，一般在地壳浅部较强，至深部则减弱。

定向压力是引起岩石变形、变质的重要因素，在变质作用中有着十分重要的意义，定向压力作用主要表现在：

（1）对岩石和矿物的机械改造，如地壳浅部的岩石破碎、刚性矿物晶粒破裂、塑性矿物发生变形等。

（2）可以引起矿物的压溶作用，即在平行动压力方向上溶解较强，物质迁移到垂直动压力方向上沉淀，导致原岩发生矿物的重新分异与聚集，造成矿物定向排列，使岩石的结构、构造发生变化（图 7-1）。如区域变质岩中的结晶片理多与应力作用下的固态流或重结晶和重组合有关。

（3）通过多种途径加快变质反应和重结晶的速度，尤其在较低温环境中，其作用更为明

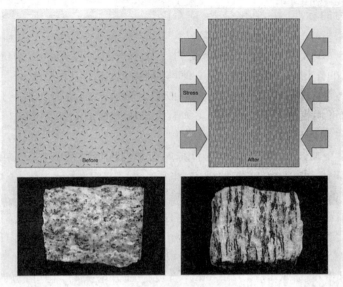

图 7-1　定向压力导致岩石结构和构造变化（网络下载）

显。因为应力所提供的能量可以克服高温矿物组合在低温环境中的过稳状态，使化学反应能真正开始进行，并形成相应的低温矿物组合（对固相反应起催化剂作用）。另外，应力引起的碎裂作用、研磨作用使矿物间接触概率增高，裂隙的发育又使流体相能更好地流通，促进粒间流体的活动，这些因素都能有效地促进变质反应的进行。

（三）化学活动性流体

具化学活动性的流体是指在变质作用过程中存在于岩石空隙中的一种具有很大的挥发性和活动性的流体。这种流体的组分总体来讲以 $H_2O$ 和 $CO_2$ 为主，可有 $CH_4$、$H_2S$ 等。在变质作用的温压条件下，岩石中的某些组分如 K、Na、Si、Mg、Al、Fe、Cl、F、S 等也可溶解到流体相中作为流体相的组成部分。

化学活动性流体具有多种来源，其中包括岩石空隙中原已存在的孔隙水，如沉积岩中的毛细管和微裂隙中可能保存有较多的 $H_2O$；变质作用中的脱水及脱碳酸反应，可提供相当多的流体；从岩浆中分离出的挥发性组分以及从地下深处分异上升的深部热液等。

以 $H_2O$ 和 $CO_2$ 为主，并包含有多种其他易挥发物质及其溶解的矿物成分的流体，在地下温度、压力较高的条件下，常呈不稳定的气-液混合状态存在，因而具有较强的物理化学活动性，化学活动性流体在变质过程中起着十分重要的作用。

1. 溶剂和媒介（载体）作用

流体相可起溶剂作用，促进原有矿物中组分的溶解，并加快其扩散速度，从而加快重结晶和变质反应的速度，形成与原岩性质完全不同的变质岩。流体相又是交代作用中物质带入或带出不可缺少的介质，因为固体之间的化学反应涉到物质组分的交换，如果没有流体媒介，这种反应是极其缓慢的，而在一定条件下，流体通过将体系内的某些组分带出而将体系外的某些组分带入，引起体系（原岩）化学成分的变化，因此流体作为固体与固体之间发生化学反应的媒介具有极重要的意义。

2. 降低岩石熔点

流体的存在还会大大降低岩石的重熔温度，使变质作用的高温界限变低。例如，以水为主的流体相在岩石中处于饱和状态时,可降低岩石中长英质组分的熔融温度,在不含水的条件下,长英质低熔组分在温度高达 950 ℃时才开始重熔,而在饱和水情况下,同样的低熔组分在 $640\pm20$ ℃时就可开始重熔。由于流体相的经常存在,因此在中高级变质条件下,常有长英质组分发生不同程度的重熔,形成各种类型的混合岩。

3. 变质反应的催化剂

在变质作用过程中,原岩空隙中的化学活动性流体数量虽少,但能加速矿物之间化学反应的进行,起到催化剂的作用。例如铁橄榄石的合成实验:

$$2MgO+SiO_2 \longrightarrow Mg_2SiO_4$$

在干体系 1 000 ℃条件下,大约需要 4 天时间,只有 26%转化;在湿体系 460 ℃条件下,只需几分钟时间,就全部转化。

### 三、变质作用的方式

变质作用的方式是指岩石发生变质作用的途径和形式。主要包括重结晶作用、变质结晶作用、变质分异作用、交代作用及各种变形和碎裂作用等。

（一）重结晶作用

重结晶作用是指岩石在固态下同种矿物经过有限的颗粒溶解,组分迁移,而又再次沉淀重新结晶成粗大颗粒的作用。在此过程中,没有物质带入与带出,只有矿物颗粒形状和大小的变化,没有新的矿物相生成。重结晶作用前后,岩石总化学成分(除 $H_2O$、$CO_2$ 等挥发分外)保持不变,例如,由微晶方解石组成的灰岩变成由粗粒方解石组成的大理岩和石英净砂岩变成石英岩,其化学成分保持不变。

影响重结晶作用的因素较多,主要包括原岩特点及流体相和温度等外部因素。

（1）原岩成分。原岩成分越简单,越纯净,越利于重结晶作用,如石灰岩中隐晶质方解石在变质作用过程中随温度升高可转变成较粗大的方解石晶体,形成大理岩。

（2）粒度。同种矿物粒度小,表面能小,越利于重结晶作用。

（3）形态。外形不规则的矿物颗粒易于发生重结晶作用。

（4）温度。温度升高,矿物溶解度增大,组分在溶液中的扩散速度、扩散距离随之增大,利于发生大规模的重结晶作用。

（5）应力。应力使岩石破碎、变形,利于发生重结晶作用。

（6）化学活动性流体。化学活动性流体愈丰富,愈有利于重结晶作用的进行。

（二）变质结晶作用(重组合作用)

变质结晶作用是指在变质作用的温度、压力范围内,原岩在基本保持固态的条件下,经化学反应使岩石内部的化学成分重新组合、分配结晶形成新矿物的过程。而新矿物相的形成,同时必然有相应的原有矿物相趋于消失,由于这种矿物相的变化过程多数情况下涉及岩石中各种组分的重新组合,所以变质结晶作用也称重组合作用。变质结晶作用多是通过特定的化学反应来实现的,因此变质结晶作用也称变质反应,变质反应的研究意义在于可以了解矿物成分的变化过程并获取变质条件信息。常见主要变质反应:

（1）脱水反应(沉积岩在受到变质作用时普遍存在)。如高岭石受热生成变质矿物红柱石和石英,并释放出水分。

（2）脱碳反应(钙质沉积岩的变质作用中普遍存在)。如方解石受热作用后可以释放 $CO_2$,剩余的 CaO 同岩石中的 $SiO_2$ 结合,形成变质矿物硅灰石。

（3）水合作用（火成岩的变质作用中普遍存在）。如橄榄石发生水合作用变成蛇纹石，辉石变成绿泥石。

变质结晶前后，虽有新矿物的形成和原矿物的消失，但在反应前后岩石总化学成分（除 $H_2O$、$CO_2$ 等挥发分外）保持不变，这与重结晶作用相同。重结晶作用与变质结晶作用的根本差别在于前者一般仅见于化学成分简单的岩石，而后者常在成分复杂的岩石中进行。

（三）变质分异作用

变质分异作用是指原来成分和结构构造比较均匀的岩石，在岩石总成分不变，不发生部分熔融或交代作用的前提下，由于各种变质因素的影响，岩石中某些组分发生迁移聚集和重新组合，不同组分相应集中成集合体，造成矿物成分和结构构造都不均匀的各种变质作用的总和。变质分异作用是在变质作用的温、压条件下，原岩中某些矿物组分经扩散作用而不均匀聚集的过程。它以组分在空间上有一定范围的迁移而不同于一般的重结晶作用，又以没有组分从系统中带出或从系统外带入而不同于交代作用。常见如角闪质岩石中以角闪石为主的暗色矿物和浅色长英质矿物呈条带状或团块状不均匀聚集的现象；绿片岩中出现形态不规则的钠长石-绿帘石-石英脉等。

（四）交代作用

交代作用是指在变质作用过程中，化学活动性流体与固体岩石之间发生的物质置换（交换）作用，即在变质条件下，由于变质岩以外的物质的带入和原岩物质的带出，而造成的岩石中一种矿物被另一种化学成分不同的矿物所置换的过程。在此过程中，尽管岩石基本处于固态，但以 $H_2O$ 和 $CO_2$ 为主的流体的存在是必要条件。

（1）交代作用过程中岩石总的化学成分要发生不同程度的改变。例如，含 $Na^+$ 的流体与钾长石发生交代作用而置换出 $K^+$，形成新矿物钠长石，反应前后岩石的总体化学成分发生改变。

$$KAlSi_3O_8 + Na^+ \longrightarrow NaAlSi_3O_8 + K^+$$
　　　　钾长石　　　　　　　　　钠长石

（2）交代作用过程中，岩石中原有矿物的分解消失与新矿物的形成和生长基本同时进行，交代作用是一种物质逐渐置换的过程，是在开放系统中进行的。

（3）交代作用过程中，岩石基本保持固态（刚性或塑性），但少量流体相的存在是十分必要的。在干的环境中，交代作用很难大规模进行，交代作用是岩石、流体间的相互作用。

（4）交代前后岩石的总体积基本保持不变，即交代反应的过程既遵守质量守恒的规律，又必须体积守恒。但有些情况下，交代过程中系统的体积并非完全不变。

（5）交代作用使岩石中产生广泛的交代结构，如绢云母交代石榴子石或红柱石的交代假象结构。

（6）交代作用的产物有混合岩、矽卡岩、气热变质岩等，如富含化学活动性流体的中酸性岩浆岩在侵入碳酸盐岩时，在接触带附近发生交代作用，生成矽卡岩矿物组合（透闪石、石榴子石、硅灰石、阳起石等变质矿物）。

（五）变形和碎裂作用

各种岩石受应力超过弹性限度时，就会出现破碎或塑性变形现象，变形和碎裂是变质作用过程中的一种重要作用。变形和碎裂的发育程度和特点与许多因素有关，如岩石的物理性质、所处的深度（温度、静压力条件）以及所受应力的作用方式和强度等。岩石在不同的环境条件下具有不同的变形行为,如在近地表低温低压和较高应变速率条件下,岩石以脆性变形为主,表现为岩石沿裂缝破裂,产生碎裂和断裂,形成断层角砾和断层泥,固结后形成各种断层角砾岩和碎裂岩。而在地下高温高压,特别是当应变速率低时,岩石显示塑性变形行为,导致矿物畸变和褶皱而没有破裂;塑性变形还能形成变质岩石所特有的结晶片理。但脆性与塑性之间并没有绝对的界线,二者是过渡的。岩石能否变形及岩石变形性质,主要取决于岩石本身的物理性质和其所处的外部环境,例如,长英质岩石比铁镁质岩石易发生塑性变形;较高的温度和静压力条件利于发生塑性变形等。

**四、变质作用的类型**

根据变质作用发生的地质背景、物化条件及分布规模,可将变质作用划分为接触变质作用、区域变质作用、混合岩化作用、动力变质作用、气液变质作用等类型。

（一）接触变质作用

分布于岩浆侵入体与围岩接触带上,并主要由岩浆热和挥发性物质所引起的一种变质作用。根据接触变质作用过程中有无交代作用,又可分为接触热变质作用和接触交代变质作用两种类型。

1. 接触热变质作用（以温度为主）

接触热变质作用是受侵入于围岩中的岩浆散发出大量热而导致围岩发生变质的一种高温、低压变质作用,变质作用一般深度不大,引起变质的主要因素是温度,又叫热力变质作用。岩石受热后发生变质作用的主要方式是矿物的重结晶、脱水、脱碳以及物质成分的重组合,形成新的矿物和变晶结构,没有发生交代作用,岩石的总的化学成分并无显著改变。代表性的岩石有泥质、粉砂岩形成的斑点板岩、角岩;石灰岩、白云岩形成的大理岩;石英砂岩、硅质岩形成的石英岩等。

由于岩浆岩体热能的扩散作用,距岩体愈近,温度愈高,热变质作用也愈强;远离岩体,则温度依次降低,变质程度愈弱,因此变质程度不同的岩石围绕侵入体呈环带状分布,这种环带叫变质圈（晕）。通常,角岩位于内带,斑点板岩在外带。

2. 接触交代变质作用（以温度与流体为主）

岩浆侵入于围岩中,除发生热力变质作用外,岩浆逸出的挥发组分和热液能大量聚集,使侵入体与围岩发生物质交换,通过交代作用使接触带附近的侵入岩和围岩,在岩性及化学成分上均发生变化的一种变质作用。例如,中酸性侵入体及其高温汽水热液与围岩（碳酸盐类岩石）接触时,碳酸盐围岩可能带出全部的 $CO_2$ 和部分 CaO 或 MgO,带入的则是 FeO、$SiO_2$、$Al_2O_3$ 等;而酸性侵入体有大量的 CaO 代入,$SiO_2$ 和碱金属被带出,在接触带附近形成接触交代变质岩（矽卡岩）。

（二）区域变质作用

区域变质作用是指由温度、压力以及化学活动性流体等多种因素综合作用,发生的大范围的变质作用。它以分布范围广、变质环境多样和变质因素复杂为特征,其影响的范围可达数千到数万平方千米甚至更大,影响深度可达 20 km 以上,一般发生于地壳深部,并且常伴随有混合岩化、大规模的构造变形及岩浆活动。区域变质作用的温度下限在 200～300 ℃,上限在 800～900 ℃以上,压力变化大,多在 100～200 MPa 或 1.3～1.4 GPa 之间。通过区域变质作用,原岩发生重结晶、重组合和与气液的交代作用,从而使原岩的结构、构造和矿物成分及化学成分发生变化,由区域变质作用形成的岩石叫区域变质岩,代表性岩石有板岩、千枚岩、片岩、片麻岩等。区域变质岩常具有区域性大面积分布,发育区域性劈理、结晶片理的特征。

区域变质作用中有一种特殊类型,称为埋藏变质作用,它是由于一套巨厚的岩层被快速埋藏到地下深处,由负荷压力和地热增温引起的大规模的很低级且无明显变形的变质作用。埋藏变质作用的热源以地层中放射性元素衰变产生的热为主,变质温度低(小于 400 ℃),变质作用的发生主要取决于岩石埋深,而与构造运动及岩浆活动无关。所形成的变质岩缺乏显著片理,常保存较多的原岩组构,多形成很低级至低级变质岩石。埋藏变质作用代表区域变质作用的开始,可认为是成岩作用与区域变质作用之间的过渡类型,它与成岩作用的区别是以浊沸石、钠长石、葡萄石等矿物代替片沸石、方沸石而稳定出现为其主要特征。

（三）混合岩化作用

混合岩化作用是介于变质作用和岩浆作用之间的一种过渡性地质作用。当区域变质作用进一步发展,由于地壳内部热流量的增大和动力作用的增强,变质岩中的长英质组分因受热而发生重熔,形成小规模的长英质熔体,而难熔的铁镁质组分保留下来。同时,地下深部也逸出富钾、钠、硅的热液,这些熔体和热液沿区域变质岩的裂隙和片理渗透、扩散、贯入,并伴随化学反应,在新的条件下,和原先的变质岩石相互作用和混合形成不同成分和形态的岩石,这种作用就是混合岩化作用。

由混合岩化作用形成的岩石称为混合岩,混合岩包括基体(原岩)和脉体(长英质矿物)两部分。混合岩化的最终产物是混合花岗岩,这种作用是花岗岩形成的另一重要途径。

（四）动力变质作用

动力变质作用是指在构造运动所产生的强应力的影响下,岩石所发生的变质作用。动力变质作用多分布在大型断裂带及其附近,其特点是低温、高应变速率。

由动力变质作用形成的具有各种变形组构的岩石即动力变质岩。地壳浅部,岩石常表现为较强的脆性,岩石以碎裂作用为主,形成的岩石称为碎裂岩类。地壳深部(深度大于 10～15 km),岩石表现出较强的韧性(或称柔性),岩石可发生较大的塑性变形,而不出现明显的破裂,形成的岩石称为糜棱岩类。动力变质岩在野外呈带状分布,其原岩可以是各种类型的岩浆岩、沉积岩或变质岩。

（五）气液变质作用

气液变质作用是指具有一定化学活动性的气体和热液与固体岩石进行交代反应,使原岩的矿物成分和化学成分发生改变的变质作用。引起岩石变质的汽水热液,其成因和来源是多种多样的,可以是岩浆晚期或岩浆期后的汽水热液,也可以是地壳内其他成因的热水溶液。气液变质作用可形成各种自变质岩石或蚀变围岩,它们往往与某些矿床有密切关系,因此是重要的找矿标志。

（六）其他类型的变质作用

1. 洋底变质作用

洋底变质作用是指洋中脊附近的洋壳岩石在上升热流和热卤水作用下发生的大规模变质作用。温度和流体中活动组分化学位(或浓度)是主要的变质因素。洋底变质作用可使大洋中脊的基性和超基性岩石发生变质结晶作用和交代作用,形成不具片状构造的变质岩石。

2. 冲击变质作用

冲击变质作用是指陨石撞击地表引起的一种局部的、短时间的、压力巨大的变质作用。

极高的温度、极大的压力和极短的时间是冲击变质作用的主要特点。变质机制以变形和伴随的部分熔融为主，并常出现一些特殊的矿物，如柯石英和斯石英等，典型岩石为陨击角砾岩。

**任务实施**

1. 教师下达任务在变质作用条件下形成的新的岩石称为变质岩，你对变质作用是如何理解的？

2. 学生制订学习计划，以小组为单位，根据任务要求，自学变质作用知识内容，通过小组内讨论取长补短加深对知识的理解。

3. 在教师的引导下完成任务。

教师根据变质作用知识点提出问题，再根据学生回答情况通过多媒体课件，解决问题，尤其对正确深刻理解变质作用概念的几个要点进行重点强调，学生在教师指导下完成变质作用概念的学习任务。

**思考与练习**

1. 什么是变质岩？

2. 什么是变质作用？变质作用的重要因素有哪些？

3. 变质作用的方式主要有哪几种？变质结晶作用与重结晶作用有何不同？

4. 变质作用划分为几种类型？

# 任务二　变质岩的物质成分

【知识要点】　变质岩的化学成分；变质岩中矿物类型划分；变质岩矿物成分上的特点。

【技能目标】　掌握变质岩化学成分特点；能够识别变质岩中出现的特征矿物。

**任务导入**

变质岩的物质成分包括化学成分和矿物成分。变质岩的化学成分虽然变化范围大，但与岩浆岩、沉积岩化学成分变化的总范围相当。变质岩矿物成分中，一部分是在其他岩石中也存在的矿物，如石英、长石、云母、角闪石、辉石、磁铁矿以及方解石、白云石等，还有一部分是在变质过程中产生的新矿物，如石榴子石、蓝闪石、绢云母、绿泥石、红柱石、阳起石、透闪石、滑石、硅灰石、蛇纹石、石墨等变质矿物，这些矿物是在特定环境下形成的稳定矿物，可以作为鉴别变质岩的标志矿物。

**任务分析**

本任务是进行变质岩后续课程学习的重要理论知识。在变质岩化学成分和矿物成分的学习中，必须掌握下面知识：

（1）要注意变质岩的化学成分与原岩化学成分间的关系，正确熟练掌握变质岩的五种化学类型。

（2）要认识到变质岩的矿物成分是其化学成分的直接反映，它既取决于原岩的成分特点，也与变质作用的类型和强度有关，即相同变质条件下不同化学类型岩石会出现不同的变质矿物组合，同一化学类型原岩在不同的变质条件下也会出现不同的矿物组合。

（3）理解变质岩与岩浆岩、沉积岩相比，在矿物成分上的特点；掌握变质岩中稳定矿物的共生组合关系；了解稳定矿物对变质作用条件研究的重要意义。

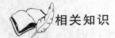 相关知识

### 一、变质岩的化学成分

变质岩是地壳中的先存岩石（岩浆岩、沉积岩及早先的变质岩）经复杂变质作用的产物。因此，其化学成分取决于原岩成分和变质作用的特点。总体来说，变质岩的化学成分主要由 $SiO_2$、$TiO_2$、$Al_2O_3$、$Fe_2O_3$、$FeO$、$MnO$、$MgO$、$CaO$、$Na_2O$、$K_2O$、$P_2O_5$、$H_2O$ 及 $CO_2$ 等氧化物组成。与岩浆岩、沉积岩相比，虽然这些氧化物的变化范围很大，但与它们在岩浆岩和沉积岩中变化的总范围相当。

变质作用过程中，原岩的矿物成分、结构构造都要发生改变，有的甚至变得面目全非。然而，一般变质作用基本不改变原岩的主要化学成分，即使是异化学变质，也或多或少可反映出原岩化学成分变异的某些特点，因此，变质岩的化学成分是恢复原岩和划分对比变质地层的重要标志之一。变质岩的化学成分在变质成矿作用研究中也具有重要的意义，越来越多的资料表明，一定的矿床往往赋存在具有一定化学成分特点的变质建造（含矿建造）中。

在不发生交代作用情况下，变质岩的化学成分取决于原岩的化学成分，在发生交代作用情况下，变质岩的化学成分既取决于原岩的化学成分，又取决于交代作用的类型与强度。

特纳（1955）把常见的变质岩归纳为 5 种化学类型：

（1）泥质变质岩。源自泥质（铝质）沉积物，$Al_2O_3$ 和 $K_2O$ 含量较高。

（2）长英质变质岩。原岩主是砂岩、酸性凝灰岩和中酸性岩浆岩，$SiO_2$、$Na_2O$ 和 $K_2O$含量都很高，$Al_2O_3$ 含量较低。

（3）钙质变质岩。源自石灰岩和白云岩（可含石英、黏土矿物等杂质）等钙质沉积物，$CaO$ 含量高，一般都大于 $50\%$。

（4）基性变质岩。由基性岩浆岩、凝灰岩及含较多的 Ca、Al、Fe、Mg 的不纯泥灰质岩石变质而成，$SiO_2$ 含量低，$FeO$、$MgO$ 和 $CaO$ 含量高，含有一定数量的 $Al_2O_3$。

（5）镁质变质岩。原岩类型是橄榄岩、纯橄岩、辉石岩等超镁铁质岩石及化学成分与之相当的沉积岩，$MgO$ 含量很高，$SiO_2$、$CaO$、$Na_2O$ 和 $K_2O$ 含量很低。

5 种常见岩石中，以泥质和基性岩石对温、压条件的变化最为敏感，有重要的岩石学意义。富钙质和镁质的岩石对温压的变化亦较敏感，长英质岩石则对温压变化不敏感。在岩石强度方面：镁质＞基性＞长英质＞钙质＞泥质；对恢复原岩性质来说，泥质、钙质、镁质易确定，而长英质、基性很复杂。

### 二、变质岩中的矿物成分

变质岩的矿物成分既取决于原岩的成分特点，也与变质作用的类型和强度有关。由于变质岩的化学组成变化范围很大，温压变化范围也很宽，而且在变质作用过程中有应力和流体参与，这些因素决定了变质岩的矿物成分与岩浆岩和沉积岩的矿物成分相比更为复杂多

样（表 7-1）。

**表 7-1** 常见造岩矿物在各类岩石中的分布

| 三大类岩石均有的矿物 | 主要在岩浆岩中出现的矿物 | 主要在变质岩中出现的矿物 | 主要见于沉积岩中的矿物 |
| --- | --- | --- | --- |
| 榍石、磁铁矿、赤铁矿磷灰石、金红石、辉石类、白云母、黑云母、碱性长石、斜长石类、角闪石类、橄榄石类、石英、锆石、碳酸盐矿物等 | 霞石、鳞石英、白榴石、歪长石、黄长石、方钠石蓝方石、黝方石、玄武角闪石等 | 钠云母、帘石类、符山石、珍珠云母、方柱石、绿纤石、镁铁闪石、葡萄石、浊沸石、石榴子石、绿泥石、蛇纹石、硬绿泥石、透闪石、阳起石、蓝闪石、硅灰石、红柱石、蓝晶石、夕线石、堇青石、黑硬绿泥石、硅镁石、方镁石、叶蜡石、刚玉、石墨、十字石、滑石硬玉等 | 煤、玉髓、蛋白石、黏土矿物、水铝石、海绿石、盐类矿物等 |

（一）变质岩中矿物类型划分

1. 稳定矿物

稳定矿物是指在某一变质作用条件下由变质结晶和重结晶作用形成的矿物。它们可以是原先已有但在该条件下仍然稳定平衡的矿物，也可以是在该条件下由变质反应所产生的新矿物。稳定矿物对变质作用条件研究有重要的意义。

稳定矿物按其稳定的 $p—T$ 范围的宽窄可进一步分为：

（1）贯通矿物。对温压条件变化不敏感，可在很大 $p—T$ 范围内稳定的矿物，如石英、方解石等。这些矿物一般不具有指示温压条件的意义。

（2）特征矿物。对温压条件变化敏感、稳定的 $p—T$ 范围较窄，仅存在于很窄 $p—T$ 范围的矿物。特征矿物能够指示变质作用的 $p—T$ 条件，常作为划分等变线的标志，因而具有重要的岩石学意义。如 $Al_2SiO_5$ 的三种多形变体，红柱石指示低压、蓝晶石指示中压—较高压、夕线石指示高温（中压）等。

通常所说的变质岩中的矿物共生组合，当指稳定矿物的共生组合。一部分矿物是在其他岩石中也存在的矿物，如石英、长石、云母、角闪石、辉石、磁铁矿以及方解石、白云石等，另一部分为特征矿物 。

2. 不稳定矿物

不稳定矿物又称残余矿物，是指在一定的变质条件下，由于反应不彻底而保存下来的原岩矿物，如云英岩中的钾长石残余就是不稳定矿物。不稳定矿物常见于低级变质岩和退变质岩中，在变质作用历史研究中具有重要的意义。

（二）变质岩的矿物成分特点

变质岩与岩浆岩、沉积岩相比，在矿物成分上一般来说具有如下特点：

（1）出现一些岩浆岩、沉积岩中都不出现的特征变质矿物，如红柱石、堇青石、十字石、矽线石、蓝晶石、硅灰石等，它们分别产出于不同的 $p—T$ 条件。

（2）岩浆岩中的主要矿物（长石、石英、云母、角闪石、辉石等）在变质岩中也是主要矿物，但它们在变质岩中的含量变化范围很大，这主要是由于变质岩的化学成分范围较宽决定的。如正常的岩浆岩中石英很少超过 $50\%$（一般不超过 $30\%$），而在变质岩中石英可高达 $95\%$ 以上。

（3）鳞石英、玄武闪石、霓石及副长石类等高温矿物为岩浆岩所特有,在变质岩中极为罕见。

（4）典型的沉积矿物,如黏土矿物、海绿石等为沉积岩所特有,仅在变质较浅时可作为残余矿物在变质岩中出现。

（5）变质岩中层状、链状结构的矿物(绿泥石、云母、角闪石、辉石等)较多,且这些矿物的平均延展性比岩浆岩中的同类矿物大。如黑云母在岩浆岩中的延展性一般为 1.5 左右,而在变质岩中可达 7～10。

（6）变质岩中常发育有分子排列极紧密的矿物,这种矿物具有较小的分子体积和较大的相对密度,如石榴子石、绿辉石等。

（7）变质岩中同质多象(多形)矿物发育,如红柱石、蓝晶石、夕线石。

（8）斜长石的环带结构在变质岩中较为少见;变质岩中的石英,长石等矿物常具波状消光,裂纹也较发育。

 **任务实施**

（此处以变质岩中的矿物成分为例）

本任务要求在掌握了变质岩化学成分特点和常见造岩矿物在岩浆岩、沉积岩中的分布特点的基础上实施。在进行变质岩中矿物类型划分、变质岩矿物成分特点等任务实施过程中,根据任务要求,通过课堂讲解、多媒体演示对各知识点展开分析,学生以小组为单位,相互讨论,加深对知识的理解,完成学习任务。

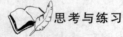 **思考与练习**

1. 变质岩的化学成分特征是什么?
2. 变质岩的矿物成分特征是什么?
3. 简述五大化学岩的基本特征。
4. 变质岩有哪些特有矿物?

# 任务三　变质岩的结构和构造

【知识要点】　变余结构、变晶结构、交代结构、碎裂变形结构;变余构造、变成构造、混合岩化构造。

【技能目标】　掌握变质岩的结构构造特征;通过肉眼能正确鉴定出变质岩结构构造类型。

 **任务导入**

变质岩的结构是指变质岩石中矿物的自形程度、形状、粒度以及晶体之间的相互关系等。变质岩的构造是指组成岩石的矿物或矿物集合体的空间分布和排列方式等特征。变质岩的结构、构造习惯上也统称为组构。结构、构造是变质岩的重要特征,常用作变质岩分类、

命名、鉴定的重要依据。通过对结构和构造的研究，还可以了解变质岩的原岩，判断原岩所经受的变质作用、环境、方式和程度等特点。

**任务分析**

变质岩的结构构造是本项目的核心知识内容。在变质岩结构构造的学习过程中，必须掌握以下知识：

（1）注意变质岩不同结构构造类型所对应的变质作用条件和过程。

（2）变质岩的结构类型繁多，重点掌握变余结构、变晶结构、交代结构和碎裂变形结构及它们各自的特点。

（3）变质岩的构造肉眼可见，观察变质岩时最基本最重要的特征，必须通过肉眼能正确识别出各种变余构造、变成构造和混合岩化构造；尤其是变成构造在变质岩中占有重要地位，对变成构造的常见基本类型板状构造、千枚状构造、片状构造、片麻状构造、斑点状构造、块状构造等必须熟练掌握。

**相关知识**

**一、变质岩的结构**

变质岩的结构类型繁多，大致可分为四种不同的成因类型，即变余结构、变晶结构、碎裂变形结构和交代结构。

（一）变余结构

变余结构也称残留结构，是指在变质作用过程中，变质作用进行的不彻底，变质程度浅，原岩的矿物成分和结构特征没有得到彻底改造，在变质岩中还部分保留或仍可辨认出原岩结构特点的结构。

变余结构总的特点是外貌上具原来沉积岩或岩浆岩的结构特征，而矿物成分上则表现出一些变质矿物的特点，许多情况下也保留了一些原岩矿物的特点。如原岩为砂砾岩等正常沉积碎屑岩，变质后岩石中常部分保留砾石或砂砾的外形；原来岩浆岩中斑状结构、辉绿结构、花岗结构等，都可能在变质程度不深的变质岩中被残留下来。

变余结构的命名方法是在原岩结构的基础上加上"变余"二字。

常见的与正常沉积岩有关的变余结构有变余砾状结构、变余泥状结构、变余砂状结构等（图7-2a）；常见的与岩浆岩有关的变余结构有变余辉绿结构（图7-2b）、变余斑状结构、变余花岗结构、变余环带结构、变余交织结构等；常见的与火山碎屑岩有关的变余结构有变余晶屑结构、变余岩屑结构、变余玻屑结构等。

（二）变晶结构

变晶结构是岩石在变质作用过程中发生重结晶和变质结晶作用所形成的结构，是变质岩最常见的结构。

变晶结构与岩浆岩中的结晶质结构有些相似（全晶质），但是由于变质过程中的重结晶和变质结晶基本上是在固态条件下进行的，而且在同一次变质作用过程中各种矿物几乎又是同时生长和发育的，因此它们又有许多不同之处。

变晶结构与岩浆岩中的全晶质结构的差异：

（1）变晶结构的岩石为全晶质，没有非晶质组分。

(a)　　　　　　　　　　　(b)

图 7-2　变余结构

（a）变余砂状结构（网络下载）；（b）变余辉绿结构（网络下载）

（2）同一世代的变晶矿物没有明显的结晶顺序，晶体自形程度的差别取决于结晶势，结晶力强的矿物较自形，结晶力弱的矿物呈他形，不像岩浆岩中那样矿物的自形程度随结晶顺序依次变化。而且一般变质矿物颗粒排列紧密，彼此镶嵌或相互包裹，如一处甲矿物包裹了乙矿物，另一处则有乙矿物包裹了甲矿物的现象，因此，晶体自形程度的差别不能反映结晶先后顺序。

（3）变斑晶的形成一般与变晶基质矿物几乎同时或稍晚，所以变斑晶中常含有大量的基质矿物包裹体，与岩浆岩中斑晶形成较早的情况相反。

（4）当变质岩具有斑状变晶结构时，变斑晶一般较自形，除变斑晶外，其他变晶矿物的自形程度都较差，多为他形或半自形，全自形晶少见，这与缺少自由生长空间有关。

（5）柱状、片状及放射状矿物比较发育，柱状、片状矿物的延展性比岩浆岩中的大，且多为定向排列；浅色矿物（石英、长石、碳酸盐矿物等）多具优选方位，发育波状消光、双晶弯曲等变形现象，这与变质作用中或变质之后应力的作用有关。

变晶结构的基本要素是变质矿物的自形程度、粒度大小（绝对大小、相对大小）、变晶矿物颗粒形态以及颗粒间的相互关系等。按照这些结构要素划分出的若干不同变晶结构类型如下：

（1）按变晶的自形程度，可把变晶结构划分为全自形变晶结构、半自形变晶结构、他形变晶结构。

① 全自形变晶结构。组成岩石的各种矿物都发育完好，绝大部分变晶矿物颗粒是自形晶。属于这种结构的变质岩很少，如在某些矽卡岩中可见此种结构。

② 半自形变晶结构。岩石主要由半自形晶粒组成，或者岩石中不同矿物的自形程度显示明显的差异，某种矿物晶形发育较完好，另种矿物的晶形发育较差，这是最常见的结构类型。

③ 他形变晶结构。组成岩石的各种矿物基本上都不呈现各自应有的晶形，而多是紧密镶嵌互相依附存在。如某些角岩、石英岩及大理岩中的结构。

（2）按变晶粒度的绝对大小，可把变晶结构划分为粗粒变晶结构、中粒变晶结构、细粒变晶结构、显微变晶结构。这种粒度等级的划分只有当组成岩石的矿物的粒度相差不多（同处于某一粒级范围）时才有意义。

粗粒变晶结构,粒度>3 mm;中粒变晶结构,粒度1～3 mm;细粒变晶结构,粒度0.1～1 mm;显微变晶结构,粒度<0.1 mm。

(3) 根据变晶粒度的相对大小,可把变晶结构划分为等粒变晶结构、不等粒变晶结构、斑状变晶结构。

① 等粒变晶结构。主要变质矿物的粒度大致相近。如石英岩、大理岩、变粒岩中常具此种结构;接触变质岩的"角岩结构"也属此类(图7-3a)。

② 不等粒变晶结构。主要变质矿物的粒度不等,但粒度变化基本上是连续的(图7-3b)。

③ 斑状变晶结构。主要变质矿物粒度不等,且变化不连续,在大量较细粒矿物集合体(基质)中分布有粒度特别粗大的斑状晶体(变斑晶),基质和变斑晶粒度相差悬殊(图7-3c)。

(a)　　　　　　　　　(b)　　　　　　　　　(c)

图 7-3　按变晶粒度相对大小划分的变晶结构
(a) 等粒变晶结构(南京大学地球科学数字博物馆);(b) 不等粒变晶结构(南京大学地球科学数字博物馆);
(c) 斑状变晶结构
(南京大学地球科学数字博物馆)

(4) 根据岩石中主要矿物的形态,可将变晶结构划分为粒状变晶结构、鳞片变晶结构和柱状、纤状变晶结构等。

① 粒状变晶结构。岩石中粒状矿物主要为等轴、近等轴状分布,以粒状矿物石英、长石、方解石等为主(图7-4a)。

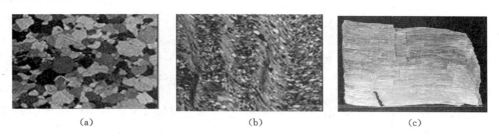

(a)　　　　　　　　　(b)　　　　　　　　　(c)

图 7-4　按岩石中主要矿物形态划分的变晶结构
(a) 镶嵌粒状变晶结构(南京大学地球科学数字博物馆);(b) 鳞片变晶结构(网络下载);
(c) 纤状变晶结构(baike. so. com/doc/1789521-1892370. html)

② 鳞片变晶结构。岩石主要由片状矿物(云母、绿泥石、滑石等)或板状矿物组成,大多数片状、板状矿物呈定向排列(图7-4b)。

③ 柱状、纤状变晶结构。岩石主要由纤维状、长柱状或针状矿物组成,如阳起石、透闪石、矽线石、硅灰石等,它们常成平行排列或束状集合体(图7-4c)。

有时,在一块岩石标本上可出现两种或两种以上的结构,如某片麻岩,主要矿物石英、长石为粒状,次要矿物黑云母为鳞片状,其结构可用前少后多原则,称为鳞片粒状变晶结构。

（三）碎裂变形结构

碎裂变形结构是动力变质岩石的一种特征结构。在应力作用下,原岩遭受强烈挤压和研磨,使岩石本身及组成矿物发生破裂、移动、变形等现象。破碎成较大的原岩碎块称碎斑,破碎成粒度很小,粉末状的原岩碎块称碎基。按碎裂程度的不同,可分为碎裂结构、碎斑结构和糜棱结构等主要类型。

（1）碎裂结构。由脆性变形形成,原岩在应力作用下产生裂隙,进而发生破碎,形成许多外形不规则的带棱角的碎块,碎块的边缘常呈锯齿状,碎块之间有少量破碎成细粒及粉末的物质充填（图 7-5a、图 7-5b）。

图 7-5　碎裂变形结构

(a) 碎裂结构,灰岩碎裂岩,手标本(网络下载);(b) 碎裂结构,露头石英砂岩(江西广丰县,2014);

(c) 糜棱结构,长英质糜棱岩,手标本(中国地质大学地球科学学院岩矿教研室);

(d) 糜棱结构,主要成分:长石、石英(据钟增球,胡北黄陂,1996)

（2）碎斑结构。岩石受较强烈的应力作用后,大部分被压碎成细粒至隐晶质的碎屑(碎基),其中尚残留有一些较大的矿物碎块(碎斑),碎斑和碎基的成分基本相同。

（3）糜棱结构。在强烈的应力作用下,岩石全部被压碎成极细的矿物碎屑和粉末,常有少量绢云母、绿泥石等新生矿物,破碎的微粒往往具明显的定向分布,有时可残留少量较大的透镜状矿物碎屑(常为石英、长石等),但也常被磨圆呈眼球状（图 7-5c、图 7-5d）。当原岩被研磨成超细级（<0.05 mm）碎屑和粉末时,可称超糜棱结构。

（四）交代结构

岩石中原有矿物或矿物集合体被新的矿物或矿物集合体所取代的现象,是交代作用形成的。其特征是在形成过程中有物质成分的加入和带出,而岩石中原有矿物的分解和新矿物的形成是同时的。根据形态不同可分为交代假象结构、交代残留结构、交代蠕虫结构、交代斑状结构、交代条纹结构等。交代结构对判别交代作用特征具有重要意义。

（1）交代假象结构。原有矿物被化学成分不同的另一新矿物所置换，但仍保持原来矿物的晶形甚至解理等内部特点。例如，绿泥石交代黑云母或角闪石后呈黑云母或角闪石的假象；蛇纹石交代橄榄石或斜方辉石后呈橄榄石或斜方辉石的假象（图7-6a）。

（2）交代残留结构。早期形成的矿物颗粒，被晚期形成的矿物交代后，原有矿物被分割成不规则零星孤立的残留体，呈岛屿状，包在新生矿物之中的一种结构。在热液矿床中非常普遍（图7-6b）。

（3）交代条纹结构。在钾长石中包有较小的斜长石个体，二者交生；斜长石个体不规则，在钾长石主晶内分布也很不均匀，而且同一钾长石晶体中的全部斜长石个体可同时消光。这种结构主要是由斜长石沿一定方位交代钾长石晶体而成，有时也可以是斜长石被钾长石强烈交代后呈残留体而成。

（4）交代反条纹结构。特征与交代条纹结构相似，不同的是在斜长石晶体中包有较小的不规则的钾长石个体。这种结构主要是钾长石交代斜长石而成，在少数情况下，也可以是钾长石被酸性斜长石强烈交代后呈残留体而成。

（5）交代斑状结构。交代成因的矿物呈较大的自形或眼球状斑晶出现，斑晶在岩石中分布不均匀，大小不等，一般以长石的斑晶最普遍。交代成因斑晶中常有交代残留的基质矿物，斑晶常切割变质岩的片理，而片理又可在斑晶中断续通过。

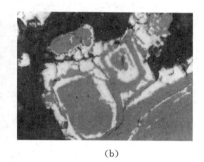

（a）　　　　　　　　　　　　　　　　　（b）

图7-6　交代结构

（a）交代假象结构（据胡明安，广西田林县）；
（b）交代残留结构（据王苹，四川九寨沟县两河口）

## 二、变质岩的构造

变质岩的构造着重于矿物集合体的空间分布特征，按其成因可划分为变余构造、变成构造和混合岩化构造三类。

### （一）变余构造（残余构造）

变质作用对原岩构造改造不彻底使原岩构造的某些特点得以保留，称变余构造。变余构造主要见于浅变质岩中，对查明原岩类型有直接的指示意义，是恢复原岩类型的主要依据。与沉积岩有关的变余构造有变余层理构造（图7-7a）、变余波痕构造等；与侵入岩和喷出岩有关的变余构造有变余条带构造、变余气孔构造、变余杏仁构造（图7-7b）、变余枕状构造、变余流纹构造等。

(a) (b)

图 7-7 变余构造

(a) 变余层理构造；(b) 变余杏仁构造

（二）变成构造

变质作用过程中由重结晶和变质结晶作用形成的新的构造，在变质岩中占有重要地位。常见类型有板状构造、千枚状构造、片状构造、片麻状构造、斑点状构造、块状构造等。

（1）板状构造。板状构造又称板劈理，是重结晶程度很低的低级变质岩典型的面理形式。其特征是在应力作用下，岩石中出现了一组互相平行的劈理面，使岩石沿劈理面形成均匀的薄板。板理面平整而光滑，有时有少量绢云母、绿泥石等，显微弱的丝绢光泽，但岩石基本没有重结晶，新生矿物很少，是板岩的特征构造（图 7-8）。

(a) (b)

图 7-8 板状构造

(a) 灰绿色板岩具板状构造，手标本（网络下载）；(b) 板状构造，露头（网络下载）

（2）千枚状构造。千枚状构造是区域变质岩石的一种低级定向构造。其特征是岩石中的鳞片状矿物成定向排列，但岩石重结晶程度不高，粒度较细，肉眼不能分辨矿物颗粒，镜下见较多新生矿物，如绢云母、绿泥石、微粒石英等密集定向排列；岩石易沿面理裂开，可劈开成薄片状，但劈开面不如板状构造劈理面那样平整，通常在片理面上见有强烈的丝绢光泽，这是由于绢云母、绿泥石等矿物的微细鳞片平行排列所致。有时在片理面上还见有许多小皱纹，这是千枚岩的典型构造（图 7-9）。

（3）片状构造。片状构造也称片理，是变质岩中最常见、最带有特征性的一种构造。其特征是岩石主要由云母、绿泥石、滑石、角闪石等片状、柱状或长条状矿物所组成，它们呈连续的平行定向排列，一般岩石重结晶和变质结晶程度较高，矿物均呈显晶质，粒度较粗，肉眼即能分辨颗粒，以此区别于千枚状构造。由矿物平行排列所组成的平面称为片理面，沿片理

(a) (b)

图 7-9　千枚状构造

(a) 千枚状构造，手标本（网络下载）

(b) 千枚状构造，绿泥绢云千枚岩，手标本（据刘如民，山西五台，1978）

面可劈开成不平整的薄板状，片理面可以是较平直的面，也可以波状弯曲甚至强烈揉皱的曲面（图 7-10）。

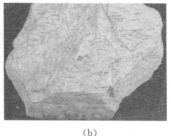

(a) (b)

图 7-10　片状构造

(a) 片状构造，手标本，绿泥石片岩（中国地质大学地球科学学院岩矿教研室）

(b) 片状构造，手标本，蓝闪石片岩，湖北黄陂，（网络下载）

（4）片麻状构造。片麻状构造又称"片麻理"，其特征是岩石主要由粒状矿物（石英、长石等）组成，但又有一定数量的呈定向排列的片状或柱状（云母、角闪石、辉石等）矿物，后者在粒状矿物中呈不均匀的断续分布。一般它们的重结晶程度都比较高，矿物为显晶质，岩石沿片麻理不易劈开（图 7-11a、图 7-11b）。若以石英、长石、方解石等为主的浅色粒状矿物和

(a) (b) (c) (d)

图 7-11　片麻状构造

(a) 片麻状构造，白云钾长片麻岩，手标本（据周汉文，北京密云，1990）；

(b) 片麻状构造，黑云斜长片麻岩，手标本（中国地质大学地球科学学院岩矿教研室）；

(c) 条带状构造，手标本（网络下载）；(d) 眼球状构造，手标本（网络下载）

以黑云母、角闪石等为主的暗色片、柱状矿物分别集中,各以一定的宽度构成连续的条带互层出现,就能成为粒度不同或色调不同的条带状构造(图7-11c),例如,磁铁石英岩常具有这种构造。若在片麻岩中,较大的长石晶体或长石和石英的集合体呈眼球状、透镜状或扁豆状,被片状、柱状等矿物所环绕,外形似眼球,则可称为眼球状构造(图7-11d)。

(5)斑点状构造。斑点状构造是热接触变质岩石的一种构造。在较低变质温度下,岩石中化学组分发生迁移并重新组合而成。其特点是受轻微热接触变质的泥质岩石中,分布一些形状不一、大小不等的斑点,肉眼很难辨认出其矿物成分,显微镜下观察,斑点由碳质、铁质物或红柱石、堇青石、云母等的雏晶集合体组成,它们不均匀分布于基本未重结晶的致密状泥质基质中。斑点状构造是低温热变质的一种标志构造(图7-12a、图7-12b)。

(a)                       (b)

图7-12　斑点状构造

(a) 斑点状构造,手标本(中国地质大学地球科学学院岩矿教研室);

(b) 斑点状构造,手标本(网络下载)

(6)块状构造。岩石中矿物成分和结构都很均匀,不显示定向排列,也无定向裂开性质。如某些石英岩(图7-13a)、大理岩(图7-13b)等常具此构造。这种构造反映岩石在变质过程中不具显著的定向压力。

(a)                       (b)

图7-13　块状构造

(a) 块状构造,石英岩,手标本(网络下载);

(b) 块状构造,大理岩,手标本(birds. chinare. org. cn)

(三)混合岩化构造

混合岩化构造是由混合岩化作用形成的,是根据混合岩中基体和脉体的空间分布特征及其相互关系来确定的。一般认为,随着变质温度的升高,岩石中的长英质组分发生重熔,称为脉体,而难熔的铁镁质组分保留下来,称为基体,脉体部分相当于岩浆岩,基体部分仍为变质岩,混合岩基本上是由脉体和基体两部分按不同比例和不同方式混合组成的。

　　混合岩化作用所形成的构造与一般变质作用所形成的构造形态基本相似,如条带状、片麻状构造等,必须结合野外观察及其他特征才有可能区别。常见的混合岩化构造有条带状构造、眼球状构造、网脉状构造、角砾状构造、肠状构造、片麻状构造、阴影状构造等。

　　(1)条带状构造。基体与脉体呈条带状相间分布(图7-14a、图7-14b)。

　　(2)眼球状构造。长英质(主要是碱性长石和石英)呈眼球状团块断续分布于基体中(图7-15a、图7-15b)。

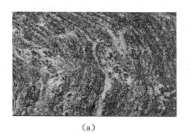 

(a)　　　　　　　　　　　　　　(b)

图7-14　条带状构造

(a)条带状构造,露头(中国地质博物馆—科普园地—苍山岩石);

(b)条带状构造,手标本,主要成分:长石、石英、黑云母;

(据中国地质大学教工,河北行塘,1982)

(a)　　　　　　　　　　　　　　(b)

图7-15　眼球状构造

(a)眼球状构造,手标本(中国地质大学地球科学学院岩矿教研室)

(b)眼球状构造,手标本(网络下载)

　　(3)角砾状构造。基体被脉体分割包围,呈角砾状(图7-16)。

(a)　　　　　　　　　　　　　　(b)

图7-16　角砾状构造

(a)角砾状构造,露头(网络下载);(b)角砾状构造,手标本(网络下载)

（4）肠状构造。脉体呈肠状褶曲分布于基体之中（图7-17）。

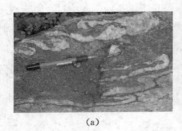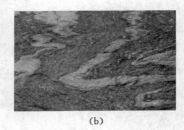

(a) 　　　　　　　　　　(b)

图7-17　肠状构造

(a) 肠状构造，露头（网络下载）；(b) 肠状构造，露头（中国地质博物馆—科普园地—苍山岩石）

（5）网脉状构造。长英质脉体不规则地穿切基体，呈细脉状、分枝状、网状分布。脉体数量较少，宽窄不定，有时尖灭（图7-18）。

（6）片麻状构造。基体与脉体界限基本不清，基体中的暗色矿物断续定向排列（图7-19）。

图7-18　网脉状构造　　　　　　　图7-19　片麻状构造

（中国地质博物馆—科普园地—苍山岩石）　　　　（网络下载）

（7）阴影状构造。阴影状构造也称雾迷状构造、星云状构造，基体与脉体界线完全不清，有时隐约可见被交代的基体的残留轮廓，呈斑杂状或阴影状分布（图7-20a）；若出现黑云母、角闪石等暗色矿物，则常常分布不均匀，呈不明显的条带状、团块状或斑点状（图7-20b）。

(a) 　　　　　　　　　　(b)

图7-20　阴影状构造

(a) 阴影状构造，手标本（南京大学地球科学数字博物馆）；

(b) 阴影状构造，手标本（网络下载）

**任务实施**

1. 通过多媒体演示,以大量图片展开分析,用设问式和启发式教学方法,先提出问题,再根据学生回答情况解释和讲解基础理论知识。

2. 在地质实训室,通过观察研究变质岩结构构造手标本,熟悉并掌握变质岩的各种结构构造类型及其特征。

3. 在野外地质实习实训中,观察和研究野外实际出露的变质岩岩体,使理论知识与实践相结合,进一步加深对课堂知识的理解,提高学生的实践能力,完成学习任务。

**思考与练习**

1. 什么是变余结构?常见的变余结构有哪些?

2. 什么是变晶结构?变晶结构是如何进行划分的?

3. 什么是交代结构?什么是碎裂变形结构?

4. 什么是变余构造?

5. 什么是变成构造?变质岩中常见的变成构造有哪些?

6. 什么是混合岩化构造?常见的混合岩化构造有哪些?

# 任务四　变质岩的分类和命名

**【知识要点】** 变质岩的成因分类;变质岩的命名。

**【技能目标】** 掌握变质岩分类、命名方法及各类变质岩的特征;通过肉眼能正确鉴定出常见变质岩。

**任务导入**

变质岩是地壳已有岩石经变质作用的产物。形成变质岩的原岩类型众多,且变质岩的形成条件复杂,这种原岩类型的多样性和变质作用因素的千变万化,导致了变质岩物质成分、结构构造等的复杂性,也给变质岩的分类和命名带来了困难。所以,迄今为止,变质岩的分类和命名还难以统一。从目前通行的分类情况看,在变质岩的分类中,主要考虑的因素有:变质岩的成因(变质作用类型)、变质岩的物质组成和结构、构造。这里按变质岩的成因对变质岩进行分类。

**任务分析**

进行变质岩的成因分类,必须掌握以下知识点并达到相应技能目标。

(1)熟练掌握变质作用的主要类型。

(2)通过重点讲述变质岩的主要岩石类型及其特征,达到正确区分不同类型变质岩的技能目标。

(3)正确掌握变质岩命名的基本原则和规定,保证变质岩命名的准确性。

相关知识

## 一、变质岩的分类

变质岩的成因分类，即按变质作用类型将变质岩划分为区域变质岩（由区域变质作用形成的岩石）、接触变质岩（由接触变质作用形成的岩石）、气液变质岩类（由气液变质作用形成的岩石）、动力变质岩（由动力变质作用形成的岩石）和混合岩（由混合岩化作用形成的岩石）五大类（表 7-2）。

表 7-2　　　　　　　　　　　　　　变质岩的成因分类

| 岩石大类 | 岩石小类 | 岩石类型 | | 主要结构 | 主要构造 | 变质作用类型 |
|---|---|---|---|---|---|---|
| 区域变质岩 | 面理化区域变质岩 | 浅变质带 | 板岩 | 变余泥质结构、变晶结构 | 板状构造 | 区域变质作用（从板岩到片麻岩，变质程度递增） |
| | | | 千枚岩 | 显微鳞片变晶结构、显微纤维变晶结构 | 千枚状构造 | |
| | | 中变质带 | 片岩 | 鳞片变晶结构 | 片状构造 | |
| | | 深变质带 | 片麻岩 | 鳞片粒状变晶结构 | 片麻状构造、条带状构造、眼球状构造 | |
| | 无面理至弱面理化区域变质岩 | 石英岩 | | 细粒、等粒变晶结构 | 块状构造 | |
| | | 角闪岩 | | 细粒-粗粒粒状变晶结构 | 块状-条带状构造 | |
| | | 麻粒岩 | | 粗粒等粒变晶结构、不等粒变晶结构 | 块状构造、似片麻状构造 | |
| | | 榴辉岩 | | 细粒-粗粒粒状变晶结构 | 块状构造、片麻状构造 | |
| 接触变质岩 | 接触热变质岩 | 角岩 | | 角岩结构、斑状变晶结构 | 块状构造 | 接触变质作用 |
| | | 大理岩 | | 等粒变晶结构 | 块状构造 | |
| | | 石英岩 | | 变余砂状结构、花岗变晶结构 | 块状构造 | |
| | 接触交代变质岩 | 矽卡岩 | | 细粒-粗粒变晶结构、等粒或不等粒变晶结构、交代结构 | 块状构造、斑杂构造 | |
| 气液变质岩 | 低温气液变质岩 | 蛇纹岩 | | 隐晶质结构 | 致密块状构造 | 气液变质作用 |
| | 中温气液变质岩 | 青磐岩 | | 隐晶质结构、变余斑状结构、变余火山碎屑结构 | 块状、斑块状、角砾状构造 | |
| | 高温气液变质岩 | 云英岩 | | 花岗变晶结构、鳞片花岗变晶结构 | 块状构造 | |
| 动力变质岩 | 碎裂岩系动力变质岩 | 构造角砾岩 | | 破碎角砾结构 | 无定向构造 | 动力变质作用 |
| | | 碎裂岩 | | 碎裂结构、碎斑结构 | 无定向构造 | |
| | 糜棱岩系动力变质岩 | 糜棱岩 | | 糜棱结构 | 眼球状构造、条带状构造、纹层状构造 | |

续表 7-2

| 岩石大类 | 岩石小类 | 岩石类型 | 主要结构 | 主要构造 | 变质作用类型 |
|---|---|---|---|---|---|
| 混合岩 | 交代作用不强烈的混合岩 | 角砾状混合岩 | | 角砾状构造 | 混合岩化作用 |
| | | 眼球状混合岩 | | 眼球状构造 | |
| | | 条带状混合岩 | | 条带状构造 | |
| | | 肠状混合岩 | | 肠状-褶皱状构造 | |
| | 交代作用强烈的混合岩 | 混合片麻岩 | 交代结构 | 片麻状构造 | |
| | | 混合花岗岩 | 交代结构 | 块状构造 | |

注意:同一变质岩石类型可以是多成因的,如石英岩可以由区域变质作用形成,也可以由接触热变质作用等形成。
(据姜尧发、孙宝玲、钱汉东编著的矿物岩石学中变质岩的成因分类修改,2009)

## 二、变质岩的命名

变质岩的所有分类在命名岩石时都应遵循以下原则及规定。

（一）变质岩名称的构成

（1）在命名变质岩时,首先根据成因及产状初步定出大类名称;然后依据岩石的基本特征(主要矿物成分及结构、构造特征),定出变质岩的基本名称。

（2）附加修饰词是用以说明岩石的某些重要附加特征的修饰词,可作为附加修饰词的有次要矿物、特征变质矿物、结构、构造及颜色等。

（二）在命名时,次要矿物作为附加修饰词的规定

（1）矿物含量大于 15% 时,直接作为附加修饰词。当数种矿物含量都大于 15% 时,选择 2～3 种(最多不超过 5 种)比较重要的矿物,按含量增加的顺序(少前多后)排列,作为附加修饰词。

（2）矿物含量为 5%～15% 时,冠以"含"字前缀。

（3）矿物含量小于 5% 的常见矿物,不参加命名。

（三）特征变质矿物作为附加修饰词的规定

（1）特征变质矿物含量小于 5% 时,应参加命名,加"含"字前缀。有些重要特征变质矿物含量小于 5%,也可直接作为附加修饰词。如蓝晶石、蓝闪石、紫苏辉石等。

（2）特征变质矿物含量大于 5% 时,直接作为附加修饰词。

（3）当岩石中含有两种以上特征变质矿物,而且其生成顺序符合一般规律时,选择生成具最重要意义的特征变质矿物作为附加修饰词。例如,含有蓝晶石、十字石、石榴石的黑云母片麻岩,称为蓝晶黑云片麻岩。

（四）参加变质岩命名的矿物名称简化规定

（1）次要矿物、特征变质矿物等,作为附加修饰词参加变质岩命名时,在不引起误解的情况下,可以简化为两个汉字或一个汉字。如:斜长石——斜长,黑云母——黑云,绢云母——绢云或绢等。

（2）变质岩名称的附加修饰词如果是由两个汉字组成的矿物名称一般不能简化。如云母片岩、辉石麻粒岩等;附加修饰词"含"字后的矿物名称用全名,不能简化;附加修饰词简化后如果会引起矿物名称误解的不能简化,如白云石、白云母等。

（五）轻微变质岩的命名原则

轻微变质岩是指经受轻微（很低级）变质作用的岩石，仍保留了原岩的结构、构造，即变余结构构造（变余砾状结构、变余辉绿结构、变余辉长结构、变余杏仁状构造等）非常发育，原岩十分清楚，这类轻微变质岩石的命名按"变质＋原岩名称"进行命名，如变质砾岩、变质辉绿岩、变质辉长岩、变质玄武岩等。另外，新生变质矿物可参加命名，如葡萄绿纤变英安质凝灰岩。

变质岩的命名，应尽可能与传统习惯用法一致，尽量采用国内外已通用的岩石名称；特定成因的变质岩类型，仍按传统习惯沿用，如角岩、矽卡岩等。

任务实施

在进行变质岩分类和命名等任务实施过程中，首先根据任务要求，提出相关问题，学生以小组为单位，相互讨论；然后结合地质实训室变质岩手标本，通过课堂讲解、实物演示等教学手段，认识不同类型变质岩的基本特征，并能通过肉眼正确鉴定出常见变质岩，完成学习任务，达到技能目标。

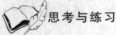思考与练习

1. 按成因可以把变质岩分为哪几大类？
2. 接触变质岩的主要岩石类型是哪些？
3. 在进行变质岩命名时应遵循哪些基本原则？

项目七彩图

# 项目八　变质岩鉴定

## 任务一　区域变质作用及其岩石

【知识要点】　区域变质作用及区域变质岩的概念；常见区域变质岩类型。

【技能目标】　掌握区域变质岩类型及其特征、分类、命名方法等，了解常见区域变质岩的主要特征及鉴定方法，能够对手标本进行观察描述。

 **任务导入**

在常见变质岩中，区域变质岩分布较为广泛，人们常见到的建筑石材——大理石被大量使用，而一些金属与非金属矿产资源也与区域变质岩密切相关。同时，一些特殊区域变质岩是识别古构造带的重要标志。

 **任务分析**

区域变质作用常伴随构造运动发生，是在地壳活动带中进行的深部地质作用的过程，并且常伴随有混合岩化、大规模的构造变形及岩浆活动，是一个漫长的地质作用过程（包括岩石的多向变质结晶及重结晶和变形作用）。区域变质岩是由区域变质作用形成的，常呈大面积或带状分布，长几百或几千千米，宽几十或几百千米，由一些千枚岩、片岩、片麻岩等被强烈变形或片理化的岩石组成。要观察描述区域变质岩必须掌握如下知识点：

（1）区域变质作用及区域变质岩的概念。

（2）常见区域变质岩的主要特征。

 **相关知识**

区域变质作用是在岩石圈大规模范围内发生的多种因素综合起作用的复杂变质作用。区域变质岩常与构造运动相伴发生，常见于前寒武纪结晶基底及显生宙造山带，常伴随有混合岩化、大规模的变形及岩浆活动。区域变质作用的主要影响因素是温度、压力和流体。因此，区域变质岩以分布范围广、变质环境多样和变质因素复杂为特征。

根据岩石有无面理构造，将区域变质岩分为具面理构造的区域变质岩和无（弱）面理构造的区域变质岩两类。

### 一、具面理构造的区域变质岩

（一）板岩

板岩的原岩主要为泥质岩、粉砂质岩及中酸性凝灰岩，经过区域变质作用形成具有板状构造的低级变质岩。岩石致密脆硬，因此古时就有板岩当做瓦片在建筑中使用。板岩易于沿其劈理裂开成薄板（图 8-1a），板理面平滑整齐，板理面上因有绢云母而略具丝绢光泽。板岩的颜色多样，所含杂质不同颜色不同，如含铁为红色或黄色、含碳质为黑色或灰色。岩石具隐晶质结构，变余结构，少部分重结晶，光泽暗淡（图 8-1b），肉眼无法分辨颗粒成分，镜下可见少量变晶矿物如绢云母、绿泥石等。

根据板岩的颜色、杂质、成分对其命名时，一般以"新生变质矿物＋原岩成分＋板岩"构成其名称，如钙质板岩、空晶石板岩。以其颜色命名分类时为"颜色＋板岩基本名称"，如灰绿色板岩、红色板岩、黑色炭质板岩等。

(a)           (b)

图 8-1　板岩

（a）板岩，露头（www.pintour.com）；（b）板岩，手标本（中国数字地质博物馆）

（二）千枚岩

千枚岩是具有千枚状构造的浅变质岩，也是由泥质岩石（或含硅质、钙质、炭质的泥质岩）、粉砂岩及中、酸性凝灰岩等，经低级区域变质作用形成。变质程度介于板岩和片岩之间。

千枚岩颜色多为黄褐色、灰绿色。具细粒鳞片变晶结构，粒度小于 0.1 mm，肉眼难以辨认。在片理面上常有小皱纹构造，片理发育面上呈绢丝光泽（图 8-2a）。原岩类型不同形成的千枚岩矿物组合也不同，主要矿物为绢云母、绿泥石和石英，可含少量长石及碳质、铁质等物质，有时还可出现少量方解石、雏晶黑云母、黑硬绿泥石或锰铝榴石等变斑晶。

千枚岩可按颜色、特征矿物、杂质组分及主要鳞片状矿物进一步命名，如银灰色绢云母千枚岩、灰黑色碳质千枚岩及灰绿色硬绿泥石千枚岩等。

千枚岩与其他变质岩之间还存在有不同过渡类型岩石，如千枚状板岩是千枚岩和板岩之间的过渡类型岩石，岩石变质程度不高，原岩特征部分被保留或外观为板状构造，但矿物成分已具有绢云母、石英、绿泥石等；千枚状片岩是千枚岩和片岩之间的过渡类型，岩石中出现中级变质矿物，构造仍为千枚状构造。

千枚岩比板岩（一般为变余结构）变质程度高，比片岩（变晶结构）低，比片麻岩（粒状变晶结构）更低。

图 8-2　千枚岩

(a) 千枚岩,手标本(中国数字地质博物馆);(b) 千枚岩,正交偏光(earthlab.pku.edu.cn)

### (三) 片岩

片岩是泥质岩、碎屑岩及中酸性岩浆岩石,经区域变质作用形成的具有片状构造的中级变质程度的变质岩。变质程度高于千枚岩,是区域变质岩中常见的岩石。

片岩的面理面一般不平整,不易剥开,片状、柱状矿物呈连续定向排列。岩石具鳞片变晶结构、纤状变晶结构、鳞片粒状变晶结构和斑状变晶结构。矿物颗粒粒度大于 0.1 mm,肉眼可以辨认出主要矿物,其矿物成分主要为云母、角闪石、阳起石、透闪石、绿泥石、滑石等。其中,片、柱状矿物含量大于 30%,粒状矿物含量小于 70%,粒状矿物以石英为主。片岩命名时根据"特征变质矿物、成分＋基本名称"进行,如云母片岩、石榴石云母片岩等。

#### 1. 云母片岩

原岩为泥质岩、中酸性岩,分布广泛,低-中级变质作用形成。岩石具斑状变晶结构,基质具粒状鳞片变晶结构(图 8-3)。主要由白云母、黑云母组成,其次为石英和中酸性斜长石,粒状矿物含量较低,有时可出现铁铝榴石、堇青石、红柱石、十字石等特征变质矿物,指示不同的变质程度。

云母片岩根据云母的含量进行命名,如果某种云母含量大于 75%,直接根据其名称命名,如白云母片岩;当两种云母含量为 25%～75% 时,称为二云母片岩;含有石榴石、十字石、蓝晶石及石英、长石等矿物时,岩石命名"特征变质矿物＋基本名称",如石榴石白云母片岩。

图 8-3　云母片岩

(a) 白云母片岩,手标本(中国数字地质博物馆);

(b) 云母片岩,正交偏光(tuchong.com)

### 2. 绿（色）片岩

原岩为泥灰岩、中基性岩，分布广泛，低级变质作用形成。岩石具鳞片、粒状变晶结构，片状至千枚状构造（图 8-4）。主要由绿泥石、绿帘石、阳起石、白云母、钠长石、榍石等组成，以绿色矿物为主，其一般含量大于 40%。因其外貌常为绿色而名为绿色片岩。岩石命名为"特征变质矿物＋基本名称"，如绿帘钠长绿泥片岩，阳起绿帘绿泥片岩等。

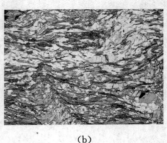

(a)　　　　　　　　　　　　　　　(b)

图 8-4　绿片岩

(a) 绿泥片岩，手标本（中国数字地质博物馆）；(b) 绿泥石片岩，单偏光（tuchong.com）

### 3. 蓝闪石片岩（蓝片岩）

原岩为基性岩、杂砂岩石，高压变质条件产物。板块相撞后，俯冲带形成高压低温环境，在蛇绿岩中形成，如雅鲁藏布江一带，蓝片岩的存在可表示板块边界——缝合线。

岩石常呈黄绿色、蓝绿色，具鳞片粒状变晶结构，片状构造。主要由黑硬绿泥石、绿泥石、绿帘石、石榴石、白云母、钠长石、石英等组成。岩石命名为"特征变质矿物＋基本名称"，如黑硬绿泥石蓝闪石片岩。

### 4. 角闪片岩

原岩为泥灰岩、中基性岩石，中级变质作用形成。岩石具柱（针）状、粒状变晶结构，片状构造。主要由普通角闪石、石英、长石等组成，由于原岩成分的差异，岩石常出现明显的暗色矿物与浅色矿物相间的条带状。

### 5. 滑石片岩、蛇纹石片岩

原岩为超基性岩浆岩、富镁的碳酸盐岩石，低级变质作用形成。岩石具鳞状、粒状变晶结构，片状构造。主要由蛇纹石、滑石、石英、长石及阳起石、绿泥石等矿物组成。滑石片岩主要成分为化石，常呈灰白、黄白、淡绿色等（图 8-5a）。蛇纹石片岩主要成分为蛇纹石，常呈绿色（图 8-5b）。

### （四）片麻岩

片麻岩为中高级变质作用形成，变质程度较高，具中粗粒变晶结构和片麻状或条带状构造（图 8-6a）。主要由长石、石英和各种暗色矿物（云母、角闪石、辉石等）组成，一般长石和石英含量大于 50%，其中长石大于 25%，片、柱状矿物为云母、角闪石、辉石等，有时含有矽线石、蓝晶石、石榴石、堇青石等特征变质矿物。

片麻岩原岩可以是正常沉积岩，如黏土岩，粉砂岩等，也可以是火山岩、火山碎屑岩或各种侵入岩。

片麻岩命名首先根据所含长石种类分为斜长片麻岩、钾长片麻岩，再根据暗色矿物与特

(a)

(b)

图 8-5　滑石片岩、蛇纹石片岩
(a) 滑石片岩,手标本(中国数字地质博物馆);(b) 蛇纹石片岩,手标本(中国数字地质博物馆)

征变质矿物进一步命名,如黑云母斜长片麻岩。

常见的片麻岩类型有以下几种:

### 1. 富铝片麻岩

富铝片麻岩又称云母片麻岩,是含有富铝变质矿物(矽线石、红柱石、石榴子石、堇青石等)的片麻岩,是富铝黏土岩经中高级变质作用的形成,能反映变质岩的原岩类型和形成条件。岩石具中粗粒鳞片粒状变晶结构或斑状变晶结构(图 8-6b)。主要由钾长石、酸性斜长石、石英、黑云母和白云母等矿物组成,常含有富铝变质矿物,有时可含有刚玉和石墨。

### 2. 斜长片麻岩

斜长片麻岩是片麻岩中最常见的岩石类型,由中酸性侵入岩、火山岩或硬砂岩等经中高级变质作用形成。岩石主要由中酸性斜长石、石英、黑云母、普通角闪石、辉石等组成,可含有石榴子石等特征变质矿物。岩石变晶颗粒变化较大,片麻状构造有时不明显。该类岩石常见类型主要有黑云母斜长片麻岩(图 8-6c)、角闪斜长片麻岩等。

### 3. 钾长(二长)片麻岩

钾长(二长)片麻岩又称碱长片麻岩,是由酸性火山岩、凝灰岩、杂砂岩、长石砂岩经高级变质作用形成。岩石具鳞片粒状变晶结构,片麻状构造不明显。主要由钾长石、酸性斜长石、石英及少量黑云母或角闪石组成,特征变质矿物有石榴子石、矽线石和刚玉等(图 8-6d)。

### 4. 钙质片麻岩

钙质片麻岩又称钙硅酸盐片麻岩,是含有一定数量钙镁(铁)硅酸盐矿物和碳酸盐矿物的片麻岩,是钙质页岩经中高级变质作用形成的产物。岩石主要由斜长石、石英、云母、普通角闪石、透辉石、方柱石、钙铝榴石等矿物组成,其中可含碳酸盐矿物(方解石),但含量不大于 50%。钙质片麻岩可根据其中的矿物成分详细命名,如角闪透辉斜长片麻岩、透辉方柱斜长片麻岩等。

## 二、无(弱)面理构造的区域变质岩

### (一)长英质粒岩

长英质粒岩主要由长石、石英等粒状矿物组成,一般占矿物总量的 70% 以上,且长石多于石英,片状和柱状矿物含量小于 30%。岩石具粒状变晶结构,定向构造不发育。常见的长英质粒岩有以下几种:

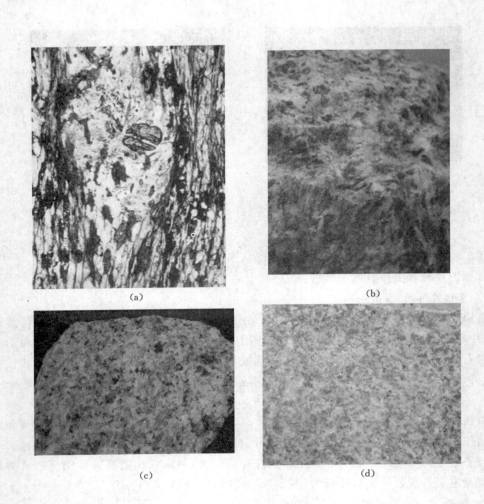

图 8-6　片麻岩

(a) 片麻岩,镜下观察;(b) 黑云母片麻岩(digimuse.nmns.edu);

(c) 黑云斜长片麻岩,手标本(中国数字地质博物馆);

(d) 花岗片麻岩,手标本(中国数字地质博物馆)

**1. 变粒岩**

变粒岩是由半黏土质岩或中酸性火山岩经变质作用形成,岩石中长英质粒状矿物含量大于70%,且长石含量大于25%,片柱状矿物含量为10%~30%。

变粒岩和片麻岩的区别在于,除片柱状矿物较少外,主要是具有特征的细粒均粒它形粒状变晶结构,一般粒度多在0.5 mm以下,大小均匀,片麻理不明显,多为块状构造,有时具片麻状、条带状构造(图8-7a)。变粒岩的命名方式和片麻岩相同。

**2. 浅粒岩**

浅粒岩是长石砂岩、酸性火山岩、火山碎屑岩经变质作用形成的产物。岩石基本特征和变粒岩相同,但暗色矿物含量小于10%,浅色矿物中长石含量大于25%(图8-7b)。

**3. 长石石英岩**

长石石英岩是由长石石英砂岩变质形成,岩石中长石和石英占矿物总量的70%以上,

(a)　　　　　　　　　　　　　　　(b)

图 8-7　长英质粒岩
(a)黑云石榴变粒岩,手标本(中国数字地质博物馆)
(b)浅粒岩,手标本(中国数字地质博物馆)

但长石含量小于 25%,可含少量其他副矿物,一般具等粒粒状变晶结构。

### 4. 石英岩

石英岩是沉积石英岩、石英砂岩、杂砂岩变质形成,岩石中石英占矿物总量的 70% 以上,可含少量长石(含量 10% 以下)和因杂质引入的其他变质矿物(黑云母、绢云母、帘石、闪石、榍石)等,一般具等粒粒状变晶结构,块状构造。

进一步命名时可将其出现的其他矿物写在名称之前,如白云母石英岩、磁铁石英岩等。当石英含量大于 90% 时,称为纯石英。

### (二)角闪石岩类

角闪石岩类是由超基性岩、基性岩、基性火山碎屑岩经中-高级变质变质作用形成。岩石颜色较深,具粗-细粒粒状变晶结构,块状构造或片状构造。主要由角闪石、斜长石和石英等矿物组成,含有铁铝榴石、绿帘石、辉石等。当角闪石含量大于 85% 时,则称为角闪石岩;当角闪石含量大于 50%,斜长石含量小于 50% 时,则称为斜长角闪岩。

角闪石岩类命名时,一般名称结构为"特征变质矿物＋基本名称",如石榴石斜长角闪岩。

### (三)麻粒岩

麻粒岩是一种变质程度较高的岩石,是麻粒岩相变质作用的典型岩石。具中细粒粒状变晶结构,具不明显的片麻状构造或块状构造(图 8-8)。由于原岩成分不同,可形成不同类型的麻粒岩。

麻粒岩的矿物成分主要为长石、石英、辉石(紫苏辉石、透辉石等),以紫苏辉石为特征,有时含石榴石、矽线石、蓝晶石等。岩石中暗色矿物以紫苏辉石、透辉石、石榴子石等无水暗色矿物为主,角闪石、黑云母等含水暗色矿物较少或者不出现;浅色矿物主要为斜长石、钾长石和石英,有时可含矽线石、堇青石等。

根据矿物成分不同,麻粒岩可分为浅色麻粒岩和暗色麻粒岩两类。

### 1. 浅色麻粒岩

浅色麻粒岩也称酸性麻粒岩,暗色矿物含量小于 30%,岩石颜色较浅具等粒变晶结构,矿物成分以斜长石、微斜长石、条纹长石和石英为主,含少量紫苏辉石、石榴子石、矽线石、堇青石等矿物。

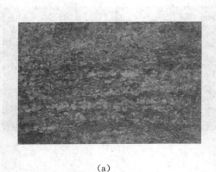
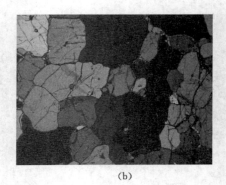

(a)　　　　　　　　　　　　　　　　(b)

图 8-8　麻粒岩
(a) 麻粒岩,手标本；(b) 麻粒岩,正交偏光

**2. 暗色麻粒岩**

暗色麻粒岩简称麻粒岩,也称基性麻粒岩,暗色矿物含量为 40%～85%,以紫苏辉石、透辉石为主。岩石颜色较深,具粒状变晶结构,块状构造。浅色矿物以中基性斜长石为主,可含少量角闪石、黑云母、石英、石榴子石、锆石、磷灰石等。

**(四) 榴辉岩**

榴辉岩为基性、超基性岩浆岩在地壳深部经高压环境变质形成。岩石颜色以暗绿为主,密度较大。具粗粒不等粒变晶结构,块状构造。矿物成分主要由铁镁铝榴石和绿辉石组成,二者含量大于 80%。可含少量柯石英、刚玉、金刚石、斜方辉石、多硅白云母、蓝晶石、绿帘石、斜黝帘石、蓝闪石、角闪石、金红石等(图 8-9)。

榴辉岩的产状和成因比较复杂,可呈包裹体产于金伯利岩和层状超基性岩中；也可呈夹层状、透镜体产于角闪岩相和麻粒岩相的岩石中；或者呈夹层或透镜体产于蓝闪石-硬柱石片岩相岩石中。通常认为它是在极高压条件下形成的岩石,但温度变化范围较大。

榴辉岩常以"特征矿物＋基本名称"命名,如蓝晶石榴辉岩等。

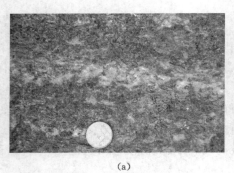
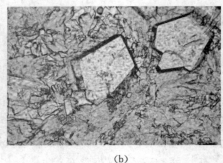

(a)　　　　　　　　　　　　　　　　(b)

图 8-9　榴辉岩
(a) 榴辉岩,手标本(sess. pku. edu. cn)；(b) 榴辉岩,镜下观察(www. yupoo. com)

**(五) 大理岩**

大理岩因在我国云南省大理县盛产而得名,由碳酸盐岩经区域变质作用或接触变质作

用形成。岩石颜色通常为白色和灰色。具粒状变晶结构,块状(有时为条带状)构造。主要由方解石和白云石组成,方解石和白云石的含量一般大于 $50\%$,有的可达 $99\%$,除少数纯大理岩外,在一般大理岩中往往含有少量的其他特征变质矿物。通常,由于原岩中所含杂质种类的不同,如硅质、泥质、碳质、铁质、火山碎屑物质等,以及温度、压力和水溶液含量等变质条件的差异,大理岩中伴生的矿物种类也不同。

**任务实施**

　　观察描述板岩、千枚岩、片岩、片麻岩、角闪岩、斜长角闪岩、长英麻粒岩、榴辉岩等常见区域变质岩手标本,注意岩石的结构与构造,完成实验报告。

**思考与练习**

1. 区别斜长角闪岩、角闪斜长片麻岩、角闪石岩。
2. 片岩与片麻岩的主要区别。

# 任务二　混合岩化作用及其混合岩

　　【知识要点】　混合岩化作用及混合岩的概念;基体与脉体的概念;常见混合岩类型。
　　【技能目标】　学会混合岩基体与脉体的区分方法;掌握常见混合岩的主要特征及鉴定方法;能够对手标本进行观察描述。

**任务导入**

　　混合岩是由混合岩化作用形成的岩石,是变质岩和岩浆岩之间的过渡岩类。高级区域变质作用进一步发展,随着温度和压力的增高,必然导致岩石发生部分熔融。那些成分上与花岗岩相近而且富含水的低熔组分首先熔融,残留下富含铁镁质的难熔组分,于是形成由浅色花岗质物质和暗色铁镁质变质岩共同组成的宏观上不均匀的复合岩石,被称为混合岩。

**任务分析**

　　混合岩的矿物大多有不同程度的定向排列,其中含有不同比例的基体(原岩组分,颜色较深)和脉体(新生组分,颜色较浅)。基体中常含较多的黑云母、角闪石、辉石等铁镁矿物,脉体主要为长英质或花岗质。在形成过程的初级阶段,岩石中的基体和脉体的界限往往比较清楚,但随着混合岩化程度加深,混合岩的组成和结构向着均匀化方向发展,岩石外貌逐渐呈厚层状和块状。混合岩中交代现象较普遍。由于原岩类型和混合岩化程度的不同,在露头或岩石手标本上岩性极不均匀。区分混合岩的基体与脉体是此次任务的切入点。要观察描述混合岩必须掌握如下知识点:
　　(1) 混合岩化作用及混合岩的概念。
　　(2) 基体与脉体的概念。
　　(3) 常见混合岩的主要特征。

## 相关知识

混合岩包括了多种成因乃至一些成因上争议较多的混合岩类。目前,多根据基体和脉体的数量关系、基体变质岩接受改造的程度、脉体与基体之间的配置关系(即混合岩的构造)、脉体的岩石类型等对混合岩进一步分类。根据基体与脉体的比例及构造特征,混合岩分为混合质变质岩、混合岩、混合片麻岩和混合花岗岩四类。

### 一、混合质变质岩

混合质变质岩是混合岩化程度最轻微的岩石,原岩特征基本被保留。岩石中脉体含量小于 15%,以基体为主,基体与脉体界线清晰。原岩组分变化不大,有时有轻微的钾质交代作用。命名可按原岩名称加上构造形态及混合质为前缀即可,如条带状混合质二云片岩。

### 二、混合岩

混合岩是混合岩化作用较强烈的岩石,原岩特征仅有局部残留,大部分已发生明显变化。岩石中脉体含量为 15%～50%,基体与脉体界线较清晰。此类岩石命名时多用构造形态命名,如网状混合岩等。常见的混合岩类型如下:

#### 1. 条带状混合岩

条带状混合岩是指颜色和矿物组成差别明显的、具条带状构造的混合岩,其中基体(深色,含铁镁矿物较多)和脉体(浅色,含长英矿物较多)条带交替出现的最为常见。

#### 2. 眼球状混合岩

眼球状混合岩是指具有典型眼球状构造的混合岩。基体片理发育,脉体呈眼球状或透镜状沿基体片理分布,眼球通常为长石晶体或长石与石英的集合体,粒度大小不等。眼球状的分布疏密不等,密集排列时常呈串珠状,并可逐渐过渡到条带状。

#### 3. 角砾状混合岩

角砾状混合岩是指具有角砾状构造的混合岩。岩石中深色基体被不规则浅色长英质或花岗质脉状体穿切而成大小不等的角砾状,脉体在角砾之间呈胶结物状态出现,基体与脉体的界线一般比较明显。岩石中的角砾通常为片理不好且富含铁镁矿物的块状变质岩,如斜长角闪岩、角闪石岩、辉石岩等,有时也可为暗色的黑云片麻岩类。

#### 4. 肠状混合岩

肠状混合岩是指脉体呈复杂的肠状弯曲的混合岩。岩石的基体具有较好的片理,如片岩、片麻岩类。脉体含量小于 50%,呈肠状褶皱分布于基体的片理中,基体与脉体间大多整合接触。脉体厚度变化较大,肠状褶皱的规模变化也较大,一般为数厘米至十厘米,不超过几米。

### 三、混合片麻岩

混合片麻岩由强烈混合岩化作用形成的具有明显片麻状构造的混合岩。残留基体含量较少,为 50%～15%,脉体含量为 50%～85%,基体与脉体的界限很不清楚。岩石也可有条带-条痕状或眼球状构造。岩石中可见暗色矿物呈定向排列,但这些暗色矿物并不一定是原岩矿物的残余。岩石命名以“暗色矿物＋构造＋混合片麻岩”为原则,如黑云母条带状混合片麻岩。

### 四、混合花岗岩

混合花岗岩是混合岩化作用和花岗岩化作用形成、混合岩化最强烈的岩石,基体与脉体已完全消失,无法分辨(图 8-10)。岩性与岩浆成因的花岗岩类极为相似,但亦有不同,混合花岗岩岩性不如花岗岩均匀,结构变化较大;有时可见非岩浆成因的矿物如堇青石、石榴石等;岩石局部出现暗色矿物较集中的斑点、条带、团块和阴影,常具阴影状构造。岩石命名以"构造形态+深色矿物+混合花岗岩",如阴影状黑云母混合花岗岩。

图 8-10  混合花岗岩  手标本
(中国数字地质博物馆)

**任务实施**

观察描述眼球状混合岩、条带状混合岩、混合片麻岩、混合花岗岩等常见混合岩标本,注意区分基体与脉体,完成实验报告。

**思考与练习**

1. 混合岩在结构构造上的特征。
2. 混合花岗岩与花岗岩的区别。

# 任务三  接触变质作用及其岩石

【知识要点】  接触变质作用及接触变质岩的概念;接触变质晕的概念及特点;主要接触变质岩类型。

【技能目标】  认识接触变质岩代表性岩石类型;掌握常见接触变质岩的主要特征及鉴定方法;能够对手标本进行观察描述。

**任务导入**

我国长江中下游地区大冶、铜陵等地普遍分布有重要的铁、铜的矽卡岩矿床。而接触变质岩中的矽卡岩就是矽卡岩矿床的重要标志,铁、铜、铅、锌、钨、锡、铍、硼等矿产资源也与它有关。

**任务分析**

接触变质岩主要分布于岩浆侵入体与围岩接触带附近,特征变质矿物多为指示低压的红柱石、堇青石、硅灰石等。接触变质岩定向构造不发育,变质程度较强时,形成变晶结构和变成构造,远离侵入体则可能发育变余结构和构造。因此,本次任务将学习接触变质岩的结构与构造特征,区别热接触变质岩与接触交代变质岩。要观察描述接触变质岩必须掌握如下知识点:

(1)接触变质作用及接触变质岩的概念。

(2)接触变质晕的概念及特点。

(3)主要接触变质岩类型的特征。

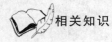 **相关知识**

### 一、接触变质岩

接触变质岩是由接触变质作用形成的岩石,是围岩受岩浆所散发的热量及挥发分的影响,发生变质结晶和重结晶,有时伴有交代作用,形成一系列具有新的矿物组合及组构的岩石。

接触变质作用的主要影响因素是温度和挥发分。温度的变化来自于岩浆的热影响,使围岩产生重结晶或变质结晶;开放条件下,岩浆的挥发分主要以流体势差(压力差、浓度差)影响围岩化学成分变化,即产生交代作用。因此,随着远离岩浆侵入体,温度逐渐降低,从岩体边缘围岩往外,变质程度逐渐变浅,不同变质程度的接触变质岩围绕岩体呈同心圈状分布,即形成接触变质晕(圈)。

### 二、接触变质岩类型

根据形成的变质作用类型不同,接触变质岩可进一步划分为由热接触变质作用形成的热接触变质岩和接触交代变质作用形成的接触交代变质岩。

热接触交代变质作用中,围岩仅受岩浆温度的影响而产生重结晶和变质结晶。在该作用过程中,挥发分仅起到溶剂、催化剂作用,围岩在变质过程中化学成分基本不变,故形成的变质岩与原岩为等化学系列。

接触交代变质作用过程中,受岩浆温度、挥发分的影响,接触带附近的岩浆体与围岩之间产生交代作用,发生化学成分改变和重新组合。这种接触变质作用最显著的特点是成分的重组,形成与岩浆体或围岩不同的成分组合,以变质结晶、交代和充填结晶形成新的岩石。

#### (一)热接触变质岩

**1. 角岩**

角岩是泥质岩经热接触变质作用形成的。岩石多为暗灰色至黑色,致密坚硬,常为块状构造,有时具有变余层理构造。经过变质过程,原岩结构基本消失,多呈角岩结构或基质为角岩结构的斑状变晶结构。除变斑晶外,一般肉眼很难辨认基质的矿物成分。变斑晶常为红柱石、堇青石、石榴子石等,角岩命名时可根据变斑晶进一步命名,如红柱石角岩、堇青石角岩(图 8-11)。

**2. 大理岩**

大理岩是由碳酸盐岩(石灰岩、白云岩)经区域变质作用或接触变质作用形成。岩石一

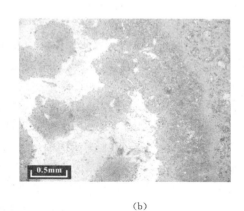

(a)　　　　　　　　　　　　　　　　　　(b)

图 8-11　堇青石角岩

(a) 堇青石角岩,手标本(基质角岩结构、变斑晶为堇青石);

(b) 堇青石角岩,镜下观察(earthlab. pku. edu. cn)

般为白色或灰白色。具粒状变晶结构,块状或条带状构造(图 8-12a)。主要由方解石和白云石组成,此外含有硅灰石、滑石、透闪石、透辉石、斜长石、石英、方镁石等。通常,可以根据特征变质矿物对大理岩进一步分类,如透辉石大理岩、硅灰石大理岩、蛇纹石大理岩(图 8-12b)、透闪石大理岩[图 8-12(c)(d)]等。

(a)　　　　　　　　　　　　　　　　　　(b)

(c)　　　　　　　　　　　　　　　　　　(d)

图 8-12　大理岩

(a) 条带状大理岩,手标本(中国数字地质博物馆);(b) 蛇纹石大理岩,手标本(中国数字地质博物馆);

(c) 透闪石大理岩,镜下观察(earthlab. pku. edu. cn);(d) 透闪石大理岩,镜下观察(earthlab. pku. edu. cn)

一般认为大理岩形成的主要变质作用方式为重结晶作用,不同种类的大理岩形成于不同的温压条件下,如透闪石大理岩形成于低中温条件下,透辉石大理岩、镁橄榄石大理岩则形成于中高温变质条件下,具体为原岩含有 Fe、Al、Si 等杂质时,在低级变质条件下形成蛇纹石、滑石、绿泥石、透闪石、阳起石,中级变质条件下形成符山石、钙铝榴石,高级变质条件下形成镁橄榄石、透辉石、硅灰石等。

大理岩分布广泛,我国的云南、山东、北京房山等地均产大理岩。许多有色金属、稀有金属、贵金属和非金属矿产,在成因上都与大理岩有关。大理岩本身也是优良的建筑材料和美术工艺品原料,汉白玉就是指质地均匀、细粒、白色的大理岩。

### 3. 石英岩

石英岩是石英砂岩或硅质岩经岩浆热作用而形成的热变质岩。岩石常为白色或灰白色(图 8-13),具隐晶质或中细粒变晶结构,块状构造,主要矿物成分为石英。

在不同的变质条件下形成的石英岩种类亦不相同,当原岩含有 Fe、Ca、泥质等杂质时,在低级变质条件下形成绢云母、绿泥石,中级变质条件下形成角闪石、黑云母、白云母,高级变质条件下形成透辉石、硅灰石等。

通常,可根据特征变质矿物石对英岩进一步命名,如黑云母石英岩。

（a）　　　　　　　　　　　　　　　（b）

图 8-13　石英岩

（a）石英岩,正交偏光(earthlab.pku.edu.cn);（b）石英岩,手标本(中国数字地质博物馆)

### （二）接触交代变质岩

#### 1. 矽卡岩的一般特征

矽卡岩是主要由富钙或富镁的硅酸盐矿物组成的接触交代变质岩。颜色常为暗绿色、暗棕色和浅灰色,主要取决于矿物成分和粒度。具细粒至中粗粒不等粒结构,条带状、斑杂状和块状构造。矿物成分主要为石榴子石类、辉石类和其他硅酸盐矿物。岩石相对密度较大。

矽卡岩是在中、酸性侵入体与碳酸盐岩的接触带,在热接触变质作用的基础上和高温汽化热液影响下,发生交代作用而形成的。

#### 2. 矽卡岩的主要类型

根据矿物成分,可以将矽卡岩分为钙质矽卡岩和镁质矽卡岩两类。

#### （1）钙质矽卡岩

钙质矽卡岩(简称矽卡岩)是酸性或中酸性岩浆侵入石灰岩交代形成的。主要矿物有石榴子石(钙铝榴石—钙铁榴石系列)和辉石(透辉石—钙铁辉石系列),有时含有符山石、硅灰石、方柱石、绿帘石、磁铁矿、碳酸盐类矿物和石英。钙质矽卡岩命名时主要根据其矿物成分进行,如石榴子石矽卡岩(图8-14)。

(a)　　　　　　　　　　　　　　　(b)

图 8-14　石榴子石矽卡岩

(a) 石榴子石矽卡岩,手标本;(b) 石榴子石矽卡岩,镜下观察(据江秀敏等,2014)

(2) 镁质矽卡岩

镁质矽卡岩是中酸性岩浆侵入白云岩或白云岩化灰岩交代形成的。矿物成分主要有透辉石、镁橄榄石、尖晶石、金云母、硅镁石、蛇纹石、韭闪石、硼镁铁矿、磁铁矿和白云石。镁质矽卡岩命名时也主要根据其矿物成分进行,如透辉石矽卡岩、镁橄榄石矽卡岩(图8-15)。

图 8-15　透辉石矽卡岩
(北京大学地球科学国家级实验
教学师范中心)

与矽卡岩有关的矿产最主要为铁和多金属,其次为铂、钨、钴、金、锡、铋、铍等,它们主要形成于较低温的硫化物阶段。不同矽卡岩类型所含矿种也不同,如钙铁榴石矽卡岩常与 Fe、Pb、Zn 及 Cu、Be 等矿种有关;含钙铝石榴石、符山石矽卡岩则与白钨矿有关;成分界于二者之间的矽卡岩则主要与铜矿及部分钨矿共生。矽卡岩型矿床的分布非常广泛,如我国湖北大冶、长江中下游、山东金岭镇等地的铁矿,安徽铜官山、湖北阳新、吉林天宝山、河北寿王坟等地的铜,湖南水口山的铅锌矿,湖南瑶岗仙的白钨矿,云南个旧的锡矿等。

任务实施

观察描述斑点板岩、大理岩、矽卡岩、红柱石角岩、堇青石角岩等常见接触变质岩手标本,完成实验报告。

思考与练习

1. 石英岩的成因。
2. 石英岩与大理岩的主要区别。
3. 钙质矽卡岩与镁质矽卡岩在岩性特征上的区别。

# 任务四　气液变质作用及其岩石

【知识要点】　气液变质作用及气液变质岩的概念；围岩蚀变的概念；主要气液变质岩类型。

【技能目标】　认识气液变质岩代表性岩石类型；掌握常见气液变质岩的主要特征及鉴定方法；能够对手标本进行观察描述。

 **任务导入**

在热液矿床形成过程中，围岩受到汽水热液交代蚀变作用，称为围岩蚀变，气液变质岩又称蚀变岩，遭受蚀变的围岩称为蚀变围岩。气液变质岩与成矿条件密切联系，是良好的找矿标志。

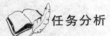 **任务分析**

气液变质岩常产于侵入体和围岩的内外接触带、矿脉两侧、断裂带、韧性剪切带等热液易于集中、活动的地带，形态呈脉状、透镜状、囊状及不规则状等。矿物成分多为低温含挥发分的矿物组合，常含金属矿物，并有原岩残留矿物。岩石多为不等粒变晶结构、交代结构，也见变余结构。常见块状、条带状、斑杂状、角砾状构造及变余构造。气液活动中心附近原岩特征保留较少，矿物组合简单，有时甚至可出现单矿物岩，远离热液活动中心，原岩特征保留渐多，矿物组合复杂。因此，本次任务主要学习气液变质岩，要观察描述气液变质岩必须掌握如下知识点：

（1）气液变质作用及气液变质岩的概念。

（2）围岩蚀变的概念。

（3）主要气液变质岩类型的特征。

**相关知识**

气液变质岩由气液变质作用形成，主要是热的气体和溶液（汽水热液）对已形成岩石（火成岩、沉积岩和变质岩）的交代作用，使原岩的化学成分、矿物成分、结构、构造发生变化形成新的岩石。由于这一类岩石形成时有交代作用发生，故也称为交代变质岩。

气液变质岩一般根据蚀变程度与交代矿物组合进行命名，如"弱××化＋原岩名称"、"强××化＋原岩名称"、"主要交代矿物＋蚀变岩基本名称"。

常见气液变质岩主要有蛇纹岩、青磐岩、云英岩、黄铁绢英岩、次生石英岩、矽卡岩（上一任务已介绍）。

**一、蛇纹岩**

超基性（富镁质）岩浆岩经气液交代作用，使其中的橄榄石和部分辉石转变成蛇纹石，形成蛇纹岩。通常把形成这种岩石的蚀变作用称为蛇纹石化。

岩石常呈暗绿、黄绿等色,颜色随所含杂质的不同而不同,含绿泥石时色绿,含磁铁矿、铬铁矿时色黑,含褐铁矿时色褐红。有时具斑驳状斑纹,风化后颜色变浅,呈灰白或黑白相间的网纹状,质地较软,略有滑感,裂隙发育。

蛇纹岩常为隐晶质结构或网纹状结构,镜下观察,呈微纤维或微鳞片状变晶结构(图 8-16a)、网环结构及变余全自形粒状结构等。岩石构造则多为块状、带状、片状、眼球状(图 8-16b)及角砾状构造等。

蛇纹岩主要由各种蛇纹石组成,如叶蛇纹石、纤维蛇纹石、胶蛇纹石等,含有磁铁矿、铬铁矿、钛铁矿等。此外,还可形成石棉、滑石、菱镁矿等非金属矿产,而蛇纹岩本身也是玉石材料和化肥原料之一。

蛇纹岩的分布,一般不超过超基性岩体的范围,通常情况下,超基性岩体均不同程度地遭受蛇纹石化作用。因此,在地表很难见到新鲜的超基性岩,只在较新岩体深部有可能保留有新鲜的超基性岩石。蛇纹岩的分布很广,我国的内蒙古、祁连山、秦岭、西藏、云南、四川西部及其他各地均有分布。蛇纹岩玉是我国著名的玉石之一,因产地不同而名称不同,岫玉就是其中之一,产自辽宁岫岩县。

| (a) | (b) |

图 8-16 蛇纹岩

(a) 蛇纹岩,镜下观察(北京大学地球科学国家级实验教学师范中心);

(b) 蛇纹岩,手标本(中国数字地质博物馆)

**二、青磐岩**

青磐岩是中基性火山岩及火山碎屑岩,经气液变质作用,形成外貌为绿色的块状岩石。岩石多呈灰绿至黑绿色(图 8-17a),隐晶质,中细粒变晶结构,有时为纤状变晶结构,有时也具有变余斑状(图 8-17b)、变余火山碎屑结构等。其构造主要为块状、斑杂状及角砾状等。

青磐岩的矿物成分比较复杂,常见的矿物共生组合有阳起石—绿帘石—钠长石组合、绿帘石—绿泥石—钠长石组合、钠长石—绿泥石—碳酸盐组合、石英—绢云母—碳酸盐组合。

青磐岩常与低温的金属矿脉伴生,与青磐岩有关的矿产有铜、铅、锌等多金属硫化物,在金、银矿脉旁最为常见。青磐岩也是重要的找矿标志。

**三、云英岩**

云英岩是酸性侵入岩受高温气体及热液交代作用的产物。云英岩主要是花岗质岩石遭受气液变质的产物,有时在侵入体的顶板中也可见到。

（a）　　　　　　　　　　　　　　　　　（b）

图 8-17　青磐岩

（a）青磐岩,手标本(dili. shxxgz. com)；(b)青磐岩,镜下观察(earthlab. pku. edu. cn)

　　岩石一般为浅色,灰色、浅灰绿或浅粉红等色,块状构造。具中粗粒粒状变晶结构、鳞片花岗变晶结构。矿物成分主要以石英、云母(白云母、锂云母、铁锂云母)为主,石英含量一般大于 50%,云母含量可达 40%。其次,含有萤石、黄玉及电气石等。常见的金属矿物有锡石、钨锰铁矿、辉铜矿、辉铋矿、毒砂、白钨矿及磁铁矿等(图 8-18)。

　　云英岩主要发育在花岗岩体的顶部或边缘,常伴生大量的稀有金属矿物,包括钨、锡、铋、钼、砷、铍、铌、钽等。这些金属矿床在成因上与云英岩关系密切,云英岩是钨锡矿床的主要找矿标志。我国南岭地区是云英岩的重要产地。

图 8-18　云英岩(手标本)

## 四、黄铁绢英岩

　　黄铁绢英岩又称黄铁细晶岩,是由酸性或中性脉岩经中低温热液交代作用所形成的变质岩石,离脉越近,蚀变越强烈。

　　岩石一般为黄绿色至浅灰色、白色,具中细粒至显微粒状鳞片变晶结构和块状构造,有时可见变余斑状结构。主要由绢云母、石英、黄铁矿及少量碳酸盐矿物(铁白云石、方解石)等组成。按岩性特征和形成环境划分,黄铁绢英岩属于云英岩和次生石英岩之间的过渡类型岩石。它们是寻找含金矿脉的主要标志之一,有时也是锡、钼及多金属矿床的蚀变围岩。

**五、次生石英岩**

次生石英岩是由中酸性火山岩或次火山岩近地表的部分,受火山硫质喷气和热液的影响,经交代蚀变作用所形成的一种高度硅化的变质岩石。岩石一般为浅灰色、暗灰或灰绿色,具隐晶质结构、细粒至显微粒状变晶结构和块状构造,有时可见变余斑状结构和变余流纹构造。矿物成分以石英为主,含量可达70%～75%,有时含有绢云母、明矾石、高岭石、红柱石、水铝石和叶蜡石,其次为刚玉、黄玉、电气石、蓝线石、氯黄晶等。

次生石英岩可根据其主要矿物详细命名,如明矾石次生石英岩、刚玉红柱石次生石英岩等。次生石英岩主要与明矾石、高岭石、叶蜡石、水铝石、刚玉、红柱石等非金属矿床有密切关系,是寻找这些矿床的主要标志,有时也与铜、铁、金、银及多金属矿床伴生。我国浙江平阳矾山明矾石矿区的主要矿层就是明矾石次生石英岩。

 **任务实施**

观察描述蛇纹岩、云英岩、次生石英岩等常见气液变质岩手标本,完成实验报告。

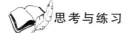 **思考与练习**

常见的气液变质岩有哪些?分别有什么特点?

# 任务五　动力(碎裂)变质作用及其岩石

【知识要点】　动力(碎裂)变质作用及动力变质岩的概念;主要动力变质岩类型。

【技能目标】　认识动力变质岩代表性岩石类型;掌握常见动力变质岩的主要特征及鉴定方法;能够对手标本进行观察描述。

 **任务导入**

在构造运动所产生的定向压力作用下,岩石会发生动力(碎裂)变质作用,形成具有各种变形组构的岩石,即为动力变质岩。动力变质岩常沿断裂带呈条带分布,是判断断裂带的重要标志。

 **任务分析**

动力变质岩也称断层岩或构造岩。岩石组合与所处的构造位置、错动方式、作用强度、持续时间等有关。一般岩石展布与区域构造线一致,与大断裂带平行间杂分布。岩石发生变形、破裂、粒化、糜棱化、动态重结晶或变质(动态或静态)结晶。重结晶和变质结晶为低温矿物组合,常见硅化、绿泥石化等。动力变质岩主要分布于地壳较浅处(0～15 km)及构造带,0～4 km 为脆性变形,破碎为主;4～10 km 为过渡带,破碎、劈理化,可有少量重结晶或变质结晶;>10 km 以韧性变形为主,常伴有重结晶-变质结晶的发育。本次任务主要学习不同碎裂特征的动力变质岩,要观察描述动力变质岩必须掌握如下知识点:

（1）动力（碎裂）变质作用及动力变质岩的概念。

（2）主要动力变质岩类型的特征。

相关知识

根据岩石的碎裂特征，动力变质岩可分为构造角砾岩、碎裂岩、糜棱岩、千糜岩、玻状岩等常见类型。

动力变质岩一般根据岩石的碎裂特征确定其基本名称，再根据原岩成分、矿物组合及含量等进一步详细命名。

**一、构造角砾岩**

构造角砾岩指由构造运动使原岩破碎成角砾状（中等碎裂），并被破碎细屑充填胶结或有部分外来物质胶结而形成的岩石（图 8-19a）。岩石具碎裂结构，角砾状构造或块状构造。主要由较大的角砾（直径大于 2 mm）组成，角砾呈棱角状，大小不一，排列无定向、杂乱。基质由细小的破碎物（碎基）或铁质、硅质、钙质胶结物组成。

根据角砾形态，构造角砾岩可分为角砾岩（碎块呈尖棱角状）、圆化角砾岩（碎块圆化）和压扁角砾岩（碎块被压扁拉长）。其中，压扁角砾岩含有的新生矿物如绿泥石、绢云母等呈定向分布。

构造角砾岩在断层破碎带广泛分布，是断裂带的显著标志之一。

构造角砾岩命名构成一般可用"角砾成分＋次生结构"。

**二、碎裂岩**

碎裂岩是以脆性变形为主的一类动力变质岩，破碎程度高于构造角砾岩，碎裂物无明显位移。碎裂岩的原岩可以是各种岩石，但主要是刚性岩石，在长英质岩石中较为常见。

碎裂岩多见于地壳浅部（<4 km）断裂带中，岩石具碎裂结构（狭义的）或碎斑结构，块状构造。岩石中的矿物主要发生破碎-粒化；晶面、解理面双晶结合面等常发生破裂和错位；片柱状矿物常发生弯曲变扭折；重结晶不明显，可见少量新生矿物。有时原岩的部分特征会被保留下来，可以判断其原岩性质。

碎裂岩命名时，碎基的含量小于 50% 时，原岩性质可以判定，可用"碎裂＋原岩名称"进行命名，如碎裂闪长岩；碎基的含量大于 50% 时，若原岩性质难以推断，可以直接称为碎裂岩，若原岩性质可以恢复，则可用"原岩＋碎裂岩"进行命名，如闪长碎裂岩。

根据破碎程度和形态特征，碎裂岩可分为碎裂岩、碎斑岩、碎粒岩和碎粉岩。

（一）碎裂岩

岩石具有方向不一的碎裂纹，具碎裂结构，块状、角砾状构造；碎块间几乎无相对位移，外形相吻合，碎块之间的裂隙中为磨碎物质或填充有次生物质，原岩易于辨认（图 8-19b）。命名时用"碎裂＋原岩名称"。

（二）碎斑岩

岩石碎裂程度较强，具碎斑结构，块状、带状构造。矿物变形明显，部分矿物破碎成粉末。粒化明显，碎基很多，结晶无或弱，可定向；其中碎斑为原岩矿物的残粒，近于原矿物颗粒大小，与碎裂岩中碎斑可为矿物集合体不一致。碎斑含量<10%，碎基大都为细一显微粒级，可有少量结晶。原岩性质呈不同程度的保留，若原岩性质难以推断，可以直接称为碎斑岩或主要矿物＋碎斑岩，若原岩性质可以恢复，则可用"碎斑××岩"进行命

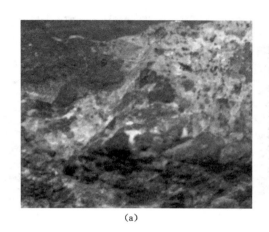

(a)　　　　　　　　　　　　　　(b)

图 8-19　构造角砾岩与碎裂岩
(a)构造角砾岩,手标本;(b)方铅矿、黄铁矿化石英质碎裂岩,手标本(goldbay. com. cn)

名,如碎斑花岗岩。

（三）碎粒岩

岩石中的矿物多被碾碎成细小的颗粒,部分成粉末状,具碎粒结构,块状、带状构造;基本不含碎斑,碎基为微-显微晶质(相当于砂级粒度),可有结晶。原岩特征很少被保留下来,其性质难以判断,命名时采用主要矿物＋碎粒岩。

（四）碎粉岩

岩石中的矿物几乎全部成粉末状,具碎粉结构,块状、纹状构造;基本无碎斑,碎基显微晶质-隐晶质(相当于粉砂级的粒度),可有结晶。原岩性质难以判断,矿物成分肉眼难以区别,命名时直接称为碎粉岩。

### 三、糜棱岩

糜棱岩是指具有糜棱结构和定向构造的岩石。糜棱岩比碎裂岩受力破碎更强烈,以韧性变形为主,伴有普遍重结晶、变质结晶。

岩石具糜棱结构、变晶糜棱结构,粒度细小,一般比较均匀,需借助于显微镜才能分辨颗粒轮廓。破碎的微粒中可残留少量稍大的矿物碎片呈眼球体状(碎斑),长轴平行于碎基定向排列的流动方向。岩石具条带状、纹层状构造,致密坚硬,面理发育,可有线理(图 8-20)。

糜棱岩主要由花岗岩、石英砂岩形成,主要矿物为石英、长石,伴生部分新生矿物,如绿泥石、绢云母、蛇纹石等,这些矿物常作定向排列。

糜棱岩一般分布在断裂带的两侧。我国的四川、云南断裂带有糜棱岩化带分布。

根据结构类型、粒化颗粒(碎基)及新生矿物含量糜棱岩可进一步分为四种:初糜棱岩(碎斑为主,碎基少)、糜棱岩(碎基为主,粒径为 0.5～0.2 mm)、超糜棱岩(碎基为主,粒径<0.2 mm)。

### 四、千糜岩

千糜岩又称千枚糜棱岩,是一种原岩遭受强烈挤压破碎形成的动力变质岩石。岩石的矿物成分与结构构造与千枚岩很相似,但成因产状不同,千糜岩产于糜棱岩化带内,与糜棱岩相间出现。

（a）　　　　　　　　　　　　　　　（b）

图 8-20　糜棱岩

（a）糜棱岩正交偏光（wenku．baidu．com）；（b）糜棱岩矿物呈线理状（wenku．baidu．com）

千糜岩具有细粒结构和千枚状构造、片状构造或皱纹片状构造。岩石明显重结晶，含有大量新生矿物，如绢云母、绿泥石、绿帘石、钠长石等，这一点与糜棱岩不同。千糜岩主要矿物也是石英和长石。

**五、玻状岩**

玻状岩又称假玄武玻璃，是一种深色玻璃质岩石。一般认为，玻状岩是原岩在高应变速率下变形、局部高温熔融又迅速冷却而成。岩石一般为黑色，有时为棕色，多呈隐晶质、玻璃质结构或部分脱玻化结构，有时含少量碎粉、碎粒或碎斑，呈玻基碎粉、碎粒、碎斑结构；具条带状或条纹状构造。常见于扭性或压扭性断裂带中，呈不连续条带状或条纹夹于超糜棱岩中，分布范围有限。

 **任务实施**

观察描述构造角砾岩、碎裂岩、糜棱岩、千糜岩等常见动力变质岩手标本，完成实验报告。注意观察千糜岩手标本具有千枚状构造，沿新生片理面可见强烈丝绢光泽。

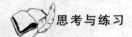 **思考与练习**

糜棱岩、千糜岩与千枚岩在岩性特征上的区别。

项目八彩图

# 项目九　矿物实训指导

## 任务一　晶体对称要素的找寻

【知识要点】　对称要素；晶体对称；对称型。
【技能目标】　熟练掌握晶体中的对称要素；晶体对称要素及其组合的记录方法。

 任务导入

学会在晶体模型上寻找对称要素的方法，加深对晶体对称概念的理解；掌握晶体对称要素及其组合的记录方法，确定对称型和所属晶系。

 任务分析

必须掌握晶体对称要素及其记录方法。

 相关知识

### 一、实验内容与方法

（一）对称要素

晶体中的对称要素是通过晶体上的面、棱、角顶的分布及其形状来体现的。

1. 对称轴（$L^n$）

对称轴是通过晶体几何中心的一根假想直线。对称轴总是通过晶体的角顶、面中心或棱中点。晶体中对称轴可能存在的位置有以下几种：

（1）通过两个平行的晶面中心，并与晶面垂直的连线（图 9-1a 中的 $L^4$）。

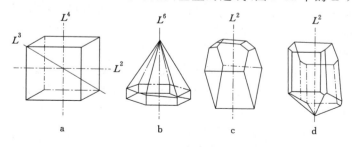

图 9-1　晶体中对称轴可能出露的位置

（2）通过晶体中心和相对应的两角顶的连线（图 9-1a 中的 $L^3$）。

（3）通过晶体中心和两平行的晶棱中点的连线（图 9-1a 中的 $L^2$）。

（4）通过一个角顶和一个对应晶面中心的连线（图 9-1b）。

（5）通过晶棱中点及和一个对应晶面中心的连线（图 9-1c）。

（6）通过一个角顶和晶棱中点的连线（图 9-1d）。

寻找对称轴时，使晶体围绕某一假想直线旋转，观察晶体在旋转一周时有无相同的部分重复出现及重复出现的次数，从而确定该直线是否为对称轴以及其轴次。如此操作，尝试所有可能位置上的直线，以找出全部对称轴。一个晶体中可以没有对称轴，也可以有一个或几个对称轴。相同的面、棱、角顶重复出现 $n$ 次即为 $n$ 次轴。

2. 对称面（$P$）

对称面是一个通过晶体中心的假想平面，它可以将晶体平分成互为镜像的两个相等部分。确定某一平面是否为对称面，可根据晶体被该平面分成的两个部分能否成镜像反映关系。在找对称面时，晶体模型固定在一个位置，不要来回翻动模型，以免遗漏或重复计数。一个晶体中可以没有对称面，也可以有一个或几个对称面。对称面可能存在的位置有：

（1）通过晶体中心，垂直并平分晶面或晶棱的平面（如图 9-2a）。

（2）通过晶体中心，包含晶棱并平分晶面夹角的平面（如图 9-2b）。

（3）通过角顶并平分两晶面之间夹角的平面（如图 9-2c）。

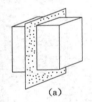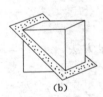

|  |  |  |
|---|---|---|
| (a) | (b) | (c) |

图 9-2　晶体中对称面可能存在的位置

3. 对称中心（$C$）

对称中心是晶体内部一个假想的点，通过这个点的直线两端等距离的地方有晶体上相等的部分。一个晶体中可以有对称中心，也可以没有对称中心；如果有对称中心，则只能有一个。凡是有对称中心的晶体，对于它的每一个晶面来说，必定都有另一个跟它平行的、同形等大，但位向相反的晶面存在。因此，可以将晶体模型上的每个晶面依次贴置于桌面上，逐一检查是否各自都有与桌面平行的另一相同晶面存在，若有任意一个晶面找不到这样的对应晶面时，晶体就不存在对称中心。

4. 旋转反伸轴（$L_n^i$）

旋转反伸轴是通过晶体几何中心的假想直线，晶体绕此直线旋转转一定角度后，再经直线上中点的反伸，可使图像与晶体未旋转之前相重合。这是一种复合的对称操作，旋转与反伸紧密相连不可分割。

（二）寻找晶体中对称要素需遵循的规律

（1）当有 $n$ 个对称面相交，其交线必然为 $n$ 次对称轴。

（2）一个晶体中的偶次对称轴垂直通过对称面的交点，此交点必然为对称中心。

（3）一个晶体若有对称中心存在，其偶次轴的数目等于对称面的数目。

（4）一个晶体若存在偶次对称轴而无对称面,则该晶体必无对称中心。

（三）晶体对称要素及其组合的记录方法

按上述方法在晶体模型中依次寻找对称轴、对称面、对称中心,然后将每个晶体模型的全部对称要素记录下来。书写时,首先写对称轴和旋转反伸轴,其次是对称面,最后是对称中心。在对称轴和旋转反伸轴中,轴次高者记在前,低者写在后。在单个晶体中,全部对称要素的组合称为该晶体的对称型。例如,立方体的对称型为 $3L^4 4L^3 6L^2 9PC$。

（四）晶族、晶系的划分

晶体上相同部分重复出现的次数越多,晶体的对称程度就越高。根据对称程度将晶体划分成三个晶族、七个晶系。三个晶族是高级晶族、中级晶族、低级晶族;七个晶系是等轴晶系、六方晶系、四方晶系、斜方晶系、单斜晶系、一斜晶系。其中,等轴晶系晶体有 4 个 $L^3$;六方晶系晶体有 1 个 $L^6$ 或 $L_i^6$;四方晶系晶体有 1 个 $L^4$ 或 $L_i^4$;三方晶系晶体有 1 个 $L^3$;斜方晶系晶体中 $L^2$ 或 $P$ 多于 1 个;单斜晶系晶体中 $L^2$ 或 $P$ 不多于 1 个;三斜晶系晶体只有 1 个对称中心 $C$。

二、实验报告及作业

根据模型,找出八面体、菱形十二面体、四面体、四方双锥、六方柱、斜方柱、菱面体、五角十二面体等晶体模型的全部对称要素,并将结果填入实验报告表中（表 9-1）。

表 9-1 　　　　　　　　　　晶体的对称实验报告表

实验内容:对称要素操作　　　　　　　　班级 _____　姓名 _____　学号 _____

| 模型号 | 对称轴 | | | | 旋转反伸轴 | | 对称面 | 对称中心 | 对称性 | 晶系 | 晶族 |
| --- | --- | --- | --- | --- | --- | --- | --- | --- | --- | --- | --- |
| | $L^6$ | $L^4$ | $L^3$ | $L^2$ | $L_i^6$ | $L_i^4$ | $P$ | $C$ | | | |
| 八面体 | | 3 | 4 | 6 | | | 9 | 有 | $3L^4 4L^3 6L^2 9PC$ | 等轴 | 高级 |

**任务实施**

掌握晶体对称要素及其记录方法。

**思考与练习**

1. 如何在晶体中寻找对称要素? 如何记录晶体对称要素组合?

2. 一个晶体的对称型是 $3L^4 4L^3 6L^2 9PC$,另一个的是 $L^2 PC$,这两个晶体有何不同?

# 任务二　单形、聚形与双晶的认识

【知识要点】　单形、聚形与双晶的认识。

【技能目标】　认识常见的单形模型;识别双晶。

**任务导入**

认识和掌握 18 种常见单形的特征;了解不同单形在各晶族及晶系中的分布;认识几个

常见聚形和双晶,了解晶面形状的变化和单形相聚的基本原则。

 **任务分析**

必须掌握常见单形的特征;识别双晶。

 **相关知识**

### 一、实验内容与方法

**(一)单形的认识**

(1)观察下面常见的18种单形模型,找出各单形的对称型及所属的晶族和晶系立方体:八面体、菱形十二面体、四角三八面体;四面体、六方柱、六方双锥;四方柱、四方双锥;三方柱、复三方柱;菱面体、五角十二面体、复三方偏三角面体、三方偏方面体;斜方柱、斜方双锥;平行双面。在分析模型的对称要素时,还要注意单形的晶面形状和横切面形状。

(2)注意下列相似单形之间的区别:斜方柱与四方柱;斜方双锥、四方双锥与八面体;菱面体、三方偏方面体与三方双锥;六方双锥与复三方偏三角面体;菱形十二面体与五角十二面体。

(3)观察下列矿物的晶形,并与其单形模型进行对照:磁铁矿的八面体、萤石和石盐的立方体、白榴石的四角三八面体、石榴子石的菱形十二面体、黄铁矿的五角十二面体、方解石的复三方偏三角面体。

**(二)聚形的分析**

(1)确定对称型和晶系。从聚形中找出全部对称要素,确定对称型及所属晶族和晶系,确定可能出现的单形范围。

(2)确定单形数目。根据模型中同形等大的晶面种数,确定其单形数目。

(3)逐一确定单形名称。根据对称型、各单形的晶面数目和相对位置、晶面与对称要素之间的关系,进行综合分析,然后确定单形名称。此外,还可以通过假想把单形的晶面扩展相交的方法,想像该单形的形状。

(4)检查核对。由于只有属于同一对称型的单形才能相聚,因此,根据已找出的该聚形所属的对称型,检查所确定的单形名称是否符合该对称型所属的单形,若不符合,说明所确定的对称型有误。

**(三)双晶的认识**

**1. 识别双晶**

根据双晶凹入角、双晶缝合线或双晶纹(聚片双晶)来识别。

**2. 确定双晶类型**

通常按照双晶接合面的特点来确定。双晶接合面呈简单规则的平面者,是接触双晶;双晶接合面为曲折而复杂面者,是穿插双晶。

**3. 分析双晶要素(包括双晶面、双晶轴)**

(1)分析双晶中某一单晶体的对称型及晶系,进行晶体定向。

(2)找出双晶面并确定其方向。在双晶中相邻两个单体之间假想有一平面,若通过这个假想平面进行操作后,能使双晶的两个单体重合或平行,该平面就是双晶面。

(3)找出双晶轴并确定其方向。在双晶中相邻两单体之间假想有一条直线,若双晶中的一个单体围绕该直线旋转180°后可与另一个单体位向重合、平行或连成一个完整的单晶体,则该直线就是双晶轴。

4.观察具有双晶的矿物标本

观察方解石、斜长石、石膏、正长石、石英和十字石等矿物标本,了解双晶凹入角、双晶纹、双晶缝合线,并分析其双晶类型和双晶律:

方解石——接触双晶(聚片双晶);斜长石——接触双晶(聚片双晶);

石膏——接触双晶(燕尾双晶);正长石——接触双晶(卡尔斯巴双晶);

石英——插双晶(道芬双晶);十字石——穿插双晶。

## 二、实验报告及作业

(1)根据模型,观察描述常见的18种单形,并填写实验报告表(表9-2)。

表9-2　　　　　　　　　　　单形实验报告表(供参考)

实验内容:常见单形的认识　　　　　　　　　　　　班级＿＿＿＿　姓名＿＿＿＿　学号＿＿＿＿

| 模型号 | 对称型 | 晶系 | 晶面数 | 晶面形状 | 横切面形状 | 单形名称 |
|---|---|---|---|---|---|---|
|  |  |  |  |  |  |  |
|  |  |  |  |  |  |  |

(2)结合模型,观察描述透辉石、白铅矿、方解石、锡石和石榴子石等矿物晶体的聚形(图9-3),将结果填入实验报告表中(表9-3)。

透辉石　　　　白铅矿　　　　方解石　　　　锡石　　　　石榴子石

图9-3　几种矿物晶体聚形形态

表9-3　　　　　　　　　　　聚形分析实验报告表

实验内容:聚形分析　　　　　　　　　　　　　　　班级＿＿＿＿　姓名＿＿＿＿　学号＿＿＿＿

| 模型号 | 对称型 | 晶系 | 聚形分析 | |
|---|---|---|---|---|
|  |  |  | 单形数目 | 单形名称及其晶面数目 |
|  |  |  |  |  |
|  |  |  |  |  |
|  |  |  |  |  |

(3)结合模型,观察描述尖晶石、方解石、锡石和正长石等矿物的双晶要素(图9-4),并将结果填入实验报告表中(表9-4)。

尖晶石

方解石

锡石

正长石

图 9-4　几种矿物晶体的双晶形态

表 9-4　　　　　　　　　　双晶的认识与分析实验报告表

实验内容:常见双晶的认识　　　　　　　　　　　　　　　　班级＿＿＿＿＿姓名＿＿＿＿＿学号

| 模型号码 | 双晶类型 | 单晶分析 | | 双晶要素 | | 接合面 |
|---|---|---|---|---|---|---|
| | | 对称型 | 晶系 | 双晶面 | 双晶轴 | |
| | | | | | | |
| | | | | | | |

**任务实施**

熟悉常见单形的特征;识别双晶。

**思考与练习**

1. 各晶系有哪些常见的单形?

2. 在立方体与四方双锥、立方体与菱形十二面体、四方柱与斜方柱、八面体与四方柱中哪两个可以构成聚形?哪两个不能构成聚形?

# 任务三　矿物的形态和物理性质

【知识要点】　对称要素;晶体对称;对称型。

【技能目标】　熟练掌握晶体中的对称要素;晶体对称要素及其组合的记录方法。

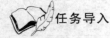
**任务导入**

熟悉常见矿物的单体和集合体形态;学会观察和描述矿物的颜色、条痕;初步掌握矿物的分类。

**任务分析**

必须掌握晶体对称要素及其记录方法。

 **相关知识**

## 一、实验内容与方法

（一）晶体的形态

学会描述矿物的形态、光泽、硬度、解理、断口等物理性质。

**1. 晶面条纹**

观察石英（横纹）、电气石（纵纹）、黄铁矿（三组相互垂直的条纹）的聚形条纹，并与方解石、斜长石的聚片双晶条纹进行比较。

**2. 常见的晶体习性**

观察矿物单体形态中常见的晶体习性（表 9-5）。

表 9-5                                矿物单体结晶习性

| 结晶习性 | 晶体的形态特征 |
|---|---|
| 一向延伸类型 | 柱状（石英、电气石、红柱石、绿柱石），针状（辉锑矿、辉铋矿、阳起石），纤维状（石棉） |
| 二向延伸类型 | 板状（重晶石、斜长石、黑钨矿），鳞片状（镜铁矿、石墨、云母、辉铜矿） |
| 三向等长类型 | 等轴状或粒状（石榴子石、黄铁矿、磁铁矿） |

**3. 常见的矿物集合体形态**

（1）粒状集合体。纯橄榄岩（由橄榄石组成）、大理岩（由方解石组成）。

（2）晶簇状集合体。石英晶族、方解石晶族、石膏晶族。

（3）柱状集合体。辉锑矿、辉铋矿。

（4）针状集合体。电气石、针铁矿晶簇。

（5）纤维状集合体。纤维石膏、石棉。

（6）放射状集合体。红柱石、叶蜡石。

（7）板状集合体。重晶石、钠长石、黑钨矿。

（8）片状集合体。镜铁矿、辉钼矿。

（9）鳞片状集合体。绿泥石、云母、赤铁矿。

（10）钟乳状集合体。方解石（钟乳石）。

（11）葡萄状集合体。硬锰矿。

（12）鲕状、豆状、肾状集合体。赤铁矿。

（二）矿物的物理性质

**1. 矿物的颜色**

观察矿物的颜色应在矿物的新鲜面上或解理面上进行。描述矿物颜色常用标准色谱法、类比法、二色法和形容法。如果矿物的颜色为两种颜色的混合色，则可采用综合法，根据颜色的色调、深浅、明暗程度描述矿物的颜色，如浅黄绿色（主要色放在后，次要色放在主要颜色前）、暗蓝绿色和暗深红色（亮度放在色彩前面来形容主、次颜色）。

根据下面矿物颜色产生的原因，观察自色、他色和假色的特点。

（1）自色。红色（辰砂）、柠檬黄色（雌黄）、绿色（孔雀石）、蓝色（蓝铜矿）、铅灰色（方铅矿）、黑色（磁铁矿）。

（2）他色。紫水晶、烟水晶、墨水晶、蔷薇水晶。

（3）假色。锖色（斑铜矿、黄铜矿）。

另外，在一些透明矿物（如云母、石英、萤石、透明方解石）的解理面上还可见晕色。自色、他色和假色是根据呈色机制不同划分的，一般情况下，肉眼不易正确判定，但矿物条痕有时可以帮助判断。凡颜色和条痕色的色调都较深，而且两者变化不大者，多为自色；假色在成块的标本上才能见到，而在条痕上是看不到的。

2. 矿物的条痕

条痕是矿物在无釉瓷板上磨划后所留下的矿物粉末的颜色。在磨划条痕时，用力要轻而均匀，切忌过猛、过重，否则得到是矿物碎块的颜色，而不是矿物粉末的颜色。

观察下面矿物的条痕，并对比这些矿物标本的颜色和条痕之间的关系：磁铁矿（黑色），黄铜矿（黑色），黄铁矿（黑色），赤铁矿（樱桃红色），褐铁矿（黄褐色），铬铁矿（棕褐色），石墨（钢灰色）。

描述矿物条痕的方法与描述矿物的颜色的方法相同。

3. 矿物的透明度

肉眼划分矿物的透明度时，通常是透过矿物碎块边缘观察其他物体来进行的。能清晰地看到对方物体轮廓的为透明；只能模糊地看到对方物体存在的为半透明；不能见到对方任何物体存在的为不透明。例如，透明矿物有水晶、冰洲石、石膏等；半透明矿物有辰砂、闪锌矿、锡石等；不透明矿物有石墨、黄铁矿、磁铁矿等。

4. 矿物的光泽

在肉眼鉴别矿物的光泽时，应反复观察比较各种标准的光泽标本，初步掌握判断光泽的感性基础，对一些特殊光泽，应掌握它们出现的条件。选择面积较大、平坦的矿物的新鲜表面，反复观察，并与已知光泽的标准矿物进行对比，或者利用其他光学性质来帮助鉴别光泽。描述光泽时，应分别描述单体平整表面的光泽等级、不平整表面的特殊光泽以及集合体所呈现的光泽。注意观察下面4个等级的常见光泽和6种特殊光泽。

（1）金属光泽。方铅矿、黄铁矿、黄铜矿、辉锑矿、自然金。

（2）半金属光泽。赤铁矿、黑钨矿、磁铁矿。

（3）金刚光泽。金刚石、辰砂、闪锌矿（解理面上）。

（4）玻璃光泽。石英、长石、方解石、电气石。

（5）油脂光泽。石英、霞石、锡石、石榴子石的断口。

（6）树脂光泽。闪锌矿的断口。

（7）丝绢光泽。石棉、纤维状石膏。

（8）珍珠光泽。白云母或透石膏（解理面上）。

（9）蜡状光泽。叶蜡石、蛇纹石、滑石。

（10）土状光泽。高岭石、褐铁矿。

5. 矿物的解理

观察矿物的解理时，应选择颗粒较大、棱角较突出、自由面较多的单体矿物，对着光转动标本，使颗粒不同部位先后对着光，观察有无解理（不要把解理与晶面、断口混淆）：解理面一般光亮而平滑，有时可见到均匀而平直的双晶条纹或解理纹；解理面常常由一系列平行的阶梯状平面组成。解理纹是规则的裂纹，而晶面条纹间无裂纹存在。

当确定有解理时，应进一步指出解理的等级、方向和组数。若有多个方向或两组以上的解理时,则需观察其夹角。如普通角闪石两组解理的夹角为124°和56°、正长石两组解理的夹角为90°。仔细观察下列不同解理等级的矿物:

(1) 极完全解理。云母、辉钼矿、石墨。

(2) 完全解理。方解石、方铅矿、正长石、萤石。

(3) 中等解理。普通辉石、角闪石。

(4) 不完全解理。磷灰石、绿柱石。

(5) 极不完全解理。石英、石榴子石。

6. 矿物的硬度

测试矿物的硬度时,应尽量选择在颗粒大的矿物单晶体新鲜面上进行,避免在矿物的风化面或细粒状、土状、粉末状、纤维状集合体上测试硬度。在肉眼鉴定中,一般采用一种已知硬度的矿物与另一种矿物相互刻划来确定其相对硬度等级。

常用10种矿物作标准,即摩氏硬度计(石膏、滑石、方解石、萤石、磷灰石、正长石、石英、黄玉、刚玉、金刚石)进行相对硬度比较。

(1) 低硬度矿物。能被指甲刻动,硬度小于2.5,如滑石、石膏等。

(2) 中等硬度矿物。能被小钢刀刻动,但指甲刻不动,2.5～5.5,如黄铜矿、萤石等。

(3) 高硬度矿物。小刀刻不动,硬度大于5.5,如黄铁矿、石英、长石等。

7. 矿物的断口

(1) 贝壳状断口。石英、电气石、锡石。

(2) 锯齿状断口。自然铜。

(3) 参差状断口。磷灰石、蔷薇辉石。

(4) 土状断口。高岭石。

8. 矿物的相对密度

(1) 轻级(<2.5)。自然硫、石墨、石膏。

(2) 中级(2.5～4)。石英、萤石、长石。

(3) 重级(>4)。重晶石、方铅矿、黑钨矿。

9. 矿物的磁性

(1) 强磁性。矿物的大块或碎块能被永久磁铁吸引,如磁铁矿。

(2) 弱磁性。矿物的大块或碎块不能被永久磁铁吸引,但能被电磁铁吸引,如铬铁矿、黑钨矿。

(3) 无磁性。不能被电磁铁吸引的矿物,如石英、方解石。

**二、实验报告及作业**

按实验报告格式(表9-6)系统描述以下矿物的物理性质:方铅矿、黄铜矿、赤铁矿、黑钨矿、黄铁矿、磁铁矿、石英、方解石、萤石、重晶石等矿物。

表9-6　　　　　　　　矿物的物理性质实验报告

实验内容:矿物的物理性质　　　　　　　　　班级_____ 姓名_____ 学号_____

| 标本号及矿物名称 | 颜色 | 形态 | 条痕 | 透明度 | 光泽 | 硬度 | 解理 | 断口 | 相对密度 | 磁性 |
|---|---|---|---|---|---|---|---|---|---|---|
|  |  |  |  |  |  |  |  |  |  |  |
|  |  |  |  |  |  |  |  |  |  |  |

　**任务实施**

熟悉常见矿物集合体形态,掌握矿物的物理性质。

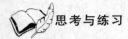　**思考与练习**

1. 简述常见矿物集合体形态?
2. 试述黄铜矿、赤铁矿、黑钨矿、黄铁矿、磁铁矿、石英六种矿物的物理性质?

# 任务四　自然元素矿物和硫化物大类矿物

**【知识要点】**　自然元素矿物特征;化学成分;主要物理性质;鉴定特征。
**【技能目标】**　熟练掌握常见自然元素矿物、硫化物矿物的化学成分和主要物理性质。

　**任务导入**

了解常见自然元素矿物、硫化物矿物的化学成分和主要物理性质;掌握常见的自然元素矿物和硫化物矿物的主要鉴定特征。

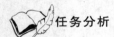　**任务分析**

掌握常见元素矿物、硫化物矿物的化学成分和主要物理性质。

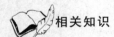　**相关知识**

**一、主要实验内容**

(1) 自然金。呈不规则片状、粒状。在镜下观察,可见到矿物表面不平坦、粗糙,有小沟和凹坑。强延展性,常与磁铁矿、锡石、钛铁矿等重砂矿物伴生。

(2) 自然铜。呈树枝状、片状。表面棕黑色,新鲜面铜红色。条痕亮铜红色,金属光泽,延展性强,相对密度大,经常与孔雀石、赤铜矿等伴生,具发光性。

(3) 自然硫。呈粉末状、粒状或致密块状。不同色调的黄色、浅黄色,含有机质者呈灰黑色,断口油脂光泽,性极脆,硬度小于指甲,有硫黄臭味,易燃,火焰呈蓝紫色。

(4) 金刚石。常呈浑圆状的八面体或菱形十二面体晶形。无色、浅黄色,具标准的金刚光泽,硬度10。镜下观察时,在晶面上常见有三角形、四边形等蚀像。

(5) 石墨。呈细小鳞片状。钢灰色,薄片具挠性,密度小,硬度小于指甲,能污手,有滑感,条痕为光亮的黑色。

(6) 方铅矿。粒状或致密块状集合体。铅灰色,条痕灰黑色。解理面上明亮的金属光泽,立方体解理完全,硬度2～3,相对密度7.4～7.6,与闪锌矿、黄铁矿共生。

(7) 闪锌矿。粒状集合体。颜色为浅黄、棕褐至黑色,条痕由白色至褐色,树脂光泽至半金属光泽,具有菱形十二面体完全解理,硬度小于小刀。闪锌矿遇热盐酸起泡,放出$H_2S$,有臭味,与方铅矿密切共生。

（8）黄铜矿。致密块状或分散粒状。铜黄色,表面常呈较淡黄、蓝、紫等斑状锖色,条痕绿黑色,金属光泽,硬度小于小刀,相对密度 4.1～4.3。

（9）黄铁矿。常见晶形为立方体、五角十二面体和八面体及其聚形。在立方体相邻晶面上常见到三组相互垂直的晶面条纹,也常见粒状和致密块状集合体。浅黄铜色,强金属光泽,硬度大于小刀。

（10）毒砂。常见柱状晶体,集合体呈粒状或致密块状。晶面具纵纹,锡白色,表面常有浅黄色的锖色,条痕灰黑色,硬度大于小刀,用锤击之发出砷的蒜臭味。

（11）磁黄铁矿。呈致密块状或粒状集合体。新鲜断面为暗青铜黄色,风化面为褐色、锖色,条痕灰黑色,硬度小于小刀,具弱磁性。

**二、实验**

（1）试验自然硫的易燃性。将自然硫放在酒精灯上灼烧,自然硫即刻燃烧,发出蓝火焰,并放出 $SO_2$ 气体。

（2）用染色法区别黄铁矿与黄铜矿。将黄铜矿或黄铁矿颗粒置于锌板上加盐酸,黄矿表面可染成褐黑色,而黄铁矿则不染色。

**三、实验报告及作业**

描述下列矿物的化学式、形态、主要化学性质和物理性质、共生组合和次生变化:自然铜、自然硫、石墨、方铅矿、闪锌矿、黄铜矿、黄铁矿、毒砂。

**任务实施**

掌握晶体对称要素及其记录方法。

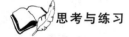

**思考与练习**

1. 金刚石与石墨在化学成分、晶体结构、物理性质上有何异同?
2. 区别下列各组矿物:黄铜矿与黄铁矿,方铅矿与闪锌矿,毒砂与黄铁矿。

# 任务五　氧化物、氢氧化物和卤化物矿物

**【知识要点】** 氧化物、氢氧化物和卤化物的化学组成及主要物理性质;常见矿物的主要鉴定特征。

**【技能目标】** 熟练掌握常见矿物的主要鉴定特征,学会鉴别相似矿物。

**任务导入**

熟悉氧化物、氢氧化物和卤化物的化学组成及主要物理性质;掌握常见矿物的主要鉴定特征,学会鉴别相似矿物。

**任务分析**

掌握常见矿物的主要鉴定特征,学会鉴别相似矿物。

相关知识

**一、实验内容**

（1）刚玉。柱状或桶状晶形。颜色多样，常见蓝灰色、黄灰色及不同色调的黄色。晶面上常有几组相交的条纹和因聚片双晶产生的裂开。硬度9。

（2）赤铁矿。显晶质赤铁矿，致密块状、片状、鳞片状。钢灰至铁黑色，条痕樱红色，金属至半金属光泽，硬度5.5～6.5。片状晶体者又称镜铁矿，细小鳞片状者称云母赤铁矿。隐晶质赤铁矿常呈鲕状、豆状或肾状。暗红色至鲜红色，条痕棕红色，土状光泽，性脆。鲕状和豆状内部常具同心层状构造。

（3）锡石。晶体呈四方双锥柱状。柱面有纵纹，常见膝状双晶。褐色至黑色，晶体的颜色分布不均匀，呈条带或斑杂色（在放大镜或双目镜下观察尤为清楚）。贝壳状断口，具油脂光泽，硬度6～7，相对密度6.8～7。锡石的晶形和颜色都有标型意义。

（4）金红石。柱状或针状晶形，柱面上有纵纹。集合体呈粒状或致密块状。暗红至褐红色，条痕浅黄至浅褐色，金刚光泽，平行柱面解理中等硬度大。

（5）α-石英。常呈完好的柱状晶体，柱面上有横纹，常见无色、白色和灰色。

显晶质石英常呈晶簇状，多为无色透明，因含不同杂质而呈各种颜色的有紫水晶、烟水晶、蔷薇水晶等。玻璃光泽，断口油脂光泽，贝壳状断口，硬度7。隐晶质石英均为致密块体，异种有碧玉、玉髓（石髓）、玛瑙（具有不同颜色而呈带状或同心带状分布的玉髓）、燧石等，可作宝石。蛋白石呈致密块状、钟乳状、结核状等，纯者无色或白色似蛋白得名。玻璃光泽或蜡状光泽，贝壳状断口，硬度5～5.5，相对密度1.9～2.3，随含水量大小而变化。

（6）磁铁矿。晶体呈八面体、菱形十二面体，常呈致密块状和粒状集合体。颜色和条痕均为黑色，无解理、硬度大于小刀、相对密度4.9～5.2，具强磁性。

（7）黑钨矿。常呈板状、短柱状、粒状集合体状。红褐至黑色，条痕黄褐至褐黑色，油脂光泽至半金属光泽，平行柱面解理完全，硬度4～4.5，相对密度7.18～7.51。

（8）萤石。立方体晶形常见，在立方体晶面上常出现与晶棱平行的镶嵌式条纹。常成穿插双晶，集合体呈块状或粒状。颜色多样，常见绿、紫、蓝等色，加热时可退色。玻璃光泽，八面体解理完全，硬度4，性脆，具荧光性。

（9）石盐。立方体晶形常见。盐湖中形成的晶体，常有漏斗状阶梯凹陷。集合体呈粒状、致密块状或疏松盐华状。立方体解理完全，硬度2，易溶于水，有咸味，焰色反应呈黄色。

（10）钾盐。晶体常呈立方体或立方体与八面体的聚形。集合体常呈致密块状或粒状。无色或白色，含杂质时呈其他色调。硬度2，易溶于水，味咸苦涩，焰色反应呈紫色。

（11）铝土矿。不是独立的一种矿物，包括三水铝石、硬水铝石及软水铝石等多种矿物的混合体。常呈鲕状、豆状、致密块状及土状。颜色变化大，多为白、灰、褐、黄、红等色，土状光泽。手摸之具粗糙感，质纯者具滑感。

（12）褐铁矿。成分不固定，是以针铁矿或纤铁矿为主要成分的混合物。常呈致密块状、蜂窝状、结核状或土状，还可见褐铁矿呈黄铁矿的立方体、五角十二面体等晶形的假象。黄、褐或褐红至褐黑色，条痕黄褐色、土黄色，硬度变化较大（1～4）。

（13）硬锰矿。成分不固定，主要由含有多种元素的锰的氧化物和氢氧化物组成，是一种细分散的多矿物集合体。呈钟乳状、葡萄状、肾状或土状，黑色，条痕褐黑色，硬度4～6，

能污手,加 $H_2O_2$ 剧烈起泡,氧化条件下易变成软锰矿。

**二、实验**

锡石的锡膜反应(锡镜反应):将锡石的小颗粒置放在锌板上,加浓盐酸数滴,经几分钟后,锡石表面还原出金属锡,用绒布擦之,在矿物颗粒表面见到一层淡灰色的金属薄膜者,即为锡石。

**三、实验报告及作业**

描述下列矿物的化学式、形态、主要化学性质和物理性质、共生组合和次生变化:赤铁矿、锡石、软锰矿、石英、磁铁矿、黑钨矿、萤石、石盐。

 **任务实施**

掌握常见矿物的主要鉴定特征,学会鉴别相似矿物。

 **思考与练习**

1. 显晶质石英与隐晶质石英有什么不同?
2. 紫色萤石与紫水晶如何区别? 石盐与钾盐如何区别?

# 任务六 岛状、环状和链状硅酸盐亚类矿物

【知识要点】 岛状、环状和链状硅酸盐亚类矿物;晶体对称;对称型。

【技能目标】 熟练掌握岛状、环状和链状硅酸盐亚类矿物的络阴离子构造特点及其对矿物形态和物理性质的影响。

 **任务导入**

熟悉岛状、环状和链状硅酸盐亚类矿物的络阴离子构造特点及其对矿物形态和物理性质的影响;掌握岛状、环状和链状硅酸盐亚类常见矿物的主要鉴定特征。

 **任务分析**

掌握岛状、环状和链状硅酸盐亚类常见矿物的主要鉴定特征。

 **相关知识**

**一、实验内容**

(1)锆石。晶体通常呈四方柱与四方双锥组成的聚形,黄色至红棕色,金刚光泽,断口油脂光泽,硬度 7.5,相对密度 4.7,物理化学性质稳定,常与独居石、金红石等伴生。

(2)橄榄石。常呈粒状集合体,橄榄绿或黄绿色,玻璃光泽,硬度 6~7,贝壳状断口。

(3)石榴子石。晶体外形特殊,硬度大,无解理,断口油脂光泽,物理性质稳定。铁铝榴石常呈四角三八面体、菱形十二面体完好晶形或二者的聚形。颜色为褐、深红至黑色,玻璃光泽,硬度 7~7.5。镁铝榴石完好晶形少见,多呈浑圆状颗粒。颜色呈紫红色、棕褐色、灰

绿色等。钙铁榴石和钙铝榴石晶形也常为菱形十二面体、四角三八面体或二者的聚形。钙铁榴石的颜色主要呈黄绿、褐红至黑色,钙铝榴石主要呈黄、褐、红、绿色、白色。

(4)蓝晶石。晶体常呈长板状。颜色通常是浅蓝色,但也可呈白、灰、绿等色,条痕白色。玻璃光泽,解理面上有时显珍珠光泽。硬度随方向而异,平行晶体延长方向小刀能刻伤;垂直晶体延长方向小刀不能刻伤(又称二硬石)。常与十字石、石榴子石共生。

(5)红柱石。晶体呈柱状,横断面近于正方形。集合体呈柱状或放射状(俗称菊花石),常呈灰色、肉红色或红褐色,风化后灰白色。平行柱面解理中等,硬度 6.5~7.5。红柱石经常含有碳质和泥质包裹体,在横断面上呈黑十字状定向排列,称空晶石。

(6)矽线石。晶体少见,通常呈放射状或纤维状集合体。颜色呈灰白色,也有褐色和浅绿色。平行柱面解理完全。

(7)十字石。晶体呈短柱状,横断面为菱形。常见穿插双晶(十字形双晶或 X 形双晶)。黄褐、红褐至暗褐色。新鲜时为玻璃光泽,蚀变后呈暗淡光泽至土状光泽。硬度 7。

(8)绿柱石。晶体常发育成完整的六方柱状,柱面上常有纵纹。颜色通常为淡蓝绿或浅黄、黄绿等色,玻璃光泽,平行板面解理不完全,硬度 7.5~8,在花岗伟晶岩中绿柱石常呈粗大晶体产出。

(9)电气石。晶体呈柱状,柱面上常有纵纹。横断面呈球面三角形。集合体呈放射状或纤维状。颜色多样,有黑、褐、浅蓝、玫瑰等。无解理,有裂理,硬度 7~7.5。

(10)普通辉石。晶体呈短柱状,横切面呈八边形。绿黑色或黑色。平行柱面解理中等至完全,两组解理夹角分别为 87°和 93°。普通辉石易蚀变成绿泥石、纤闪石、绿帘石等。

(11)透辉石。晶体呈柱状,横切面近于正方形。灰白色、浅绿色至灰绿色。平行柱面解理中等至完全,解理夹角 87°。产于矽卡岩中时与石榴子石、阳起石共生。

(12)硅灰石。晶体呈板状、针状,集合体通常呈纤维状、放射状或块状。白色或灰白色。玻璃光泽,纤维状集合体为丝绢光泽。一组平行板面解理完全,一组平行板面解理中等,二者夹角 84°。常与石榴子石、透闪石、符山石等矿物共生。

(13)普通角闪石。晶体呈较长的柱状,横切面呈假六边形或菱形。颜色浅绿、深绿至黑绿色,玻璃光泽,解理平行柱面完全,解理夹角 56°和 124°。硬度 5~6。

(14)透闪石。晶体呈柱状或针状,集合体呈放射状、柱状、纤维状。白色或灰白色。玻璃光泽,放射状、纤维状常呈丝绢光泽。解理平行柱面完全,解理夹角 56°。

(15)阳起石。晶体呈柱状,常呈放射状集合体形态。颜色呈深浅不同的绿色至墨绿色,玻璃光泽,放射状、纤维状常呈丝绢光泽。解理平行柱面解理完全,解理交角 56°。

二、实验报告及作业

描述下列矿物的形态、主要化学性质和物理性质、共生组合等特征:橄榄石、石榴子石、蓝晶石、红柱石、矽线石、十字石、绿柱石、电气石、绿帘石、普通辉石、透辉石、普通角闪石、透闪石。

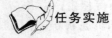 任务实施

掌握岛状、环状和链状硅酸盐亚类常见矿物的主要鉴定特征。

**思考与练习**

1. 普通辉石与普通角闪石晶体的横截面有什么不同？
2. 电气石晶面纹与石英晶面纹有什么不同？
3. 红柱石、绿柱石、蓝晶石这三种矿物各有哪些重要的鉴定特征？

# 任务七　层状硅酸盐亚类和架状硅酸盐亚类矿物

【知识要点】　层状和架状硅酸盐络阴离子的构造特点；层状硅酸盐亚类和架状硅酸盐亚类常见矿物的主要鉴定特征。

【技能目标】　熟练掌握层状硅酸盐亚类和架状硅酸盐亚类常见矿物的主要鉴定特征；了解一些必要的简易试验，以区别相似矿物。

**任务导入**

了解层状和架状硅酸盐络阴离子的构造特点及其对矿物形态、物理性质的影响；掌握长石族矿物的分类和主要鉴定特征；掌握层状硅酸盐亚类和架状硅酸盐亚类常见矿物的主要鉴定特征；了解一些必要的简易试验，以区别相似矿物。

**任务分析**

掌握层状硅酸盐亚类和架状硅酸盐亚类常见矿物的主要鉴定特征。

**相关知识**

**一、实验内容**

（1）滑石。通常呈致密块状、片状或鳞片状集合体。白色，含杂质者呈浅黄、浅绿、浅褐和粉红色。玻璃光泽，解理面显珍珠光泽。致密块状，贝壳状断口。平行底面解理极完全，硬度1，具滑腻感。

（2）叶蜡石。通常呈片状、放射状或致密块状集合体。白色或呈浅黄、浅蓝、浅绿、浅灰等色。油脂光泽，解理面上显珍珠光泽。致密块状，贝壳状断口，呈油脂光泽。硬度1～2，平行底面解理完全，具滑感。

（3）蛇纹石。通常为致密块状或肉冻状块体。呈各种色调的绿色，浅黄至白色，有时呈蛇皮状花斑。油脂光泽或蜡状光泽，有滑感，硬度2～3.5，呈纤维状的蛇纹石称温石棉，具丝绢光泽。取少许纤维放在研钵中研磨，可研成面饼状薄片。

（4）高岭石。通常呈土状或致密块状集合体。白色，质不纯者可染成各种浅色。土状光泽或蜡状光泽，硬度1～3。土状块体具粗糙感，用手捏易碎。黏舌，以水掺和后有可塑性，但不膨胀。

（5）白云母。晶体呈假六方柱状、板状或片状，柱面有明显的横纹。集合体呈鳞片状或片状。薄片无色透明，含杂质者具浅黄、浅绿、浅红等色。解理面呈珍珠光泽，面解理极完全,薄片具弹性,硬度 2～2.5。

（6）黑云母。单晶体呈假六方柱状或板状。通常呈片状或鳞片状集合体。暗绿、褐至黑色。解理面呈珍珠光泽,平行底面解理极完全,薄片具弹性,硬度 2.5～3。黑云母易蚀变成绿泥石,经风化后亦可成蛭石。

（7）蛭石。常呈黑云母或金云母的假象。褐色、黄褐色,油脂光泽或珍珠光泽。平行底面解理完全,薄片无弹性或微具弹性。硬度 1～2,灼烧时膨胀,体积可达 15～25 倍,并弯曲成蛭虫状,相对密度显著减少,可漂浮于水上。

（8）绿泥石。通常呈鳞片状、土状集合体。颜色多变,以灰绿色至暗绿色为主。玻璃光泽,解理面上呈珍珠光泽。平行底面解理极完全,薄片具挠性,硬度 2～3。

（9）正长石。晶体常呈短柱状或厚板状。常见卡斯巴双晶（将长石的晶面或解理面迎光转动到一个合适的角度,可看到以一条直线或折线为界,两边反光强度不一,即为卡式双晶）。集合体呈块状或粒状。常呈肉红、黄褐或浅黄色。平行柱面和平行板面解理完全,两组解理夹角 90°。硬度 6。正长石易风化成高岭石,受热液蚀变后可形成绢云母。

（10）微斜长石。晶体呈短柱状或厚板状,常形成巨大的晶体。集合体呈块状或粒状。微斜长石主要特征的是具钠长石律与肖钠长石律组成的复合双晶（在偏光显微镜下,表现为格子状构造）。大多数呈肉红色或灰白色（含 Rb、Cs 的微斜长石呈绿色,称天河石）。平行柱面和平行板面解理完全,硬度 6。

（11）透长石。晶体呈柱状或厚板状,表面光滑。常见卡斯巴双晶,无色透明。平行柱面和平行板面解理完全,二组解理夹角 90°。硬度 6。

（12）斜长石。晶体多呈板状,双晶极其常见,最普遍的是按钠长石律构成的聚片双晶在平行板面的解理面上可见双晶纹（将标本来回转动,用肉眼或放大镜观察晶面或解理面上的反光情况,当可以看到互相平行的、明暗相间的线段时,即聚片双晶纹）。白色至灰白色。平行柱面和平行板面解理完全。硬度 6～6.5。根据斜长石中钙长石组分含量的多少,斜长石又可分为:酸性斜长石,可观察花岗岩中的斜长石;中性斜长石,可观察闪长岩中的斜长石;基性斜长石,可观察基性岩或超基性岩石中的斜长石。

（13）霞石。晶体少见。通常呈粒状或致密块状集合体。白、灰白、浅褐、浅绿等色。油脂光泽,风化后无光泽。贝壳状断口,断口油脂光泽。硬度 5.5～6,不与石英共生。

（14）白榴石。通常所见晶体呈完整的四角三八面体外形,集合体呈粒状。灰白色或灰黄色,玻璃光泽或暗淡光泽。无解理,断口油脂光泽,常与碱性辉石、霞石共生。

**二、实验**

（1）硝酸钴法区别叶蜡石与滑石。将矿物小碎片放在氧化焰中灼烧,然后加 1～2 滴硝酸钴溶液,再灼烧,若为滑石可见碎片边缘呈现肉红色,而叶蜡石则呈现蓝色。

（2）灼烧蛭石。用火柴将蛭石灼烧,体积急剧膨胀,并弯曲成蛭虫状。灼烧后的蛭石呈银灰色或古铜色,具似金属光泽。以此可与黑云母、绿泥石等相似矿物区别。

（3）用研磨法区别蛇纹石石棉和角闪石石棉。取纤维状少许,放在研体中研磨,角闪石石棉性脆,可被研成粉末状;而蛇纹石石棉性柔,则研成饼状薄片。

（4）酸溶法区别霞石与石英。将霞石粉末置于试管中,加浓盐酸煮沸数分钟后,则在残渣中出现胶状物;而石英则无此现象。

（5）染色法区别正长石与斜长石。将小块正长石放入氢氟酸中浸蚀 1～3 min,取出用水冲洗干净,然后将正长石放到 60% 的亚硝酸钴钠溶液中浸蚀 3～5 min,再取出用水冲洗干净,矿物表面被染成明显的柠檬色(干后,颜色更清楚,长期保存其色不变);使用相同方法,斜长石不染色或呈浅灰色。

三、实验报告及作业

描述下列矿物的形态、主要化学性质和物理性质、共生组合和次生变化等特征:滑石、白云母、黑云母、绿泥石、蛇纹石、高岭石、正长石、斜长石、霞石。

**任务实施**

掌握层状硅酸盐亚类和架状硅酸盐亚类常见矿物的主要鉴定特征。

**思考与练习**

1. 如何区分下列各组的矿物:天河石与绿柱石,霞石与石英,白榴石与石榴子石。
2. 正长石、微斜长石和斜长石在晶形、颜色、解理、双晶、成因等方面有何异同?

# 任务八　硫酸盐类、碳酸盐类和磷酸盐类矿物

【知识要点】　硫酸盐、碳酸盐、磷酸盐类常见矿物的肉眼鉴定方法。
【技能目标】　掌握硫酸盐、碳酸盐、磷酸盐类常见矿物的肉眼鉴定方法和鉴定特征。

**任务导入**

掌握硫酸盐、碳酸盐、磷酸盐类常见矿物的肉眼鉴定方法和主要鉴定特征;掌握必要的简易实验,以区别相似矿物。

**任务分析**

掌握必要的简易实验,以区别相似矿物。

**相关知识**

一、实验内容

(1)重晶石。晶体常呈板状或柱状,集合体呈粒状、板状、纤维状。纯净的晶体无色透明,一般呈白、灰白、浅黄、浅褐等色。玻璃光泽,解理面珍珠光泽。平行柱面和平行板面解理完全,两组解理夹角为 90°。硬度 3～3.5,相对密度 4.3～4.5。

(2)硬石膏。常呈致密块状或粒状集合体。无色或白色,含杂质者呈暗灰色。玻璃光泽,解理面呈珍珠光泽。发育三组平行板面解理,三组解理互相垂直。常与石膏共生。

(3)石膏。晶体常呈板状,常见燕尾双晶,晶面有纵纹。集合体呈块状、粒状、纤维状或晶簇状。白色或无色。玻璃光泽,解理面呈珍珠光泽,纤维状集合体呈丝绢光泽。平行板面解理极完全,解理薄片具挠性。硬度 2,常与硬石膏、石盐共生。

(4)方解石。常呈柱状、板状、菱面体和复三方偏三角面体的完好晶体。发育聚片双晶

和接触双晶。集合体形态有晶簇状、粒状、致密块状、钟乳状、鲕状等。无色或白色,含杂质时可呈各种颜色。菱面体解理完全。硬度 3。相对密度 2.7。遇冷稀盐酸剧烈起泡。

（5）菱铁矿。晶体呈菱面体状,晶面常弯曲。集合体呈粒状、致密块状、结核状寸。鲜面呈浅灰、浅黄白至浅褐,氧化后呈深褐至褐黑色。菱面体解理完全。硬度 3.5~4。相对密度 3.96。遇冷稀盐酸缓慢起泡,在热盐酸中作用加剧,并生成绿黄色（$FeCl_3$）溶。

（6）白云石。晶体呈菱面体状,晶面常弯曲成马鞍状。集合体呈致密块状,白色至灰色。菱面体解理完全,解理面常弯曲。硬度 3.5~4。遇冷稀盐酸缓慢起泡,加热则剧烈起泡。

（7）孔雀石。深绿至鲜绿色,条痕淡绿色。集合体常呈肾状、葡萄状,其内部由深浅不同绿色至白色组成的环带,呈同心层状或呈放射纤维状构造。

（8）蓝铜矿。晶体呈短柱状、厚板状、深蓝色。集合体呈钟乳状、粒状、土状等。钟乳状或土状者,呈浅蓝色。条痕浅蓝色,贝壳状断口,加盐酸起泡,常与孔雀石共生。

（9）磷灰石。晶体呈六方柱状。集合体呈块状、粒状、结核状等。颜色多,有浅绿、浅蓝绿、黄绿、黄褐等色。玻璃光泽,断口油脂光泽。平行板面解理不完全,硬度 5。分散状态（隐晶质或胶态）的磷灰石,肉眼不易辨认,可用简易化学方法试磷。

**二、实验**

（1）区别方解石、白云石、菱铁矿：将这三种矿物的碎块分别与盐酸作用,方解石加冷盐酸剧烈起泡,白云石加冷盐酸微弱起泡,菱铁矿加冷盐酸后表面染成绿黄色。

（2）钼酸铵试磷（即磷试剂）：在磷灰石新鲜表面上,放少许钼酸铵粉末,再加几滴硝酸于其上,粉末逐渐由白色变为黄色,则显示有磷存在。

**三、实验报告及作业**

描述下列矿物的形态、主要化学性质和物理性质、共生组合和次生变化特征：

重晶石、石膏、胆矾、方解石、菱铁矿、白云石、孔雀石、磷灰石。

 **任务实施**

掌握必要的简易试验,以区别相似矿物。

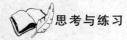 **思考与练习**

1. 如何鉴别方解石、白云石和菱铁矿？ 如何区分绿色磷灰石与绿柱石？

2. 为什么在地表很少见到硬石膏？

3. 在野外发现孔雀石与蓝铜矿有何地质意义？

# 项目十　岩石实训指导

## 任务一　岩浆岩的结构、构造和手标本观察与描述

【知识要点】　岩浆岩主要结构、构造类型；矿物成分及含量估计；次生变化；手标本观察与描述方法。

【技能目标】　熟悉岩浆岩的主要结构、构造类型；掌握结构、构造的观察和描述方法；通过对各类岩浆岩手标本的观察和描述，掌握各类岩石的矿物成分、矿物共生组合，以及结构、构造、次生变化等主要岩性特征，从而培养鉴定岩石的能力。

任务导入

肉眼对岩石进行分类和鉴定，除了在野外要充分考虑岩层、岩体的产状及其与相邻岩层的接触关系等特征外，在室内对岩石手标本鉴定，应该通过岩石手标本颜色、结构、构造、矿物成分和矿物含量、次生变化和产状等方面进行观察并详细描述岩石。

任务分析

掌握岩浆岩手标本鉴定的方法。

（1）从相关手标本中观察等粒结构、不等粒结构、辉长结构、反应边结构、粗玄结构、环带结构、蠕虫结构、斑状结构、似斑状结构等结构类型。

（2）从相关手标本中观察斑杂构造、流动构造、块状构造、气孔构造、杏仁构造、流纹构造等构造类型。

相关知识

### 一、岩浆岩主要结构、构造

（一）岩浆岩主要结构类型

表 10-1　　　　　　　　　　　　　岩浆岩结构类型划分

| 按矿物结晶程度 | 按矿物颗粒绝对大小 | 按矿物颗粒相对大小 | 按矿物自形程度 | 按矿物之间的关系 |
| --- | --- | --- | --- | --- |
| 全晶质结构 | 显晶质结构 | 等粒结构 | 自形粒状结构 | 辉长结构和辉绿结构 |
| 半晶质结构 | 隐晶质结构 | 不等粒结构 | 半自形粒状结构 | 间粒结构和间隐结构 |
| 玻璃质结构 | | 连续不等粒结构 | 花岗结构 | 粗面结构和交织结构 |

294

续表 10-1

| 按矿物结晶程度 | 按矿物颗粒绝对大小 | 按矿物颗粒相对大小 | 按矿物自形程度 | 按矿物之间的关系 |
|---|---|---|---|---|
| | | 斑状结构 | 他形粒状结构 | 包含结构和嵌晶结构 |
| | | | | 环带结构和球粒结构 |
| | | | | 文象结构和蠕虫结构 |
| | | | | 反应边结构和响岩结构 |

（二）岩浆岩结构的观察方法

1. 观察岩石中矿物的结晶程度

对具全晶质结构的岩石,应注意观察是等粒结构还是不等粒结构。若为显晶质等粒结构,则应测量主要矿物的粒径（一般以测量长径为准,对含长石的岩石则要以长石的粒径为准）,取其所量粒径的平均大小,然后按照矿物粒度绝对大小划分标准,写出相应的结构。进而再观察矿物的自形程度及其相互间的关系,确定其相应的结构名称。如具不等粒结构,若岩石中矿物的粒度依次降低,则为连续不等粒结构;如矿物颗粒可分为大小截然不同的两群,则为斑状结构或似斑状结构。当基质为隐晶质至玻璃质时,则称斑状结构;基质为显晶质者,称为似斑状结构。但也常把由细粒至玻璃质组成基质的结构统称为斑状结构,由中粒至粗粒组成基质的结构统称为似斑状结构。

2. 观察矿物间的相互关系

当两种矿物相互穿插,有规律地生长在一起时,可能出现文象结构、条纹结构。当一种或几种矿物沿某种矿物的边缘依次分布时,可能出现反应边结构、环带结构。当较大的矿物颗粒中包含较小矿物颗粒时,则可能出现包含结构。

3. 注意具有相似结构的区别

如文象结构与条纹结构,组成此类结构的两种矿物之间均以相互穿插的形式出现,且主晶都为钾长石。文象结构是共结作用形成的,客晶为石英;而条纹结构是固溶体分解作用形成的,客晶为钠长石或更长石。

4. 注意观察和总结不同结构的特点

如辉绿结构、粗玄结构、拉斑玄武结构、间隐结构的共同特征是由自形条板状斜长石杂乱分布,构成格架。主要区别是空隙中充填物特征的变化,辉绿结构空隙充填物为单个他形粒状辉石;粗玄结构充填物为若干个细小粒状的辉石和磁铁矿;拉斑玄武结构充填物除与粗玄结构相同外,还有玻璃质或隐晶质物质;间隐结构充填物主要为玻璃质或隐晶质物质。

5. 注意一些结构的专属性

如辉长结构是辉长岩的典型结构;辉绿结构是辉绿岩的典型结构,粗面结构是粗面岩的典型结构,花岗结构是花岗岩的典型结构,二长结构是二长岩的典型结构等。

6. 结构的描述要突出重点

依据矿物的结晶程度、矿物颗粒的大小、自形程度以及矿物间的相互关系,可将岩石的结构划分出很多类型。但在实际描述一块岩石标本时,并不需要要按上述内容一一叙述,只要突出重点即可。如描述花岗岩的结构时,只写明具中粒花岗结构即可,因"中粒花岗结构"含义的本身就已包括了全晶质的、等粒的、粒度在 1～5 mm 之间的、以半自形晶矿物为主的、矿物之间一般不具有相互穿插与反应边关系等内容。

（三）岩浆岩主要构造类型

**表 10-2**　　　　　　　　　　　　**岩浆岩构造类型划分**

| 常见侵入岩的构造 | 常见喷出岩的构造 |
| --- | --- |
| 块状构造和斑杂构造 | 气孔构造和杏仁构造 |
| 带状构造和流动构造 | 枕状构造和绳状构造 |
| 球状构造和晶洞构造 | 流纹构造和柱状节理构造 |

（四）岩浆岩构造的观察方法

岩浆岩的构造是岩浆运动和凝固作用的表现，常与岩浆的侵入、喷出活动等密切相关，是了解岩石形成地质环境的重要特征之一。因此观察岩浆岩的构造时，应着重注意矿物集合体或不同物质组分间的关系，以及矿物与矿物、矿物与隐晶质、玻璃质之间的排列或充填方式等特征。同时应注相似构造的区别，如条带状构造和流纹构造、气孔构造与杏仁构造等，从成因上分析其差异。

**二、岩浆岩手标本观察与描述方法**

（一）颜色

颜色是岩石最醒目的特征。颜色描述包括颜色种类和深浅，如暗红色、浅黄绿色等。岩浆岩手标本的颜色是由组成岩石的矿物颜色的总和构成的一种混合色，其深浅取决于色率即暗色矿物在岩石中的百分含量。一般由基性到酸性，暗色矿物的含量逐渐减少至使岩石颜色由深至浅，因此根据其颜色可以大致确定标本属于哪一类岩石。一般各类岩石的色率为：

超基性岩＞70，基性岩 40～70（一般 50±），中性岩 15～40（一般 30±），酸性岩＜15，但有时也不能完全按照此规律，如黑曜岩是玻璃质岩石，虽然颜色很黑，但属于酸性岩类；斜长岩颜色很浅，却属基性岩类。此外，岩石的风化程度也会影响岩石的颜色，所以观察时应尽量选择新鲜面。

一般，对于岩石颜色的描述，应分出原生色新鲜面的颜色，能反映岩石的成分和形成环境。次生色即经过次生变化后风化面的颜色，可以反映岩石的风化或氧化过程。

（1）深成岩的颜色。一般超基性岩、基性岩为深色，如橄榄岩、辉石岩、角闪岩等；酸性岩为浅色，如花岗岩；中性岩的颜色介于二者之间，如闪长岩、正长岩等。

（2）浅成岩的颜色。多受矿物粒度大小、结晶程度的影响。一般微晶和隐晶质岩石比相同成分的深成岩石颜色深，即结晶程度差的岩石比结晶程度好岩石的颜色深，如流纹岩比花岗岩颜色深，安山岩比闪长岩的颜色深。

（3）喷出岩的颜色。不仅受到岩石成分、次生变化、结晶程度等方面的影响，而且还受到强烈氧化燃烧作用的影响。一般情况下，基性喷出岩多呈黑、黑绿色，蚀变后呈中绿-浅绿色；中性喷出岩呈深灰、暗紫-紫红色；偏碱性的粗面岩类为浅灰-深灰色；酸性喷出岩呈浅灰-粉红色。

（二）结构

结构是指组成岩石的矿物的形状、大小及相互关系。肉眼观察岩石结构主要看颗粒形状和大小。

## 1. 大小

大小包括粒度及其分布,肉眼可见颗粒的粒度可用粒度对比图(图 10-1)估计,颗粒粗大者则直接用尺测量。肉眼不能分辨颗粒者,则视岩石的颜色、光泽和断口等特征判断属隐晶质或玻璃质。隐晶质结构的特征为粗糙似瓷状断口和较暗淡的光泽;玻璃质结构的特点是具贝壳状断口和玻璃光泽。岩浆岩中以 2 mm、5 mm 为界分细、中、粗粒。对结晶岩而言,如果岩石中所有颗粒粒度近相等,则称为等粒结构。若颗粒粒度显著不同,且无占优势的粒度,则称为不等粒结构。若颗粒粒度呈双模式分布,大颗粒为细小颗粒包围,则称为斑状结构。斑晶与基质常由不同矿物组成,对斑状结构或似斑状结构需描述基质的结构。

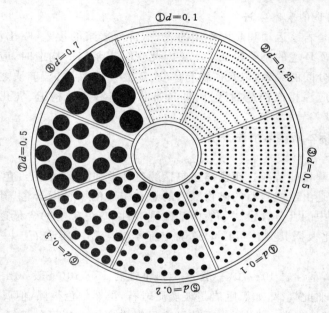

图 10-1  粒度对比图

## 2. 形状

结晶岩的颗粒形状包括矿物的自形程度和结晶习性。矿物按自形程度分为自形矿物的晶面完整、半自形部分晶面完整、部分不规则外形和它形无完整晶面、外形不规则)。矿物按结晶习性分等轴粒状、板状、鳞片状、柱状、针状、纤维状等,对岩浆岩而言,自形程度较重要。

对于岩石手标本结构的描述,做如下要求:

(1) 对于显晶质岩石,当其主要造岩矿物粒度大致相等时,一般要求写出粒度与结构名称即可,如中粒辉长结构、粗粒花岗结构、中粒二长结构、粗粒半自形结构等。

(2) 对于具有斑状结构或似斑状结构的岩石,还应指明基质所具有的结构。

(3) 对于隐晶质和玻璃质岩石,一般只需写明隐晶质结构、半晶质结构或玻璃质结构即可,因为对于具隐晶质、玻璃质等结构的岩石,肉眼很难看清岩石的结构,只有在显微镜下观察岩石薄片,才能确定具体结构。

### (三) 构造

岩石构造是较宏观的岩石构成特征,要求观察尺度比较大,最好在露头上观察。室内构造主要在手标本上观察,因此,手标本对构造的描述要细致,尽量定量。如对条带状构造,要描述条带的颜色、疏密、宽窄及粒度、成分等特征;对喷出岩的气孔构造,要描述气孔的数量、大小、形状、分布排列和内壁的光滑程度。对杏仁构造,要描述杏仁体是呈放射状的还是呈同心状充填的,或是自气孔壁的一侧呈单方向逐渐充填的。如果气孔还未被填满,那么前者留下的空洞必位于原气孔的中部,而后者留下的空洞则偏于气孔的一端,这时,已充填和未充填的部分分别指向岩层的底面和顶面,它对于判断火山岩的层序关系是很有用的。描述时还要注明杏仁体的矿物成分(通常是方解石、石英、玉髓等)。当气孔或杏仁被拉长呈平行的细条,显出流动的特点时,则不再称杏仁或气孔构造,而称为流纹构造。描述时要注意不同颜色组成的流纹的粗细、疏密等特征。对拉长的气孔形成的流纹,要描述这些拉长气孔的形态和长、宽比例以及在垂直和平行流纹的方向上相邻二气孔之间的距离等特征。若岩石中矿物分布均匀,则称为块状构造。

一般,深成岩一般多具块状构造、条带状构造,浅成、超浅成岩多具斑杂状构造,喷出岩则多具气孔构造、杏仁构造、流纹构造等。

（四）矿物成分

按百分含量,组成岩石的矿物可分为主要矿物(＞10%)、次要矿物(1%～10%)和副矿物(＜10%)。岩浆岩中造岩矿物的种类和含量是岩石的种属划分及定名的最主要依据,因此正确鉴定出各种主要造岩矿物是鉴定岩石的关键。岩浆岩中常见的主要造岩矿物为橄榄石、辉石、角闪石、黑云母、斜长石、碱性长石、付长石类、石英等。肉眼估计矿物的百分含量难度较大。估计时,要选择有代表性的部位,先估计整个岩石中浅色矿物与暗色矿物的比例,然后再细分暗色矿物各种属和浅色矿物各种属的相对含量。特别需要注意的是,初学者对颗粒细的岩石,往往将暗色矿物估计过高,在估计时,要有意识地加以克服。

（1）显晶质等粒结构岩石的描述。一般要求描述主要矿物、次要矿物、副矿物、次生矿物。通常含量高的先描述,含量低的后描述,按先高后低的顺序进行。

（2）矿物特征的描述。应包括矿物形态、风化或蚀变程度、光泽、肉眼及镜下鉴定特征包括可反映岩石的结构、构造等特征以及粒度、目估含量等。

（3）斑状结构或似斑状结构岩石描述。先描述斑晶,后描述基质。应先指明斑晶矿物在整个岩石中的目估含量,然后以斑晶矿物含量"先高后低"的顺序描述其特征。再描述基质中矿物的特征。若基质中矿物粒度呈细粒或更粗时,其描述方法和要求与描述斑晶矿物一致;若基质矿物粒度小于细粒时,一般只要求指明主要矿物、次要矿物即可,不需要做详细描述。

另外,鉴定特征观察到什么就描述什么,不要照抄书上的描述。对于一些隐晶质的岩石来说,在手标本上鉴定是困难的,需要显微镜下或化学分析结果综合考虑。

（五）定名

岩石手标本的定名分深成、浅成和喷出岩。岩石定名多采用:颜色＋次要矿物＋结构＋岩石名称。

**三、岩浆岩手标本鉴定描述实例**

1. 辉长岩

岩石为暗灰色,较新鲜,断口不平整,中粒半自形粒状结构,矿物颗粒粒径一般在 2 mm～5 mm,块状构造,岩石相对密度较大。肉眼可清楚地见到绿黑色短柱状的普通辉石,粒径多在 3 mm～4 mm 左右,含量约 40%;黄绿色的细粒橄榄石约 5%;浅色矿物主要是板状的斜长石,肉眼观察可见聚片双晶,玻璃光泽,含量约 40%。

### 2. 黑云母花岗岩

岩石较新鲜,呈浅肉红色,中粗粒结构,块状构造。主要由钾长石、斜长石、石英及少量黑云母组成。长英质矿物含量占 90% 以上,其中钾长石呈浅红色,板状,外形不规则,颗粒粒径大小为 2 mm~3 mm,含量约 45%;斜长石,浅灰色,板状,自形程度较好,颗粒大小为 2 mm~2.5 mm,含量约 20%;石英呈灰色,半透明,他形粒状,含量>25%,粒径为 2 mm~3 mm。暗色矿物主要为黑云母,呈鳞片状,黑褐色,含量<10%,有的已蚀变为褐色的蛭石或绿泥石。副矿物为榍石和磁铁矿,含量甚微约<1%。

### 3. 伊丁石玄武岩

岩石呈灰黑色,具斑状结构和气孔构造。斑晶主要为伊丁石,红棕色,玻璃光泽,呈片状集合体,大小为 1 mm~2 mm,系橄榄石蚀变产物,含量约 10%。基质为隐晶至微粒结构,可见细针状灰白色斜长石微晶,在暗淡的基质中以其较强的玻璃光泽显现出来。气孔构造发育,多呈圆形或椭圆形,孔径为 5 mm~6 mm,孔壁光滑。有的气孔充填有方解石,形成杏仁体,略呈定向排列。

### 4. 粗面岩

岩石主要由钾长石及玻璃质组成,含少量铁矿。岩石具斑状结构,斑晶的熔蚀现象强烈,斑晶成分主要为透长石,个别含石英斑晶。基质为在玻璃质的基底上无定向地散布着自形的钾长石微晶及赤铁矿的小颗粒,在斑晶周围可有绕斑晶流动现象,具定向排列,为粗面结构特点。

### 5. 黝方石响岩

岩石中主要矿物为钾长石、酸性斜长石,透辉石,次要矿物为霓石、黝方石、黑云母。

岩石结构为斑状结构,矿物成分均可呈斑晶出现,并有被基质熔蚀的现象。在黝方石斑晶的边部均有细小的霓石集合体组成反应边,内部常有铁矿包裹体排列成棋盘格状,基质由结晶细小的霓石和碱性长石集合体组成,碱性长石均呈微晶状。岩石中还含有数量不等的火山碎屑(晶屑),它们与斑晶的区别是不具有自形晶体,呈尖棱角的不规则粒状,且大小不一,其边部也可具有熔蚀边。(此岩石为向火山碎屑岩类的凝灰熔岩过渡)

 **任务实施**

通过观察辉长岩、黑云母花岗岩、伊丁石玄武岩、粗面岩、黝方石响岩等岩浆岩手标本,熟悉岩浆岩手标本结构、构造特征、矿物成分鉴定及含量目估方法,掌握岩浆岩手标本观察与描述方法。

**思考与练习**

1. 常见岩浆岩的结构、构造有哪些?
2. 深成岩、浅成岩、喷出岩在岩石结构上有何不同?
3. 流纹构造、气孔构造、杏仁构造各有何特点?它们都是怎么形成的?

# 任务二 超基性岩、基性岩观察与描述

**【知识要点】** 超基性岩、基性岩的结构构造、矿物成分;手标本鉴定特征。

**【技能目标】** 熟练掌握超基性岩、基性岩的基本特征;掌握橄榄岩类、辉长岩类的结构构造特征;能够对常见超基性岩石、基性岩手标本进行观察、描述及命名。

**任务导入**

在了解岩浆岩手标本观察与描述方法的基础上,掌握岩浆岩常见结构、构造特征和观察方法后,对超基性岩、基性岩手标本颜色、结构、构造、矿物成分和目估各个矿物的含量百分比、次生变化和产状等方面进行观察并详细描述。

**任务分析**

熟练掌握超基性岩、基性岩的基本鉴定特征;详细描述橄榄岩、辉石岩、苦橄岩、金伯利岩、辉长岩、辉绿岩、玄武岩等标本,并完成实验报告。

**相关知识**

## 一、超基性岩类

观察和描述以下岩石标本:纯橄榄岩、橄榄岩、辉石岩、蛇纹石化橄榄岩、苦橄岩、金伯利岩。

(一)手标本特征

(1)纯橄榄岩。黄绿色,几乎全由橄榄石组成,他形粒状结构,致密块状构造。橄榄石为浅绿色,粒状,玻璃光泽,无解理。

(2)橄榄岩。灰绿色,主要有橄榄石和辉石组成,粒状结构。

(3)辉石岩。灰黑色,几乎全由辉石组成,中-粗粒状结构。

(4)蛇纹石化橄榄岩。暗绿色,具油脂感,网状结构,有粒状橄榄石残余,有少量的磁铁矿,蛇纹石为橄榄石的蚀变产物。

(5)苦橄岩。黑绿色,以橄榄石和辉石为主,含有少量的角闪石、黑云母。

(6)金伯利岩。灰黑色,斑状结构,角砾状构造。斑晶主要是蚀变橄榄石和金云母,基质成分比较复杂。

(二)观察与描述内容

(1)岩石的颜色。包括新鲜面颜色和风化面颜色。

(2)结构特征。

(3)构造特征。

(4)主要矿物、次要矿物和副矿物的含量及鉴定特征。

(5)次生变化(蛇纹石化、绿泥石化、碳酸盐化、金云母化)、含矿性等。

(6)岩石命名。

### 二、基性岩类

观察以下标本：辉长岩、斜长岩、辉绿岩、细晶辉长岩、粗玄岩、橄榄玄武岩、杏仁状玄武岩。

（一）手标本特征

（1）辉长岩。灰黑色，中-粗粒状长结构，主要辉石和基性斜长石组成。

（2）细晶辉长岩。细粒结构，成分与辉长岩相同。

（3）斜长岩。灰白色，中-粗粒状结构，几乎全由斜长石组成。

（4）辉绿岩。灰黑色，主要由辉石和基性斜长石组成。基性斜长石呈自形板状，辉石呈粒状。

（5）粗玄岩。暗灰色，主要由辉石和斜长石组成，具典型的粗玄结构。

（6）橄榄玄武岩。见橄榄石斑晶，常见橄榄石的蚀变产物——伊丁石，基质为隐晶质。

（7）杏仁状玄武岩。绿黑色，气孔状构造，气孔中充填有白色的方解石、沸石等矿物。

（二）观察与描述内容

（1）岩石的颜色。包括新鲜面颜色和风化面颜色，注意色率变化。

（2）结构特征。重点观察辉长结构、辉绿结构、粗玄结构的特征。

（3）构造特征。注意气孔的大小、多少，杏仁体的成分。

（4）主要矿物、次要矿物和副矿物的含量和鉴定特。

（5）次生变化等。

（6）岩石命名。

 **任务实施**

观察并详细描述橄榄岩、辉石岩、苦橄岩、金伯利岩、辉长岩、辉绿岩、玄武岩等标本，并完成实验报告。

 **思考与练习**

1. 辉长岩跟辉绿岩在手标本上有什么区别？

2. 橄榄石在橄榄岩和玄武岩中常分别发生哪种蚀变现象？

3. 玄武岩的矿物成分特征和结构特征是什么？

# 任务三　中性岩、酸性岩观察与描述

【知识要点】　中性岩、酸性岩的矿物成分和结构构造；手标本鉴定特征。

【技能目标】　熟练掌握中性岩、酸性岩及其过渡类型岩石的基本特征；掌握常见中性岩、酸性岩的结构构造特征；能够对常见安山岩类、正长岩类、花岗岩类、流纹岩类手标本进行观察、描述及命名。

**任务导入**

在了解岩浆岩手标本观察与描述方法的基础上,掌握岩浆岩常见结构、构造特征和观察方法后,对中性岩、酸性岩手标本颜色、结构、构造、矿物成分和目估各个矿物的含量百分比、次生变化和产状等方面进行观察并详细描述。

**任务分析**

掌握中性岩、酸性岩的基本鉴定特征;分析从超基性岩、基性岩到中性岩、酸性岩矿物成分的变化规律。详细描述常见中性岩、酸性岩手标本,并完成实验报告。

**相关知识**

**一、中性岩**

观察以下标本:闪长岩、石英闪长岩、闪长玢岩、安山岩、正长岩、正长斑岩、二长岩、粗面岩。

**(一)手标本特征**

(1)闪长岩。浅灰色、灰绿色,中粒结构。主要由中性斜长石和角闪石(或黑云母)组成,斜长石>角闪石。

(2)石英闪长岩。浅灰色,半自形粒状结构。主要矿物有石英、中性斜长石、角闪石、黑云母等。

(3)闪长玢岩。暗灰色至灰绿色,斑状结构。斑晶为中性斜长石和角闪石,基质为隐晶质结构或细粒结构。

(4)安山岩。紫红色,斑状结构。斑晶为斜长石、角闪石、辉石,基质为隐晶质。

(5)正长岩。灰色或肉红色,以肉红色或浅土黄色的板状正长石为主,还有少量的斜长石和黑云母。

(6)正长斑岩。斑状结构,成分与正长岩相同。

(7)二长岩。由含量基本相同的钾长石、斜长石组成。具典型的二长结构.

(8)粗面岩。断口粗糙,斑状结构。透长石和斜长石组成斑晶,基质为隐晶质。

**(二)观察与描述**

(1)岩石的颜色。新鲜面颜色和风化面颜色,注意色率变化。

(2)结构特征。镜下观察安山结构、斜长石的环带结构和聚片双晶,注意斑晶的成分。

(3)构造特征。

(4)主要矿物、次要矿物、副矿物,注意观察斜长石的晶体形态。

(5)次生变化。

(6)岩石命名。

**二、中酸性岩——酸性岩**

观察以下岩石标本:花岗岩、花岗闪长岩、花岗斑岩、花岗闪长斑岩、流纹英安岩、流纹岩、松脂岩、珍珠岩、黑曜岩。

**(一)手标本特征**

(1)花岗岩。灰白或肉红色,中-细粒花岗结构,块状构造。石英含量约30%,长石约

60%,暗色矿物(黑云母、角闪石等)<10%。钾长石>斜长石。

(2)花岗闪长岩。花岗闪长岩是花岗岩向闪长岩的过渡岩石。石英含量<25%,长石约50%,暗色矿物10%～15%,并常有角闪石出现。钾长石<斜长石。

(3)花岗斑岩。与花岗岩成分相同,有斑状结构,斑晶以正长石和石英为主,角闪石、黑云母次之,基质多为隐晶质,致密状。

(4)花岗闪长斑岩。成分与花岗闪长岩相同,具斑状结构。

(5)流纹岩。灰白或灰红色,成分相当于花岗岩,斑状结构,流纹构造、气孔构造。基质比较致密,具玻璃质结构。

(6)流纹英安岩。成分与花岗闪长岩相同,斑晶为斜长石、角闪石、黑云母,可能有少量石英和钾长石,晶质为隐晶质或玻璃质。

(7)黑曜岩。黑色,玻璃光泽,贝壳状断口,有时含少量透长石斑晶。

(8)珍珠岩。具珍珠裂缝的玻璃质岩石(珍珠构造),有时含有各色的珍珠球。

(9)松脂岩。树脂光泽或油脂光泽,贝壳状断口。

(二)观察和描述内容

(1)岩石的颜色。注意玻璃质结构的岩石的颜色。

(2)结构特征。

(3)构造特征。

(4)主要矿物、次要矿物、副矿物,注意描述长石的种类和数量。

(5)次生变化。

(6)岩石命名。

**任务实施**

观察并详细描述闪长岩、闪长玢岩、安山岩、正长岩、正长斑岩、粗面岩、花岗岩、花岗斑岩、流纹岩、花岗闪长岩等标本,并完成实验报告。

**思考与练习**

1. 闪长岩、花岗闪长岩、花岗岩三者在矿物成分上有何区别?

2. 流纹岩、安山岩、粗面岩在结构构造上有何异同?

3. 花岗岩类岩石中的石英通常呈现什么形态?为什么?

# 任务四　碱性岩、脉岩观察与描述

【知识要点】　碱性岩、脉岩的矿物成分、结构构造;手标本鉴定特征。

【技能目标】　熟练掌握碱性岩、脉岩的基本特征;掌握常见碱性岩、脉岩的结构构造特征;能够对霞石正长岩、响岩、煌斑岩、伟晶岩、细晶岩手标本进行观察、描述及命名。

**任务导入**

在了解岩浆岩手标本观察与描述方法的基础上,掌握岩浆岩常见结构、构造特征和观察方法,对超碱性岩、脉岩手标本颜色、结构、构造、矿物成分和目估各个矿物的含量百分比、次生变化和产状等方面进行观察并详细描述岩石。

**任务分析**

掌握碱性岩、脉岩的基本鉴定特征;详细描述霞石正长岩、响岩、煌斑岩、伟晶岩、细晶岩手标本,并完成实验报告。

**相关知识**

**一、碱性岩类**

观察下列标本:霞石正长岩,霞石正长斑岩、白榴石响岩。

(一)手标本特征

(1)霞石正长岩。浅灰色,中-粗粒等粒结构,主要矿物有正长石,长板状。霞石,深内红色,粒状,油脂光泽,无解理;碱性暗色矿物为碱性辉石和碱性角闪石。

(2)霞石正长斑岩。成分与霞石正长岩相同,具斑状结构。霞石为肉红色,易风化,有时被包裹正长石大斑晶中。

(3)白榴石响岩。具碱性长石和浑圆形白榴石斑晶。

(二)观察和描述内容

(1)岩石的颜色。

(2)结构特征。

(3)构造特征。

(4)主要矿物、次要矿物、副矿物,特别注意霞石和白榴石的特征。

(5)次生变化。

(6)岩石命名。

**二、脉岩类**

观察下列标本:云煌岩、花岗伟晶岩、正长伟晶岩、花岗细晶岩。

(一)手标本特征

(1)云煌岩。主要由黑云母、正长石组成,黑色,斑状结构,斑晶为自形的黑云母,正长石分布于基质中。

(2)花岗伟晶岩。肉红色,由粗大的钾长石、石英、斜长石构成,常具文象结构,块状构造。

(3)正长伟晶岩。成分与正长岩大致相当,几乎全由钾长石组成,不含或含很少量的石英,还有很少的暗色矿物。

(4)花岗细晶岩。灰白色至浅肉红色,主要由石英、酸性斜长石、钾长石组成,偶尔有白云母或黑云母或二者皆有,细晶结构、块状构造。

(二)观察和描述内容

(1)岩石的颜色。

（2）结构特征。注意文象结构。

（3）构造特征。

（4）主要矿物、次要矿物、副矿物。

（5）次生变化。

（6）岩石命名。

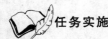 **任务实施**

观察并详细描述霞石正长岩、霞石正长斑岩、白榴石响岩、云煌岩、花岗伟晶岩，正长伟晶岩、花岗细晶岩等标本，并完成实验报告。

 **思考与练习**

1. 碱性岩石中的特征矿物有哪些？

2. 霞石能与石英共存吗？为什么？

3. 伟晶岩在肉眼下表现为什么特征？

# 任务五　陆源碎屑岩、火山碎屑岩观察与描述

**【知识要点】**　沉积岩结构构造；碎屑结构；碎屑岩类型。

**【技能目标】**　学会识别沉积岩层理及层面构造；学会用肉眼观察碎屑结构（粒度、圆度、成熟度、胶结物、胶结类型）；掌握肉眼观察和描述陆源碎屑岩的方法，以及各种碎屑岩类型的鉴定特征；学会识别火山碎屑物质，掌握火山集块岩、火山角砾岩、火山凝灰岩的特征。

 **任务导入**

在了解陆源碎屑岩和火山碎屑岩手标本观察与描述方法的基础上，对常见陆源碎屑岩和火山碎屑样手标本进行观察并详细描述岩石。

 **任务分析**

掌握陆源碎屑岩和火山碎屑岩的基本鉴定特征；详细描述砾岩、石英砂岩、岩屑砂岩、黑色页岩、粉砂岩、火山角砾岩、火山集块岩、凝灰岩手标本，并完成实验报告。

 **相关知识**

**一、沉积岩手标本主要构造类型**

（1）水平层理。细层平直并与层面平行。

（2）波状层理。细层呈波状起伏。

（3）斜层理。细层与层系界面斜交。

（4）层理。相邻层系相互交错，各层系中的细层倾斜方向多变。

（5）波痕。风、水流和波浪在沉积物表面留下的波状痕迹。

（6）泥裂。未固结的沉积物被晒干脱水收缩,形成张开裂缝,后又为上覆沉积物充填。

（7）叠层构造、缝合线、结核

## 二、陆源碎屑岩的肉眼观察和描述

（一）肉眼观察和描述以下岩石标本

砾岩（粗、细）、角砾岩、粗粒砂岩、中粒石英砂岩、细砂岩、长石砂岩、长石石英砂岩、岩屑砂岩、粗粉砂岩、细粉砂岩、海绿石砂岩、铁质砂岩、黏土岩、含粉砂黏土岩、泥岩、钙质页岩、硅质页岩、铁质页岩、黑色页岩、炭质页岩、油页岩。

（1）测量碎屑粒度,以区分各种碎屑岩类型。粒径＞2 mm,粗粒岩屑（砾岩、角砾岩）;粒径 2～0.05 mm,中碎屑岩（砂岩类）;粒径 0.05～0.005 mm,细碎屑岩（粉砂岩类）;粒径＜0.005 mm,页岩、黏土岩。

（2）观察标本中碎屑颗粒的特点,鉴定碎屑磨圆度:棱角状、次棱角状、次圆状、圆状。

（3）观察胶结物的颜色、硬度以及胶结物与稀盐酸反应情况,鉴别胶结物的成分。硅质胶结物一般呈白色,致密状,硬度大于小刀,加稀盐酸不起泡;铁质胶结物一般呈紫红色;碳酸盐质胶结（钙质胶结）物一般呈浅灰-浅绿色,加盐酸起泡;海绿石质胶结物一般呈暗绿色,风化后使岩石带有绿色斑痕。

（4）观察碎屑与胶结物的分布状态,确定胶结类型:基底式、孔隙式、接触式胶结。

（5）观察页岩、黏土岩的层理发育情况以及浸水变化情况,以鉴别岩石类型。

（二）陆源碎屑岩手标本鉴定描述举例

### 1. 砾岩

浅灰色,砾状结构,胶结紧密,岩石呈块状构造。其中,砾石占 80％,胶结物占 20％。砾石大小不一,粒径 30～50 mm,一般大小为 10～15 mm（占 75％）。砾石呈圆至次圆状,断面多呈椭圆形。砾石成分以白云岩或石灰岩为主,此外还有硅质岩及少量喷出岩,胶结物呈浅灰或浅绿色,加盐酸起泡,可知含钙质较多,胶结类型属基底式。

### 2. 含砾石英砂岩

新鲜面灰白色,风化面浅黄色,粗砾砂状结构,岩石呈块状构造。碎屑成分以石英（85％）、长石（＜10％）为主,含少量碳质页岩及岩屑,石英抗风化能力强,表现为明显凸起。碎屑物磨圆度较差,为次棱角状;分选性差,大小不一致,硅质和钙质胶结,呈孔隙式胶结。

### 3. 紫褐色中粒铁质砂岩

暗紫褐色,颜色分布不均匀。中粒砂状结构,岩石呈块状构造。碎屑含量占整个岩石85％左右,胶结物约占 15％。碎屑物粒径为 0.15～2 mm,分选性好,大小比较一致。胶结物为氧化铁,分布不均匀,局部铁质聚集成团块,呈接触-孔隙式胶结。

### 4. 含粉砂黏土

深黄色带有褐色的斑点,断口不平滑,手摸之有粗糙感;在水中易泡软,加盐酸微弱起泡。黏土中含有云母、黄铁矿颗粒和植物化石碎片。

### 5. 红色页岩

砖红色,泥质结构,页理构造,由于岩石受到轻微变质,使其页理不甚明显,断口呈贝壳状。岩石主要由含铁的黏土矿物组成。

### 三、火山碎屑岩的肉眼观察和描述

**（一）手标本特征**

（1）熔结角砾岩。具熔结角砾结构，假流动构造。

（2）集块岩。具集块结构，斑杂构造。

（3）火山角砾岩。颜色常为紫红色、灰绿色等，火山角砾结构，斑杂构造。角砾多为火山岩岩屑、棱角状，在火山岩岩屑中时常可见矿物晶体组成的斑晶，手标本要注意区分沉积角砾和火山角砾。

（4）凝灰岩（晶屑凝灰岩、熔结凝灰岩）。常为紫红、灰绿色等，有时颜色分布不均匀。具典型的凝灰结构，晶屑呈棱角状，破碎及溶蚀现象明显，晶面有较多的撕裂纹。

**（二）火山碎屑岩手标本鉴定描述举例**

**1. 火山角砾岩**

褐红色至紫红色，火山角砾结构，块状构造。岩石中火山碎屑占 90% 以上，其中以粒径在 10～5 mm 的熔岩角砾为主（约占 75%），此外含少量的长石和石英晶屑和玻屑。火山角砾外形不规则，呈尖棱角状。胶结物主要为褐红色细小的火山灰、火山尘所组成。岩石次生变化不明显。

**2. 流纹质晶屑玻屑凝灰岩**

白-灰白色、凝灰结构、块状构造。主要成分为极细小的火山灰，其中分布有含量 7% 左右的石英、长石晶屑。岩石具有粗糙感，有黏舌现象。

 **任务实施**

（1）观察描述典型的沉积构造标本。

（2）肉眼观察描述以下标本：角砾岩、长石砂岩、碎屑砂岩、海绿石砂岩、粉砂岩、泥岩、钙质页岩、集块岩、火山角砾岩、凝灰岩。

 **思考与练习**

1. 水平层理、波状层理、大型交错层理各代表什么沉积环境？

2. 基底式胶结、孔隙式胶结和接触式胶结的砂岩，哪一种岩石透水性最好？

3. 石英砂岩、长石砂岩、岩屑砂岩中的碎屑成分有何不同？

4. 黏土岩遇水为什么会膨胀？火山碎屑岩与陆源碎屑岩有何异同？

# 任务六　碳酸盐岩、硅质岩及其他沉积岩观察与描述

**【知识要点】**　碳酸盐岩分类及命名原则；碳酸盐岩鉴定特征；硅质岩矿物成分特征。

**【技能目标】**　学会用肉眼观察和描述碳酸盐岩的各种组分结构；掌握碳酸盐岩的分类和命名方法；掌握石灰岩、白云岩和泥灰岩的区分方法；掌握硅质岩矿物成分特征及其观察和描述方法。

**任务导入**

在掌握碳酸盐岩手标本观察和描述方法的基础上,对常见碳酸盐岩和硅质岩进行鉴定并命名。

**任务分析**

掌握碳酸盐岩和硅质岩的基本鉴定特征;详细描述常见石灰岩、白云岩、硅质岩手标本,并完成实验报告。

**相关知识**

**一、碳酸盐岩观察与描述**

(一)碳酸盐岩手标本观察描述的内容和方法

1. 颜色

总体上,碳酸盐岩颜色以灰色居多,有时呈白色、灰白色、浅灰色、深灰色、灰黑色、黑色、红色、紫红色、红褐色等。

2. 矿物成分

碳酸盐岩中最常见的矿物成分是方解石和白云石,常混入少量黏土、石英和长石等陆源物质。在野外或手标本观察时,首先用浓度为 5% 的稀盐酸检验方解石和白云石的相对含量,在岩石表面滴上稀盐酸,根据起泡程度不同,通常可以分出四个等级:

(1)强烈起泡。起泡迅速而剧烈,并伴有小水珠飞溅和嘶嘶声,应属石灰岩类,估计方解石的含量 >75%。

(2)中等起泡。起泡迅速,但无小水珠飞溅和嘶嘶声,应属白云质石灰岩类,估计方解石含量 75%~50%,白云石含量 25%~50%。

(3)弱起泡。气泡出现较慢较少,有的气泡可滞留在岩面上不动,应属灰质白云岩,估计白云石含量 75%~50%,方解石含量 25%~50%。

(4)不起泡。长时间都无气泡出现,或仅在放大镜下可见微弱的起泡现象,但粉末有中等强度的起泡,应为白云岩类,估计白云石含量大于 75%,方解石含量小于 25%。

用稀盐酸检验矿物成分时,应在岩面的不同部位进行,以便确定成分分布是否均匀。滴稀盐酸反应起泡后,岩石表面上会残留下泥质,可以大致估计泥质含量。

3. 结构组分及结构类型

碳酸盐岩的结构组分有 5 种类型,即颗粒、灰泥、亮晶胶结物、晶粒和生物格架。根据结构组分,可以确定岩石的结构类型。在手标本观察中,通常描述下列内容:

(1)颗粒结构。由颗粒和填隙物组成。要分别描述颗粒、填隙物的成分、结构以及颗粒与填隙物间的关系(胶结类型和支撑方式),并估计颗粒和填隙物的百分含量以及每种颗粒占全部颗粒的百分含量。

(a)颗粒。要观察和描述颗粒类型、大小、形状、分选性、磨蚀性、定向性及内部结构,如砾屑的内部结构和氧化圈(有无、薄厚),鲕粒、核形石的核部及同心层的圈数等。

(b)填隙物。主要是区分灰泥和亮晶胶结物。一般来说,灰泥致密,常含杂质,暗淡无光泽;亮晶胶结物晶粒粗,杂质很少,常呈白色或浅灰色,比较透明,有时可以看到晶体解理面。两者不易区分时,可将它们统称为填隙物。应描述岩石的胶结类型与支撑方式。

(2) 泥晶结构。主要由灰泥组成,如同碎屑岩中的泥岩。细腻致密,无光泽,断口平滑。

(3) 生物格架结构。由群体造礁生物类型和格架间的充填物类型组成。

(4) 晶粒结构。岩石由彼此镶嵌的晶粒所组成,可将晶粒进一步划分为粗晶(>0.5 mm)、中晶(0.5～0.25 mm)、细晶(0.25～0.05 mm)和微晶(<0.05 mm)等结构。

**4. 沉积构造**

碳酸盐岩中出现的沉积构造类型多样,除了在陆源碎屑岩中常见的类型外,还有一些特殊的构造,如叠层石构造、鸟眼构造、示顶底构造、缝合线构造等。

**5. 孔、洞、缝**

碳酸盐岩的孔、洞、缝是油气水的储集空间和运移通道,孔隙和洞穴根据孔径大小区分,通常孔隙的孔径小于 1 mm,洞穴大于 1 mm。裂隙包括构造裂隙、溶解缝、层间缝和缝合线等。应描述孔、洞、缝的规模、延伸方向、形态、连通情况、发育程度和充填物。

**6. 手标本的定名**

(1) 先按矿物成分定名。作为岩石的成分名称(如石灰岩、白云质石灰岩、灰质白云岩、白云岩),用 50%、25%、10% 3 个界限便可。

(2) 结构命名。包括结构组分和结构类型,依结构组分的类型及其相对含量进行命名。

(3) 颜色、构造等作为岩石的附加名称,也要参加岩石命名。

(4) 命名原则:颜色+构造+结构+矿物成分。

如灰白色块状亮晶鲕粒灰岩、暗灰色水平层理泥晶球粒白云质灰岩、灰褐色鸟眼构造泥晶灰质白云岩、淡黄色块状粗晶白云岩、浅灰色珊瑚格架灰岩等。

**(二) 碳酸盐岩手标本鉴定描述举例**

鲕粒灰岩,暗紫红色,滴少量稀盐酸强烈起泡,矿物成分为方解石,质纯。有少量铁质浸染,使鲕粒呈暗紫红色。颗粒含量为 70% 左右,几乎全为鲕粒。鲕粒大多为球形,直径 1～2 mm,有的鲕粒可见白色的生物碎屑作为核部,同心层厚,且以正常鲕为主。鲕粒分布较均匀。填隙物约占岩石总含量 30%,包括亮晶方解石和泥晶,以亮晶胶结物为主。亮晶胶结物呈白色,透明状,泥晶呈暗色,无光泽。岩石总体上为孔隙-接触式胶结,具鲕粒支撑结构。岩石致密坚硬,块状构造,有时可见长形颗粒半定向排列。

**二、硅质岩观察与描述**

**(一) 硅质岩手标本鉴定特征**

硅质岩矿物成分主要由沉积生成 $SiO_2$ 矿物组成,有非晶质的蛋白石、隐晶质的玉髓和显晶质的自生石英(多是重结晶的),以上矿物含量要大于 50%。其余还有混入物黏土、碳酸盐和氧化铁矿物,少量海绿石、沸石、黄铁矿和有机质,但混入物和少量矿物综合要小于50%。观察硅质岩时应注意以下几点:

(1) 岩石颜色。一般是灰白、灰、灰黑色,有时呈红色、紫色、灰绿色等。

(2) 岩石由硅质矿物组成,一般比较致密、坚硬(大于小刀),断口平滑或是贝壳状。棱角锋利,强烈敲击可生火花,因此又称火石,常见燧石岩、碧玉岩,但硅藻土和硅华则疏松、多孔。镜下应详细鉴定硅质矿物种类和混入物成分。

(3) 岩石结构。观察内碎屑结构、鲕状结构(注意区分时原生的还是交代的),构成生物结构的生物种属,交代和残余结构特征。

（4）岩石构造。常见层理和结核。应注意观察结核与层理关系,确定结核的形成阶段。

（5）岩石的定名主要根据成分和结构,如鲕粒硅岩。

（二）硅质岩手标本鉴定描述举例

**1. 鲕粒硅岩**

鲕粒硅岩的鲕粒主要由隐-微晶石英组成,或主要由玉髓组成,常显放射球粒结构,具核心及同心层。胶结物为微-细晶石英或玉髓,并呈栉壳状围绕鲕粒生长。野外显稳定层状,常见斜层理及交错层理。鲕粒结构,有时同心层不明显,为球粒结构。

**2. 藻叠层硅岩**

藻叠层硅岩矿物成分主要为玉髓,类似碳酸盐岩中的叠层石,宏观呈层状、柱状和锥状等,形态多样、大小不一。基本层分别由暗色硅质层和浅色硅质层组成,暗层主要由低等藻类通过生物化学作用形成,亮层则主要由化学作用而成。我国北方震旦系中常见呈层状分布的硅质叠层石。

**3. 硅藻岩**

硅藻岩主要由硅藻的壳体组成,矿物成分主要为蛋白石,化学成分中 $SiO_2$ 含量一般在70%以上。不同环境下形成的硅藻岩,常混入数量不等的黏土矿物、铁质矿物和碳酸盐矿物等。土状硅藻岩呈白色或浅黄色,质软疏松多孔,相对密度为 0.4～0.9,孔隙度极大,可高达 90%以上,吸水性强、黏舌,外貌似土状,纹层状页理十分发育,薄如纸页。

**三、其他沉积岩手标本鉴定**

**1. 石膏岩**

岩石呈白色,板状变晶结构,薄层状构造,全由石膏晶体构成。石膏无色透明,整体呈白色,晶体自形板状,长约 10 mm,宽约 3～5 mm,解理发育,玻璃光泽,硬度小于指甲。晶体长轴多垂直层面,但板面方向有变化。

**2. 油页岩**

岩石呈棕褐色,泥状结构,页理构造。岩石致密细腻,质轻,略有滑感。断口呈书页状,薄边处灼烧冒烟,有强沥青味。

 **任务实施**

观察并详细描述竹叶状灰岩、砂屑灰岩、鲕状灰岩、介壳灰岩、泥灰岩、白云岩、硅藻土、燧石岩、石膏岩等标本,并完成实验报告。

 **思考与练习**

1. 竹叶状灰岩中的砾屑竹叶是怎么形成的?

2. 碳酸盐岩中的灰泥与亮晶胶结物有什么异同? 各代表什么沉积环境?

3. 在石灰岩和白云岩的表面滴上稀盐酸,起泡程度相同吗? 为什么?

4. 硅质岩主要由哪几种硅质矿物组成?

# 任务七　区域变质岩、混合岩观察与描述

**【知识要点】**　变质岩结构构造;变质岩手标本鉴定。

**【技能目标】**　学会观察描述变质岩的各种结构、构造的基本方法;学会观察、描述区域变质岩和混合岩的方法;通过观察,掌握区域变质岩和混合岩的主要构造特征;掌握区域变质岩和混合岩主要岩石类型的岩性特征及分类命名原则。

## 任务导入

在掌握变质岩结构构造观察和描述方法的基础上,学会区域变质岩和混合岩手标本鉴定特征,对常见区域变质岩和混合岩加以鉴定和描述。

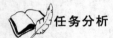

## 任务分析

掌握区域变质岩和混合岩基本鉴定特征;详细描述板岩、千枚岩、片岩、片麻岩、榴辉石以及常见混合岩手标本,并完成实验报告。

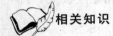

## 相关知识

### 一、变质岩结构构造的观察和描述

（一）变质岩结构的观察内容

（1）变余结构。保留了原岩的一些外貌特点,而成分上则主要为特征变质矿物的特点。

（2）变晶结构。原岩中的细粒矿物,经变质作用后,颗粒变大,形成新的矿物晶体。

（3）纤维变晶结构。原岩中的矿物,经变质作用后形成纤维状、长柱状、针状矿物。

（4）鳞片变晶结构。原岩中的矿物,经变质作用后形成片状、鳞片状矿物。

（5）斑状变晶结构。原岩经变质作用后形成大小不同的两种变晶矿物,形如斑状结构。

（二）变质岩构造的观察内容

（1）板状构造。泥质岩石受应力作用后,形成一组组平行破裂面,如板岩。

（2）千枚状构造。岩石呈薄片状,片理面上有许多小褶皱,具强丝绢光泽,如千枚岩。

（3）片状构造。大量的片状、柱状、纤维状矿物平行排列,形成连续的面理,如片岩。

（4）片麻状构造。少量片状、柱状矿物在粒状矿物中呈断续定向排列,如片麻岩。

（5）条带状构造。浅色矿物与暗色矿物各自形成的条带相间排列,如混合岩。

（6）块状构造。岩石中的矿物分布比较均匀,如大理岩、石英岩。

（三）观察变质岩结构、构造应注意的问题

（1）观察变质岩结构、构造时,以手标本为主,适当结合薄片观察。首先按成因区分出变余结构、变晶结构、交代结构、变余构造、变成构造等,然后按结构、构造的具体特征（变晶矿物的绝对大小、相对大小、颗粒形状、相互关系等）确定名称。

（2）当一种岩石同时具有几种不同的结构构造时,要分清主次,采用综合描述方法,把次要结构、构造放在前,主要结构、构造放在后,如纤维鳞片变晶结构、千枚板状结构等。

（3）对于斑状变晶结构的岩石，除了观察变斑晶和基质的相互关系外，还应观察变斑晶和基质各自本身的结构特征。

（4）观察变质岩结构构造时，要注意区别变晶结构与结晶结构、斑状变晶结构与斑状结构、结晶片理与层理等的区别，从而加深对变质岩结构、构造特征及成因的理解。

**二、区域变质岩的观察与描述**

（一）手标本特征

（1）板岩。颜色多样，板状构造，光滑的板理面上可见丝绢光泽，结构致密。

（2）千枚岩。褐黄色、灰绿色，鳞片变晶结构，千枚状构造，具明显的丝绢光泽，并有小揉皱。矿物颗粒细小，肉眼难以辨认。

（3）云母片岩。灰黑色，片状构造，片状矿物主要为黑云母、白云母；粒状矿物为石英、长石；变斑晶有石榴子石、十字石、红柱石等。

（4）角闪片岩。黑色，中粒花岗变晶结构，片状构造，主要由角闪石、部分石英组成。

（5）云母片麻岩。灰色，中粒变晶结构，片麻状构造，主要由长石、石英组成，常含石榴子石、十字石、红柱石等变质矿物。

（6）角闪片麻岩。灰色，中粒花岗变晶结构，片麻状构造，主要由角闪石和石英组成。

（7）角闪岩。绿黑色，中粗粒变晶结构，块状构造，角闪石含量＞95％，少量斜长石。

（8）斜长角闪岩。灰色，中粗粒变晶结构，块状构造，由角闪石（＞50％）和斜长石组成。

（9）长英麻粒岩。灰色，中粗粒不等粒变晶结构，片麻状或块状构造，主要矿物为斜长石、钾长石，少量的辉石、石榴子石等。

（10）榴辉岩。肉红色，中粗粒不等粒变晶结构，块状或片麻状构造，主要矿物为绿辉石、含钙的铁镁铝榴石，少量的石英、角闪石、蓝晶石等。

（二）区域变质岩手标本鉴定描述举例

1．绿泥石绢云母千枚岩

土黄色，千枚状构造，具丝绢光泽，斑状变晶结构。变斑晶为绿泥石，棕色，呈放射状的球粒，硬度小于指甲。基质具鳞片变晶结构，矿物成分主要为绢云母。

2．黑云母二长片麻岩

灰白色，中-粗粒花岗变晶结构，片麻状构造。矿物成分主要为：钾长石，肉红色；斜长石，灰白色；石英（30％），无色透明，呈条状、透镜状定向排列；黑云母（15％）；角闪石（＜5％）；含少量石榴子石、十字石、蓝晶石。花岗变晶结构，片麻状构造。石英呈粗粒变晶，沿一定方向拉长。斜长石、钾长石呈细粒变晶，在斜长石中有不规则的钾长石条带，形成反条纹长石。黑云母、角闪石呈断续排列，有些黑云母已变为绿泥石，斜长石沿解理面有绢云母化现象。

**三、混合岩的观察与描述**

（一）手标本特征

（1）条带状混合岩。条带状构造，基体为深色的片岩和片麻岩，脉体为浅色的花岗质成分，基体与脉体呈条带状相间分布。

（2）眼球状混合岩。眼球构造，基体为深色的片岩、片麻岩，其中片理比较发育，脉体为浅色的长石、石英或它们的集合体，呈眼球状或透镜状沿基体的片理方向分布。

（3）混合花岗岩。脉体含量＞90％，基体和脉体的界限已完全消失，成分上和岩性上与岩浆成因的花岗岩基本相同。

（二）观察混合岩构造的注意事项

（1）要正确区分基体和脉体。在混合岩中,基体多为颜色较深的片岩、片麻岩、斜长角闪岩等,脉体则为颜色浅的长英质、伟晶质。首先要正确区分,然后再观察彼此的关系(脉体与基体的界线是否清楚、脉体以何种方式进入基体、二者的相对含量等)。

（2）注意观察和描述两种构造。一是由脉体和基体交生所显示的构造,如条带状混合岩显示的条带状构造,二是分别观察描述基体和脉体本身内部的结构构造,如片麻岩基体中的片麻状构造,花岗质脉体中的花岗结构。综合所观察的内容,定出混合岩的名称。

（3）手标本与薄片相结合。对于混合岩化程度强烈、脉体与基体界线模糊不清的混合岩(如混合花岗岩),除了观察其标本外,还应观察岩石薄片,在显微镜下观察有无显微交代结构,以便与岩浆成因的花岗岩相区别。

（三）混合岩手标本鉴定描述举例

条带状混合岩,具条带状构造,基体为黑云母片岩,颜色较深,具粒状结构,矿物成分主要为石英、长石及黑云母,片理发育。脉体呈灰白色,由长石和石英组成,具花岗结构。岩石中基体和脉体呈条带状互层,二者界线清楚,暗色条带较宽,浅色条带较窄。脉体条带与基体中的片理平行,反映脉体沿变质岩的片理注入、交代的成因特征。

 **任务实施**

观察并详细描述霞板岩、千枚岩、云母片岩、角闪片麻岩、麻粒岩、角闪岩、榴辉岩、条带状混合岩、眼球状混合岩、混合花岗岩等手标本,并完成实验报告。

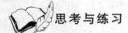 **思考与练习**

1. 片岩中的片状构造与片麻岩中的片麻状构造有何区别?

2. 区域变质岩中的片理是如何形成的?

3. 混合岩在结构构造上有什么显著特征?

# 任务八　接触变质岩、气液变质岩、动力变质岩观察与描述

【知识要点】　接触变质岩、气液变质岩、动力变质岩主要岩石类型及其矿物成分特征。

【技能目标】　掌握接触变质岩的主要岩石类型及其矿物成分特征;掌握气液变质岩的主要岩石类型及其矿物成分特征;掌握动力变质岩的主要岩石类型及其矿物成分特征。

 **任务导入**

在了解变质岩手标本观察与描述方法的基础上,掌握了变质岩常见结构、构造特征和观察方法后,对接触变质岩、气-液变质岩、动力变质岩进行观察并详细描述岩石。

**任务分析**

掌握接触变质岩、气-液变质岩、动力变质岩的基本鉴定特征;详细描述角岩、大理岩、石英岩、矽卡岩、青磐岩、云英岩、糜棱岩、千糜岩手标本,并完成实验报告。

**相关知识**

### 一、接触交代变质岩主要岩石类型的观察与描述

（一）手标本特征

（1）绢云母斑点板岩。灰黑色,板状构造或斑点构造,基本上保留了泥质岩的特征,有少量的绢云母、绿泥石、红柱石、堇青石等。

（2）堇青石云母角岩。灰黑色,隐晶质,致密,角岩结构,主要矿物有黑云母、石英、红柱石、堇青石、长石等。

（3）大理岩。灰白色,粒状变晶结构,块状构造,矿物成分主要有方解石、白云石、蛇纹石、绿泥石、云母等。

（4）石英岩。灰白色,中细粒状花岗变晶结构,块状构造,矿物成分主要有石英、长石、绢云母、绿泥石、云母等。

（5）矽卡岩（钙矽卡岩和镁矽卡岩）。暗红色、褐灰色、暗绿色,不等粒状变晶结构,块状构造,矿物主要成分有石榴子石、辉石、透辉石、绿帘石、金属矿物等或橄榄石、金云母、透辉石、尖晶石、金属矿物等。

（二）接触变质岩手标本鉴定描述举例

**1. 石榴子石矽卡岩（钙质矽卡岩）**

浅褐灰色,粒状结构,块状构造。质坚硬,密度大。矿物成分:石榴子石,呈浅褐色不规则粒状,呈油脂光泽;绿帘石,浅黄绿色,土状,暗淡光泽。矿物颗粒紧密镶嵌,构成粒状变晶结构。绿帘石化作用较强,还有绢云母化现象。

**2. 红柱石堇青石角岩**

岩石呈灰黑色,斑状变晶结构,块状构造。变斑晶为红柱石和堇青石,红柱石呈柱状,集合体呈放射状,形似菊花。堇青石呈粒状,灰蓝色,个别颗粒显似贯穿双晶。

### 二、气液变质岩和动力变质岩主要岩石类型的观察与描述

（一）手标本特征

（1）蛇纹岩。黄绿色或暗绿色,由于颜色深浅不一,形成斑驳花纹。鳞片变晶结构,致密块状,质地较软,具滑感。主要由蛇纹石、磁铁矿、铬铁矿等组成。

（2）云英岩。浅灰色,中粒花岗变晶结构,块状构造。主要由云母和石英组成,还常见一些富含挥发组分的矿物和金属矿物等。

（3）青磐。灰绿色至黑绿色,中粒变晶结构,块状构造或角砾状构造。矿物成分主要为阳起石、绿泥石、绿帘石、长石、石英等。

（4）构造角砾岩。岩石破碎成角砾状结构,角砾棱角显著,大小不一,无序排列;胶结物为铁质、硅质和碳酸盐等。

（5）碎裂岩。碎裂结构,大小不一的岩石碎块缝隙间充填着铁质、硅质和碳酸盐等。

（6）糜棱岩。糜棱结构,带状构造,坚硬致密,主要由花岗岩、片麻岩、石英岩等岩石破

碎而成。

（7）千糜岩。鳞片变晶结构，千枚状构造。千糜岩是一种原岩遭受强烈挤压破碎后，经明显重结晶作用形成的动力变质岩，主要由微粒状的石英、长石和大量新生矿物（绢云母、绿泥石、方解石等）组成。

（二）观察气液变质岩及动力变质岩的结构构造时注意事项

（1）在观察描述气液变质岩时，要着重观察蚀变矿物的种类及蚀变强度，因为它们是分类命名的主要依据。一般在蚀变轻微的岩石中，尽量以原岩名称作为基本名称，以蚀变矿物作为附加形容词，如蛇纹石化橄榄岩、云英岩化花岗岩等；当蚀变强烈不能恢复原岩时，可直接用蚀变矿物命名，如云英岩、蛇纹岩等。

（2）动力变质岩的分类命名，主要依据碎裂程度，只有当碎裂程度很高，且破碎物质已发生重结晶、重组合时，矿物组合在命名中才起作用。为此，在该类岩石实验中，必须把碎裂结构构造作为观察重点。

（三）气液变质岩及动力变质岩手标本鉴定描述举例

1. 蛇纹岩

暗黄绿色，呈斑驳状花纹，鳞片状，具滑感，隐晶质结构，块状构造。主要矿物为蛇纹石，次要矿物有磁铁矿、铬铁矿，零散分布，纤维变晶结构。岩石主要由叶蛇纹石和纤维蛇纹石组成，它们是由橄榄石、辉石交代蚀变而来，橄榄石和辉石的轮廓呈粒状，有的具六边形，其边缘被析出的铁质所环绕。纤维蛇纹石呈脉状，其脉宽窄不一，穿插于叶蛇纹石中。磁铁矿呈他形、半自形粒状，以断续的条带分布在蛇纹石中。

2. 碎裂辉长岩

灰黄-灰绿色，碎裂结构或角砾结构，块状构造。碎屑大小不一，棱角分明，主要为由斜长石和辉石组成，具裂纹，扭曲等现象，含量约 $60\% \sim 70\%$，碎基主要由斜长石、辉石等组成，含量为 $30\% \sim 40\%$。斜长石聚片双晶明显。破碎物质中有的已重结晶形成绢云母和绿泥石，因而使岩石呈浅绿色，具丝绢光泽。

 **任务实施**

观察并详细描述斑点板岩、红柱石云母角岩、大理岩、石英岩、矽卡岩、云英岩、青磐岩、构造角砾岩、碎裂岩、糜棱岩、千糜岩等标本，并完成实验报告。

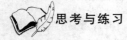 **思考与练习**

1. 钙质矽卡与镁质矽卡岩在岩性特征和成因上有什么区别？
2. 常见的气液变质岩有哪些岩石类型？何种岩石最容易蛇纹石化，变成蛇纹岩？
3. 碎裂岩与糜棱岩的区别何在？片麻岩和糜棱岩中的眼球状石英有何不同？

# 参 考 文 献

[1] 陈建强,周洪瑞,王训练.沉积学及古地理教程[M].北京:地质出版社,2004.

[2] 陈世悦.矿物岩石学[M].青岛:中国石油大学出版社,2002.

[3] 地矿部办公室.地质大辞典第二分册——矿物　岩石　地球化学分册.北京:地质出版社,2005.

[4] 方少木,蔚永宁.岩石学[M].北京:煤炭工业出版社,1992.

[5] 谷松,王艳娟.矿物岩石学基础[M].郑州:黄河水利出版社.2016.

[6] 韩运宴,罗刚,徐永齐.地质学基础[M].北京:地质出版社,2007.

[7] 何起祥.沉积岩和沉积矿床[M].北京:地质出版社,1978.

[8] 贺同兴,卢良兆.变质岩岩石学[M].北京:地质出版社,1988.

[9] 贾林.常见矿物与岩石学鉴别[M].北京:煤炭工业出版社,2013.

[10] 姜尧发.矿物岩石学[M].北京:地质出版社,2015.

[11] 姜尧发.孙宝玲,钱汉东.矿物岩石学[M].北京.地质出版社,2009.

[12] 姜在兴.沉积学[M].北京:石油工业出版社,2003.

[13] 克里斯·佩兰特.岩石与矿物[M].谷祖纲,李桂兰,译.北京:中国友谊出版公司,2007.

[14] 赖内克,辛格.陆源碎屑沉积环境[M].陈昌明,李继亮,译.北京:石油工业出版社,1979.

[15] 乐昌硕.岩石学[M].北京:地质出版社,2003.

[16] 黎彤,饶纪龙.中国岩浆岩的平均化学成分[J].地质学报,1963,43(3):271-280.

[17] 李昌年,李净红.矿物岩石学[M].武汉:中国地质大学出版社,2014.

[18] 李昌年.简明岩石学[M].武汉:中国地质大学出版社,2010.

[19] 李胜荣.结晶学与矿物学[M].北京:地质出版社,2008.

[20] 李忠权,刘顺等.构造地质学[M].北京:地质出版社,2010.

[21] 刘宝珺.沉积岩石学[M].北京:地质出版社,1980.

[22] 路凤香,桑隆康.岩石学[M].北京:地质出版社,2005.

[23] 米利曼.海洋碳酸盐[M].北京:地质出版社,1977.

[24] 佩蒂庄.沉积岩[M].北京:石油工业出版社,1981.

[25] 邱家骧.岩浆岩岩石学[M].北京:地质出版社,1985.

[26] 蔚永宁,张德栋.矿物岩石学[M].北京:煤炭工业出版社,2007.

[27] 徐耀鉴,徐汉南,任锡钢.岩石学[M].北京:地质出版社,2007.

[28] 叶俊林,黄定华,张俊霞.地质学概论[M].北京:地质出版社,2005.

[29] 朱筱敏.沉积岩石学[M].北京:石油工业出版社,2008.

[30] 祝萍.矿物岩石鉴定[M].北京:煤炭工业出版社,2009.